실용적인 IC를 익히는

논리회로 실험

이원석 · 정길수 共著

생능출판

PREFACE

정보화 시대인 현재 디지털 분야는 가전제품, 제조업의 자동화 분야, 방송, 통신에서도 디지털 정보를 주고받는 것이 가능한 초고속 정보 네트워크가 이루어지면서 우리 사회에는 커다란 변화가 일어났다. 이렇게 사회가 디지털화되고 있는 것에 발맞추어 디지털의 기초분야인 논리회로를 익히기 위해, 다년간 강의한 것을 바탕으로 하여 효과적으로 이 실험을 교육할 수 있는 바람으로 이 책을 출판하게 되었다. 실험 실습 내용은 디지털 공학 실험을 몇 단원 진행한 후에 현장에서 쓸 수 있는 응용회로 부분을 한 단원씩 넣어서 실제 현장에서 디지털화하는데 도움이 되도록 구성하였으며, 구체적인 내용을 열거하면 다음과 같다.

1장에서 5장까지는 기본적인 논리회로의 개념과 동작원리를 이해하게 하였다.

6장에서 8장까지는 컴퓨터 연산회로의 기본이 되는 가산회로, 감산회로를 다루었다.

9장에서 14장까지는 순서논리회로의 핵심인 플립플롭 회로의 원리를 상세히 설명하고, 이에 관련된 회로를 다루어 도움을 주도록 하였다.

15장에서 20장까지는 컴퓨터 하드웨어 분야나 유사한 분야에서 유용한 메모리, A/D변환기,

PREFACE

D/A 변환기를 실험할 수 있도록 하였다.

21장 이후는 디지털 공학 뿐만 아니라 전자회로에서 기본적으로 쓰는 OP AMP 회로를 실험 실습하도록 본 교재를 구성하였다.

여러 가지 미흡한 점에 대해서는 교수님들의 높으신 의견과 독자 여러분들의 따가운 질책을 부탁드립니다. 끝으로 좋은 책을 만들어 주신 생능출판사의 김승기 사장님, 백승욱 팀장님, 그리고 편집부 직원 여러분의 노고에 깊이 감사드립니다.

2010. 2
저자 씀

CONTENTS

CONTENTS

실험 1

OR 게이트 · AND 게이트 · NOT 게이트

목적

OR, AND, NOT 게이트의 기본적인 논리 함수와 동작 특성을 이해하고, 논리회로의 측정 방법을 익히는데 목적을 둔다.

이론

[1] OR 게이트

게이트는 1개의 출력과 2개 혹은 그 이상의 입력을 갖는 논리회로이다. 출력 신호는 입력 신호의 조합 상태에 의해서 일어난다.

OR 게이트는 입력 중에서 1개 또는 그 이상의 입력이 "1" 상태로 될 때 출력이 "1"상태로 되는 논리 연산 기능을 갖는 회로로 정의되며 논리기호, 논리식은 그림 1-1과 같으며, 진리표는 표 1-1과 같다.

그림 1-1은 2개의 입력을 가진 OR 게이트이며 여기서 A와 B는 입력이고 Z는 출력이다.

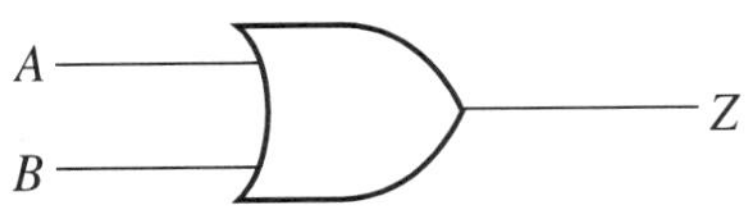

(a) 논리기호

$$Z = A + B$$

(b) 논리식

그림 1-1 OR 게이트

표 1-1 OR 게이트의 진리표

입 력		출 력
A	B	Z
0	0	0
0	1	1
1	0	1
1	1	1

OR 게이트는 2개 이상의 입력을 가질 수 있으며, 예로서 3-입력 OR 게이트의 논리 기호, 논리식은 그림 1-2와 같다. 여기서 A, B, C 중 어느 1개라도 "1" 상태이면 Z는 "1" 상태가 되며, 진리표는 표 1-2와 같다.

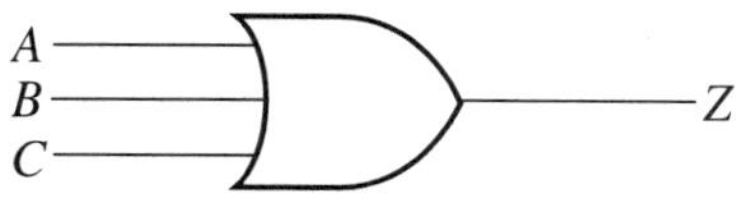

(a) 논리기호

$$Z = A + B + C$$

(b) 논리식

그림 1-2 3-입력 OR 게이트

표 1-2 3-입력 OR 게이트의 진리표

입 력			출 력
A	B	C	Z
0	0	0	0
0	0	1	1
0	1	0	1
0	1	1	1
1	0	0	1
1	0	1	1
1	1	0	1
1	1	1	1

[2] AND 게이트

AND 게이트는 또 하나의 기본적인 논리회로이다. 이것은 모든 입력이 "1" 상태일 때만 출력이 "1" 상태로 되는 게이트로 정의한다. 2개의 입력을 갖는 AND 게이트의 논리 기호, 논리식은 그림 1-3이며, 진리표는 표 1-3과 같다.

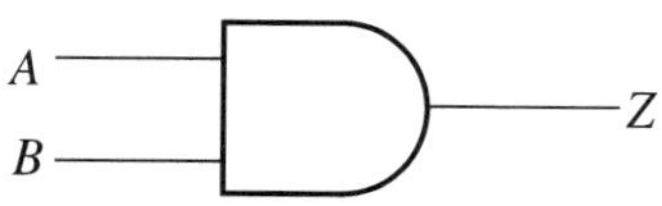

(a) 논리기호

$$Z = A \cdot B$$

(b) 논리식

그림 1-3 AND 게이트

표 1-3 AND 게이트의 진리표

입 력		출 력
A	B	Z
0	0	0
0	1	0
1	0	0
1	1	1

AND 게이트도 2개 이상의 입력이 가능하며, 그 예로서 3-입력 AND 게이트의 논리기

호, 논리식은 그림 1-4와 같으며, 진리표는 표 1-4와 같다.

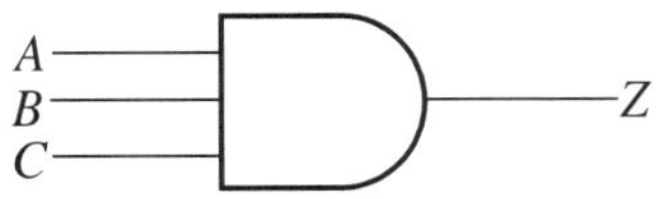

(a) 논리기호

$$Z = A \cdot B \cdot C$$

(b) 논리식

그림 1-4 3-입력 AND 게이트

표 1-4 3-입력 AND 게이트의 진리표

입 력			출 력
A	*B*	*C*	*Z*
0	0	0	0
0	0	1	0
0	1	0	0
0	1	1	0
1	0	0	0
1	0	1	0
1	1	0	0
1	1	1	1

[3] NOT 게이트

기본적인 논리회로의 또 다른 하나로 NOT 게이트 혹은 인버터(inverter)라고 불리는 것이 있다. 이 게이트는 하나의 입력과 하나의 출력을 갖는데 이것이 하는 기능은 입력신호를 반전시키는 것이다. 즉 입력이 "1" 상태이면 출력은 "0" 상태로 되며, 또 입력이 "0" 상태이면 출력은 "1" 상태로 된다. NOT 게이트의 논리기호, 논리식은 그림 1-5와 같으며, 진리표는 표 1-5와 같다.

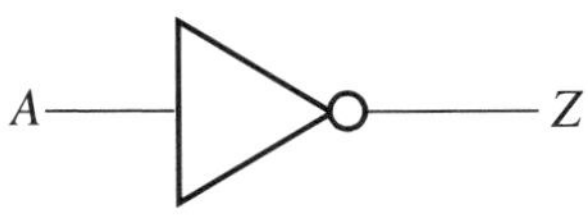

(a) 논리기호

$$Z = \overline{A}$$

(b) 논리식

그림 1-5 NOT 게이트

표 1-5 NOT 게이트의 진리표

입 력	출 력
A	*Z*
0	1
1	0

[4] 정논리와 부논리

두 전압 준위 중에서 보다 정(+) 전압인 쪽을 "1"로 나타내는 경우를 정논리라 하며 보다 부(−)전압인 쪽을 "1"로 나타내는 경우를 부논리라 한다. 예로서 5V와 0의 전압 준위를 갖는 논리회로가 있다고 하면 "1"과 "0" 상태에 대한 정의의 선정은 자유로운 것이다. 5V을 "1" 상태로 0을 "0" 상태로 나타내면 이 경우는 정논리이다. 반면에 0을 "1" 상태로 표시하고 5V을 "0" 상태로 기호화하면 부논리가 된다. 앞으로 이 책에서는 정논리인 경우만을 사용한다.

기재 및 부품

DC power supply(직류전압전원)
오실로스코프
구형파발생기
7408(2-입력 AND 게이트)
7432(2-입력 OR 게이트)
7411(3-입력 AND 게이트)
7404(NOT 게이트)
다이오드 : IN 457×2
저항 : 330Ω
1kΩ×2
2.2 kΩ
LED

실험과정

1. 그림 1-6과 같은 다이오드 OR 게이트 회로를 구성하고 지시된 입력 전압을 논리 게이트에 인가하여, 각각의 입력에 대한 출력 전압을 측정하여 표 1-6에 기록하라.

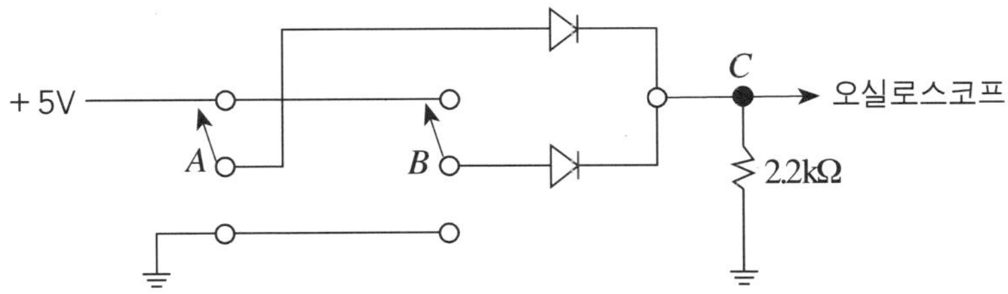

그림 1-6 다이오드 OR 게이트

표 1-6

입 력		출 력
A	*B*	*Z*
0	0	
0	+5	
+5	0	
+5	+5	

2. 그림 1-7과 같은 다이오드 AND 게이트 회로를 구성하고 출력 전압을 측정하여 표 1-7에 기록하라.

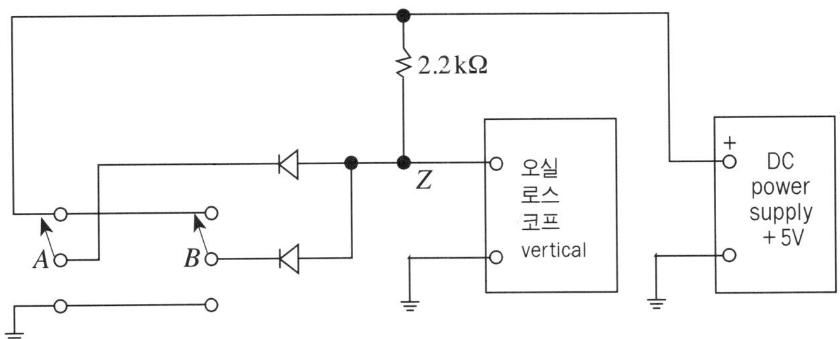

그림 1-7 다이오드 AND 게이트

표 1-7

입 력		출 력
A	*B*	*Z*
0	0	
0	+5	
+5	0	
+5	+5	

3. 그림 1-8과 같은 OR 게이트 회로를 구성하고 출력 전압을 측정하여 표 1-8에 기록하라.

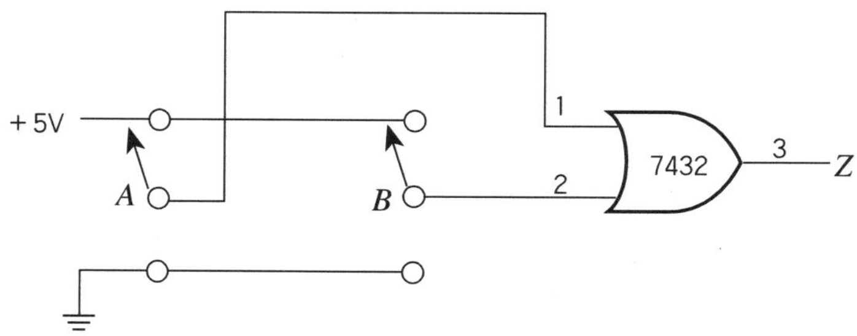

그림 1-8 OR 게이트

표 1-8

입 력		출 력
A	*B*	*Z*
0	0	
0	+5	
+5	0	
+5	+5	

4. 그림 1-9와 같은 AND 게이트 회로를 구성하고 출력 전압을 측정하여 표 1-9에 기록하라.

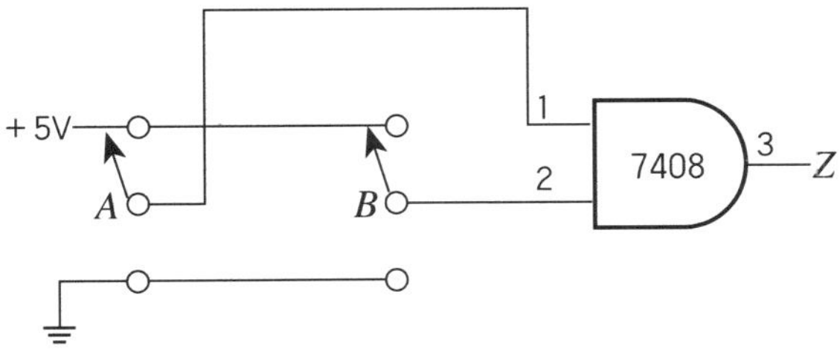

그림 1-9 AND 게이트

표 1-9

입 력		출 력
A	*B*	*Z*
0	0	
0	+5	
+5	0	
+5	+5	

5. 그림 1-10과 같은 3-입력 AND 게이트 회로를 구성하고 출력 전압을 측정하여 표 1-10에 기록하라.

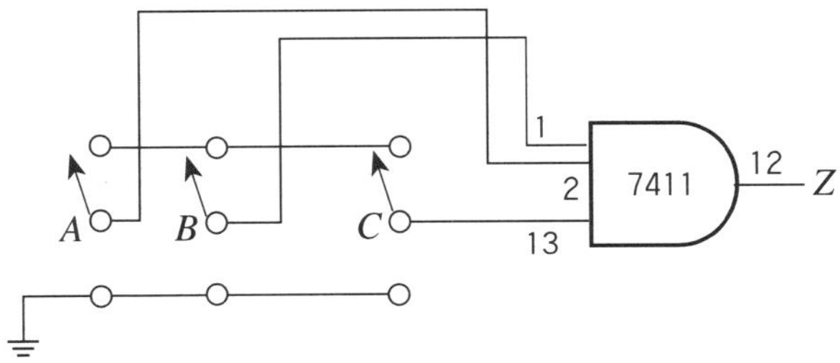

그림 1-10 3-입력 AND 게이트

표 1-10

입 력			출 력
A	*B*	*C*	*Z*
0	0	0	
0	0	+5	
0	+5	0	
0	+5	+5	
+5	0	0	
+5	0	+5	
+5	+5	0	
+5	+5	+5	

6. 그림 1-11과 같은 NOT 게이트 회로를 구성하고 출력 전압을 측정하여 표 1-11에 기록하라.

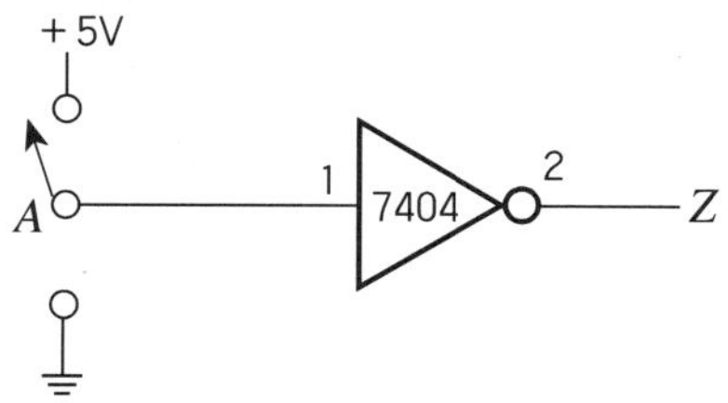

그림 1-11 NOT 게이트

표 1-11

입 력	출 력
A	*Z*
0	
+5	

7. 그림 1-12와 같은 회로를 구성하고 AND 게이트의 출력전압 Z과 LED의 출력(ON, OFF)을 표 1-12에 기록하라.

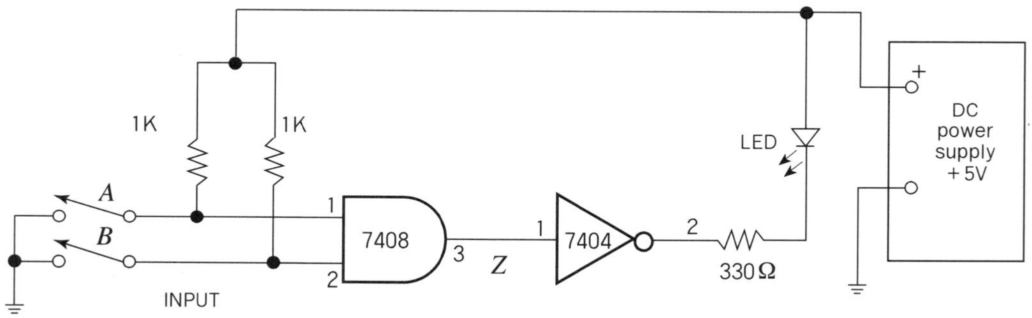

그림 1-12

8. 그림 1-12에서 AND 게이트를 OR 게이트로 대치하고, OR 게이트의 출력전압 Z과 LED의 출력(ON, OFF)을 표 1-13에 기록하라.

표 1-12

입 력		출 력	
A	*B*	*Z*	*LED*
0	0		
0	+5		
+5	0		
+5	+5		

표 1-13

입 력		출 력	
A	*B*	*Z*	*LED*
0	0		
0	+5		
+5	0		
+5	+5		

9. 그림 1-13과 같은 OR 게이트의 인에이블/디스에이블 회로를 구성하고, *B*입력에 1kH$_Z$의 구형파를 인가하고, *A*입력에 1과 0을 인가할 때 각각의 출력파형을 관찰하여 그림 1-14에 그려라. 단 구형파 발생기 인가시 offset 전압 2.5V을 인가하라.

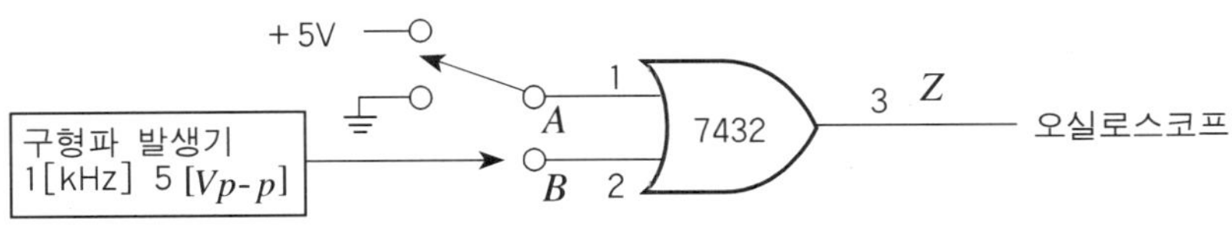

그림 1-13

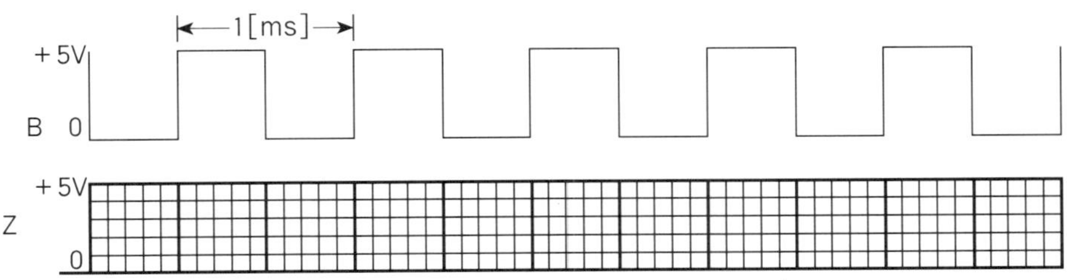

그림 1-14

10. 그림 1-15와 같은 AND 게이트의 인에이블/디스에이블 회로를 구성하고, *B*입력에 1kHz의 구형파를 인가하고, *A*입력에 1과 0을 인가할 때 각각의 출력파형을 관찰하여 그림 1-16에 그려라. 단 구형파 발생기 인가시 offset 전압 2.5V을 인가하라.

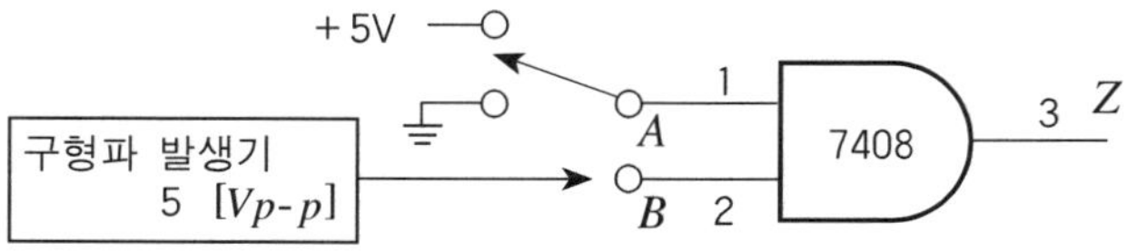

그림 1-15

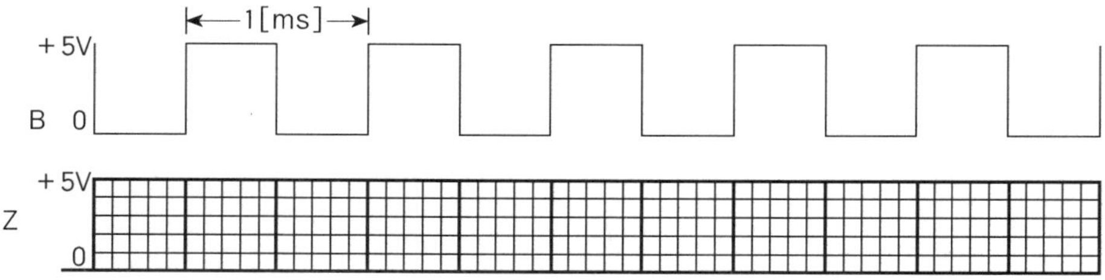

그림 1-16

실험 보고서

실 험 제 목	OR 게이트 · AND 게이트 · NOT 게이트		
실 험 일 자		실 험 조	
학번 및 성명			

실 험 결 과

1. 다이오드 OR 게이트

표 1-6

입 력		출 력
A	*B*	*Z*
0	0	
0	+5	
+5	0	
+5	+5	

2. 다이오드 AND 게이트

표 1-7

입 력		출 력
A	*B*	*Z*
0	0	
0	+5	
+5	0	
+5	+5	

3. OR 게이트

표 1-8

입 력		출 력
A	*B*	*Z*
0	0	
0	+5	
+5	0	
+5	+5	

4. AND 게이트

표 1-9

입 력		출 력
A	*B*	*Z*
0	0	
0	+5	
+5	0	
+5	+5	

5. 3-입력 AND 게이트

표 1-10

입 력			출 력
A	*B*	*C*	*Z*
0	0	0	
0	0	+5	
0	+5	0	
0	+5	+5	
+5	0	0	
+5	0	+5	
+5	+5	0	
+5	+5	+5	

6. NOT 게이트

표 1-11

입 력	출 력
A	*Z*
0	
+5	

7.

표 1-12

입 력		출 력	
A	*B*	*Z*	*LED*
0	0		
0	+5		
+5	0		
+5	+5		

8.

표 1-13

입 력		출 력	
A	*B*	*Z*	*LED*
0	0		
0	+5		
+5	0		
+5	+5		

9.

그림 1-14

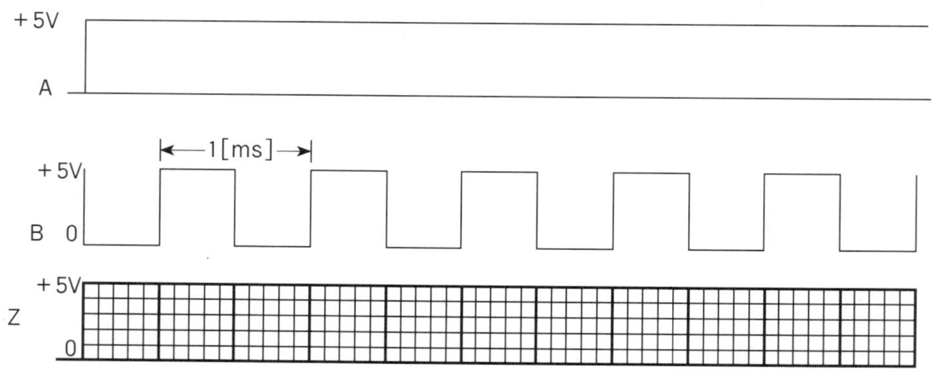

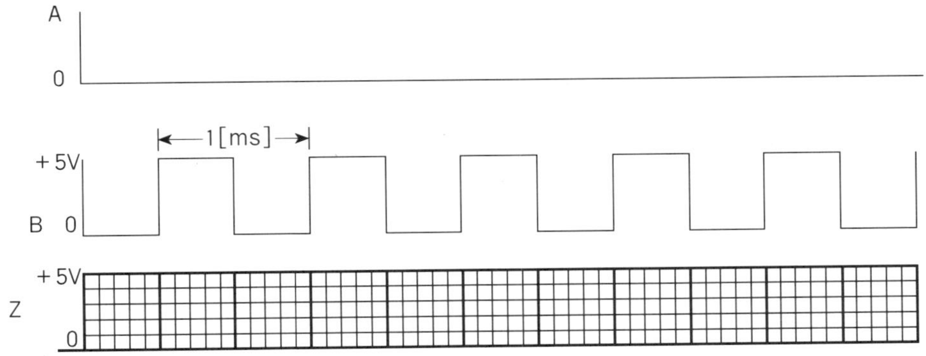

그림 1-16

10.

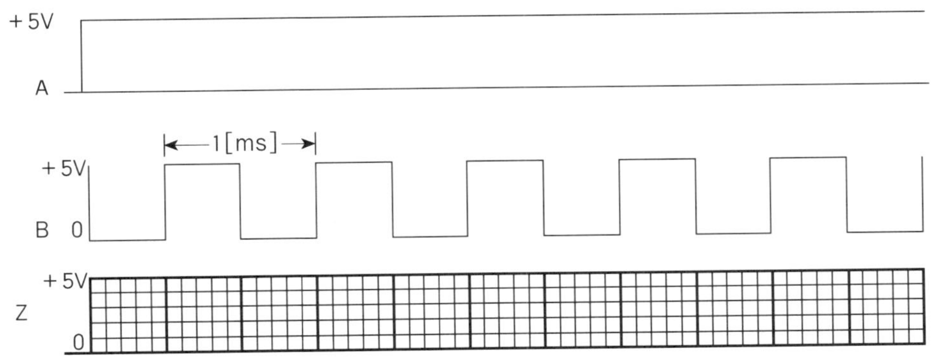

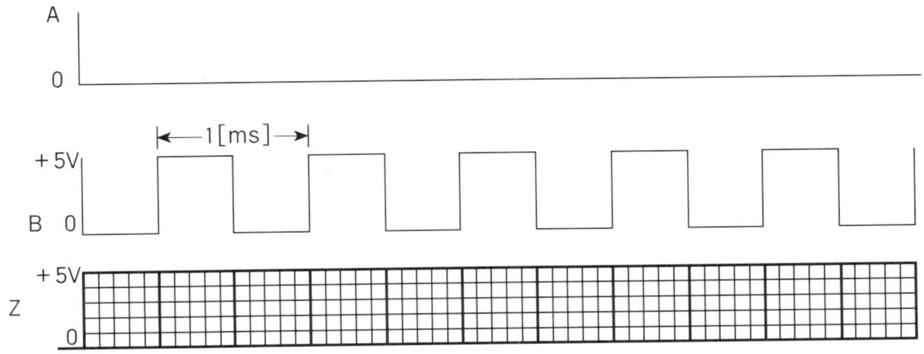

검토 및 고찰

실험 2

NAND 게이트 · NOR 게이트

목적

NAND 게이트 · NOR 게이트의 동작 특성을 이해하고 응용력을 기르는데 목적을 둔다.

이론

[1] NAND 게이트

디지털 논리 게이트 중 가장 많이 사용하는 게이트 중의 하나가 NAND 게이트이다. NAND 게이트는 AND 게이트의 출력을 NOT 게이트의 입력으로 한 단위회로이며, 입력이 모두 "1" 상태일 때만 출력이 "0" 상태로 되는 연산기능을 갖는 논리회로이다. NAND 게이트의 논리기호, 등가회로, 논리식은 그림 2-1과 같으며, 진리표는 표 2-1과 같다.

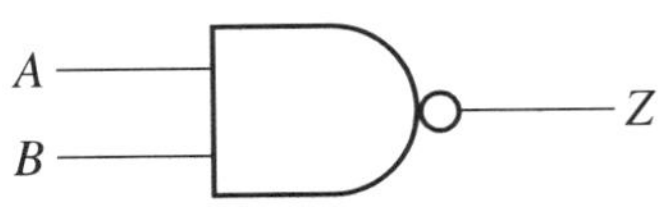

(a) 논리기호

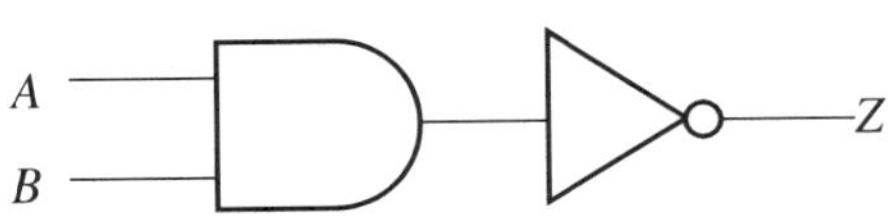

(b) 등가회로

$$Z = \overline{A \cdot B}$$

(c) 논리식

그림 2-1 NAND 게이트

표 2-1 NAND 게이트의 진리표

입 력		출 력
A	B	Z
0	0	1
0	1	1
1	0	1
1	1	0

3-입력 NAND 게이트의 논리기호와 진리표는 그림 2-2, 표 2-2와 같으며, 이 동작은 입력 *A*, *B*, *C*가 모두 "1" 상태일 때만 출력이 "0" 상태로 된다.

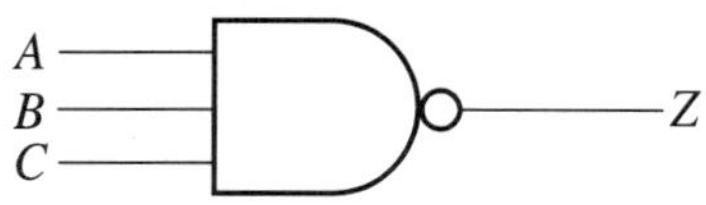

그림 2-2 3-입력 NAND 게이트

표 2-2 3-입력 NAND 게이트의 진리표

입 력			출 력
A	*B*	*C*	*Z*
0	0	0	1
0	0	1	1
0	1	0	1
0	1	1	1
1	0	0	1
1	0	1	1
1	1	0	1
1	1	1	0

[2] NAND 게이트를 사용한 AND 동작

그림 2-3에 두 개의 NAND 게이트가 직렬로 연결되어 있다.

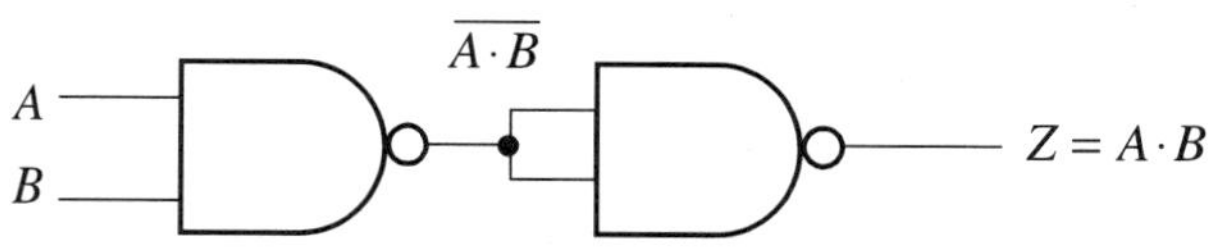

그림 2-3 NAND 게이트를 사용한 AND 동작

첫 번째 게이트는 2-입력 NAND 게이트이고, 두 번째 게이트는 NOT 게이트처럼 연결되어져 있다. 이 회로의 출력은 첫 번째 NAND 게이트 출력의 보수(complement), 즉 $Z=\overline{\overline{A \cdot B}}=A \cdot B$ 이다. NAND 게이트의 이와 같은 조합은 AND 동작과 같이 사용할 수 있다.

[3] NAND 게이트를 사용한 OR 동작

그림 2-4는 NOT 게이트와 같이 동작하는 2개의 NAND 게이트와 2-입력 NAND 게이

트로 구성되어 있다. 다음 회로의 동작은 입력-A 혹은 입력-B 둘 중 하나가 "1" 상태이면 출력은 "1" 상태가 된다. 이와 같은 동작은 OR 게이트 동작과 같으므로, 그림 2-4의 NAND 게이트의 조합은 OR 게이트 동작으로 사용할 수 있다.

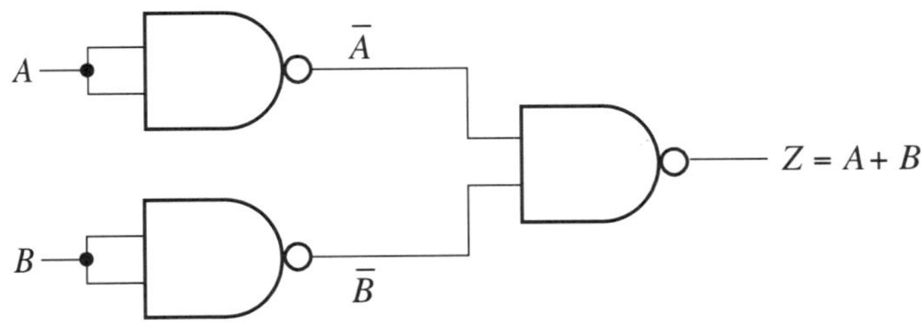

그림 2-4 NAND 게이트를 사용한 OR 동작

[4] NOR 게이트

NOR 게이트는 OR 게이트의 출력을 NOT 게이트의 입력으로 한 단위회로이며, 두 개의 입력(A, B) 중 1개라도 "1"상태이면 출력이 "0" 상태로 되는 연산기능을 갖는 논리 회로이다.

NOR 게이트의 논리회로, 등가회로, 논리식은 그림 2-5와 같으며 진리표는 표 2-3과 같다.

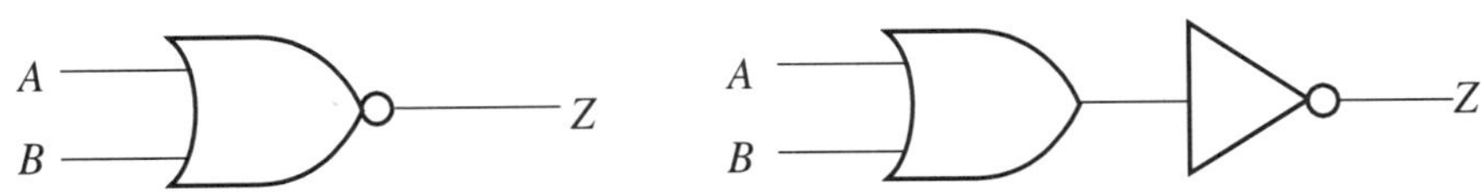

(a) 논리기호 (b) 등가회로

$$Z = \overline{A + B}$$

(c) 논리식

그림 2-5 NOR 게이트

표 2-3 NOR 게이트의 진리표

입 력		출 력
A	*B*	*Z*
0	0	1
0	1	0
1	0	0
1	1	0

3-입력 NOR 게이트의 논리기호, 진리표는 각각 그림 2-6, 표 2-4와 같으며, 이 동작은 2-입력 NOR 게이트와 같이 3개의 입력이 모두 "0" 상태일 때만 출력이 "1" 상태로 된다.

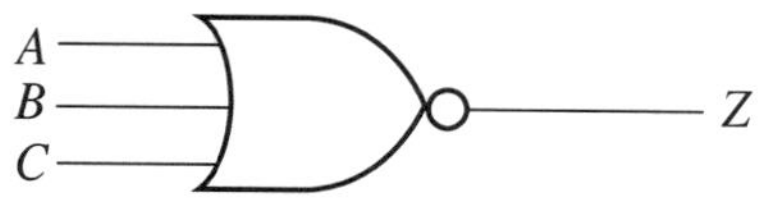

그림 2-6 3-입력 NOR 게이트

표 2-4 3-입력 NOR 게이트의 진리표

입 력			출 력
A	*B*	*C*	*Z*
0	0	0	1
0	0	1	0
0	1	0	0
0	1	1	0
1	0	0	0
1	0	1	0
1	1	0	0
1	1	1	0

[5] NOR 게이트를 사용한 OR 동작

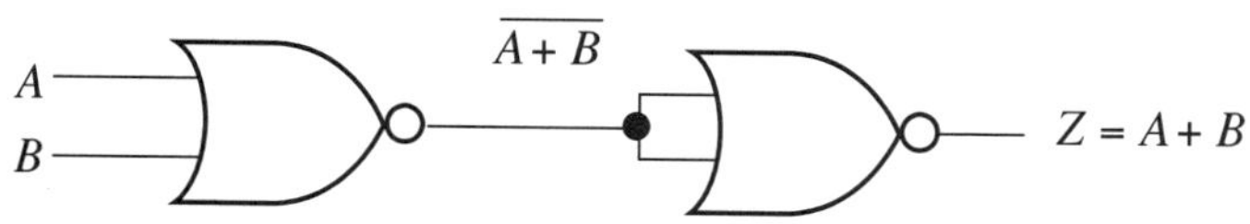

그림 2-7 NOR 게이트를 사용한 OR 동작

그림 2-7에 두 개의 NOR 게이트가 직렬로 연결되어 있다. 첫 번째 게이트는 2-입력 NOR 게이트이고, 두 번째 게이트는 NOT 게이트처럼 연결되어져 있다. 이 회로의 출력은 첫 번째 NOR 게이트 출력의 보수(complement), 즉 $Z=\overline{\overline{A+B}}=A+B$이다. NOR 게이트의 이와 같은 조합은 OR 동작으로 사용할 수 있다.

[6] NOR 게이트를 사용한 AND 동작

그림 2-8에 NOT 게이트와 같이 동작하는 두 개의 NOR 게이트와 2-입력 NOR 게이트로 구성되어 있다.

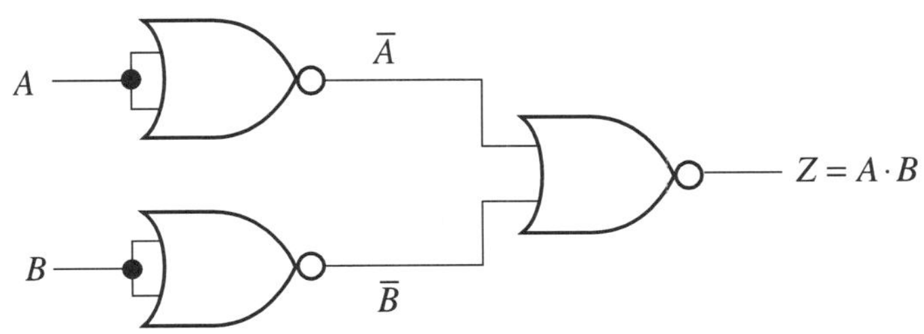

그림 2-8 NOR 게이트를 사용한 AND 동작

위 회로의 동작은 입력-A 혹은 입력-B 가 둘 다 "1" 상태일 때만 출력이 "1" 상태가 된다. 이와 같은 동작은 AND 게이트와 같으므로 그림 2-8과 같은 조합은 AND 동작과 같이 사용할 수 있다.

기재 및 부품

DC power supply
오실로스코프
7400(2-입력 NAND 게이트)
7402(2-입력 NOR 게이트)
7432(2-입력 OR 게이트)
7404(NOT 게이트)
7410(3-입력 NAND 게이트)
7427(3-입력 NOR 게이트)
저항 1kΩ×2
330 Ω 1개

LED 1개

실험 과정

1. 그림 2-9와 같은 NAND 게이트 회로를 구성하고, 출력 전압을 측정하여 표 2-5에 기록하라.

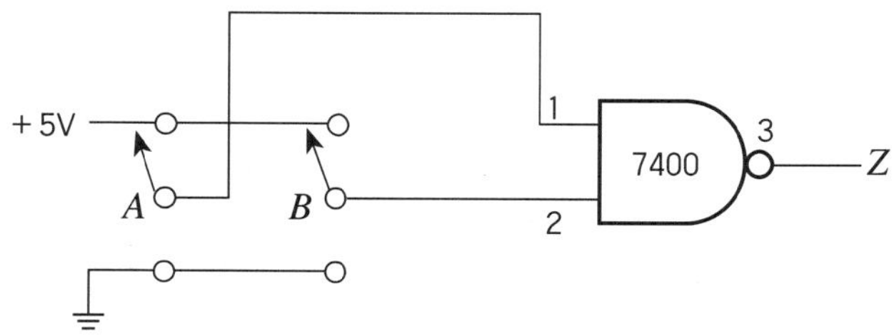

그림 2-9 NAND 게이트

표 2-5

입 력		출 력
A	*B*	*Z*
0	0	
0	+5	
+5	0	
+5	+5	

2. 그림 2-10과 같은 NOR 게이트 회로를 구성하고, 출력 전압을 측정하여 표 2-6에 기록하라.

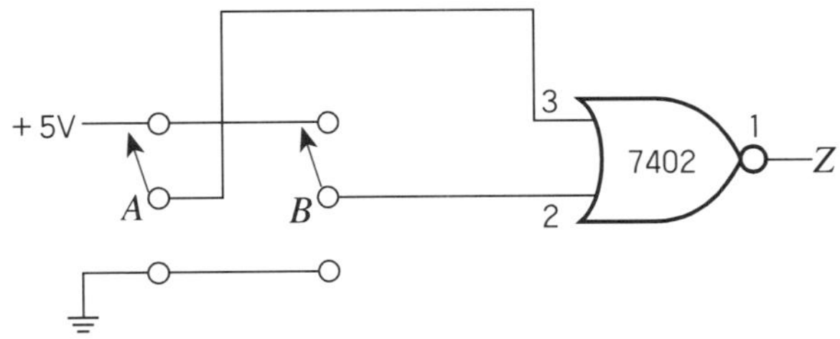

그림 2-10 NOR 게이트

표 2-6

입 력		출 력
A	B	Z
0	0	
0	+5	
+5	0	
+5	+5	

3. 그림 2-11과 같은 NAND를 사용한 AND 동작 회로를 구성하고, 출력 전압을 측정하여 표 2-7에 기록하라.

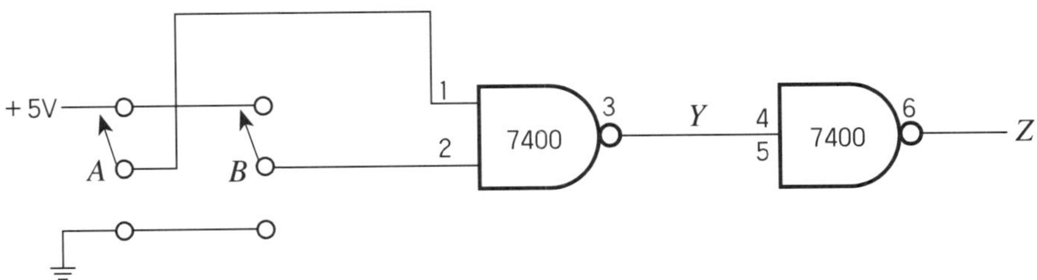

그림 2-11 NAND를 사용한 AND 동작

표 2-7

입 력		출 력	
A	*B*	*Y*	*Z*
0	0		
0	+5		
+5	0		
+5	+5		

4. 그림 2-12와 같은 NOR를 사용한 AND 동작 회로를 구성하고, 출력 전압을 측정하여 표 2-8에 기록하라.

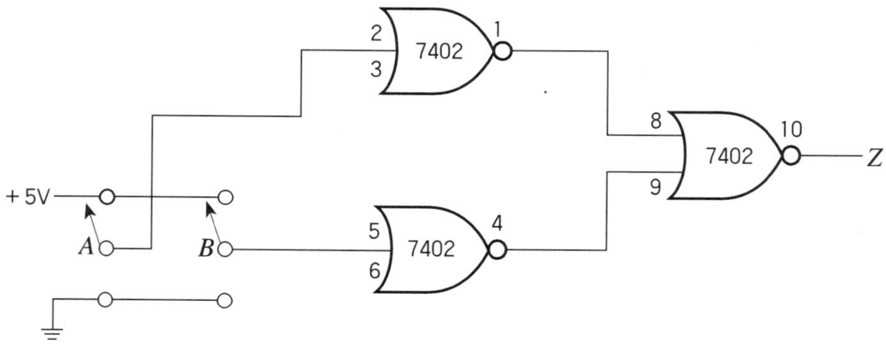

그림 2-12 NOR를 사용한 AND 동작

표 2-8

입 력		출 력
A	*B*	*Z*
0	0	
0	+5	
+5	0	
+5	+5	

5. 그림 2-13과 같은 NAND를 사용한 OR 동작 회로를 구성하고, 출력 전압을 측정하여 표 2-9에 기록하라.

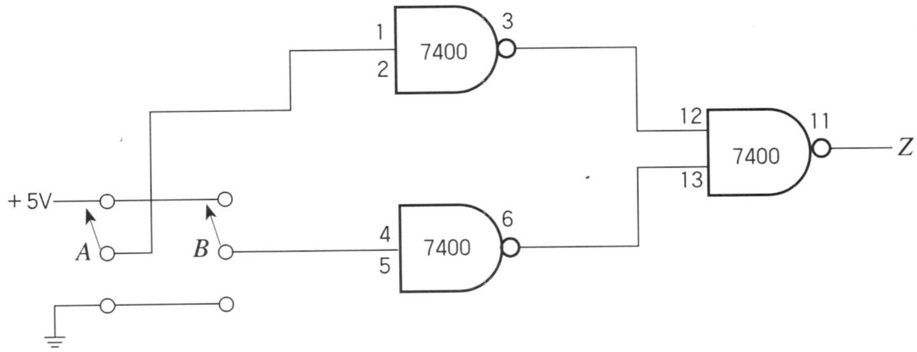

그림 2-13 NAND를 사용한 OR 동작

표 2-9

입 력		출 력
A	*B*	*Z*
0	0	
0	+5	
+5	0	
+5	+5	

6. 그림 2-14와 같은 NOR(OR+NOT) 게이트 회로를 구성하고, 출력 전압을 측정하여 표 2-10에 기록하라.

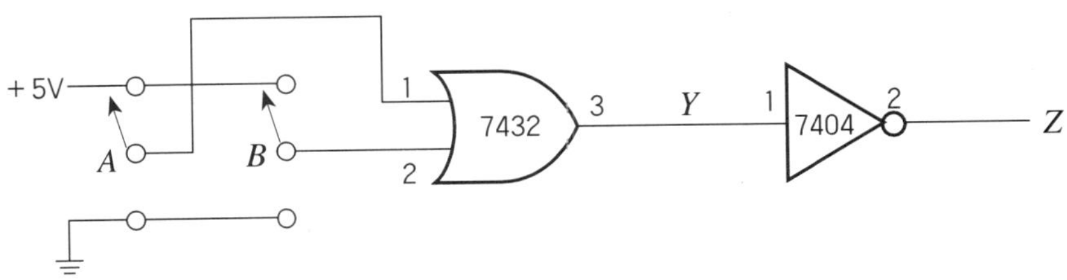

그림 2-14 NOR(OR+NOT) 게이트

표 2-10

입 력		출 력	
A	*B*	*Y*	*Z*
0	0		
0	+5		
+5	0		
+5	+5		

7. 그림 2-15와 같은 3-입력 NAND 게이트 회로를 구성하고, 출력 전압을 측정하여 표 2-11에 기록하라.

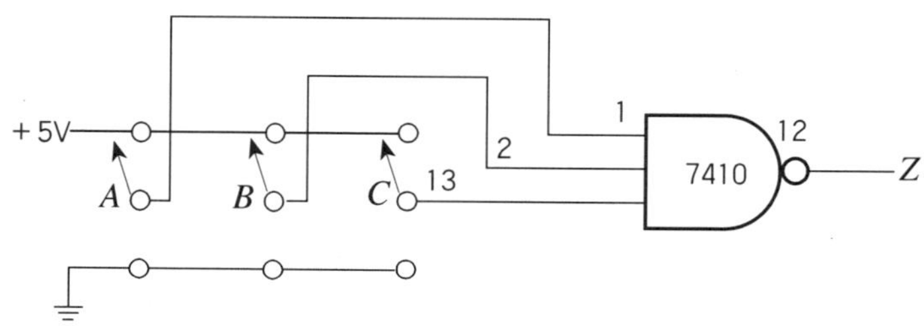

그림 2-15 3-입력 NAND 게이트

표 2-11

입 력			출 력
A	*B*	*C*	*Z*
0	0	0	
0	0	+5	
0	+5	0	
0	+5	+5	
+5	0	0	
+5	0	+5	
+5	+5	0	
+5	+5	+5	

8. 그림 2-16과 같은 NOR 게이트를 사용한 OR 게이트 동작회로를 구성하고, 출력전압을 측정하여 표 2-12에 기록하라.

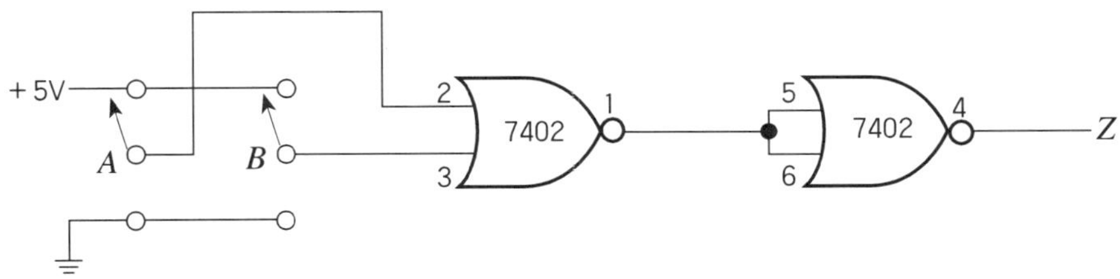

그림 2-16

표 2-12

입 력		출 력
A	*B*	*Z*
0	0	
0	+5	
+5	0	
+5	+5	

9. 그림 2-17과 같은 회로를 구성하고 NAND 게이트의 출력전압 Z과 LED의 출력(ON, OFF)을 표 2-13에 기록하라.

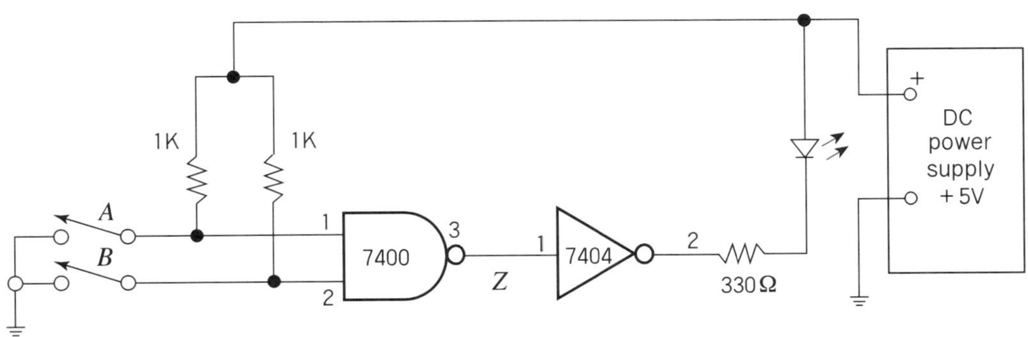

그림 3-17

10. 그림 2-17에서 NAND 게이트를 NOR 게이트로 대치하고 NOR 게이트의 출력전압 Z과 LED의 출력(ON, OFF)을 표 2-14에 기록하라.

표 2-13

입 력		출 력	
A	*B*	*Z*	*LED*
0	0		
0	+5		
+5	0		
+5	+5		

표 2-14

입 력		출 력	
A	*B*	*Z*	*LED*
0	0		
0	+5		
+5	0		
+5	+5		

실험 보고서

실험제목	NAND 게이트 · NOR 게이트		
실험일자		실험조	
학번 및 성명			

실험결과

1. NAND 게이트

표 2-5

입력		출력
A	*B*	*Z*
0	0	
0	+5	
+5	0	
+5	+5	

2. NOR 게이트

표 2-6

입력		출력
A	*B*	*Z*
0	0	
0	+5	
+5	0	
+5	+5	

3. NAND을 사용한 AND 동작

표 2-7

입력		출력	
A	*B*	*Y*	*Z*
0	0		
0	+5		
+5	0		
+5	+5		

4. NOR을 사용한 AND 동작

표 2-8

입력		출력
A	*B*	*Z*
0	0	
0	+5	
+5	0	
+5	+5	

5. NAND을 사용한 OR 동작

표 2-9

입력		출력
A	*B*	*Z*
0	0	
0	+5	
+5	0	
+5	+5	

6. NOR(OR+NOT) 게이트

표 2-10

입력		출력	
A	*B*	*Y*	*Z*
0	0		
0	+5		
+5	0		
+5	+5		

7. 3-입력 NAND 게이트

표 2-11

입 력			출 력
A	*B*	*C*	*Z*
0	0	0	
0	0	+5	
0	+5	0	
0	+5	+5	
+5	0	0	
+5	0	+5	
+5	+5	0	
+5	+5	+5	

8. NOR을 사용한 OR 동작

표 2-12

입 력		출 력
A	*B*	*Z*
0	0	
0	+5	
+5	0	
+5	+5	

9. 표 2-13

입 력		출 력	
A	*B*	*Z*	*LED*
0	0		
0	+5		
+5	0		
+5	+5		

10. 표 2-14

입 력		출 력	
A	*B*	*Z*	*LED*
0	0		
0	+5		
+5	0		
+5	+5		

검토 및 고찰

실험 3

부울 대수와 De Morgan의 정리

목적

부울 대수의 기본공리와 정리를 이해하고, De Morgan의 정리를 실험적으로 증명하는 데 목적을 둔다.

이론

[1] 부울 대수

부울 대수는 0과 1의 2개 요소와 +, ·의 두 연산자만을 사용하는 대수로서 다음과 같은 공리를 바탕으로 하여 전개되는 대수이다.

공리 1. ⓐ $A \neq 0$ 이면 $A=1$

$A=1$ 이면 $\overline{A}=0$

ⓑ $A \neq 1$ 이면 $A=0$

$A=0$ 이면 $\overline{A}=1$

공리 2. ⓐ $0 \cdot 0=0$

ⓑ $1+1=1$

공리 3. ⓐ $1 \cdot 1=1$

ⓑ $0+0=0$

공리 4. ⓐ $0 \cdot 1=0$, $1 \cdot 0=0$

ⓑ $1+0=1$, $0+1=1$

공리 5. ⓐ $\overline{1}=0$

ⓑ $\overline{0}=1$

위의 공리는 참, 거짓, 있다(실), 없다(허) 또는 스위치의 개폐 등으로 대응하여 설명할 수 있다. 위의 공리를 기본으로 하여 그 관계가 확실히 성립하는 부울 대수의 정리를 들면 다음과 같다.

정리 1. 교환법칙

ⓐ $A \cdot B = B \cdot A$

ⓑ $A + B = B + A$

정리 2. 결합법칙

ⓐ $(AB)C = A(BC)$

ⓑ $(A+B)+C = A+(B+C)$

정리 3. 분배법칙

ⓐ $(A+B)(A+C) = A+BC$

ⓑ $AB+AC = A(B+C)$

정리 4. ⓐ $A \cdot 0 = 0$

ⓑ $A + 1 = 1$

정리 5. ⓐ $A \cdot 1 = A$

ⓑ $A + 0 = A$

정리 6. ⓐ $A \cdot \bar{A} = 0$

ⓑ $A + \bar{A} = 1$

정리 7. ⓐ $A \cdot A = A$

ⓑ $A + A = A$

정리 8. ⓐ $A(A+B) = A$

ⓑ $A + AB = A$

정리 9. $\bar{\bar{A}} = A$

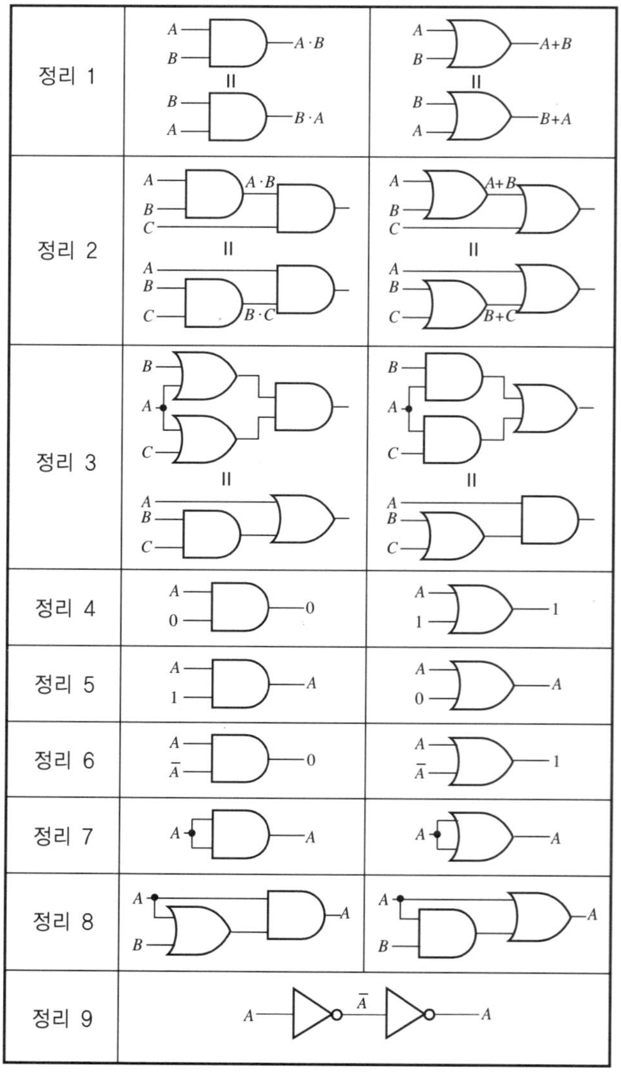

그림 3-1 정리의 논리회로

[2] De Morgan 정리

논리학에 대한 De Morgan의 중요한 공헌 중에는 다음 두 가지 정리가 있다.

$$\overline{A+B} = \overline{A} \cdot \overline{B} \quad (3\text{-}1)$$

$$\overline{A \cdot B} = \overline{A} + \overline{B} \quad (3\text{-}2)$$

(3-1)식은 합의 보수는 각각의 보수의 곱과 같다는 것을 뜻하며, (3-2)식은 곱의 보수는 각각의 보수의 합과 같다는 것을 뜻한다.

식(3-1)과 식(3-2)는 NAND 게이트와 NOR 게이트의 진리표를 사용하여 등가회로를 그려 보면 쉽게 이해할 수 있을 것이다. 첫째로 NAND 게이트의 진리표와 등가회로를 그려 보면 그림 3-2와 표 3-1과 같다.

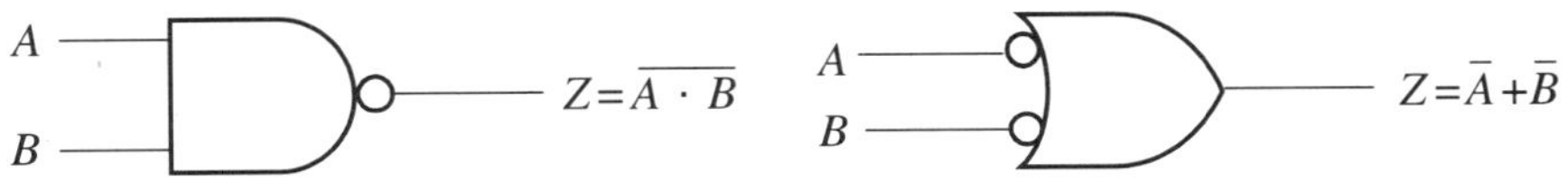

그림 3-2

표 3-1

입 력		출 력
A	B	Z
0	0	1
0	1	1
1	0	1
1	1	0

둘째로 NOR 게이트의 진리표와 등가회로를 그려보면 그림 3-3과 표 3-2와 같다.

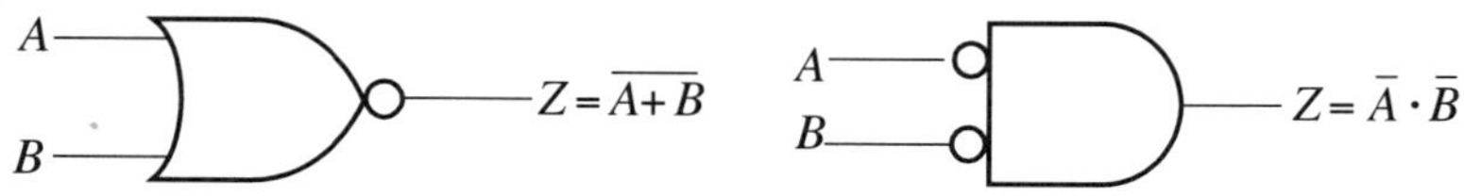

그림 3-3

표 3-2

입 력		출 력
A	B	Z
0	0	1
0	1	0
1	0	0
1	1	0

위의 두 식을 일반화하면 임의의 입력 수에 대하여 다음과 같이 쓸 수 있다.

$$\overline{A+B+C+\cdots\cdots+N} = \overline{A}\cdot\overline{B}\cdot\overline{C}\ \cdots\cdots\ \cdot\overline{N} \qquad (3\text{-}3)$$

$$\overline{A\cdot B\cdot C\cdot\ \cdots\cdots\ \cdot N} = \overline{A}+\overline{B}+\overline{C}+\cdots\cdots+\overline{N} \qquad (3\text{-}4)$$

식(3-1), (3-2)를 De Morgan의 정리라 하며 이 두 식은 NAND 게이트와 NOR 게이트의 응용 및 논리회로를 간소화시키는 데 널리 이용되고 있다.

1) NAND 게이트를 이용한 경우

$$A\cdot B = \overline{\overline{A\cdot B}}$$

또한 De Morgan 정리에 의하여

$$A+B = \overline{\overline{A+B}} = \overline{\overline{A}\cdot\overline{B}}$$

이 되므로 NAND 게이트만을 이용한 NOT, AND, OR, NOR 게이트는 그림 3-4와 같다.

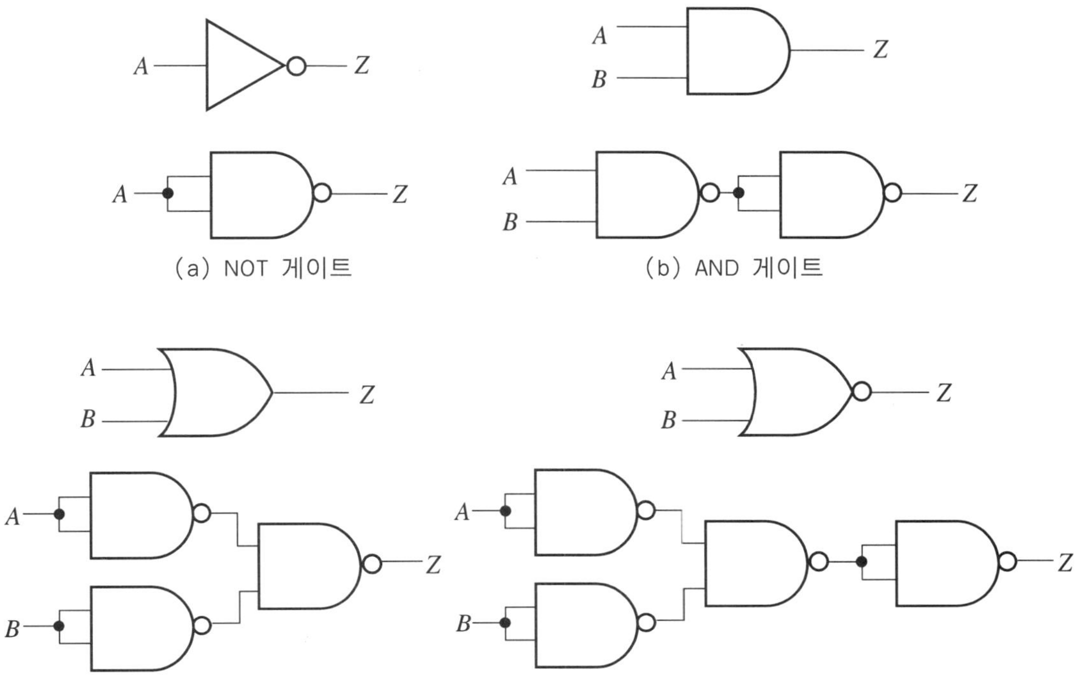

(a) NOT 게이트 (b) AND 게이트

(c) OR 게이트 (d) NOR 게이트

그림 3-4 NAND 게이트만을 이용한 기본 논리회로

2) NOR 게이트를 이용한 경우

$$A + B = \overline{\overline{A + B}}$$

이고 De Morgan의 정리에 의하여

$$A \cdot B = \overline{\overline{A \cdot B}} = \overline{\overline{A} + \overline{B}}$$

이므로 NOR 게이트만을 이용하여, NOT, OR, AND, NAND 게이트를 구성하면 그림 3-5와 같이 된다.

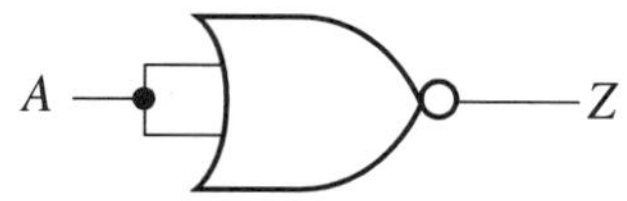

(a) NOT 게이트

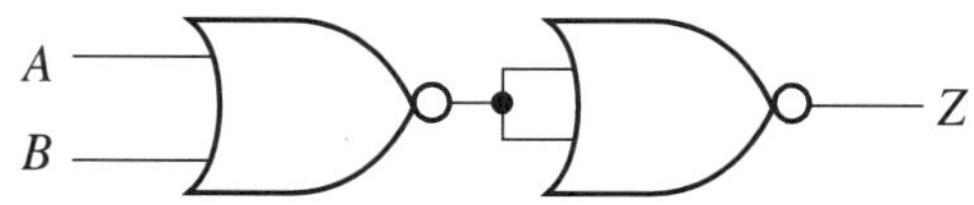

(b) OR 게이트

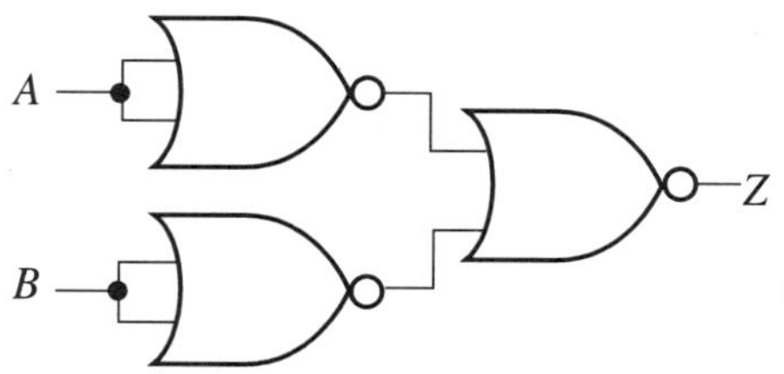

(c) AND 게이트

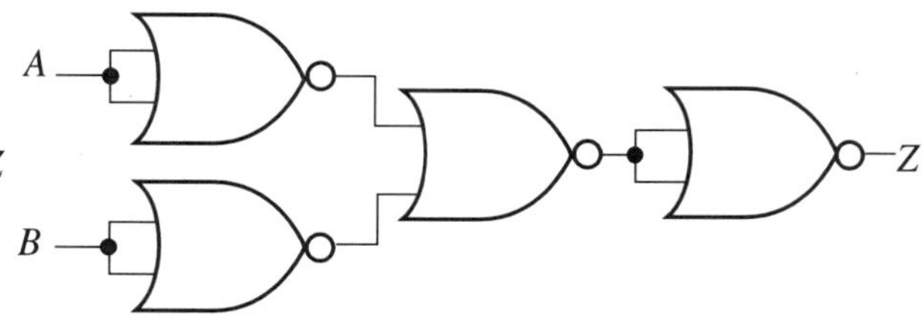

(d) NAND 게이트

그림 3-5 NOR 게이트만을 이용한 기본 논리 회로

다음으로 논리 게이트의 등가성을 AND-OR-Non-Invert와 AND-OR-Invert의 등가회로를 그리면 그림 3-6, 표 3-3과 표 3-4과 그림 3-7, 표 3-5와 표 3-6이 된다.

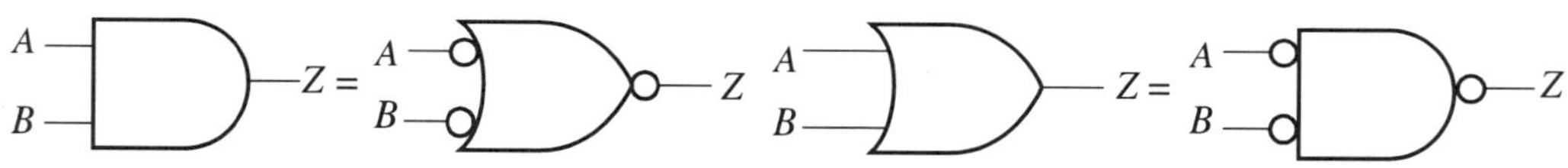

양의 AND 음의 NOR 양의 OR 음의 NAND

그림 3-6 AND-OR-Non Invert

표 3-3

입 력		출 력
A	*B*	*Z*
0	0	0
0	1	0
1	0	0
1	1	1

표 3-4

입 력		출 력
A	*B*	*Z*
0	0	0
0	1	1
1	0	1
1	1	1

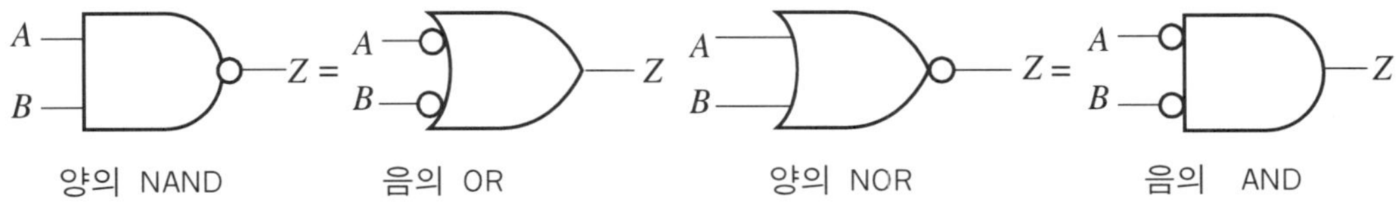

그림 3-7 NAND-NOR-Invert

표 3-5

입력		출력
A	*B*	*Z*
0	0	1
0	1	1
1	0	1
1	1	0

표 3-6

입력		출력
A	*B*	*Z*
0	0	1
0	1	0
1	0	0
1	1	0

[3] 오픈 컬렉터(open collector)형 게이트

그림 3-8의 (a)에서 출력 트랜지스터의 컬렉터에 부하저항이 없이 개방된 회로를 오픈컬렉터형 게이트라고 말하며 정상동작을 위해서는 그림 3-8의 (b)와 같이 출력 부분의 컬렉터와 +전원 사이에 풀-업(pull-up)저항을 넣어야한다.

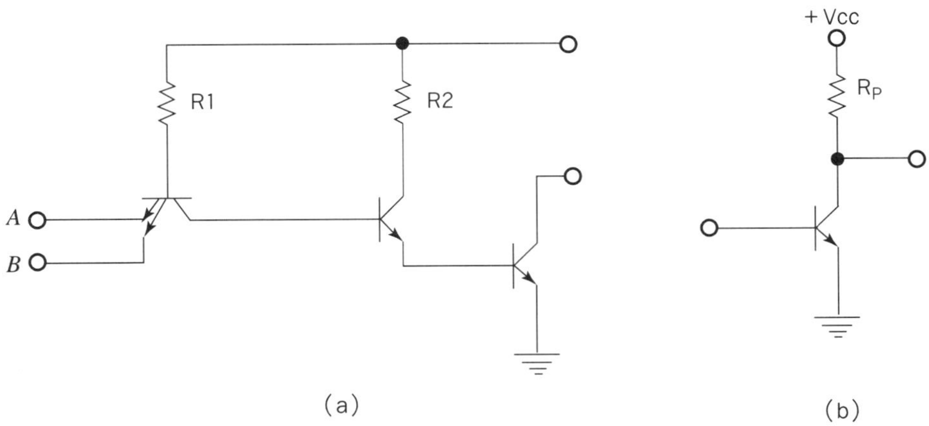

그림 3-8 오픈 컬렉터(open collector)

[4] 풀-업 저항(pull-up resister)

오픈 컬렉터(open collector)형 게이트에서 출력 트랜지스터의 컬렉터와 전원(+5V)사이에 넣는 저항(R_P 보통 5KΩ정도를 사용)을 풀-업 저항이라고 말하며 저항을 넣지 않고 컬렉터와 +5V 사이를 직접 접속하면 IC가 과열되고 올바로 동작을 하지 않으므로 주의해야 한다.(오픈 컬렉터형 IC의 예;7403, 7405, 7406, 7409)

[5] 와이어드 AND(wired AND)와 와이어드 OR

오픈 컬렉터 형 IC에서 여러 개의 출력을 1개로 묶어 공통의 저항을 통해 전원에 연결하는 것을 와이어드 AND라고 말하며 실제로는 게이트가 없고 얻어지는 기능만 표시하며 풀업저항이 필요하다. 그림 3-9의 (a)와 같이 3개의 오픈 컬렉터 NAND의 출력을 묶고 공통으로 풀업 저항을 연결하면 AND게이트가 없어도 AND게이트를 접속한 것과 같은 동작을 하게된다. 그림 3-9의 (b)는 와이어드 OR 회로이다.

$$X = \overline{AB} \cdot \overline{CD} \cdot \overline{EF}$$
$$Y = (\overline{A+B}) + (\overline{C+D}) + (\overline{E+F})$$

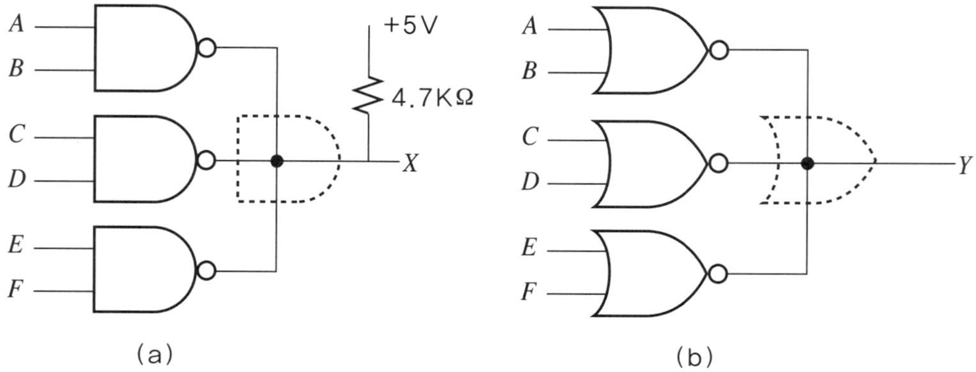

그림 3-9 와이어드 AND와 와이어드 OR

기재 및 부품

DC Power supply

오실로스코프

7400(2-입력 NAND 게이트)

7402(2-입력 NOR 게이트)
7404(NOT 게이트)
7405(open collector inverter)
7408(2-입력 AND 게이트)
7420(4-입력 NAND게이트)
7432(2-입력 OR 게이트)
저항 : 5.6 kΩ

실험과정

1. 그림 3-10과 같은 회로를 구성하고, 출력 전압을 측정하여 표 3-7에 기록하라. 또 출력 Z의 논리식을 구하라.

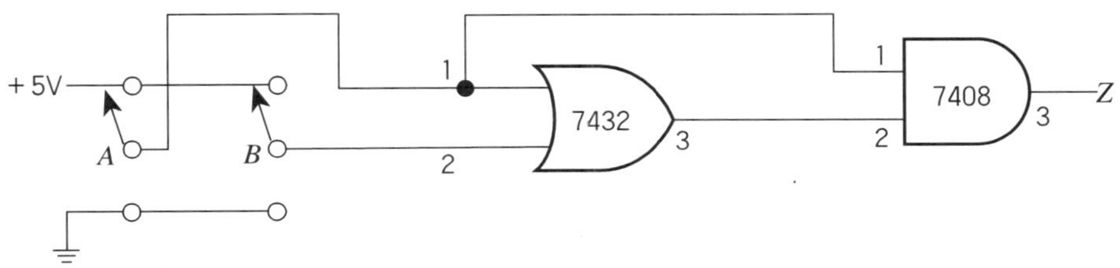

그림 3-10

표 3-7

입 력		출 력
A	B	Z
0	0	
0	+5	
+5	0	
+5	+5	

2. 그림 3-11과 같은 회로를 구성하고, 출력전압을 측정하여 표 3-8에 기록하라. 또 출력 Z의 논리식을 구하라.

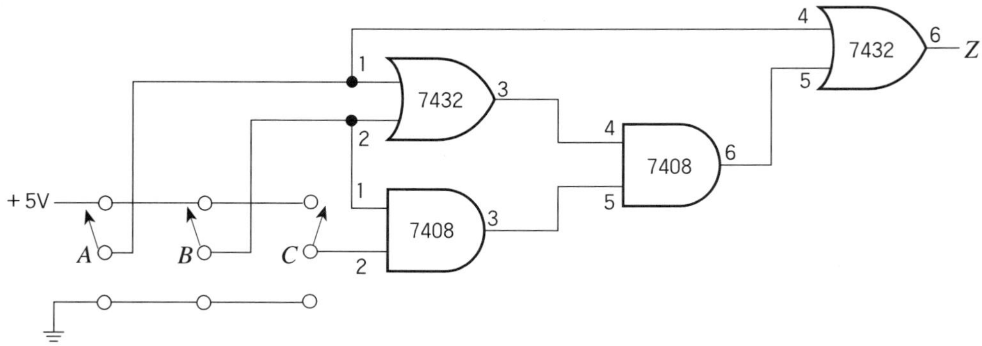

그림 3-11

표 3-8

입 력			출 력
A	*B*	*C*	*Z*
0	0	0	
0	0	+5	
0	+5	0	
0	+5	+5	
+5	0	0	
+5	0	+5	
+5	+5	0	
+5	+5	+5	

3. 그림 3-12와 같은 회로를 구성하고, 출력전압 Z을 측정하여 표 3-9에 기록하라. 또 출력 Z의 논리식을 구하라.

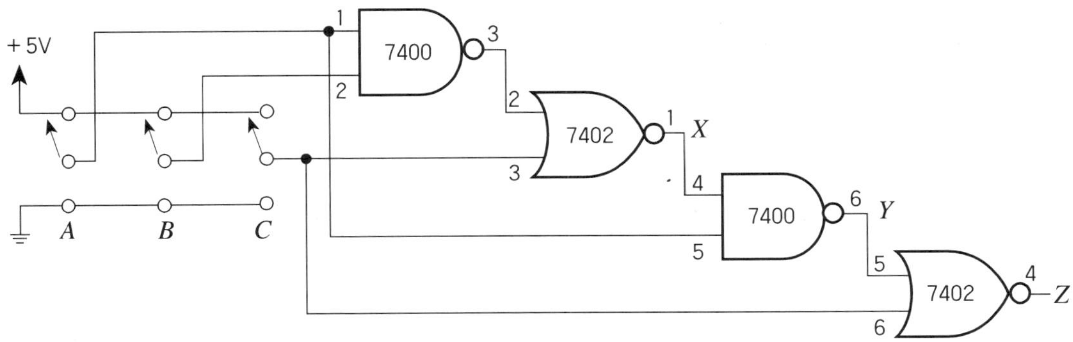

그림 3-12

표 3-9

입 력			출 력		
A	*B*	*C*	*X*	*Y*	*Z*
0	0	0			
0	0	+5			
0	+5	0			
0	+5	+5			
+5	0	0			
+5	0	+5			
+5	+5	0			
+5	+5	+5			

4. 그림 3-13과 같은 회로를 구성하고, 지시된 점에서 전압을 측정하여 표 3-10에 기록하라. 또 출력 *X*와 출력 *Y*의 논리식을 구하라.

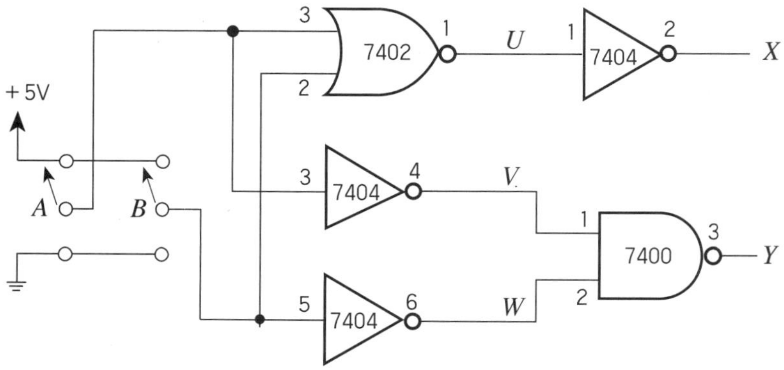

그림 3-13

표 3-10

A	B	U	V	W	X	Y
0	0					
0	+5					
+5	0					
+5	+5					

5. 그림 3-14와 같은 회로를 구성하고, 지시된 점에서 전압을 측정하여 표 3-11에 기록하라. 또 출력 X와 출력 Y의 논리식을 구하라.

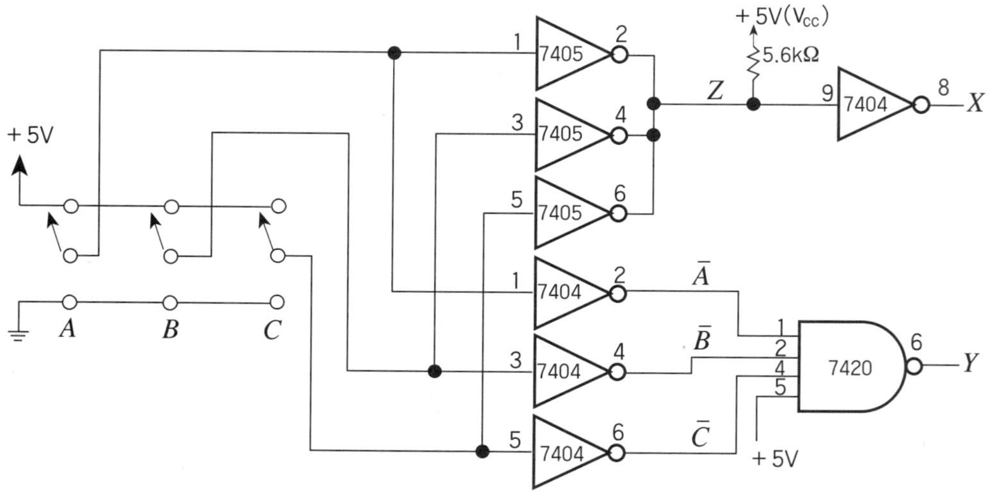

그림 3-14

표 3-11

A	B	C	$\overline{A}$	$\overline{B}$	$\overline{C}$	Z	X	Y
0	0	0						
0	0	+5						
0	+5	0						
0	+5	+5						
+5	0	0						
+5	0	+5						
+5	+5	0						
+5	+5	+5						

6. 그림 3-15와 같은 회로를 구성하고, 지시된 점에서 전압을 측정하여 표 3-12에 기록하라. 또 출력 X와 출력 Y의 논리식을 구하라.

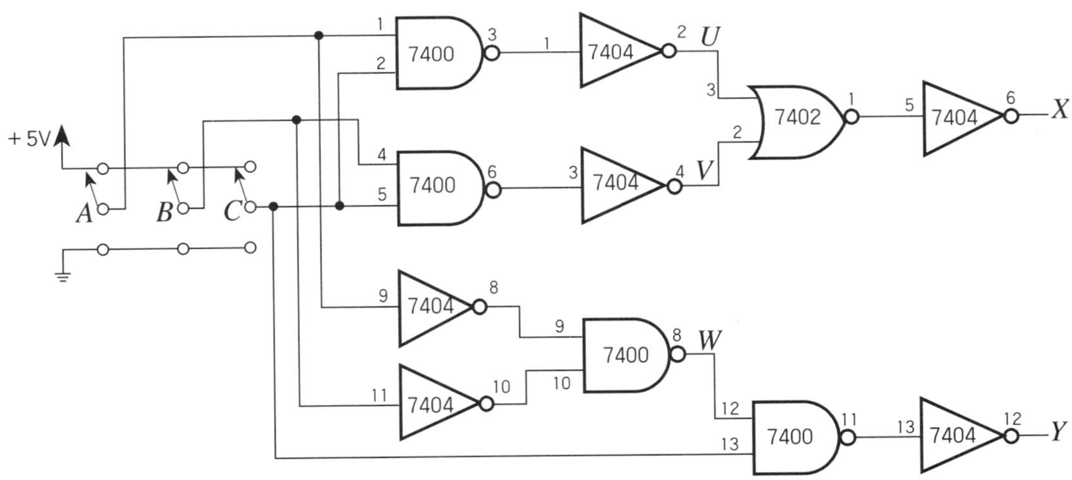

그림 3-15

표 3-12

A	*B*	*C*	*U*	*V*	*W*	*X*	*Y*
0	0	0					
0	0	+5					
0	+5	0					
0	+5	+5					
+5	0	0					
+5	0	+5					
+5	+5	0					
+5	+5	+5					

실험 보고서

실 험 제 목	부울 대수와 De Morgan의 정리		
실 험 일 자		실 험 조	
학번 및 성명			

실 험 결 과

1. 표 3-7

입 력		출 력
A	*B*	*Z*
0	0	
0	+5	
+5	0	
+5	+5	

2. 표 3-8

입 력			출 력
A	*B*	*C*	*Z*
0	0	0	
0	0	+5	
0	+5	0	
0	+5	+5	
+5	0	0	
+5	0	+5	
+5	+5	0	
+5	+5	+5	

3. 표 3-9

입 력			출 력		
A	*B*	*C*	*X*	*Y*	*Z*
0	0	0			
0	0	+5			
0	+5	0			
0	+5	+5			
+5	0	0			
+5	0	+5			
+5	+5	0			
+5	+5	+5			

4.

표 3-10

A	B	U	V	W	X	Y
0	0					
0	+5					
+5	0					
+5	+5					

5.

표 3-11

A	B	C	$\overline{A}$	$\overline{B}$	$\overline{C}$	Z	X	Y
0	0	0						
0	0	+5						
0	+5	0						
0	+5	+5						
+5	0	0						
+5	0	+5						
+5	+5	0						
+5	+5	+5						

6.

표 3-12

A	B	C	U	V	W	X	Y
0	0	0					
0	0	+5					
0	+5	0					
0	+5	+5					
+5	0	0					
+5	0	+5					
+5	+5	0					
+5	+5	+5					

검토 및 고찰

실험 4

카르노 맵(Karnaugh Map)

목적

카르노 맵은 부울(Bool)식을 간소화하기 위한 체계적인 방법으로써 논리회로, 부울식, 진리표, 카르노 맵간의 상호변환 방법과 원리를 이해하는데 목적을 둔다.

이론

카르노 맵은 부울식을 간소화하기 위한 체계적인 방법으로써 도식적인 방법이라 할 수 있다. 대수적 간소화의 효율성은 불대수의 모든 법칙, 규칙, 정리에 대한 이해와 적용하는 능력에 따라 달라질 수 있다. 그러나 카르노 맵은 간소화를 위한 구체적인 방법을 제시한다. 카르노 맵은 입력 변수의 가능한 모든 값과 해당되는 출력을 나타내므로 진리표와 유사하다. 그러나 카르노 맵은 진리표와 달리 행과 열로 구성되어 있지 않고, 입력변수의 2진값을 나타내는 셀들로 구성되어 있다. 셀들은 이것을 적절히 묶어서 주어진 식에 대한 간소화된 표현식을 구할 수 있도록 정렬되어 있다. 카르노 맵은 2변수, 3변수, 4변수 및 5변수로 이루어진 식 모두에 적용할 수 있다.

[1] 카르노 맵(Karnaugh Map)

카르노 맵(카르노 선도)은 논리식을 간략화하기 방법으로 그림을 통한 해석 방법이다. 보통 입력변수가 5개 이상일 때는 비효율적이므로 보통 4개 이하일 때만 사용한다.

① 그림 안의 가로와 세로에 배열된 변수의 나열은 그레이(Gray) 코드이다.

그림 4-1과 그림 4-2는 3변수 함수의 카르노 맵이다. 진리표로부터 카르노 맵을 작성할 때는 그림 4-1과 같이 숫자변수로 표시하고, 부울식으로부터 카르노 맵을 작성할 때는 그림

4-2와 같이 영문자 변수로 표시하는 것이 편리하다.

A \ BC	00	01	11	10
0				
1				

그림4-1 3변수 카르노 맵

A \ BC	$\overline{B}\overline{C}$	$\overline{B}C$	BC	$B\overline{C}$
$\overline{A}$				
A				

그림 4-2 3변수 카르노 맵

② 진리표로부터 카르노 맵을 작성한다. 표 4-1의 진리표에 대한 카르노 맵은 그림 4-3과 같이 된다.

표 4-1 진리표

입 력			출 력
A	*B*	*C*	*X*
0	0	0	0
0	0	1	1
0	1	0	0
0	1	1	1
1	0	0	0
1	0	1	1
1	1	0	1
1	1	1	1

A \ BC	00	01	11	10
0	0	1	1	0
1	0	1	1	1

그림 4-3 3변수 카르노 맵

③ 가능한 큰 항들로 묶고, 큰 항에 포함되지 않는 것은 작은 항으로 묶는다.
묶는 순서 : 16 =〉 8 =〉 4 = 〉 2= 〉1

그림 4-4는 8개, 4개, 2개로 각각 묶은 것을 나타낸다.

AB \ CD	00	01	11	10
00	0	1	1	1
01	0	1	1	1
11	1	1	1	0
10	1	1	1	0

그림 4-4 4변수 카르노 맵

④ 행(行)에서 제일 위의 칸은 제일 아래 칸과 그리고 종(縱)의 제일 왼쪽 칸은 제일 오른쪽 칸과 각각 묶을 수 있다. 그림 4-5는 상하와 좌우를 말아감기(rolling)로 각각 묶은 것이다.

AB \ CD	00	01	11	10
00	0	1	1	0
01	1	0	0	1
11	1	0	0	1
10	0	1	1	0

그림 4-5 4변수 카르노 맵

⑤ 4개의 모서리도 말아감기(rolling)로 묶을 수 있다. 그림 4-6은 4개의 모서리를 1개로 묶은 것이다.

AB \ CD	00	01	11	10
00	1	0	0	1
01	0	0	0	0
11	0	0	0	0
10	1	0	0	1

그림 4-6 4변수 카르노 맵

[2] 최소항(Minterm)으로 카르노 맵에서 논리식을 구하는 방법

두 칸 항에서 변하는 변수는 버리고 변하지 않는 변수가 1이면 그대로, 0이면 보수를 취하여 곱한 다음, 이 항들을 합하면 카르노 맵을 만족한다.

예제 4-1 그림 4-7의 3변수 카르노 맵에서 최소항으로 논리식 X를 구하시오.

A \ BC	00	01	11	10
0	1	0	0	1
1	1	1	0	1

그림 4-7 3변수 카르노 맵

말아감기로 좌 · 우 4개와 행(行)으로 2개를 각각 묶는다.

$$X = X(1) + X(2) = A\overline{B} + \overline{C}$$

[3] 최대항(Maxterm)으로 카르노 맵에서 논리식을 구하는 방법

두 칸 항에서 변하는 변수는 버리고 변하지 않는 변수가 0이면 그대로, 1이면 보수를 취하여 합한 다음 이 항들을 곱하면 카르노 맵을 만족한다.

예제 4-2 그림 4-8의 카르노 맵에서 최대항으로 논리식 X를 구하시오.

A \ BC	00	01	11	10
0	1	0	0	1
1	1	1	0	1

그림 4-8 3변수 카르노 맵

좌우, 상하로 각각 2개씩 묶는다.

$$X = X(1) \cdot X(2) = (A + \overline{C})(\overline{B} + \overline{C})$$

전개한 후 간략화한다.

$$\begin{aligned} X &= (A + \overline{C})(\overline{B} + \overline{C}) \\ &= A\overline{B} + A\overline{C} + \overline{B}\overline{C} + \overline{C} \end{aligned}$$

$$= A\overline{B} + \overline{C}(A + \overline{B} + 1)$$
$$= A\overline{B} + \overline{C}$$

[4] 2변수 카르노 맵

2진수에서 2개의 변수 A, B는 0과 1의 값을 취하므로 결합 가능한 조합수는 $2^2=4$개의 항을 갖고 가로와 세로에 각 변수를 할당하고 그림 4-9와 같이 4개의 칸으로 구성한다.

A \ B	0	1
0	00	01
1	10	11

A \ B	0	1
0	$\overline{A}\,\overline{B}$	$\overline{A}B$
1	$A\overline{B}$	AB

(a) 부울식의 표현

A \ B	0	1
0	m_0	m_1
1	m_2	m_3

(b) 최소항으로 표현

그림 4-9 2변수 카르노 맵

표 4-2와 같은 진리값에 대한 카르노 맵을 작성해보자.

표 4-2 진리값

A	B	F
0	0	0
0	1	1
1	0	1
1	1	0

표 4-2의 진리값을 부울 대수식으로 표시하면 최소항의 합은 $F = \overline{A}B + A\overline{B}$로 표시할 수 있다. 따라서 그림 4-10과 같은 카르노 맵으로 나타낼 수 있다.

A \ B	0	1
0	0	1
1	1	0

그림 4-10 표 4-2의 카르노 맵

예제 4-3 그림 4-11의 2변수 카르노 맵에서 최소항으로 논리식 X를 구하시오.
좌우, 상하로 각각 2개씩 묶는다.

A \ B	0	1
0	1	1
1	0	1

그림 4-11 2변수 카르노 맵

$$X = X(1) + X(2) = \overline{A} + B$$

[5] 3변수 카르노 맵

2진수에서 3개의 변수 A, B, C는 0과 1의 값을 취하므로 결합 가능한 조합수는 $2^3 = 8$개의 항을 갖고 가로와 세로에 각 변수를 할당하고 그림 4-12와 같이 8개의 칸으로 구성된다. 여기서 주의할 것은 두 개의 논리변수를 병행할 경우는 그 배열 순서를 그레이 코드순에 따라 00 → 01 → 11 → 10과 같이 변수의 값이 하나씩 변하도록 해야한다는 점이다.

A \ BC	00	01	11	10
0	$\overline{A}\,\overline{B}\,\overline{C}$	$\overline{A}\,\overline{B}C$	$\overline{A}BC$	$\overline{A}B\overline{C}$
1	$A\overline{B}\,\overline{C}$	$A\overline{B}C$	ABC	$AB\overline{C}$

(a) 부울식의 표현

A \ BC	00	01	11	10
0	m_0	m_1	m_3	m_2
1	m_4	m_5	m_7	m_6

(b) 최소항으로 표현

그림 4-12 3변수 카르노 맵

표 4-3과 같은 진리값에 대한 카르노 맵을 작성해보자.

표 4-3 진리값

A	B	C	F
0	0	0	1
0	0	1	0
0	1	0	1
0	1	1	0
1	0	0	1
1	0	1	0
1	1	0	1
1	1	1	0

표 4-3의 진리값을 부울 대수식으로 표시하면 최소항의 합은 $F = \overline{A}\overline{B}\overline{C} + \overline{A}B\overline{C} + A\overline{B}\overline{C} + AB\overline{C}$로 표시할 수 있다. 따라서 그림 4-13과 같은 카르노 맵으로 나타낸다.

A \ BC	00	01	11	10
0	1	0	0	1
1	1	0	0	1

그림 4-13 표 4-3의 카르노 맵

<u>예제 4-4</u> 그림 4-14의 3변수 카르노 맵에서 최소항으로 논리식 *X*를 구하시오.

A \ BC	00	01	11	10
0	0	0	1	1
1	0	1	1	1

그림 4-14 3변수 카르노 맵

4개의 항과 2개의 항을 각각 묶으면 다음과 같이 표현된다.

$$X = X(1) + X(2) = AC + B$$

예제 4-5 다음 논리식 X에 대하여 카르노 맵을 그리고 최대항(Maxterm)으로 간략화 하시오.

$$X = \overline{A}BC + \overline{A}B\overline{C} + A\overline{B}C + ABC + AB\overline{C}$$

논리식 X에 대한 카르노 맵은 그림 4-15와 같고 좌우, 상하로 두 개씩 각각 묶을 수 있다.

A \ BC	00	01	11	10
0	0	0	1	1
1	0	1	1	1

그림 4-15 3변수 카르노 맵

$$\begin{aligned} X &= X(1) \cdot X(2) = (A + B)(B + C) \\ &= AB + AC + B + BC \\ &= AC + B(A + 1) + BC \\ &= AC + B + BC \\ &= AC + B(C + 1) \\ &= AC + B \end{aligned}$$

[6] 4변수 카르노 맵

2진수에서 4개의 변수 A, B C, D는 0과 1의 값을 취하므로 결합 가능한 조합수는 2^4 = 16개의 항을 갖고 가로와 세로에 각 변수를 할당하고 그림 4-16과 같이 16개의 칸으로 구성한다. 여기서 논리변수의 배열순서는 3변수에서와 동일하게 00 → 01 → 11 → 10과 같이 지수가 하나씩 다르도록 하지 않으면 안된다.

AB \ CD	00	01	11	10
00	$\overline{A}\overline{B}\overline{C}\overline{D}$	$\overline{A}\overline{B}\overline{C}D$	$\overline{A}\overline{B}CD$	$\overline{A}\overline{B}C\overline{D}$
01	$\overline{A}B\overline{C}\overline{D}$	$\overline{A}B\overline{C}D$	$\overline{A}BCD$	$\overline{A}BC\overline{D}$
11	$AB\overline{C}\overline{D}$	$AB\overline{C}D$	$ABCD$	$ABC\overline{D}$
10	$A\overline{B}\overline{C}\overline{D}$	$A\overline{B}\overline{C}D$	$A\overline{B}CD$	$A\overline{B}C\overline{D}$

(a) 부울식의 표현

AB \ CD	00	01	11	10
00	m_0	m_1	m_3	m_2
01	m_4	m_5	m_7	m_6
11	m_{12}	m_{13}	m_{15}	m_{14}
10	m_8	m_9	m_{11}	m_{10}

(b) 최소항의 표현

그림 4-16 4변수 카르노 맵

표 4-4와 같은 진리값에 대한 카르노 맵을 작성해보자.

표 4-4

A	B	C	D	F
0	0	0	0	0
0	0	0	1	0
0	0	1	0	1
0	0	1	1	0
0	1	0	0	0
0	1	0	1	1
0	1	1	0	0
0	1	1	1	0
1	0	0	0	0
1	0	0	1	0
1	0	1	0	1
1	0	1	1	0
1	1	0	0	0
1	1	0	1	1
1	1	1	0	0
1	1	1	1	0

표 4-4의 진리값을 부울 대수식으로 표시하면 최소항의 합은 $F = \overline{A}\overline{B}C\overline{D} + \overline{A}B\overline{C}D + A\overline{B}C\overline{D} + AB\overline{C}D$로 표시할 수 있다.

따라서 그림 4-17과 같은 카르노 맵을 나타낼 수 있다.

AB \ CD	00	01	11	10
00	0	0	0	1
01	0	1	0	0
11	0	1	0	0
10	0	0	0	1

그림 4-17 표 4-4의 카르노 맵

예제 4-6 그림 4-18의 4변수 카르노 맵에서 최소항으로 논리식 X를 구하시오.

AB \ CD	00	01	11	10
00	1	0	0	0
01	0	0	0	1
11	1	1	0	1
10	1	1	0	0

그림 4-18 4변수 카르노 맵

4개, 2개, 1개로 각각 묶을 수 있으며 크게 묶을수록 출력식 X가 간략화됨을 알 수 있다.

$$X = X(1) + X(2) + X(3) = A\overline{C} + BC\overline{D} + \overline{B}\overline{C}\overline{D}$$

[7] Don't Care 항이 있는 카르노 맵

4변수 함수에서 진리표로부터 카르노 맵을 작성할 때 16개의 칸 중에 6개가 비어있는 경우가 있다. 이 빈 칸이 Don't Care 입력에 대한 출력이 된다. 4비트 2진수에서 0에서 9까지는 사용되고 나머지 10에서 15까지 (1010~1111) 사용되지 않는 입력에 대한 출력은 0도 될 수 있고 1도 될 수 있으므로 보통 d로 표시하고 묶을 때에도 0과 1로 모두 사용할 수 있다. 이 항들을 금지항 또는 무정의항이라고 부른다.

예제 4-7 그림 4-19는 d가 표시된 4변수 함수의 예를 보인 것이다.

AB \ CD	00	01	11	10
00				
01				
11	d	d	d	d
10			d	d

그림 4-19 d가 표시된 4변수 함수의 예

기재 및 부품

DC power supply
오실로스코프
7404(NOT 게이트)
7408(2-입력 AND 게이트)×2
7411(3-입력 AND 게이트)
7432(2-입력 OR 게이트)

실험 과정

1. 그림 4-20의 카르노 맵 회로를 구성하고 출력전압을 오실로스코프로 측정하여 표 4-5에 기록하여라. 표 4-5로부터 그림 4-21에 카르노 맵을 작성하고 간략화된 부울식을 구하여라.

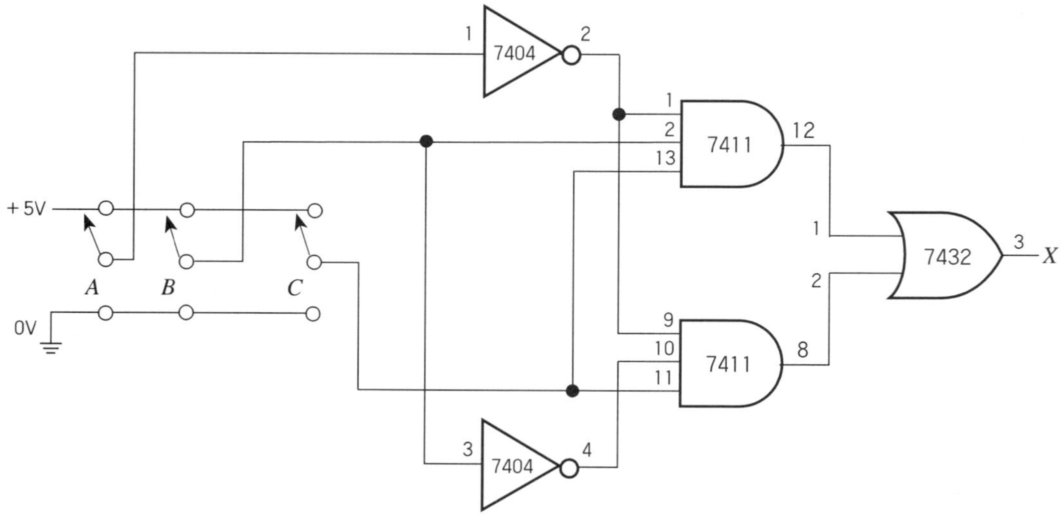

그림 4-20 카르노 맵 회로

표 4-5 카르노 맵 진리표

입 력			출 력
A	*B*	*C*	*X*
0	0	0	
0	0	+5	
0	+5	0	
0	+5	+5	
+5	0	0	
+5	0	+5	
+5	+5	0	
+5	+5	+5	

A \ BC	00	01	11	10
0				
1				

그림 4-21 카르노 맵

2. 그림 4-22의 카르노 맵 회로를 구성하고 출력전압을 측정하여 표 4-4에 기록하여라. 표 4-6으로부터 그림 4-20에 카르노 맵을 작성하고 간략화된 부울식을 구하여라.

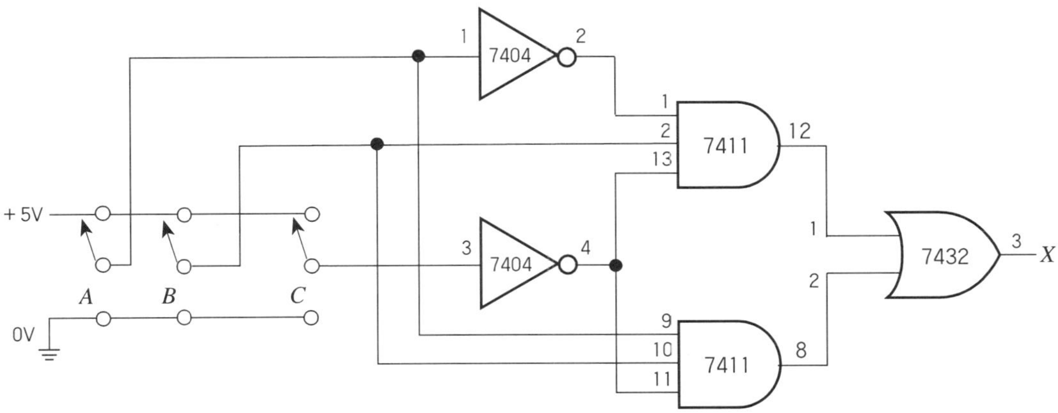

그림 4-22 카르노 맵 회로

표 4-6 카르노 맵 진리표

입 력			출 력
A	*B*	*C*	*X*
0	0	0	
0	0	+5	
0	+5	0	
0	+5	+5	
+5	0	0	
+5	0	+5	
+5	+5	0	
+5	+5	+5	

A \ BC	00	01	11	10
0				
1				

그림 4-23 카르노 맵

3. 그림 4-24의 카르노 맵 회로를 구성하고 출력전압을 측정하여 표 4-7에 기록하여라. 표 4-7로부터 그림 4-25에 카르노 맵을 작성하고 간략화된 부울식을 구하시오.

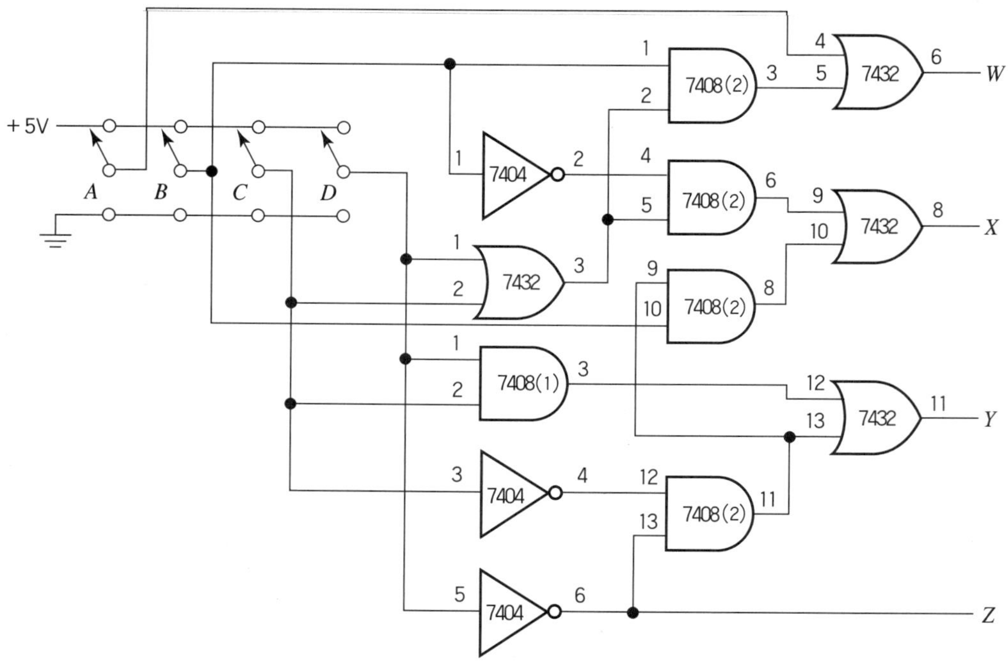

그림 4-24 카르노 맵 회로

표 4-7 카르노 맵 진리표

입 력				출 력			
A	*B*	*C*	*D*	*W*	*X*	*Y*	*Z*
0	0	0	0				
0	0	0	+5				
0	0	+5	0				
0	0	+5	+5				
0	+5	0	0				
0	+5	0	+5				
0	+5	+5	0				
0	+5	+5	+5				
+5	0	0	0				
+5	0	0	+5				
+5	0	+5	0				
+5	0	+5	+5				
+5	+5	0	0				
+5	+5	0	+5				
+5	+5	+5	0				
+5	+5	+5	+5				

AB \ CD	00	01	11	10
00				
01				
11				
10				

그림 4-25 (a) 출력 W에 대한 카르노 맵

AB \ CD	00	01	11	10
00				
01				
11				
10				

그림 4-25 (b) 출력 X에 대한 카르노 맵

AB \ CD	00	01	11	10
00				
01				
11				
10				

그림 4-25 (c) 출력 Y에 대한 카르노 맵

AB \ CD	00	01	11	10
00				
01				
11				
10				

그림 4-25 (d) 출력 Z에 대한 카르노 맵

4. 그림 4-26의 카르노 맵 회로를 구성하고 출력전압을 측정하여 표 4-8에 기록하여라. 표 4-8로부터 그림 4-27에 카르노 맵을 작성하고 간략화된 부울식을 구하시오.

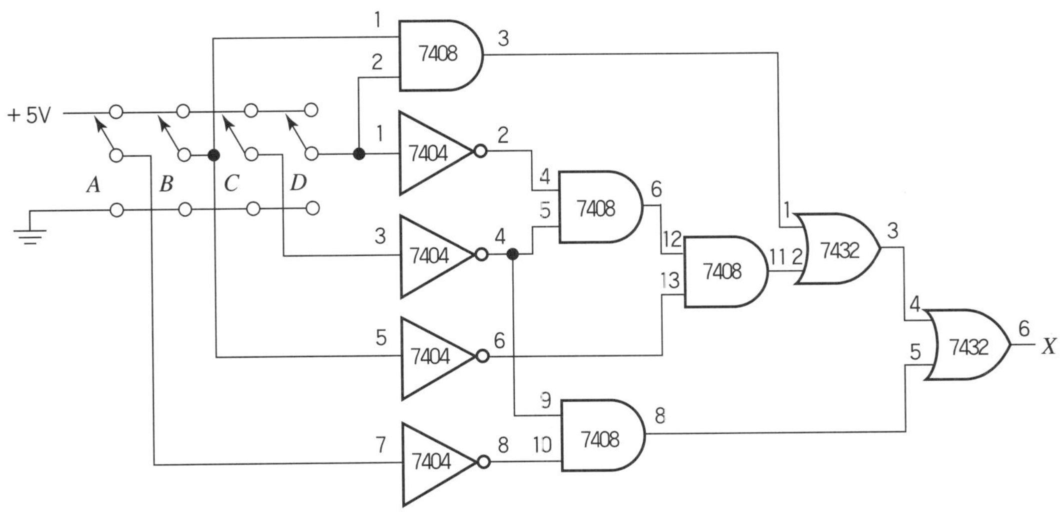

그림 4-26 카르노 맵 회로

표 4-8 카르노 맵 진리표

입 력				출 력
A	*B*	*C*	*D*	*X*
0	0	0	0	
0	0	0	+5	
0	0	+5	0	
0	0	+5	+5	
0	+5	0	0	
0	+5	0	+5	
0	+5	+5	0	
0	+5	+5	+5	
+5	0	0	0	
+5	0	0	+5	
+5	0	+5	0	
+5	0	+5	+5	
+5	+5	0	0	
+5	+5	0	+5	
+5	+5	+5	0	
+5	+5	+5	+5	

AB \ CD	00	01	11	10
00				
01				
11				
10				

그림 4-27 카르노 맵

실험 보고서

실 험 제 목	카르노 맵		
실 험 일 자		실 험 조	
학번 및 성명			

실 험 결 과

1. 표 4-5

입 력			출 력
A	*B*	*C*	*X*
0	0	0	
0	0	+5	
0	+5	0	
0	+5	+5	
+5	0	0	
+5	0	+5	
+5	+5	0	
+5	+5	+5	

A \ BC	00	01	11	10
0				
1				

그림 4-21

2. 표 4-6

입 력			출 력
A	*B*	*C*	*X*
0	0	0	
0	0	+5	
0	+5	0	
0	+5	+5	
+5	0	0	
+5	0	+5	
+5	+5	0	
+5	+5	+5	

A \ BC	00	01	11	10
0				
1				

그림 4-23

표 4-7

입 력				출 력			
A	*B*	*C*	*D*	*W*	*X*	*Y*	*Z*
0	0	0	0				
0	0	0	+5				
0	0	+5	0				
0	0	+5	+5				
0	+5	0	0				
0	+5	0	+5				
0	+5	+5	0				
0	+5	+5	+5				
+5	0	0	0				
+5	0	0	+5				
+5	0	+5	0				
+5	0	+5	+5				
+5	+5	0	0				
+5	+5	0	+5				
+5	+5	+5	0				
+5	+5	+5	+5				

AB \ CD	00	01	11	10
00				
01				
11				
10				

그림 4-25 (a) 출력 W에 대한 카르노 맵

AB \ CD	00	01	11	10
00				
01				
11				
10				

그림 4-25 (b) 출력 X에 대한 카르노 맵

AB \ CD	00	01	11	10
00				
01				
11				
10				

그림 4-25 (c) 출력 Y에 대한 카르노 맵

AB \ CD	00	01	11	10
00				
01				
11				
10				

그림 4-25 (d) 출력 Z에 대한 카르노 맵

3.

표 4-8

입 력				출 력
A	*B*	*C*	*D*	*X*
0	0	0	0	
0	0	0	+5	
0	0	+5	0	
0	0	+5	+5	
0	+5	0	0	
0	+5	0	+5	
0	+5	+5	0	
0	+5	+5	+5	
+5	0	0	0	
+5	0	0	+5	
+5	0	+5	0	
+5	0	+5	+5	
+5	+5	0	0	
+5	+5	0	+5	
+5	+5	+5	0	
+5	+5	+5	+5	

AB \ CD	00	01	11	10
00				
01				
11				
10				

그림 4-27

검토 및 고찰

실험 5

Exclusive-OR 게이트

목 적

Exclusive-OR 게이트의 기능을 이해하고 Exclusive-OR 게이트를 이용한 응용회로를 구성하는 데 목적을 둔다.

이 론

A, *B* 두 개의 입력이 서로 같지 않을 때만 출력이 "1"이 되는 논리회로를 Exclusive-OR 게이트(반일치 논리회로)라 한다. 이에 반해 *A*, *B* 두 입력이 서로 같을 때만 출력이 "1"이 되는 논리회로를 Exclusive-NOR 게이트(일치 논리회로)라고 부른다.

논리회로에서는 Exclusive-OR 게이트가 주로 사용되지만 2진수들의 비교, 착오의 검출, 코드의 변환 등에도 많이 쓰인다. 그림 5-1에 Exclusive-OR 게이트의 기본회로, 논리기호를 나타내었으며, 표 5-1에 Exclusive-OR 게이트의 진리표를 나타내었다.

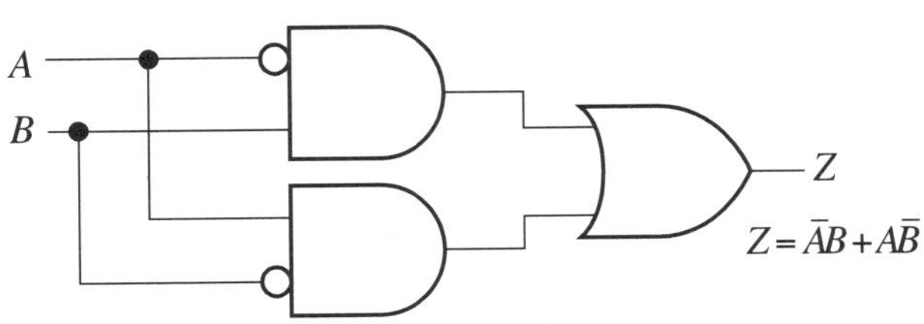

(a) 기본회로

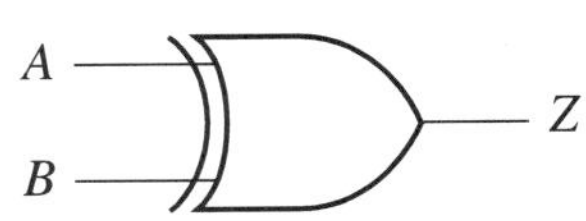

(b) 논리기호

그림 5-1 Exclusive-OR 게이트

표 5-1 Exclusive-OR 게이트의 진리표

입 력		출 력
A	B	Z
0	0	0
0	1	1
1	0	1
1	1	0

Exclusive-OR 회로의 기본 논리식을 출력 Z로 나타내면 다음과 같이 표시된다.

$$Z = A \cdot \overline{B} + \overline{A} \cdot B$$
$$= A \oplus B$$

위의 식에 부울 대수의 정리 및 De Morgan의 정리를 적용시키면 다음 식과 같은 형식으로도 표시할 수 있다.

$$Z = A \cdot \overline{B} + \overline{A} \cdot B$$
$$= (A + B) \cdot (\overline{A} + \overline{B})$$
$$= (A + B) \cdot (\overline{AB})$$
$$= (\overline{AB + \overline{A}\,\overline{B}})$$

따라서 위의 식을 논리기호로 표시하면 그림 5-2와 같이 나타낼 수 있다.

Exclusive-OR 회로를 이용하면 2진 비트의 "1"의 합계가 홀수인가 짝수인가를 판별할 수 있다. 이와 같은 논리회로를 패리티 검사기(parity checker)라고 한다. 즉 두 입력 중 "1"이 한 개이면 출력이 "1"이 되고, 두 입력이 같을 땐 출력이 "0"이므로 입력 2진 비트의 수가 홀수인가 짝수인가를 판별할 수 있다. 그림 5-3은 Exclusive-OR 회로를 사용한 패리티 검사기의 한 예로서 4개의 비트, A, B, C, D의 패리티를 검사할 수 있다.

이 회로는 4개의 비트 A, B, C, D를 가산하는 마지막 합계인 출력 Z의 비트가 "0"이면 짝수 패리티를 나타내고 "1"이면 홀수 패리티를 나타낸다.

그림 5-3(b)는 $ABCD = 1001$인 경우로서 비트 "1"의 최종합이 "0"이 되므로 짝수 패리티이고, 그림 5-3(c)는 $ABCD = 1110$인 경우로서 비트 "1"의 최종합이 "1"이 되므로 홀수 패리티임을 알 수 있다.

또한 Exclusive-OR 회로를 사용하여 2진수 *A*와 *B*의 크기를 비교할 수 있는데 이와 같은 회로를 2진 비교기(binary comparator)라고 한다. 2진 비교기는 Exclusive-OR 회로를 사용하면 쉽게 구성할 수 있다.

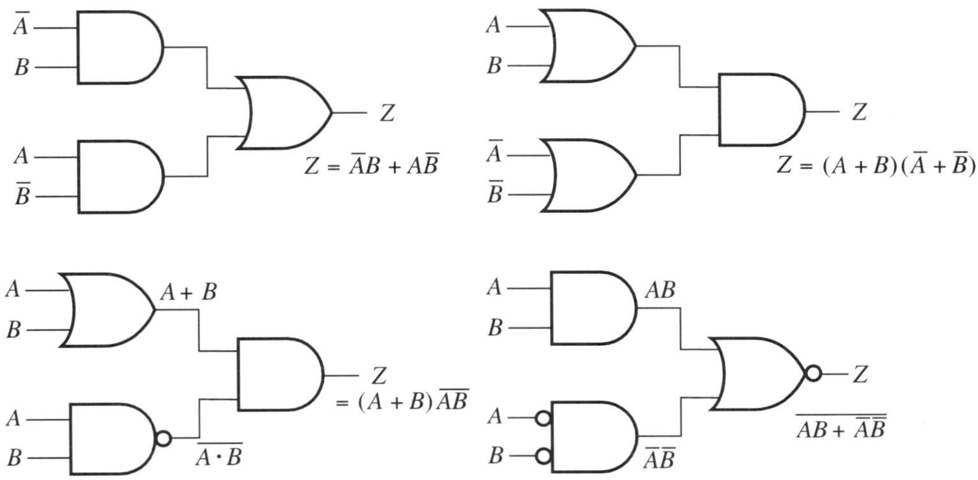

그림 5-2 Exclusive-OR 회로의 예

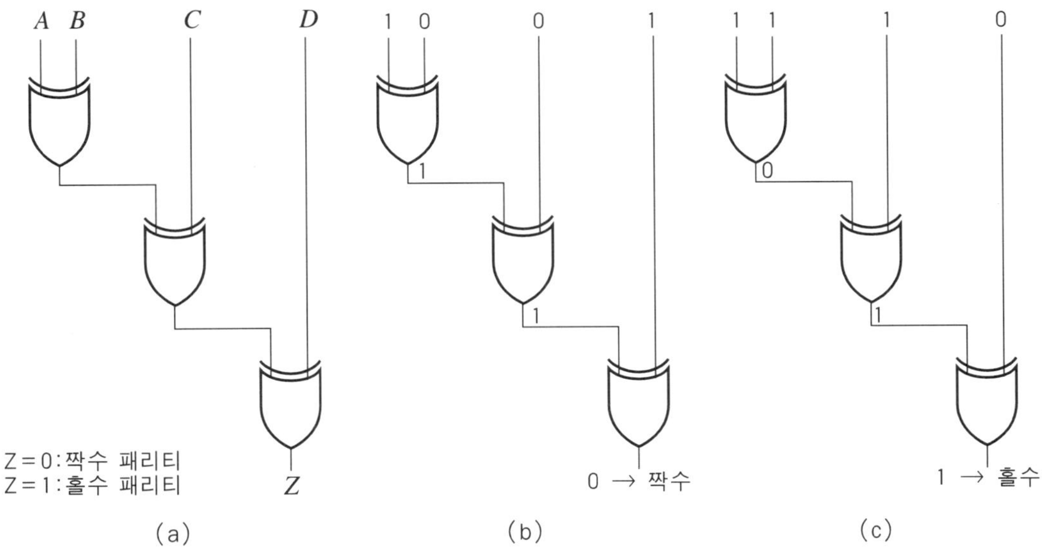

그림 5-3 Exclusive-OR 게이트를 이용한 패리티 검사의 예

즉 Exclusive-OR 회로의 논리식 *Z*를

$Z = A \cdot \overline{B} + \overline{A} \cdot B$

라고 하면 이의 Exclusive-NOR 회로는

$Z_N = \overline{A \cdot \overline{B} + \overline{A} \cdot B}$

와 같다. 이 식에서

$A = B$면 $Z_N = 1$,

$A \neq B$면 $Z_N = 0$

$A > B$면 $A \cdot \overline{B} = C_N = 1$,

$A < B$면 $\overline{A} \cdot B = D_N = 1$

가 되어 2진수 A와 B의 크기를 비교 판별할 수 있다.

이것의 기본 회로는 그림 5-4와 같다.

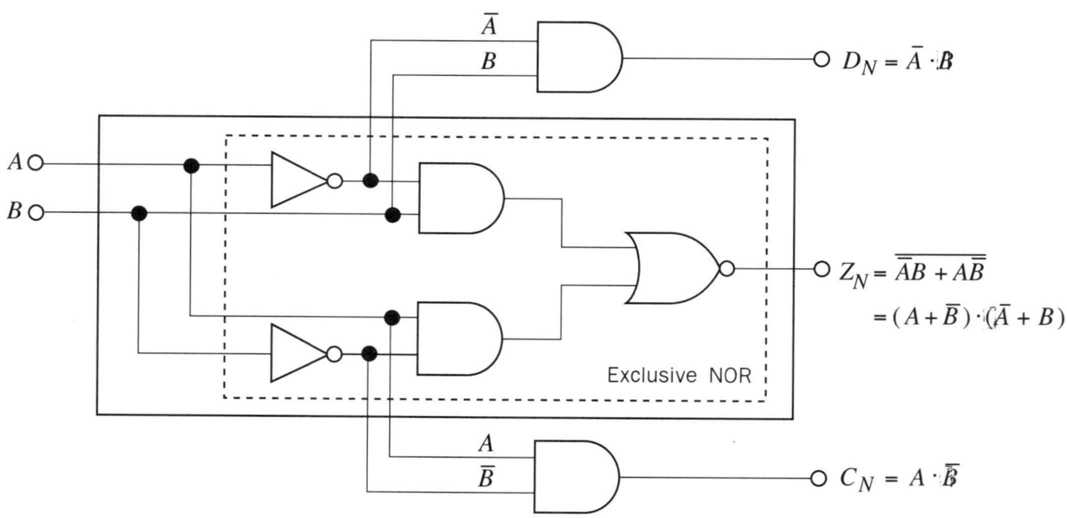

그림 5-4 2진 비교기

기재 및 부품

DC power supply

오실로스코프

7400(2-입력 NAND 게이트)
7402(2-입력 NOR 게이트)
7404(NOT 게이트)
7420(4-입력 NAND 게이트)
7486(Exclusive-OR 게이트)
저항 1kΩ×2,330Ω
LED

실험과정

1. 그림 5-5와 같은 회로를 구성하고, 출력 전압을 측정하여 표 5-5에 기록하라.

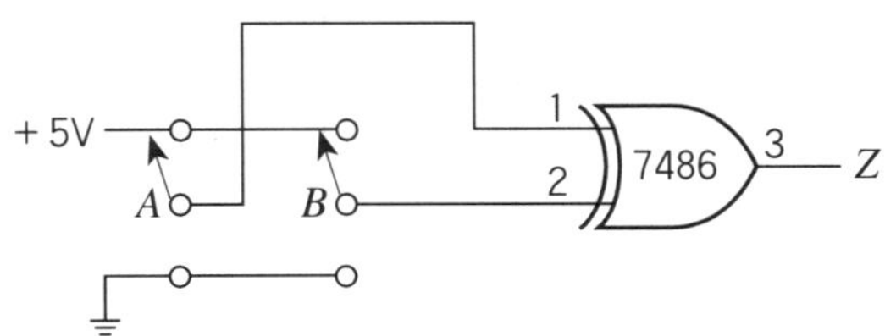

그림 5-5

표 5-2

입 력		출 력
A	*B*	*Z*
0	0	
0	+5	
+5	0	
+5	+5	

2. 그림 5-6과 같은 회로를 구성하고 Exclusive-OR 게이트의 출력전압 Z와 LED의 출력(ON, OFF)을 표 5-3에 기록하라.

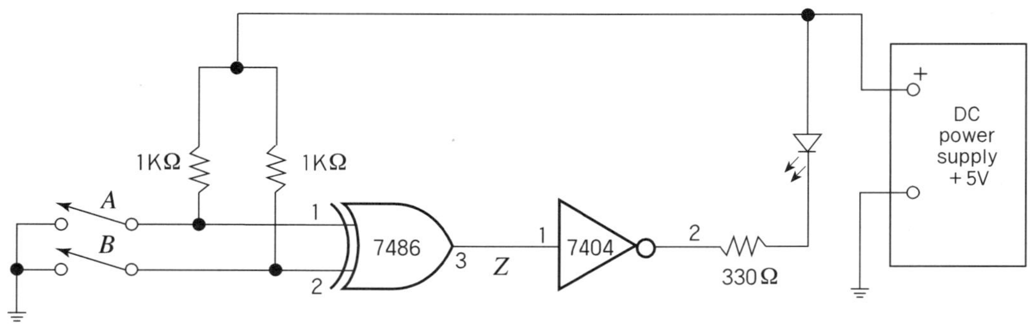

그림 5-6

표 5-3

입 력		출 력	
A	*B*	*Z*	*LED*
0	0		
0	+5		
+5	0		
+5	+5		

3. 그림 5-7과 같은 회로를 구성하고, 지시된 점의 전압을 측정하여 표 5-4에 기록하고 출력 Z의 논리식을 구하라.

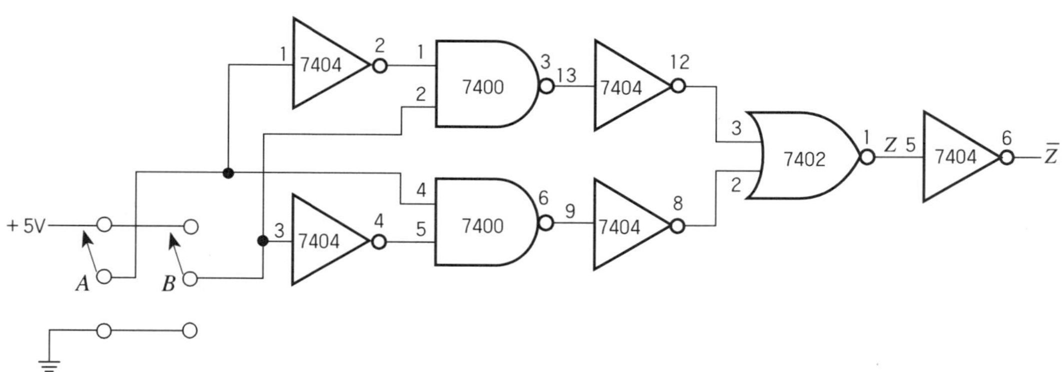

그림 5-7

표 5-4

입 력		출 력	
A	B	Z	$\bar{Z}$
0	0		
0	+5		
+5	0		
+5	+5		

4. 그림 5-8과 같은 회로를 구성하고, 스위치를 LOW 상태와 HIGH 상태로 변화시키면서 4비트 입력전압에 대한 출력전압을 측정하여 표 5-5에 기록하라.

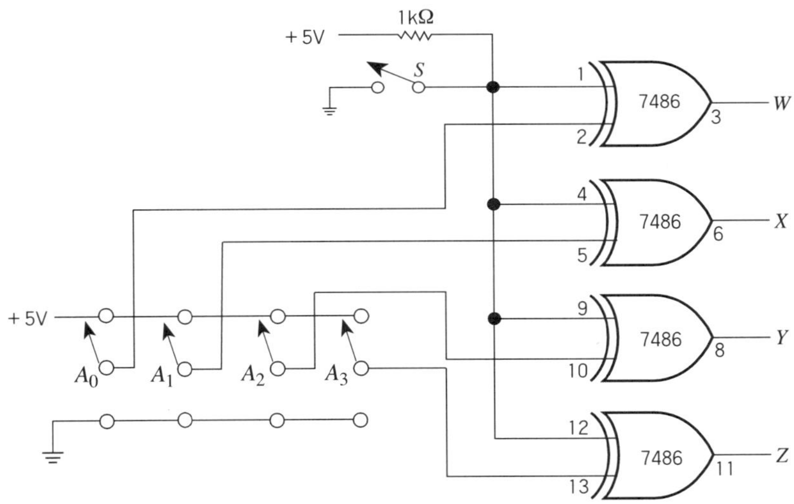

그림 5-8

표 5-5

입 력				출 력							
				SW : close				SW : open			
A_3	A_2	A_1	A_0	W	X	Y	Z	W	X	Y	Z
0	0	0	0								
0	+5	0	+5								
+5	0	+5	0								
+5	+5	+5	0								
0	0	+5	+5								
+5	+5	0	+5								
+5	+5	0	0								
+5	+5	+5	+5								

5. 그림 5-9와 같은 패리티 검사기 회로를 구성하고, 출력 전압을 측정하여 표 5-6에 기록하라.

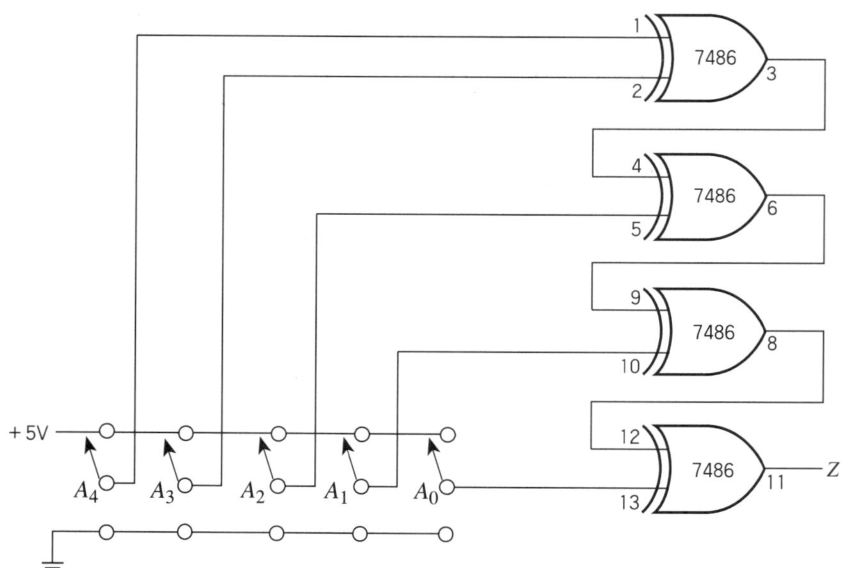

그림 5-9 패리티 검사기

표 5-6

입 력					출 력
A_4	A_3	A_2	A_1	A_0	Z
0	0	0	0	0	
0	+5	0	+5	0	
+5	0	+5	0	+5	
0	+5	+5	+5	0	
+5	+5	0	+5	+5	
+5	0	+5	+5	+5	
0	+5	0	0	0	
0	0	0	0	+5	

6. 그림 5-10의 2진수 비교기 회로를 구성하고, 표 5-7에서 A의 값을 조작하여 주어진 값으로 고정시켰을 때 Z의 값이 0.5V보다 작은 값을 갖도록 B의 값을 실험적으로 결정하라.

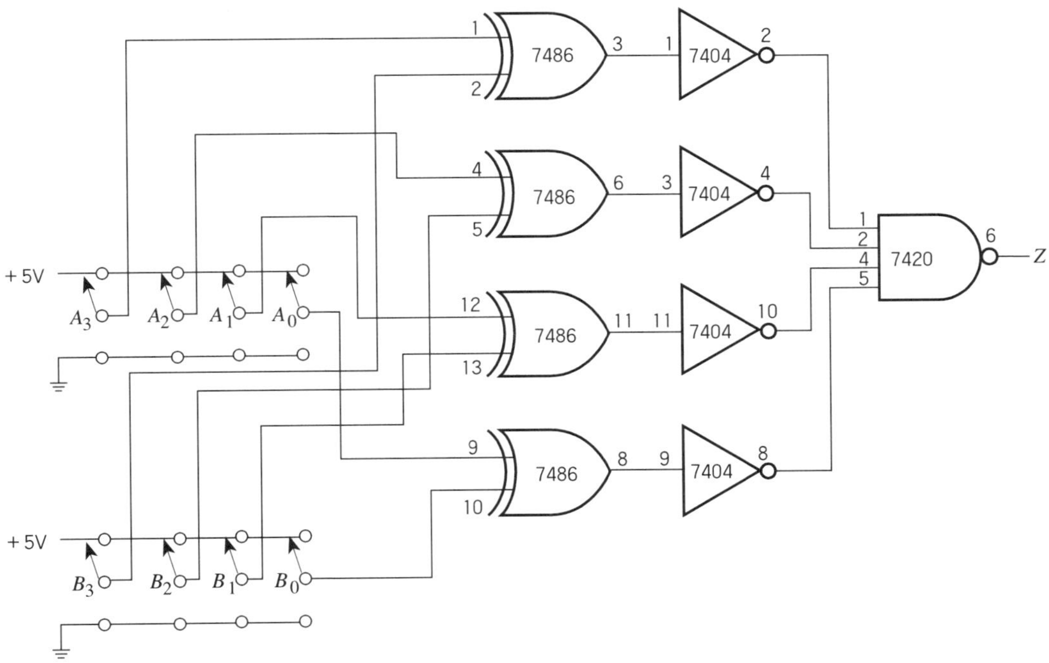

그림 5-10 2진수 비교기

표 5-7

A_3	A_2	A_1	A_0	B_3	B_2	B_1	B_0
0	0	0	0				
0	+5	+5	0				
+5	+5	+5	0				
0	0	0	+5				
+5	0	+5	0				

실험 보고서

실 험 제 목	Exclusive-OR 게이트		
실 험 일 자		실 험 조	
학번 및 성명			

실 험 결 과

1. 표 5-2

입 력		출 력
A	B	Z
0	0	
0	+5	
+5	0	
+5	+5	

2. 표 5-3

입 력		출 력	
A	B	Z	LED
0	0		
0	+5		
+5	0		
+5	+5		

3. 표 5-4

입 력		출 력	
A	B	Z	$\bar{Z}$
0	0		
0	+5		
+5	0		
+5	+5		

4.

표 5-5

입 력				출 력							
				SW : close				SW : open			
A_3	A_2	A_1	A_0	W	X	Y	Z	W	X	Y	Z
0	0	0	0								
0	+5	0	+5								
+5	0	+5	0								
+5	+5	+5	0								
0	0	+5	+5								
+5	+5	0	+5								
+5	+5	0	0								
+5	+5	+5	+5								

5.

표 5-6 패리티 검사기

입 력					출 력
A_4	A_3	A_2	A_1	A_0	Z
0	0	0	0	0	
0	+5	0	+5	0	
+5	0	+5	0	+5	
0	+5	+5	+5	0	
+5	+5	0	+5	+5	
+5	0	+5	+5	+5	
0	+5	0	0	0	
0	0	0	0	+5	

6.

표 5-7 2진수 비교기

A_3	A_2	A_1	A_0	B_3	B_2	B_1	B_0
0	0	0	0				
0	+5	+5	0				
+5	+5	+5	0				
0	0	0	+5				
+5	0	+5	0				

검토 및 고찰

실험 6

반가산기 · 반감산기

목적

반가산기와 반감산기의 동작 특성과 구성원리를 이해하는 데 목적을 둔다.

이론

[1] 반가산기

2개의 2진수 A와 B를 가산하여 그 합의 출력 S와 윗자리로의 자리올림수(carry) C의 출력을 얻는 논리회로를 반가산기(half adder : H-A)라 한다. 반가산기의 진리표를 작성하고 논리식을 세운 후, 그것을 논리회로로 표현하면 반가산기를 얻을 수 있다. 반가산기의 진리표는 표 6-1과 같으며, 논리식은 (6-1)식과 같이 나타낼 수 있다.

표 6-1 반가산기의 진리표

입 력		출 력	
A	B	S	C
0	0	0	0
0	1	1	0
1	0	1	0
1	1	0	1

표 6-1의 진리표에서 카르노맵을 이용하여 논리식을 구하면

$$\left.\begin{aligned} S &= A \oplus B = A\overline{B} + \overline{A}B \\ &= A(\overline{A}+\overline{B}) + B(\overline{A}+\overline{B}) \\ &= A \cdot \overline{AB} + B \cdot \overline{AB} \\ &= \overline{\overline{A \cdot \overline{AB}} \cdot \overline{B \cdot \overline{AB}}} \\ C &= AB \end{aligned}\right\} \qquad (6\text{-}1)$$

(6-1) 식을 논리회로로 나타내면 그림 6-1과 같다.

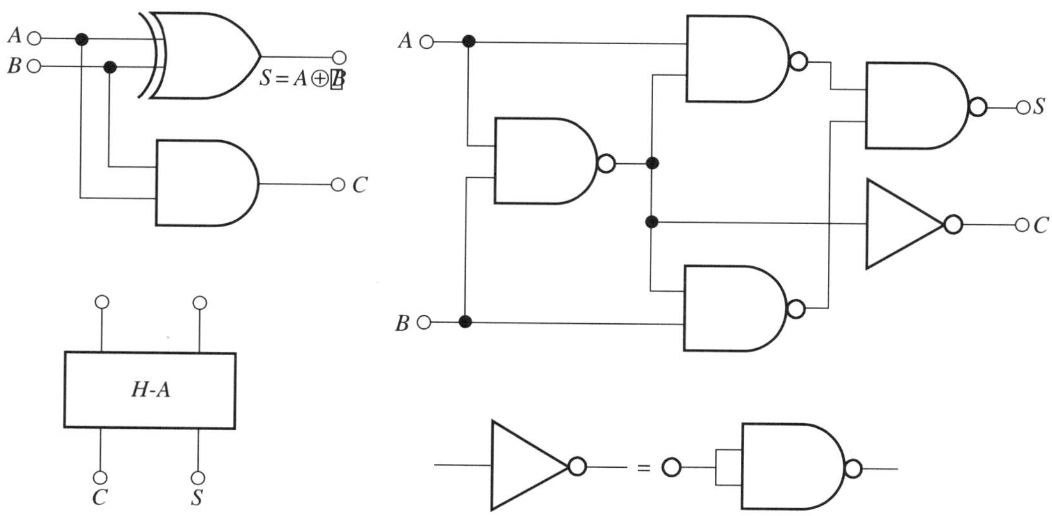

그림 6-1 반가산기의 논리회로

(6-1)식에서 S를

$$\begin{aligned} S &= A\overline{B} + \overline{A}B \\ &= (A+B)\overline{B} + (A+B)\overline{A} \\ &= \overline{\overline{\overline{(\overline{A+B}+B)} + \overline{(\overline{A+B}+A)}}} \end{aligned}$$

와 같이 표시하면 OR 게이트만 사용한 그림 6-2와 같은 논리회로를 구성할 수 있다.

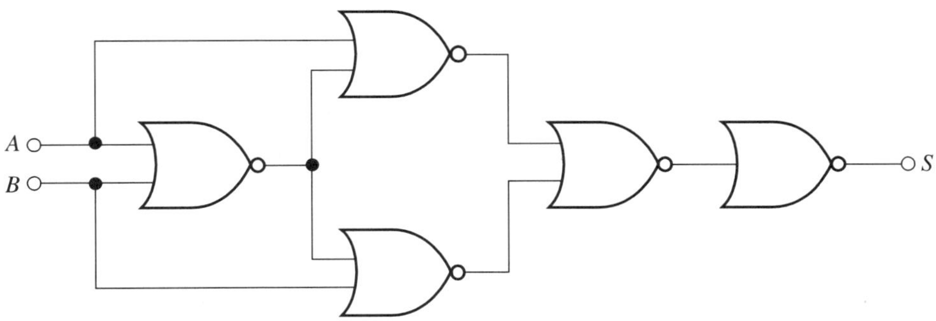

그림 6-2 Exclusive-OR의 실현(NOR 소자만 사용)

또 S는

$$\begin{aligned} S &= (A+B)(\overline{A}+\overline{B}) \\ &= \overline{\overline{(A+B)}+\overline{(\overline{A}+\overline{B})}} \end{aligned} \qquad (6\text{-}3)$$

로 되므로 반가산기 회로를 그림 6-3과 같이 구성할 수가 있다.

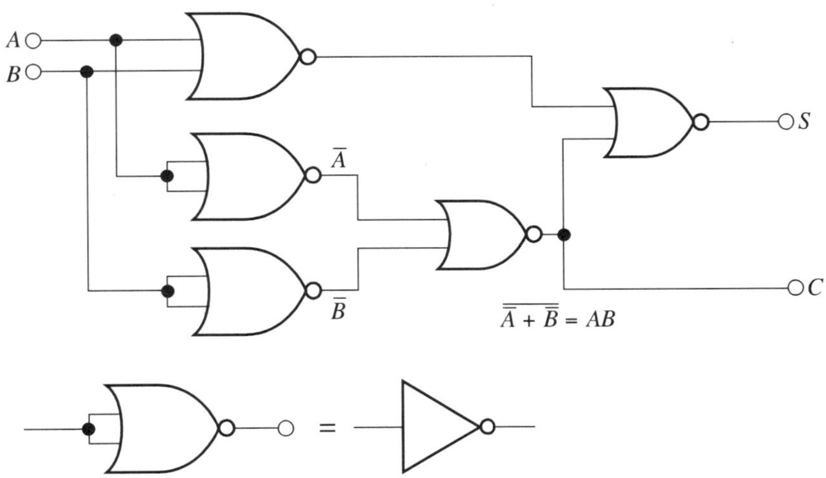

그림 6-3 반가산기의 실현

문제1) NAND 게이트만을 사용하여 반가산기를 설계하라.

여러 자리 수의 2진수를 반가산기로 더하는 병렬 2진 가산기는 그림 6-4와 같다.

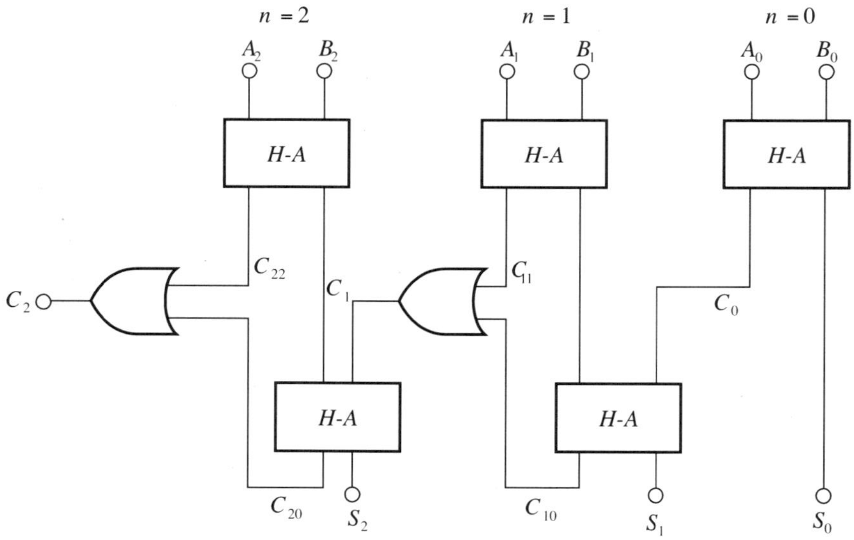

그림 6-4 반가산기로 구성한 병렬 2진 가산기

첫 자리인 A_0+B_0는 한 개의 H-A(half adder)로 계산할 수 있으나, $n=1$ 자리 이상부터는 H-A 두 개와 한 개의 OR로 구성된 전가산기(full adder)가 필요하다. 다음의 식

$$\left.\begin{aligned} S_0 &= A_0 \oplus B_0 \\ S_1 &= A_1 \oplus B_1 \oplus C_0 \\ S_2 &= A_2 \oplus B_2 \oplus C_1 \end{aligned}\right\} \qquad (6\text{-}4)$$

으로 표현되고,

$$\left.\begin{aligned} C_0 &= A_0 \cdot B_0 \\ C_1 &= C_{11} + C_{10} = A_1 \cdot B_1 + C_0(A_1 \oplus B_1) \\ &= A_1 \cdot B_1 + A_0 \cdot B_0(A_1 \oplus B_1) \end{aligned}\right\} \qquad (6\text{-}5)$$

으로 됨을 알 수 있다.

그림 6-4와 같은 회로는 여러 자리 수의 연산이 동시에 이루어지며, 이를 평행 연산이라 한다.

[2] 반감산기

뺄셈은 보수를 사용하는 방법 외에 감산기(substractor)를 사용하여 직접 2진수로 감산할 수 있다.

감산의 법칙은

A B d		b
0 — 0 = 0	빌림수	0
0 — 1 = 1	빌림수	1
1 — 0 = 1	빌림수	0
1 — 1 = 0	빌림수	0

이다. 여기서 감산($A-B$)에서 차(difference)을 d, 빌림수(borrow)를 b라 하면 반감산기의 진리표는 표 6-2와 같다.

표 6-2 반감산기의 진리표

입 력		출 력	
A	B	b	d
0	0	0	0
0	1	1	1
1	0	0	1
1	1	0	0

표 6-2의 진리표에서 카르노 맵을 이용하여 논리식을 구하면

$$d = \overline{A}B + A\overline{B}$$
$$= A \oplus B$$
$$b = \overline{A}B$$

가 되므로 반감산기의 논리회로는 그림 6-5와 같이 구성할 수 있다.

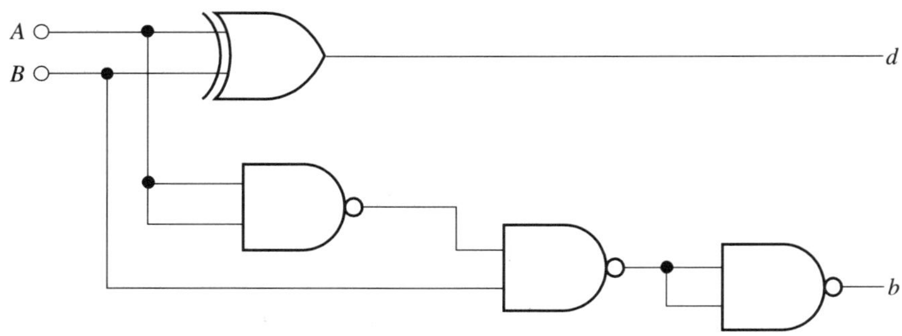

그림 6-5 반감산기

문제2) NAND 게이트만을 사용하여 반가산기를 설계하라.

문제3) NOR 게이트만을 사용하여 반가산기를 설계하라.

기재 및 부품

DC power supply
오실로스코프
7400(2-입력 NAND 게이트)
7408(2-입력 AND 게이트)
7486(Exclusive-OR 게이트)
7404(NOT 게이트)

실험과정

1. 그림 6-6과 같은 반가산기 회로를 구성하고, 출력 전압을 측정하여 표 6-3에 기록하라.

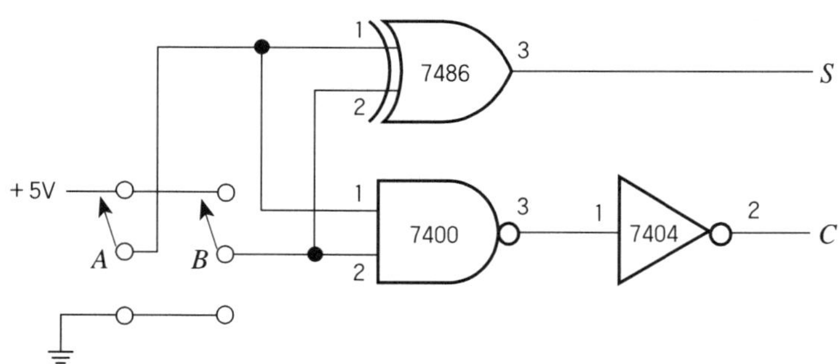

그림 6-6 반가산기

표 6-3

입 력		출 력	
A	*B*	*S*	*C*
0	0		
0	+5		
+5	0		
+5	+5		

2. 그림 6-7과 같은 반가산기 회로를 구성하고, 출력 전압을 측정하여 표 6-4에 기록하라.

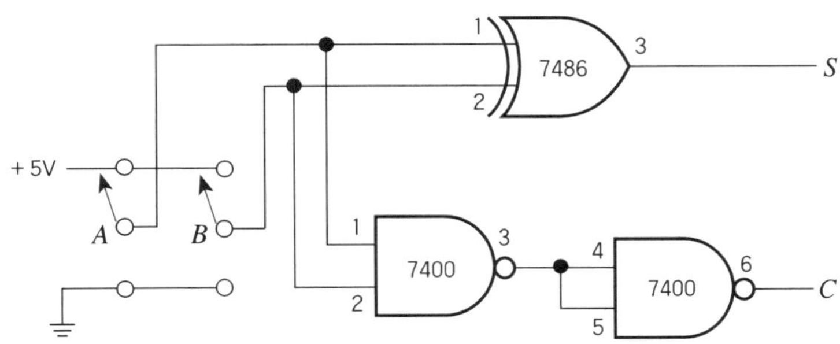

그림 6-7 반가산기

표 6-4

입 력		출 력	
A	*B*	*S*	*C*
0	0		
0	+5		
+5	0		
+5	+5		

3. 그림 6-8과 같은 반감산기 회로를 구성하고, 출력전압을 측정하여 표 6-5에 기록하라.

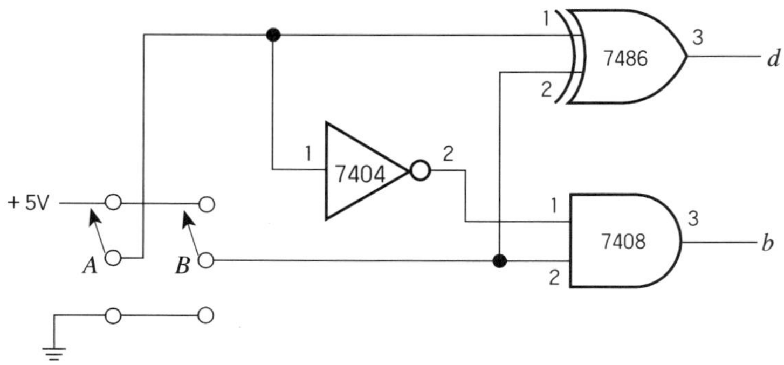

그림 6-8 반감산기

표 6-5

입 력		출 력	
A	B	d	b
0	0		
0	+5		
+5	0		
+5	+5		

4. 그림 6-9와 같은 반감산기 회로를 구성하고, 출력전압을 측정하여 표 6-6에 기록하라.

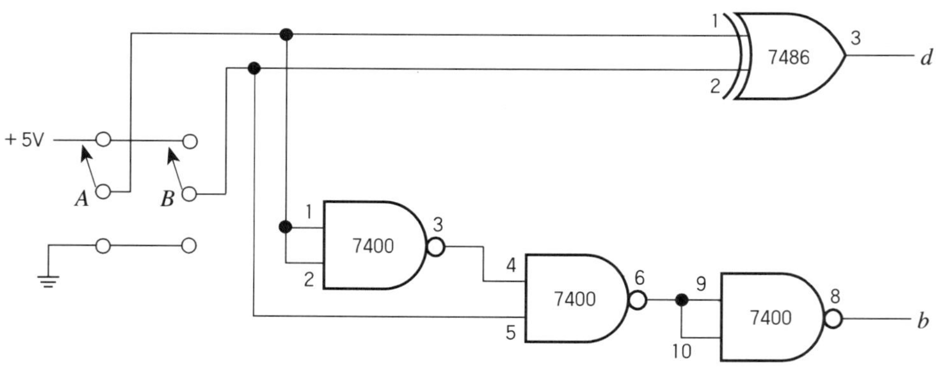

그림 6-9 반감산기

표 6-6

입 력		출 력	
A	*B*	*b*	*d*
0	0		
0	+5		
+5	0		
+5	+5		

실험 보고서

실 험 제 목	반가산기 · 반감산기		
실 험 일 자		실 험 조	
학번 및 성명			

실 험 결 과

1 표 6-3

입 력		출 력	
A	*B*	*S*	*C*
0	0		
0	+5		
+5	0		
+5	+5		

2. 표 6-4

입 력		출 력	
A	*B*	*S*	*C*
0	0		
0	+5		
+5	0		
+5	+5		

3. 표 6-5

입 력		출 력	
A	*B*	*d*	*b*
0	0		
0	+5		
+5	0		
+5	+5		

4. 표 6-6

입 력		출 력	
A	*B*	*b*	*d*
0	0		
0	+5		
+5	0		
+5	+5		

검토 및 고찰

실험 7

전가산기 · 전감산기

목 적

전가산기와 감산기의 구성과 동작 특성을 이해하고 가산기의 연산장치를 이해하는데 목적을 둔다.

이 론

[1] 전가산기

n 자리의 2개 2진수를 A_n, B_n 이라 하고, $n-1$ 자리에서의 자리 올림수로 올라온 수를 C_{n-1}로 하면, 전가산기(Full Adder:F-A)의 진리표는 표 7-1과 같다.

표 7-1 전가산기의 진리표

입 력			출 력	
A_n	B_n	C_{n-1}	S_n	C_n
0	0	0	0	0
0	0	1	1	0
0	1	0	1	0
0	1	1	0	1
1	0	0	1	0
1	0	1	0	1
1	1	0	0	1
1	1	1	1	1

표 7-1의 진리표에서 카르노 맵을 이용하여 논리식을 구하면

$$
\begin{aligned}
S_n &= \overline{A}_n\overline{B}_nC_{n-1} + \overline{A}_nB_n\overline{C}_{n-1} + A_n\overline{B}_n\overline{C}_{n-1} + A_nB_nC_{n-1} \\
&= A_n \oplus B_n \oplus C_{n-1} \\
C_n &= \overline{A}_nB_nC_{n-1} + A_n\overline{B}_nC_{n-1} + A_nB_n\overline{C}_{n-1} + A_nB_nC_{n-1} \\
&= C_{n-1}(A_n \oplus B_n) + A_nB_n
\end{aligned}
$$

따라서 전가산기의 논리회로는 그림 7-1과 같이 된다.

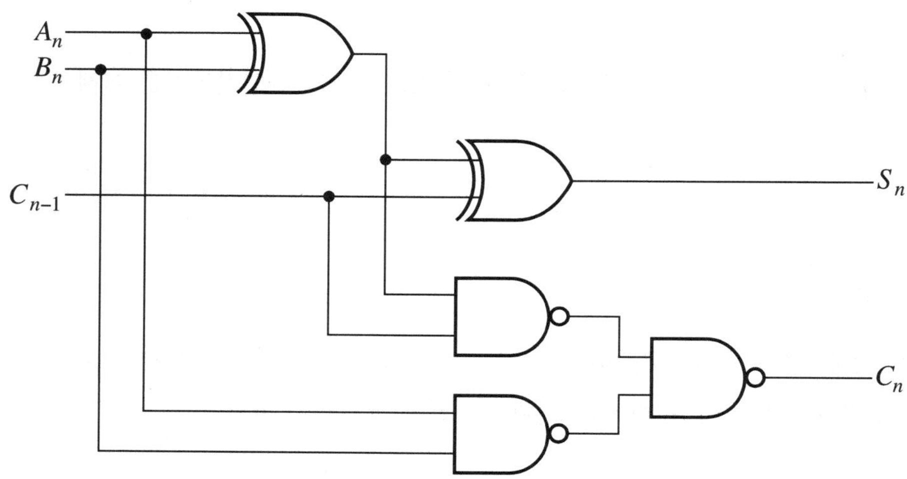

그림 7-1 전가산기

문제1) NAND 게이트만을 사용하여 전가산기를 설계하라.

문제2) NOR 게이트만을 사용하여 전가산기를 설계하라.

또한 반가산기 두 개를 이용하여 전가산기를 구성하면 그림 7-2와 같다.

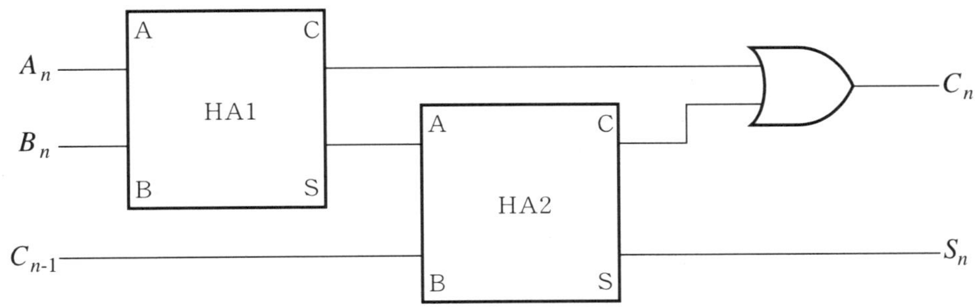

그림 7-2 반가산기에 의한 전가산기

[2] 전감산기

피감수를 A_n, 감수를 B_n, 아래자리에서 요구한 자리내림수를 b_n이라 하고, 이들을 입력으로 하여 감산 결과인 차 d와 $n+1$ 자리에서 자리내림이 필요한가의 여부를 b_{n+1}을 출력으로 나타내어 진리표를 작성하면 표 7-2와 같다.

표 7-2 전감산기의 진리표

입 력			출 력	
A_n	B_n	b_n	b_{n+1}	d
0	0	0	0	0
0	0	1	1	1
0	1	0	1	1
0	1	1	1	0
1	0	0	0	1
1	0	1	0	0
1	1	0	0	0
1	1	1	1	1

표 7-2의 진리표에서 카르노 맵을 이용하여 논리식을 구하면

$$
\begin{aligned}
d &= \overline{A}_n\overline{B}_n b_n + \overline{A}_n B_n \overline{b}_n + A_n \overline{B}_n \overline{b}_n + A_n B_n b_n \\
&= A_n \oplus B_n \oplus b_n \\
b_{n+1} &= \overline{A}_n\overline{B}_n b_n + \overline{A}_n B_n \overline{b}_n + \overline{A}_n B_n b_n + A_n B_n b_n \\
&= \overline{A}_n \cdot B_n + \left(\overline{A_n \oplus B_n}\right) \cdot b_n
\end{aligned}
$$

따라서 전감산기는 그림 7-3과 같은 회로가 된다.
또한 두 개의 반감산기를 이용하여 전감산기를 구성하면 그림 7-4와 같이 된다.

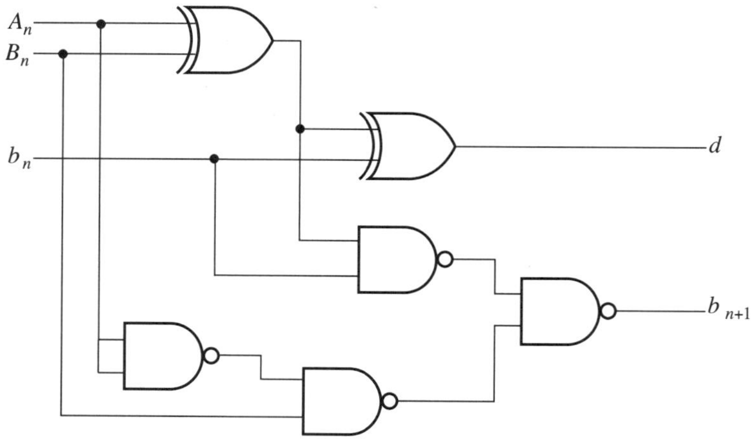

그림 7-3 전감산기

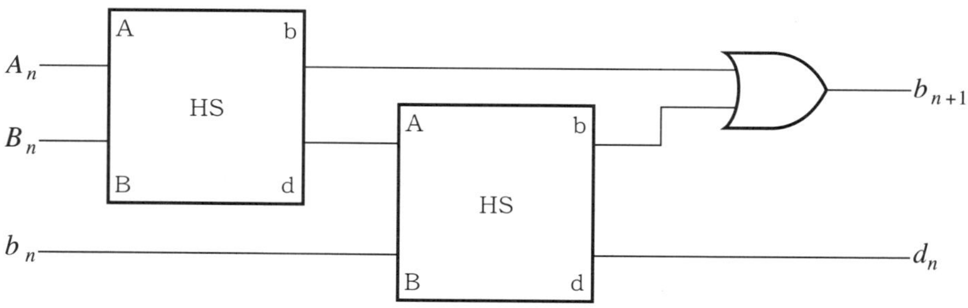

그림 7-4 반감산기에 의한 전감산기

문제3) NAND 게이트만을 사용하여 전감산기를 설계하라.

문제4) NOR 게이트만을 사용하여 전감산기를 설계하라.

기재 및 부품

DC power supply
오실로스코프
7400(2-입력 NAND 게이트)
7402(2-입력 NOR 게이트)

7404(NOT 게이트)
7486(Exclusive-OR 게이트)

실험과정

1. 그림 7-5와 같은 전가산기를 구성하고, 출력전압을 측정하여 표 7-3에 기록하고 S_n, C_n에 대한 논리식을 구하라.

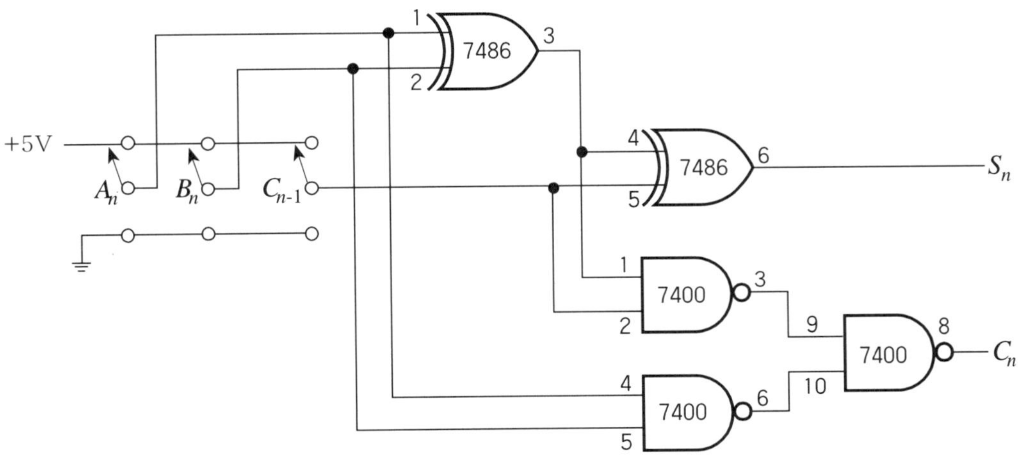

그림 7-5 전가산기

표 7-3

입 력			출 력	
A_n	B_n	C_{n-1}	S_n	C_n
0	0	0		
0	0	+5		
0	+5	0		
0	+5	+5		
+5	0	0		
+5	0	+5		
+5	+5	0		
+5	+5	+5		

논리식 S_n=
논리식 C_n=

2. 그림 7-6과 같은 반가산기로된 전가산기 회로를 구성하고, 출력 전압을 측정하여 표 7-4에 기록하고 , S_n, C_n에 대한 논리식을 구하라.

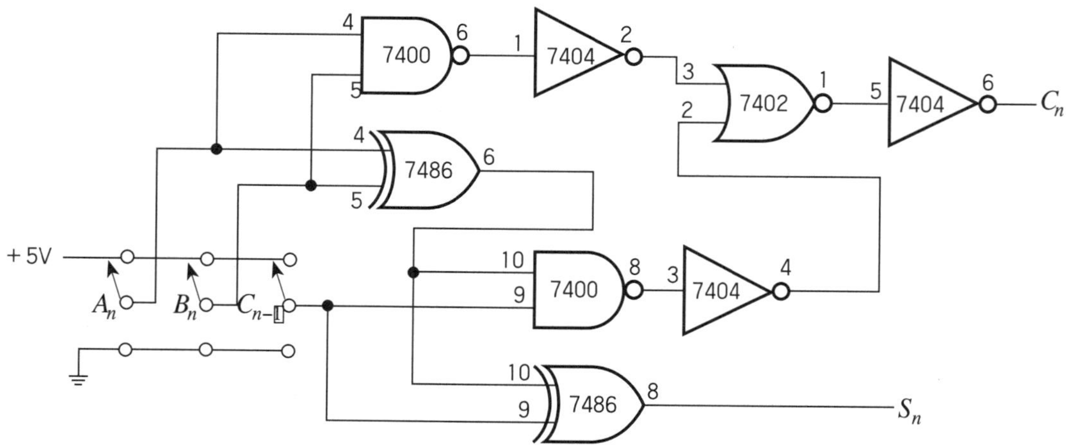

그림 7-6 반가산기로 구성된 전가산기

표 7-4

입 력			출 력	
A_n	B_n	C_{n-1}	S_n	C_n
0	0	0		
0	0	+5		
0	+5	0		
0	+5	+5		
+5	0	0		
+5	0	+5		
+5	+5	0		
+5	+5	+5		

논리식 S_n=

논리식 C_n=

3. 그림 7-7과 같은 전감산기 회로를 구성하고, 출력 전압을 측정하여 표 7-5에 기록하고, b_{n+1}, d에 대한 논리식을 구하라.

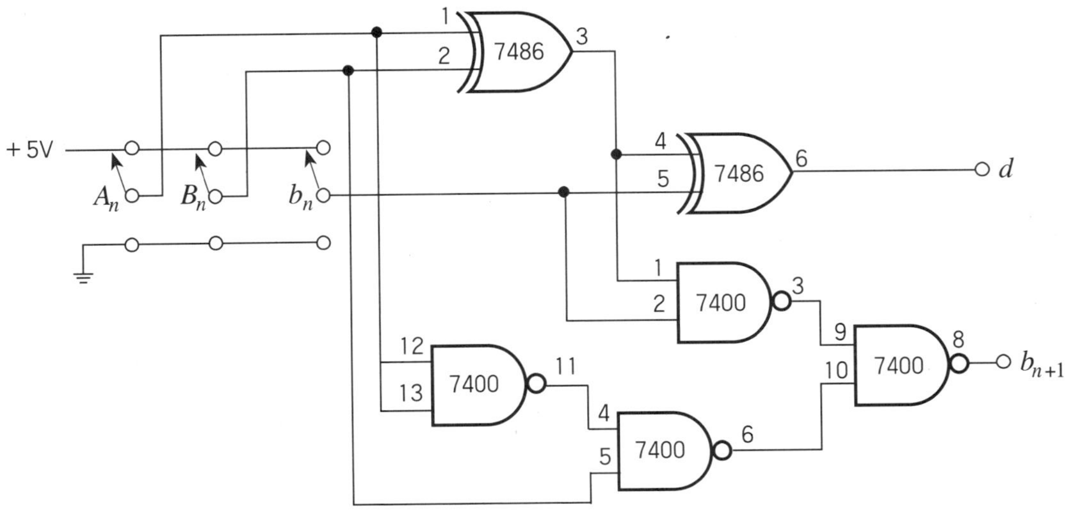

그림 7-7 전감산기

표 7-5

입 력			출 력	
A_n	B_n	b_n	b_{n+1}	d
0	0	0		
0	0	+5		
0	+5	0		
0	+5	+5		
+5	0	0		
+5	0	+5		
+5	+5	0		
+5	+5	+5		

논리식 $b_{n+1} =$

논리식 $d =$

4. 그림 7-8과 같은 2비트 병렬 2진 가산기 회로를 구성하고, 출력 전압을 측정하여 표 7-6에 기록하라.

$$\begin{array}{rcc} & A_1 & A_0 \\ + & B_1 & B_0 \\ \hline C_{01} & S_1 & S_0 \end{array}$$

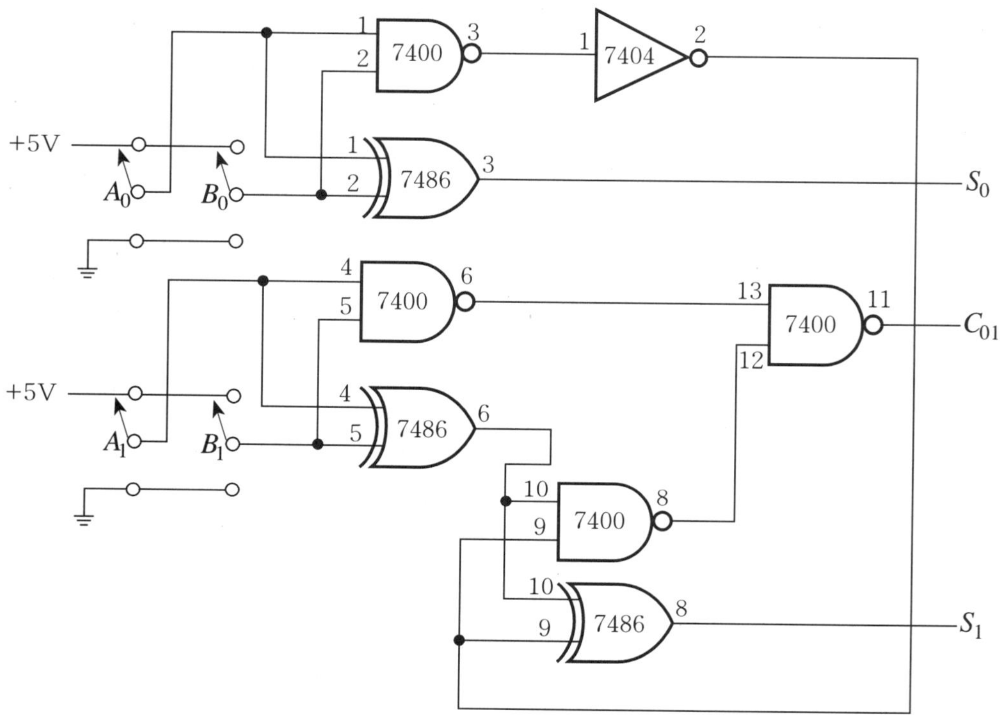

그림 7-8 2비트 병렬 2진 가산기

표 7-6

입 력				출 력		
A_1	A_0	B_1	B_0	C_{01}	S_1	S_0
0	0	0	+5			
0	+5	0	+5			
0	+5	+5	+5			
+5	0	+5	0			
+5	0	+5	+5			

실험 보고서

실 험 제 목	전가산기 · 전감산기		
실 험 일 자		실 험 조	
학번 및 성명			

실 험 결 과

1.

표 7-3

입 력			출 력	
A_n	B_n	C_{n-1}	S_n	C_n
0	0	0		
0	0	+5		
0	+5	0		
0	+5	+5		
+5	0	0		
+5	0	+5		
+5	+5	0		
+5	+5	+5		

논리식 $S_n=$

논리식 $C_n=$

2. 반가산기로 된 전가산기

표 7-4

입 력			출 력	
A_n	B_n	C_{n-1}	S_n	C_n
0	0	0		
0	0	+5		
0	+5	0		
0	+5	+5		
+5	0	0		
+5	0	+5		
+5	+5	0		
+5	+5	+5		

논리식 $S_n=$

논리식 $C_n=$

3. 전감산기

표 7-5

입 력			출 력	
A_n	B_n	b_n	b_{n+1}	d
0	0	0		
0	0	+5		
0	+5	0		
0	+5	+5		
+5	0	0		
+5	0	+5		
+5	+5	0		
+5	+5	+5		

논리식 $b_{n+1} =$

논리식 $d =$

4. 2 비트 병렬 2진 가산기

표 7-6

입 력				출 력		
A_1	A_0	B_1	B_0	C_{01}	S_1	S_0
0	0	0	+5			
0	+5	0	+5			
0	+5	+5	+5			
+5	0	+5	0			
+5	0	+5	+5			

검토 및 고찰

실험 8

보수를 이용한 감산과 병렬 가감산기

목적

보수에 대한 이해와 보수를 이용한 병렬 가감산기의 회로를 설계하여 동작 확인을 목적으로 한다.

이론

[1] 2의 보수

2의 보수란 1의보수에 1을 더한 것이라고 할 수 있고 또한 1의 보수는 2의 보수보다 1이 작다고 할 수 있다. 2의 보수를 사용하는 방법에서는 감수에 2의 보수를 취하여 피감수와 더하면 된다. 이때 덧셈에서 발생하는 마지막 자리올림수는 무시한다. 예를 들면,

```
어떤 수 N  : 0 1 0 1 1 1 0
             ↓ ↓ ↓ ↓ ↓ ↓ ↓
             1 0 1 0 0 0 1
                        +1
            ───────────────
             1 0 1 0 0 1 0
```

[2] 병렬 가감산기(2진 가감산기)

가산과 감산의 연산을 하나의 2진 가산기로 된 하나의 회로로 결합할 수 있다. 이것은 각 전가산기에 exclusive-OR 게이트를 포함시킴으로써 행해진다.

4비트 가감산기 회로를 그림 8-1에 보였다.

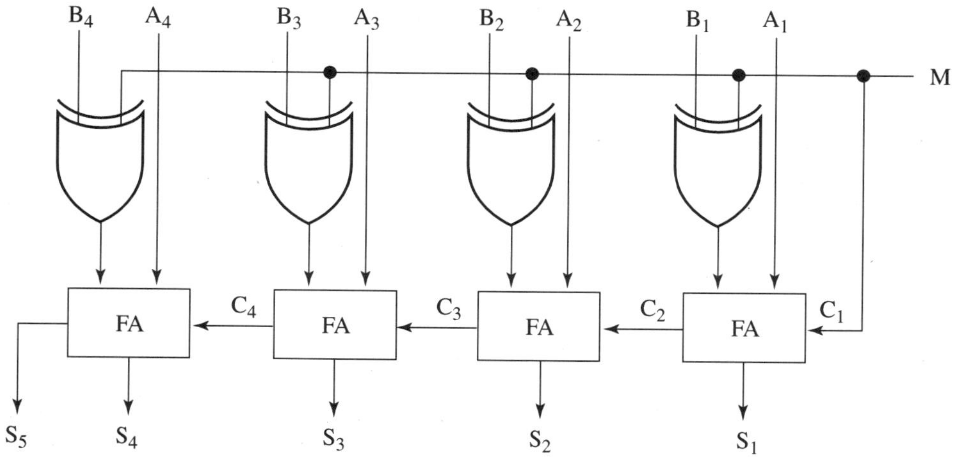

그림 8-1 2진 가감산기 회로

여기서 모드 입력 M은 연산을 제어한다. M=0이면 회로는 가산기이고, M=1이면 회로는 감산기이다.

exclusive-OR 게이트는 입력 M과 입력 B의 한 비트를 받아들인다. M=0일 때 $B \oplus 0 = B$이므로, 전가산기는 B의 값을 받고 입력 캐리는 0이다. M=1일 때 $B \oplus 0 = B'$이고 $C_1 = 1$이다. 입력 B는 모든 보수로 되고, 입력 캐리를 통해 1을 더한다. 그러므로 회로는 A의 B에 대한 2의 보수를 더하는 연산을 행한다.

[3] BCD 가산기

2개의 BCD 숫자를 4비트 2진식 가산기에 인가한다고 하자. 이 가산기는 2진식으로 합을 형성할 것이며, 0부터 19까지의 범위에 이르는 결과를 만들 것이다.

표 8-1에서 기호 K, Z_8, Z_4, Z_2, Z_1을 부여하고, K는 캐리어이다.

$$C = K + Z_8Z_4 + Z_8Z_2$$

여기서 C=1일 때는 2진식 합에 0110을 합하고, 다음 단에 대해 출력 캐리를 공급할 필요가 있다.

표 8-1의 내용을 검사하면, 2진식 합이 1001과 같거나 작으면 대응하는 BCD 수는 (2진식 수와)같으며, 따라서 아무 변환도 필요하지 않음이 분명하다. 2진식 합이 1001보다

크면 올바르지 않은 BCD 표시를 얻게 된다. 2진식 합에 2진식 6(즉, 0110)을 합하면, 그것은 올바른 BCD 표시로 변환되며, 또 필요한 출력 캐리를 발생하게 된다. 보정(correction)은 2진식 합이 출력 캐리 K=1을 갖고 있을 때에만 필요함은 분명하다. 보정이 필요한 1010에서 1111에 이르는 기타의 6개 조합은 Z_8위치에 1을 갖고 있다. Z_8위치에 역시 1을 갖고 있는 2진수 1000과 1001로부터 이들을 구별하기 위해서는 한걸음 더 나아가서 Z_4 또는 Z_2 어느 하나가 1을 가져야 함을 규정한다.

표 8-1 BCD 가산기의 유도

2진수의 합					BCD의 합					10진수
K	Z_8	Z_4	Z_2	Z_1	C	S_8	S_4	S_2	S_1	
0	0	0	0	0	0	0	0	0	0	0
0	0	0	0	1	0	0	0	0	1	1
0	0	0	1	0	0	0	0	1	0	2
0	0	0	1	1	0	0	0	1	1	3
0	0	1	0	0	0	0	1	0	0	4
0	0	1	0	1	0	0	1	0	1	5
0	0	1	1	0	0	0	1	1	0	6
0	0	1	1	1	0	0	1	1	1	7
0	1	0	0	0	0	1	0	0	0	8
0	1	0	0	1	0	1	0	0	1	9
0	1	0	1	0	1	0	0	0	0	10
0	1	0	1	1	1	0	0	0	1	11
0	1	1	0	0	1	0	0	1	0	12
0	1	1	0	1	1	0	0	1	1	13
0	1	1	1	0	1	0	1	0	0	14
0	1	1	1	1	1	0	1	0	1	15
1	0	0	0	0	1	0	1	1	0	116
1	0	0	0	1	1	0	1	1	1	17
1	0	0	1	0	1	1	0	0	0	18
1	0	0	1	1	1	1	0	0	1	19

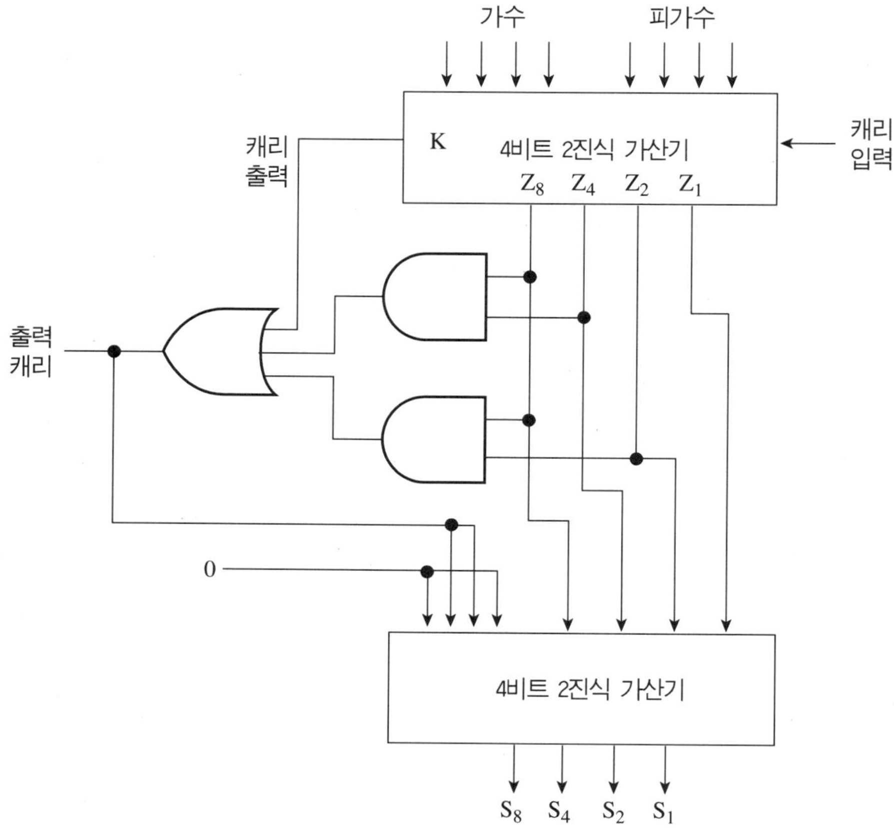

그림 8-2 BCD 가산기의 Block Diagram

기재 및 부품

DC power supply

7400(2-입력 NAND 게이트)

7404(2-입력 Inverter)

7410(3-입력 NAND 게이트)

7483×4(4-BIT BWARY FULL ADDERS WITH FAST CARRY)

7486(QUADRUPLE 2-INPUT EXCLLUSIVE-OR GATES)

680 Ω×5

LED×9

실험과정

1. 그림 8-3에 2의 보수를 이용한 4-비트 2진 전가산기와 전감산기를 나타내었다. 이 회로는 4-비트 전가산기 회로에다 exclusive-OR 회로를 추가하여 전감산기를 겸할 수 있도록 설계된 가감산기 겸용회로이다.

아래의 회로를 결선하고 A_0, A_1, A_2, A_3와 B_0, B_1, B_2, B_3의 변화에 따른 전가산기 출력 S_3, S_2, S_1, S_0 및 C_4와 전감산기 출력 d_3, d_2, d_1, d_0및 b_4를 측정하여 표 8-2와 표 8-3을 완성하여라(단, 전감산기 때는 $S_3 = d_3$, $S_2 = d_2$, $S_1 = d_1$, $S_0 = d_0$, $C_4 = b_4$)

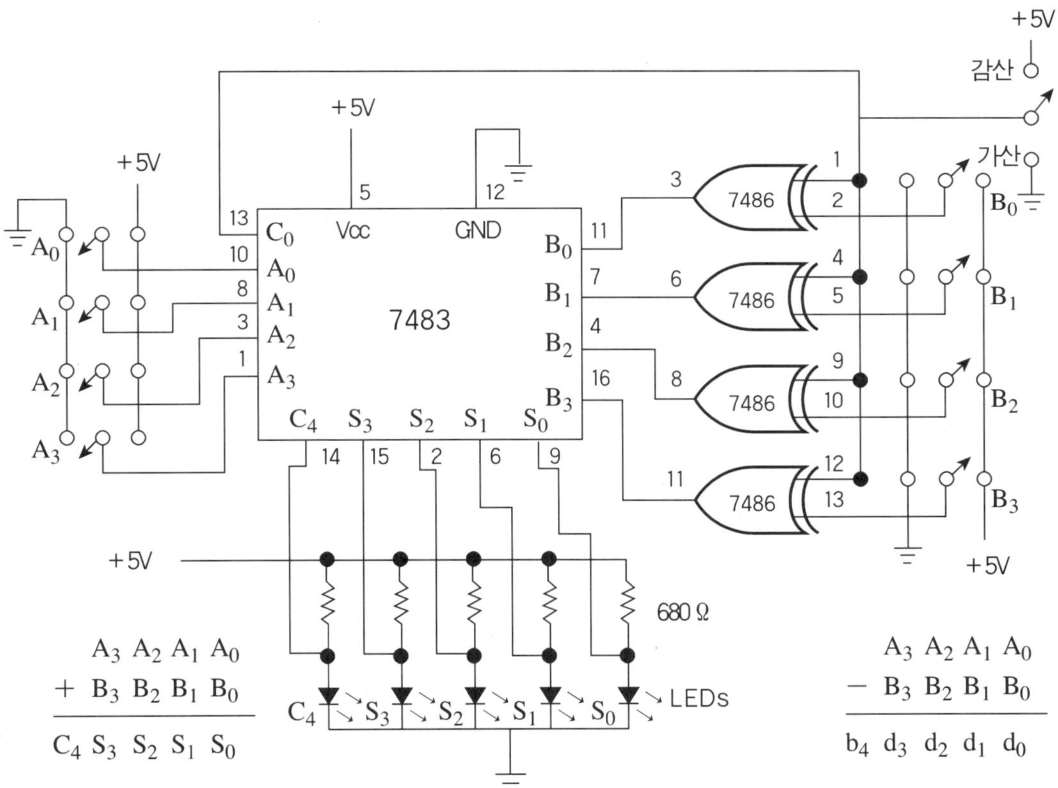

그림 8-3 2의 보수를 이용한 4-비트 2진 전감산기와 전가산기 실험회로

표 8-2 전가산기

입력 A				입력 B				출력				
A_3	A_2	A_1	A_0	B_3	B_2	B_1	B_0	C_4	S_3	S_2	S_1	S_0
1	1	1	1	0	0	0	1					
1	1	1	0	0	0	1	0					
1	1	0	1	0	1	0	1					
1	0	1	1	0	1	1	0					
1	0	1	0	0	1	1	1					
1	0	0	1	1	0	1	0					
0	1	1	1	1	0	0	1					
0	1	0	1	0	1	1	0					
0	1	0	0	0	0	1	1					

표 8-3 전감산기

입력 A				입력 B				출력				
A_3	A_2	A_1	A_0	B_3	B_2	B_1	B_0	b_4	d_3	d_2	d_1	d_0
1	0	1	0	0	1	0	1					
1	0	1	1	0	1	1	0					
1	1	0	0	0	1	1	1					
1	1	1	1	1	1	1	1					
1	0	0	1	1	0	1	0					
0	1	1	0	1	0	0	0					
0	1	0	0	0	1	0	0					
0	1	0	1	1	0	1	1					
0	0	1	1	0	0	1	0					

2. 그림 8-4은 7486과 7483을 사용하여 4-비트 2진 병렬 가감산기 실험회로를 결선한 다음 표 8-4의 입력 데이터를 접속하고, 출력은 LED를 이용하여 그 값을 표에 기록하여라.

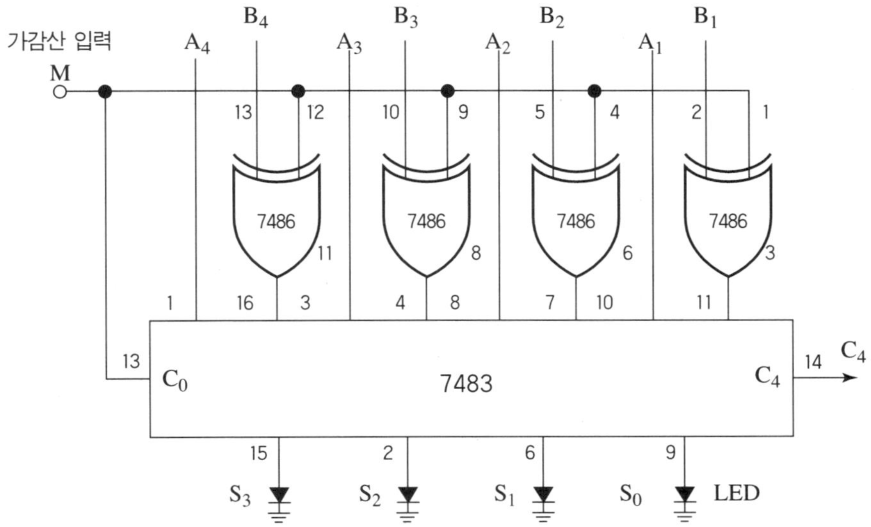

그림 8-4 4-비트 2진 병렬 가감산기 실험회로

표 8-4 그림 8-4의 계산결과

	입력 A				입력 B				출력				
M	A_4	A_3	A_2	A_1	B_4	B_3	B_2	B_1	C_4	S_3	S_2	S_1	S_0
0	0	1	1	0	0	0	1	1					
0	0	0	1	1	0	1	1	1					
0	0	1	1	1	0	0	0	1					
0	1	0	1	0	1	0	1	0					
0	1	0	1	1	1	0	0	1					
0	1	0	1	1	1	1	0	0					
1	1	1	1	1	0	1	1	1					
1	1	1	1	0	0	0	0	1					
1	1	1	0	0	0	1	0	0					
1	1	0	1	1	0	1	1	1					
1	1	0	1	0	0	1	1	0					
1	1	1	0	1	1	0	1	0					
1	1	1	1	1	1	0	0	1					

3. 그림 8-5의 두 자리 BCD 병렬 가산기 실험회로를 결선한 다음 아래의 주어진 값을 가산하여 표 8-5에 기록하여라.

(1) $(16 + 24)_{10}$	(2) $(31 + 23)_{10}$
(3) $(47 + 36)_{10}$	

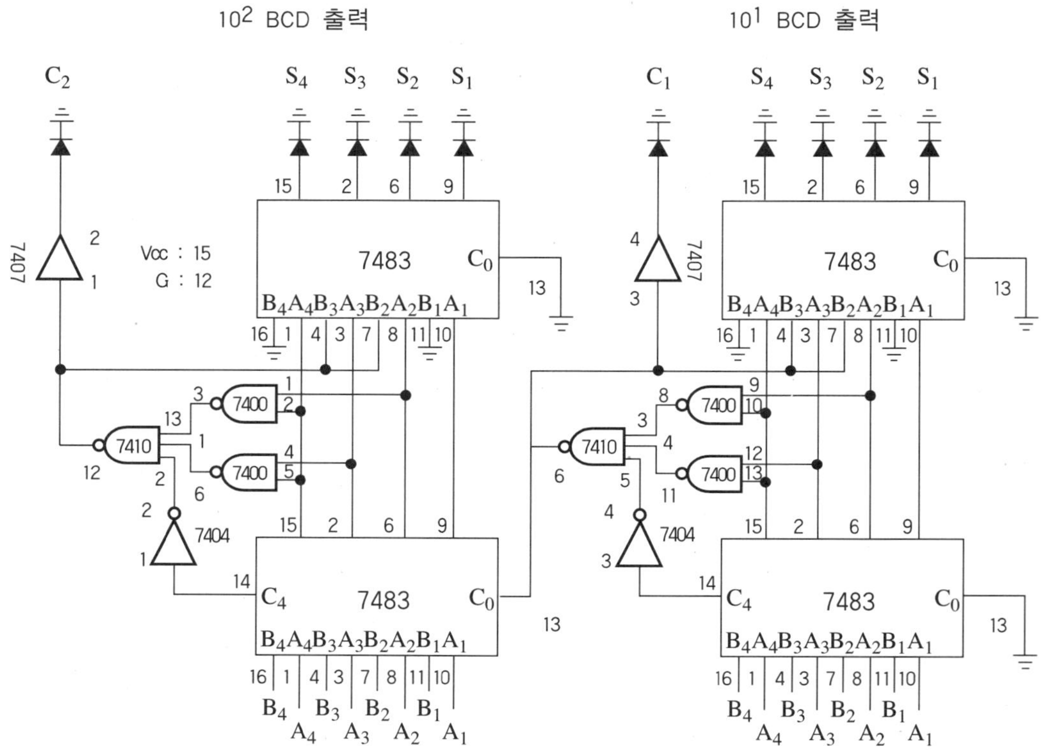

그림 8-5 두 자리 BCD 병렬 가산기 실험회로

표 8-5 두자리 BCD 병렬 가산기 실험회로

번호	10의 자리	1의자리	자리올림	
	$A_4\ A_3\ A_2\ A_1$ $+\ B_4\ B_3\ B_2\ B_1$ $S_4\ S_3\ S_2\ S_1$	$A_4\ A_3\ A_2\ A_1$ $+\ B_4\ B_3\ B_2\ B_1$ $S_4\ S_3\ S_2\ S_1$	C_2	C_1
(1)	+	+		
(2)	+	+		
(3)	+	+		

실험 보고서

실 험 제 목	보수를 이용한 감산과 병렬 가감산기		
실 험 일 자		실 험 조	
학번 및 성명			

실 험 결 과

1.

표 8-2

입력 A				입력 B				출력				
A_3	A_2	A_1	A_0	B_3	B_2	B_1	B_0	C_4	S_3	S_2	S_1	S_0
1	1	1	1	0	0	0	1					
1	1	1	0	0	0	1	0					
1	1	0	1	0	1	0	1					
1	0	1	1	0	1	1	0					
1	0	1	0	0	1	1	1					
1	0	0	1	1	0	1	0					
0	1	1	1	1	0	0	1					
0	1	0	1	0	1	1	0					
0	1	0	0	0	0	1	1					

표 8-3

입력 A				입력 B				출력				
A_3	A_2	A_1	A_0	B_3	B_2	B_1	B_0	b_4	d_3	d_2	d_1	d_0
1	0	1	0	0	1	0	1					
1	0	1	1	0	1	1	0					
1	1	0	0	0	1	1	1					
1	1	1	1	1	1	1	1					
1	0	0	1	1	0	1	0					
0	1	1	0	1	0	0	0					
0	1	0	0	0	1	0	0					
0	1	0	1	1	0	1	1					
0	0	1	1	0	0	1	0					

2.

표 8-4

M	A_4	A_3	A_2	A_1	B_4	B_3	B_2	B_1	C_4	S_3	S_2	S_1	S_0
입력 A					입력 B				출력				
0	0	1	1	0	0	0	1	1					
0	0	0	1	1	0	1	1	1					
0	0	1	1	1	0	0	0	1					
0	1	0	1	0	1	0	1	0					
0	1	0	1	1	1	0	0	1					
0	1	0	1	1	1	1	0	0					
1	1	1	1	1	0	1	1	1					
1	1	1	1	0	0	0	0	1					
1	1	1	0	0	0	1	0	0					
1	1	0	1	1	0	1	1	1					
1	1	0	1	0	0	1	1	0					
1	1	1	0	1	1	0	1	0					
1	1	1	1	1	1	0	0	1					

3.

표 8-5

번호	10의 자리 $A_4\ A_3\ A_2\ A_1$ $+\ B_4\ B_3\ B_2\ B_1$ $S_4\ S_3\ S_2\ S_1$	1의자리 $A_4\ A_3\ A_2\ A_1$ $+\ B_4\ B_3\ B_2\ B_1$ $S_4\ S_3\ S_2\ S_1$	자리올림 C_2	C_1
(1)	+	+		
(2)	+	+		
(3)	+	+		

검토 및 결과

실험 9

RS 및 D 래치(Latch)

목적

기억소자로서 래치의 기본 개념을 이해하고 RS 및 D 래치의 원리 및 동작 특성을 이해하는데 목적을 둔다.

이론

[1] 기본 기억소자

가장 간단한 기억소자로서 그림 9-1에 있는 두 회로의 기능을 살펴보면 그림 9-1(a)의 경우에 초기 상태가 $A=0$, $Q=0$일 때는 A를 1로 바꾸어 주지 않는 한 $Q=0$의 상태를 계속 유지하지만, $A=1$로 해주면 $Q=1$이 되고, 이 상태는 이제 A와 관계없이 계속 유지된다.

그림 9-1(b)의 회로에서의 초기상태를 $A=1$, $Q=1$이라고 가정할 때 A를 $A=0$으로 바꾸어주면 $Q=0$의 상태가 되고, 궤환회로를 끊고 B에 1을 인가해주지 않는 한 이 상태는 계속 유지된다.

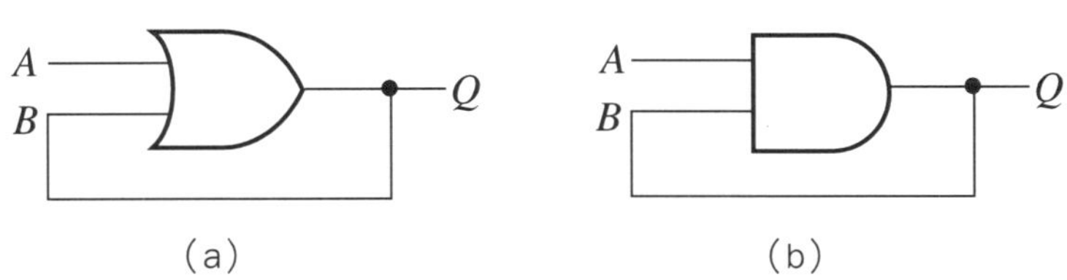

그림 9-1 기본 기억소자

[2] 기본 RS 래치

가장 단순한 형태의 RS 래치는 두 개의 NAND 게이트나 NOR 게이트로 구성할 수 있다.

입력은 각각 S와 R로 표기되고 출력은 각각 Q와 $\overline{Q}$로 표기된다. 이때 S와 R은 각각 셋(Set)과 리셋(Reset)을 의미한다.

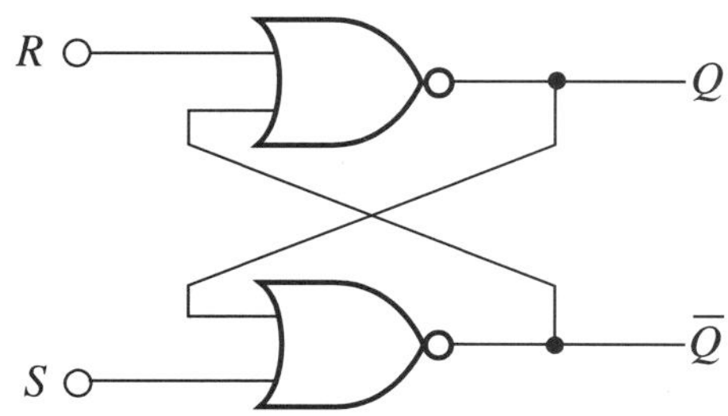

그림 9-2 RS 래치

표 9-1 RS 래치의 진리표

R	S	Q_n	Q_{n+1}
0	0	0 }	0 } Q_n
0	0	1	1
0	1	0 }	1 } 1
0	1	1	1
1	0	0 }	0 } 0
1	0	1	0
1	1	Q_n	?(부정)

진리표를 보면 $R=S=0$일 때는 Q_{n+1}은 먼저의 상태인 Q_n을 그대로 유지하고 $R=0$, $S=1$이면 $Q_{n+1}=1$이고 $R=1$, $S=0$이면 $Q_{n+1}=0$이 된다. 또 $R=S=1$인 경우는 래치의 출력이 모두 0으로 되어야 하나 이런 상태는 래치 본래의 안정한 상태가 아니므로 금지된 입력이 된다.

기본 RS 래치의 연산을 좀 더 구체적으로 설명하면 다음과 같다.

(1) 만일 Q가 HIGH일 때, S 입력은 LOW로 두고, HIGH를 R 입력에 공급하면, Q는 LOW가 될 것이다. 이것은 리셋 조건이다.

(2) 만일 Q가 LOW일 때, S 입력은 LOW로 두고, HIGH를 R 입력에 공급하면, Q는 LOW로 머무를 것이다. 그 래치는 리셋으로 머무른다.

(3) 만일 Q가 LOW일 때, R 입력은 LOW로 두고, S 입력에 HIGH를 공급하면, Q는 HIGH가 될 것이다. 이것은 셋 조건이다.

(4) 만일 Q가 HIGH일 때, R 입력은 LOW로 두고, S 입력에 HIGH를 공급하면, Q는 HIGH로 머무를 것이다. 그리고, 그 래치는 셋으로 머무른다.

(5) 만일 S와 R이 둘 다 LOW이면 그 래치의 상태는 변하지 않는다. 즉, Q는 그의 현재의 상태로 머무르며, 이것은 불변의 조건이다.

(6) 만일 HIGH를 S와 R 둘 다 동시에 공급하면 래치는 무엇을 해야할지 확실하지 않다.

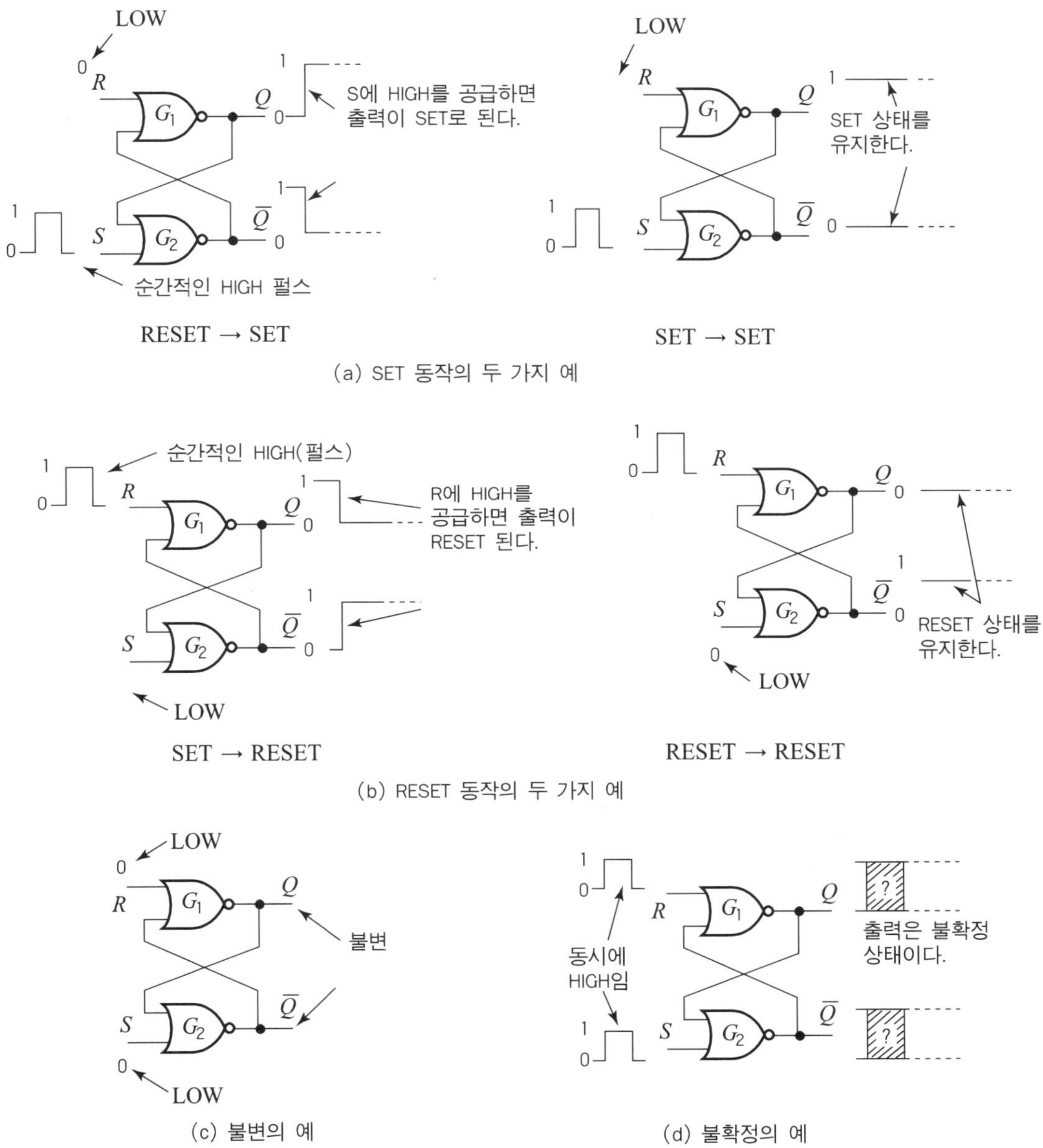

(a) SET 동작의 두 가지 예

(b) RESET 동작의 두 가지 예

(c) 불변의 예

(d) 불확정의 예

그림 9-3 기본 RS 래치 작용의 4가지 모드

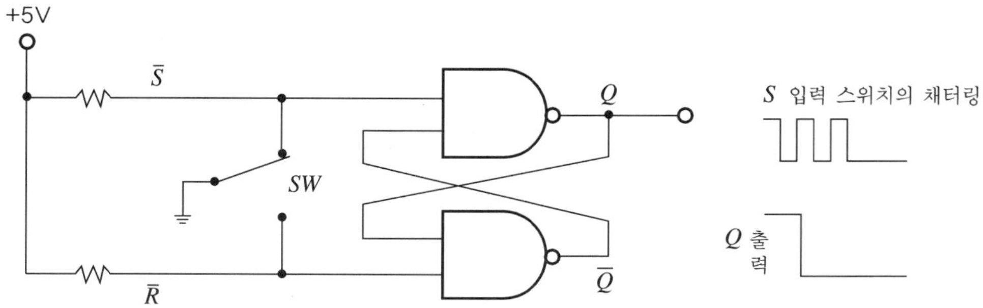

그림 9-4 2개의 NAND 게이트로 된 래치

이 때는 $S=R=1$일 때 $Q_{n+1}=Q_n$으로 먼저의 상태를 그대로 유지하고

$\bar{S}=0,\ \bar{R}=1$이면

$Q_{n+1}=1$ (셋 상태)

$\bar{S}=1,\ \bar{R}=0$이면

$Q_{n+1}=0$ (리셋 상태)

이 된다. 이 래치(비동기식, 수동)는 "0"인 입력에 의해서 상태가 결정된다.

즉 $Q_{n+1}=\overline{0\cdot\overline{Q_n}}=1$, $\overline{Q_{n+1}}=\overline{0\cdot Q_n}=1$ 등의 예로 볼 수 있듯이 한 입력이 "0"이면 그 출력은 무조건 "1"이 되고, 입력이 모두 "1"일 때는 Q_n의 상태가 Q_{n+1}의 상태를 결정한다. 이때도 $\bar{R}=\bar{S}=0$인 입력은 역시 금지된 입력이다.

그림 9-4에서 *SW*의 조작으로 래치 회로를 "1" 또는 "0"의 상태로 만들 수가 있다. 스위치 *SW*를 어느 쪽으로도 넣지 않은 때는 $\bar{R}=\bar{S}=1$로서 래치 회로는 기억된 상태 (Q_n)를 그대로 유지한다. 또 *SW*를 어느 한쪽으로 넣을 때는 스위치에서 발생하는 잡음인 채터링(chattering)이 *Q* 출력에는 나타나지 않으므로 채터링 방지회로로 많이 이용한다.

[3] 동기식 RS 래치(Latch)

순서회로들에 사용되는 래치는 보통 클럭 펄스(CP 또는 CK)로 동기시켜 사용한다. 그림 9-5에서 이 RS 래치는 역시 S(set)$=1$일 때 래치가 "1"이 되는 동작을 하나, 이 동작은 $CP=1$일 때만 가능하고, $CP=0$이면 R과 S가 입력이라도 $Q_{n+1}=Q_n$ 으로 상태의 변환을 하지 못한다.

즉, 클럭 펄스가 들어올 때 비로소 *R*과 *S*로 준비된 다음 상태가 시행된다. 이 클럭 펄스 CP는 이 RS 래치뿐 아니라 순서회로의 전 래치에 다같이 공급되므로 모든 래치는 동시에 CP에 의해서 동기되어 작동한다. 이 래치의 동작을 진리표로 표시하면 표 8-2와 같다.

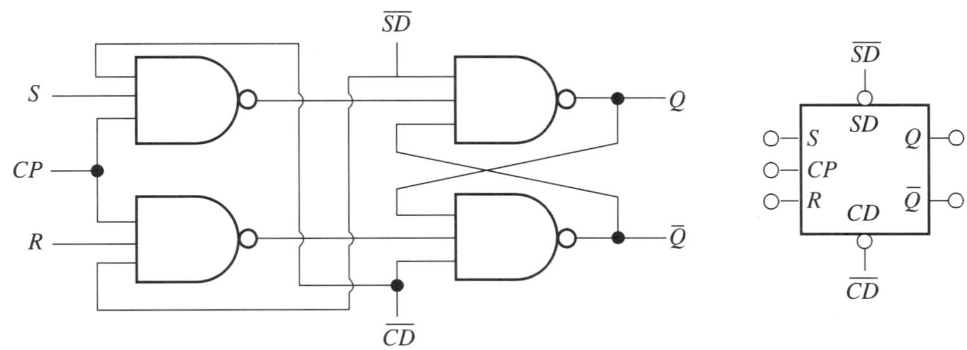

(a) 논리회로 (b) 기호

그림 9-5 동기식 RS 래치

표 9-2 동기식 RS 래치의 진리표

CP	*R*	*S*	Q_{n+1}
0	*d*	(0, 1)	Q_n
1	0	1	1
1	1	0	0
1	1	1	금지입력

단 *d*(0, 1):0이거나, 1이거나 상관없다.

S, *R* 및 *CP* 입력에 대한 파형이 그림 9-6(a)로 주어졌을 때 그 래치의 초기는 리셋으로 가정하고 *Q*와 $\overline{Q}$의 출력 파형을 살펴보면 다음과 같다.

1. 클럭 펄스 1에서 *S*가 LOW이고 *R*도 LOW이므로 *Q*는 변화가 없다.
2. 클럭 펄스 2에서 *S*가 LOW이고 *R*이 HIGH이므로 *Q*는 LOW로 남는다.(RESET)
3. 클럭 펄스 3에서 *S*가 HIGH이고 *R*은 LOW이므로 *Q*는 HIGH가 된다.(SET)
4. 클럭 펄스 4에서 *S*는 LOW이고 *R*은 HIGH이므로 *Q*는 LOW로 된다.(RESET)

5. 클럭 펄스 5에서 S는 HIGH이고 R은 LOW이므로 Q는 HIGH로 된다.(SET)
6. 클럭 펄스 6에서 S는 HIGH이고 R은 LOW이므로 Q는 HIGH로 머문다.

Q가 결정되면 $\overline{Q}$는 Q의 보수이므로 쉽게 결정된다. Q와 $\overline{Q}$에 대한 파형을 그림 9-6(b)에 나타냈다.

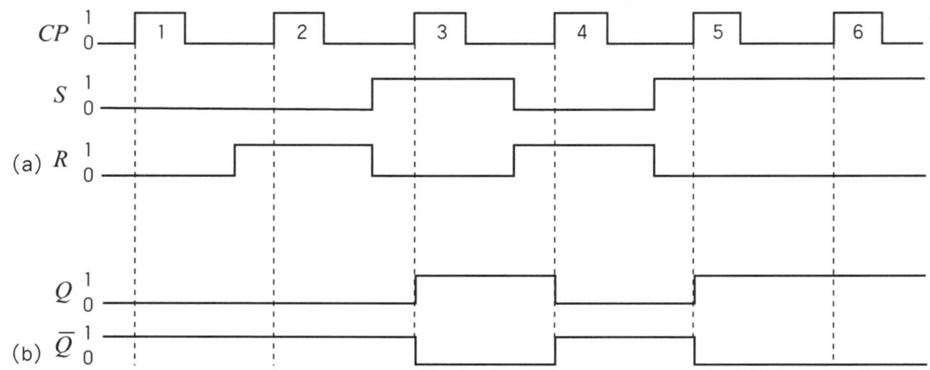

그림 9-6 동기식 RS 래치에서 CP, S, R에 따른 출력 파형

[4] D 래치

D 래치는 다만 데이터 비트(1 또는 0)를 저장하기 위한 경우에 매우 유용한 것이다.

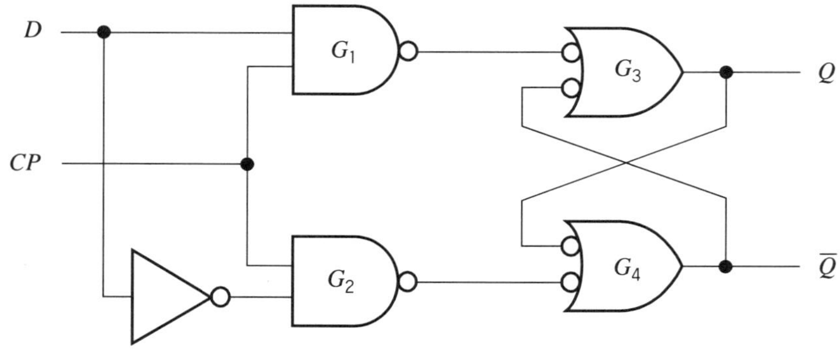

그림 9-7 D 래치에 대한 논리 회로

기본 *D* 래치는 그림 9-7에 나타낸 바와 같이 클럭 RS 래치에 단순히 인버터만 추가한 것이다.

클럭 펄스가 공급될 때 만일 *D* 입력이 HIGH이면 래치는 셋이 되고, 만일 *D* 입력이 LOW이면 래치는 리셋이 된다.

셋 상태에 있어서 그 래치는 논리 1을 저장했다고 말할 수 있고, 리셋 상태에 있어서 그 래치는 논리 0을 저장했다고 말할 수 있다.

여기서는 *D* 입력의 상태(HIGH 또는 LOW)가 클럭 펄스의 리이딩 에지에서 *Q* 출력이 변환되는 것에 대하여 언급하고 있으나 트레일링 에지에서도 또한 가능하다.

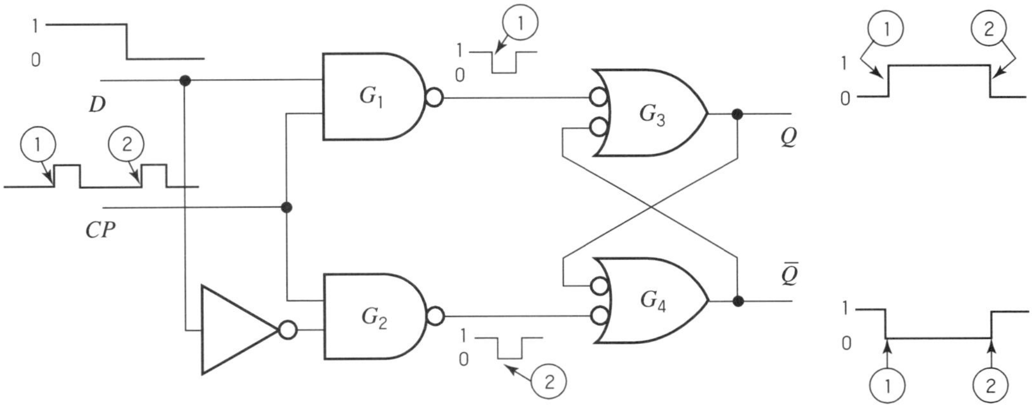

그림 9-8 D 래치의 작용

그림 9-8은 *D* 입력으로 HIGH가 들어오다 LOW가 들어오고 있을 때 래치의 작용에 대한 설명도이다. 클럭 펄스 ①에 의하여 HIGH가 *Q*출력으로 전달되었고, 클럭 펄스 ②에 의하여 LOW가 *Q* 출력으로 전달되었다.

D 래치의 논리 기호는 그림 9-9와 같고, 그의 진리표는 표 9-3과 같다.

표 9-3 D 래치에 대한 진리표

D	Q_{n+1}
LOW	LOW
HIGH	HIGH

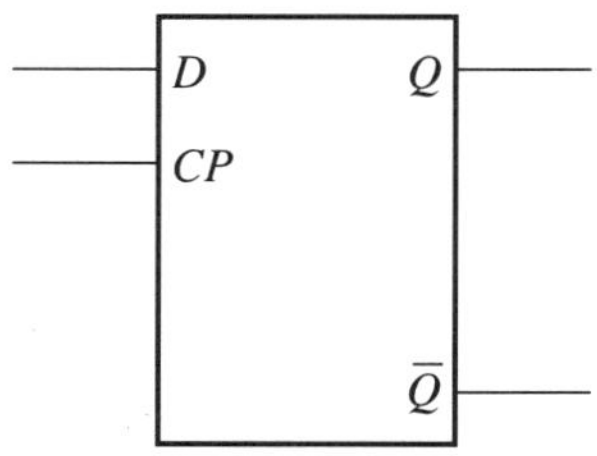

그림 9-9 D 래치(7475)에 대한 논리 기호

[5] 단일 펄스 발생기

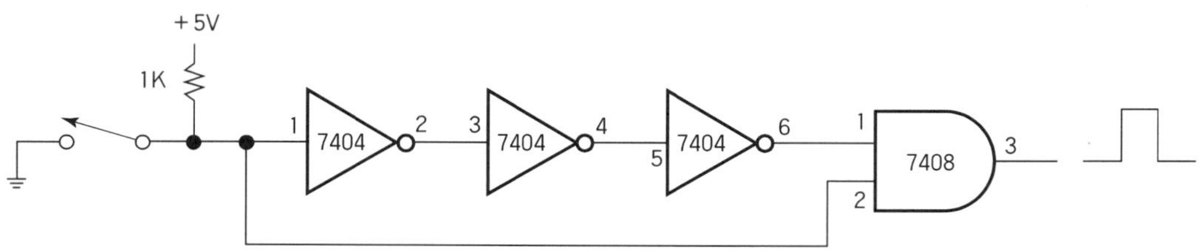

그림 9-10 단일 펄스 발생기

단일 펄스 발생기는 그림 9-10과 같이 구성된다.

Not 게이트의 3개의 delay를 거쳐 들어오는 입력과 delay 없이 바로 들어오는 입력을 AND 입력으로 사용할 경우 AND 게이트의 출력은 그림 9-11과 같이 단일 펄스를 발생하게 된다.

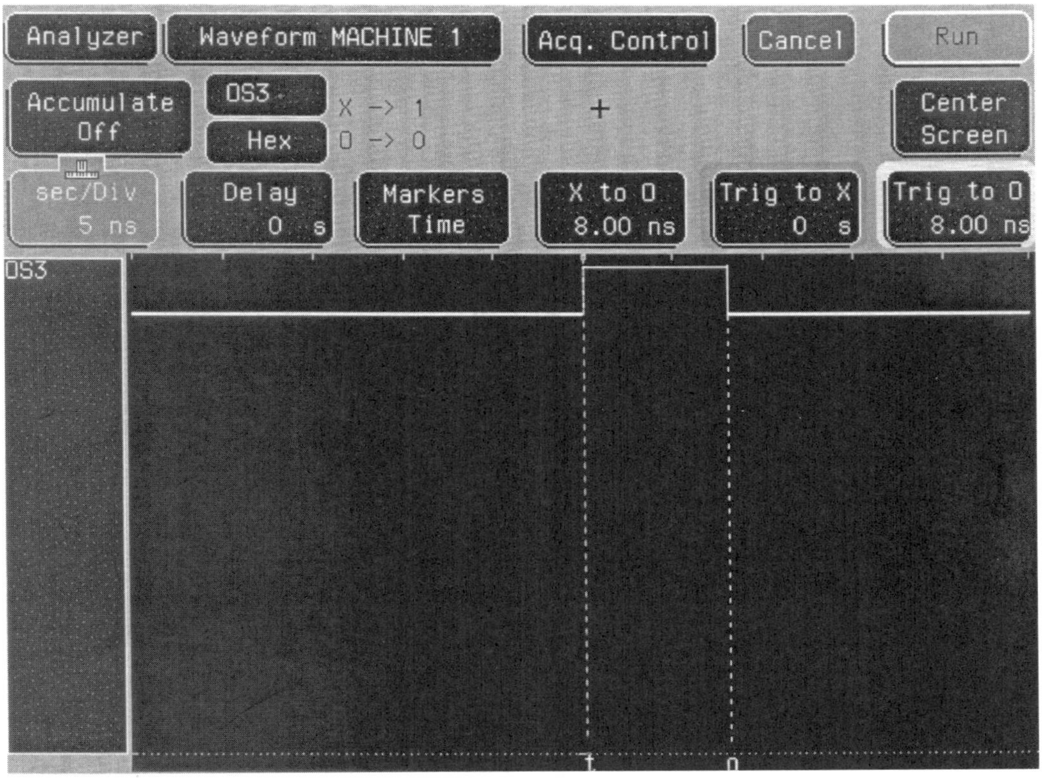

그림 9-11 단일 펄스 발생기 출력

기재 및 부품

DC power supply

오실로스코프

저항 : 1kΩ×2, 680 Ω

스위치

7400(2-입력 NAND 게이트)×2

7402(2-입력 NOR 게이트)

7404(2-입력 NOT 게이트)

7408(2-입력 AND 게이트)

7475(D형 래치)

실험 과정

1. 그림 9-12와 같은 NAND 게이트를 사용한 RS 래치 회로를 구성하고, 출력 전압을 측정하여 표 9-4에 기록하고, 표 9-4을 이용하여 표 9-5로 정리하라(단, 실험은 순서대로 할 것).

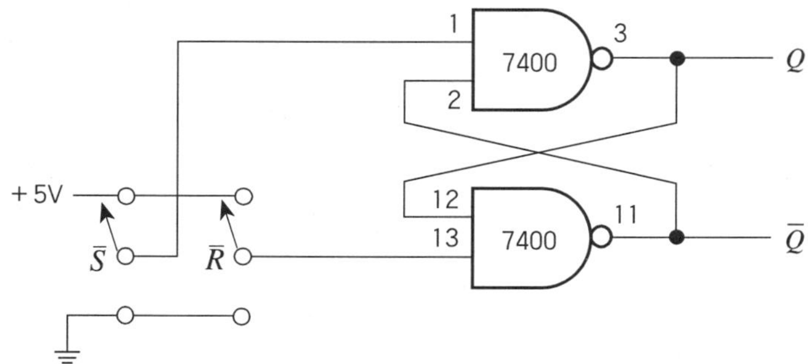

그림 9-12 RS 래치

표 9-4

순서	입 력		출 력	
	$\bar{R}$	$\bar{S}$	Q	$\bar{Q}$
1	+5	0		
2	+5	+5		
3	0	+5		
4	+5	+5		
5	0	+5		
6	0	0		

표 9-5

순서	입 력		출 력	
	$\bar{R}$	$\bar{S}$	Q	$\bar{Q}$
1	0	0		
2	0	+5		
3	+5	0		
4	+5	+5		

2. 그림 9-13과 같은 NAND 게이트를 사용한 클럭이 있는 래치 회로를 구성하고, 출력 전압을 측정하여 표 9-6에 기록하고, 표 9-6을 이용하여 표 9-7로 정리하라(실험은 순서대로 할 것).

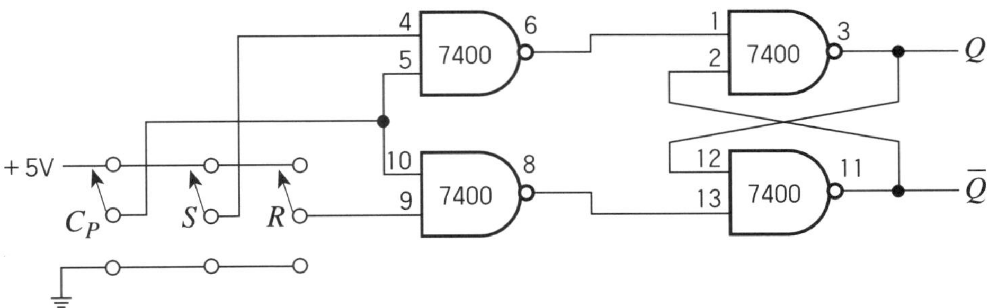

그림 9-13 클럭이 있는 RS 래치 회로

표 9-6

순서	입 력			출 력	
	C_P	S	R	Q	$\overline{Q}$
1	+5	+5	0		
2	+5	+5	+5		
3	+5	0	+5		
4	+5	+5	+5		
5	+5	0	+5		
6	+5	0	0		
7	+5	0	+5		
8	0	0	+5		
9	0	+5	+5		
10	0	+5	0		
11	0	+5	+5		
12	0	0	+5		
13	0	0	0		

표 9-7

순서	입 력			출 력	
	C_P	S	R	Q	$\overline{Q}$
1	+5	0	0		
2	+5	0	+5		
3	+5	+5	0		
4	+5	+5	+5		
5	0	×	×		

3. 그림 9-14와 같은 RS 래치 회로를 구성하고, 출력전압을 측정하여 표 9-8에 기록하고 표 9-8을 이용하여 표 9-9로 정리하라(실험은 순서대로 할 것).

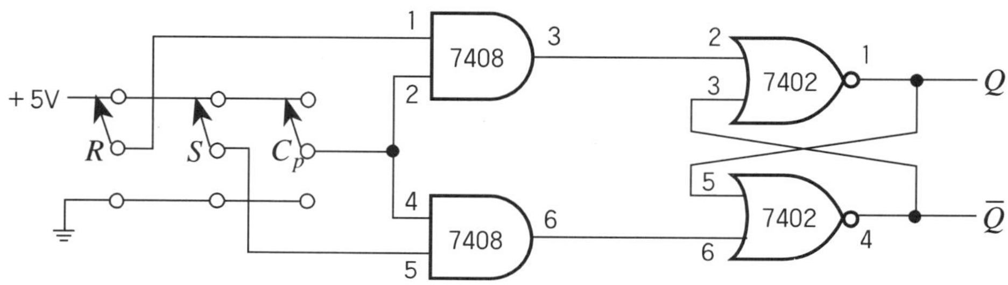

그림 9-14 클럭이 있는 RS 래치 회로

표 9-8

순서	입 력			출 력	
	C_P	S	R	Q	$\overline{Q}$
1	+5	+5	0		
2	+5	+5	+5		
3	+5	0	+5		
4	+5	+5	+5		
5	+5	0	+5		
6	+5	0	0		
7	+5	0	+5		
8	0	0	+5		
9	0	+5	+5		
10	0	+5	0		
11	0	+5	+5		
12	0	0	+5		
13	0	0	0		

표 9-9

순서	입 력			출 력	
	C_P	S	R	Q	$\overline{Q}$
1	+5	0	0		
2	+5	0	+5		
3	+5	+5	0		
4	+5	+5	+5		
5	0	×	×		

4. 그림 9-15와 같은 D형 래치를 구성하고, 출력 전압을 측정하여 표 9-10에 기록하여라.

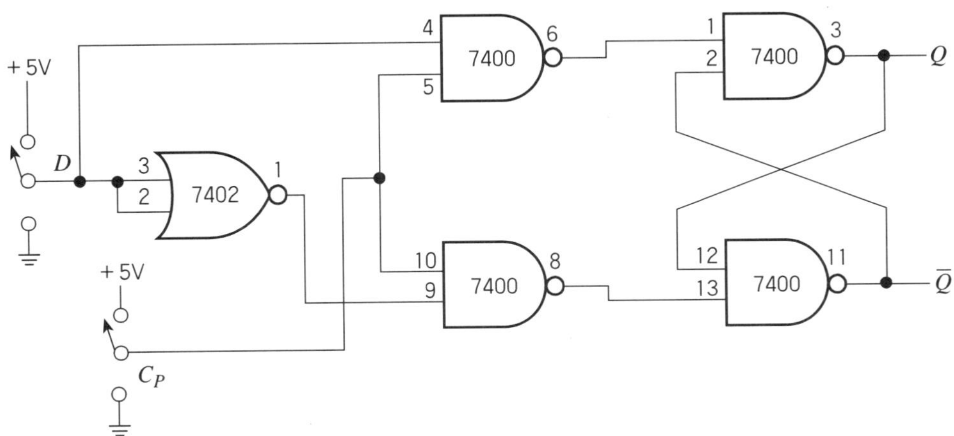

그림 9-15 D형 래치

표 9-10

순서	입 력		출 력	
	C_P	D	Q	$\overline{Q}$
1	+5	0		
2	+5	+5		
3	0	+5		
4	0	0		

5. 그림 9-16과 같은 7475 D형 래치 회로를 구성하고, 출력전압을 측정하여 표 9-11에 기록하라.

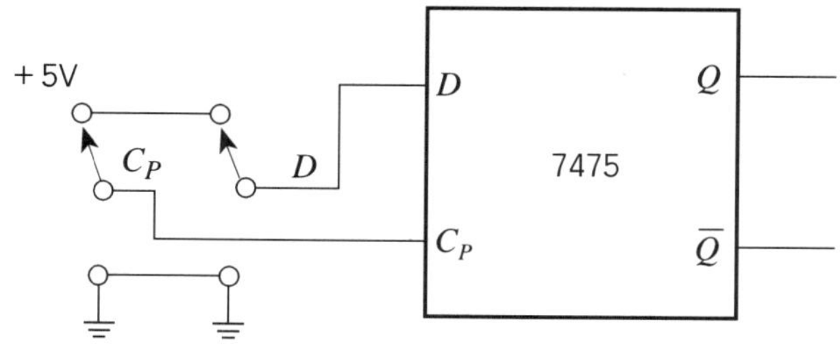

그림 9-16 7475 D형 래치

표 9-11

순서	입 력		출 력	
	C_P	D	Q	$\overline{Q}$
1	0	0		
2	0	+5		
3	+5	0		
4	+5	+5		

실험 보고서

실 험 제 목	RS 및 D 래치(Latch)		
실 험 일 자		실 험 조	
학번 및 성명			

실 험 결 과

1.

표 9-4

순서	입 력		출 력	
	$\bar{R}$	$\bar{S}$	Q	$\bar{Q}$
1	+5	0		
2	+5	+5		
3	0	+5		
4	+5	+5		
5	0	+5		
6	0	0		

표 9-5

순서	입 력		출 력	
	$\bar{R}$	$\bar{S}$	Q	$\bar{Q}$
1	0	0		
2	0	+5		
3	+5	0		
4	+5	+5		

2.

표 9-6

순서	입 력			출 력	
	C_P	S	R	Q	$\overline{Q}$
1	+5	+5	0		
2	+5	+5	+5		
3	+5	0	+5		
4	+5	+5	+5		
5	+5	0	+5		
6	+5	0	0		
7	+5	0	+5		
8	0	0	+5		
9	0	+5	+5		
10	0	+5	0		
11	0	+5	+5		
12	0	0	+5		
13	0	0	0		

표 9-7

순서	입 력			출 력	
	C_P	S	R	Q	$\overline{Q}$
1	+5	0	0		
2	+5	0	+5		
3	+5	+5	0		
4	+5	+5	+5		
5	0	×	×		

3. RS 래치회로

표 9-8

순서	입 력			출 력	
	C_P	S	R	Q	$\overline{Q}$
1	+5	+5	0		
2	+5	+5	+5		
3	+5	0	+5		
4	+5	+5	+5		
5	+5	0	+5		
6	+5	0	0		
7	+5	0	+5		
8	0	0	+5		
9	0	+5	+5		
10	0	+5	0		
11	0	+5	+5		
12	0	0	+5		
13	0	0	0		

표 9-9

순서	입 력			출 력	
	C_P	S	R	Q	$\overline{Q}$
1	+5	0	0		
2	+5	0	+5		
3	+5	+5	0		
4	+5	+5	+5		
5	0	×	×		

4.

표 9-10

순서	입 력		출 력	
	C_P	D	Q	$\overline{Q}$
1	+5	0		
2	+5	+5		
3	0	+5		
4	0	0		

5. 7475 D형 래치

표 9-11

순서	입 력		출 력	
	C_P	D	Q	$\overline{Q}$
1	0	0		
2	0	+5		
3	+5	0		
4	+5	+5		

검토 및 고찰

실험 10

JK, T 및 D 플립플롭(Flip Flop)

목 적

JK, T 및 D 플립플롭의 원리 및 동작특성을 이해하고 응용력을 향상시키는 데 목적을 둔다.

이 론

[1] 에지트리거 JK 플립플롭(Flip Flop)

래치와 플립플롭과의 차이점은 클럭이 레벨상태일 때 변하는 것이 래치이고, 순간적으로 변할 때 동작하는 것이 플립플롭인데 클럭부분에 꺽쇠모양으로 나타낸다. 동기식 RS 플립플롭의 출력을 입력 단자에 궤환시킨 형태로 그림 10-1과 같이 $Q \cdot K$를 R 단자에 $\overline{Q} \cdot J$ 를 S 단자에 접속하였다. $CP=0$이거나, $J=K=0$일 때는 RS 플립플롭에서와 같이 $Q_{n+1}=Q_n$이 된다. 또 $CP=1$이고 $J=1$, $K=0$일 때는 $Q_{n+1}=1$, $J=0$, $K=1$일 때는 $Q_{n+1}=0$이다.

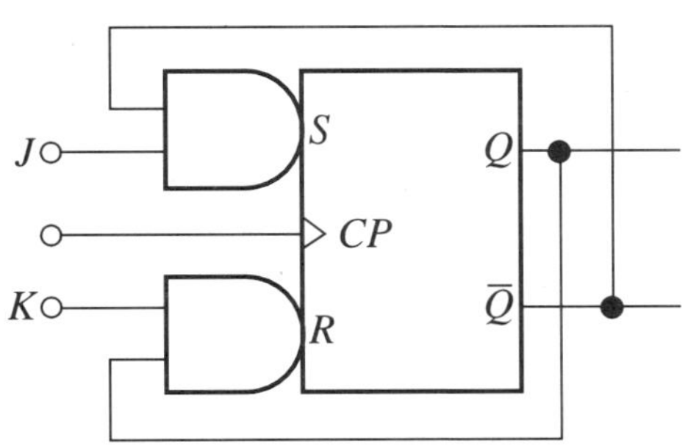

그림 10-1 에지트리거 JK 플립플롭

표 10-1 진리표

J	K	CP	Q_{n+1}
0	0	↑	Q_n
0	1	↑	0
1	0	↑	1
1	1	↑	$\overline{Q_n}$

이 플립플롭의 특징적인 동작은 $CP=1$, $J=K=1$일 때로서, 이때는 Q, $\overline{Q}$의 상태가 S, R로 궤환하여 $S=\overline{Q}_n$, $R=Q_n$이 되므로 $Q_n=0$일 때는 $S=1$, $R=0$으로 되고 $CP=1$이므로 $Q_{n+1}=1$이 된다. 그러면 다시 $Q_{n+1}=1$, $\overline{Q}_{n+1}=0$이 R, S 단자로 궤환되어 $S=0$, $R=1$이 되어 $Q_{n+2}=0$, $\overline{Q}_{n+2}=1$로 또 반전되며, $CP=1$이 계속되는 동안 이런 반전 동작(Race 문제)을 반복한다.

$CP=0$이 되면 그 시간 현재의 상태로 정지한다. 그러므로 1개의 CP에 의하여 $Q_{n+1}=\overline{Q}_n$로 한 번 반전되고 정지하도록 하기 위하여는 NAND 회로 1단의 지연시간 T_p의 3배 정도의 CP가 필요하다.

그러나 이런 클럭 펄스를 $3T_p$가 일정하지 않은 여러 개의 플립플롭에 공급하는 일은 어렵다. 그래서 펄스 폭이 긴 CP를 받아 플립플롭 내부에서 $3T_p$의 CP로 변환시키는 edge triggered JK 플립플롭도 있으나 이 회로도 입력 펄스의 상승 시간이 길면 오동작을 할 위험성이 있다. 진리표는 표 10-1에 나타내었다.

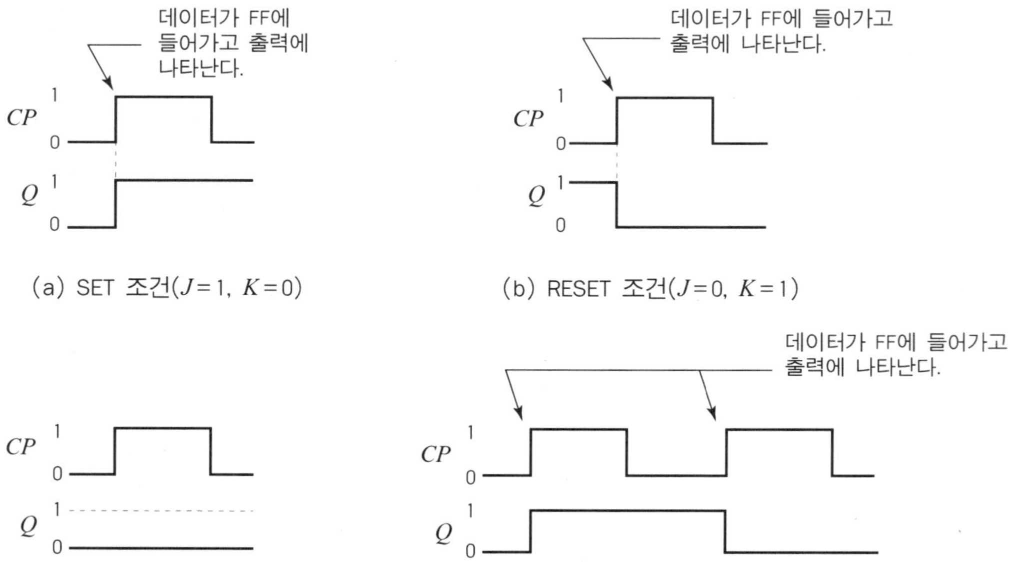

(a) SET 조건($J=1$, $K=0$)　(b) RESET 조건($J=0$, $K=1$)

(c) NO CHANGE 조건($J=0$, $K=0$)　(d) TOGGLE 조건($J=1$, $K=1$)

그림 10-2 각 입력 조건에 대한 에지 트리거드 JK 플립플롭의 클럭과 출력

[2] Master slave JK 플립플롭(Flip Flop)

Master slave JK 플립플롭은 그림 10-3과 같이 Master 플립플롭과 slave 플립플롭

으로 구성되어 있고 마스터(master) 쪽에는 *CP*, 슬레브(slave) 쪽에는 $\overline{CP}$가 가해지고 있다.

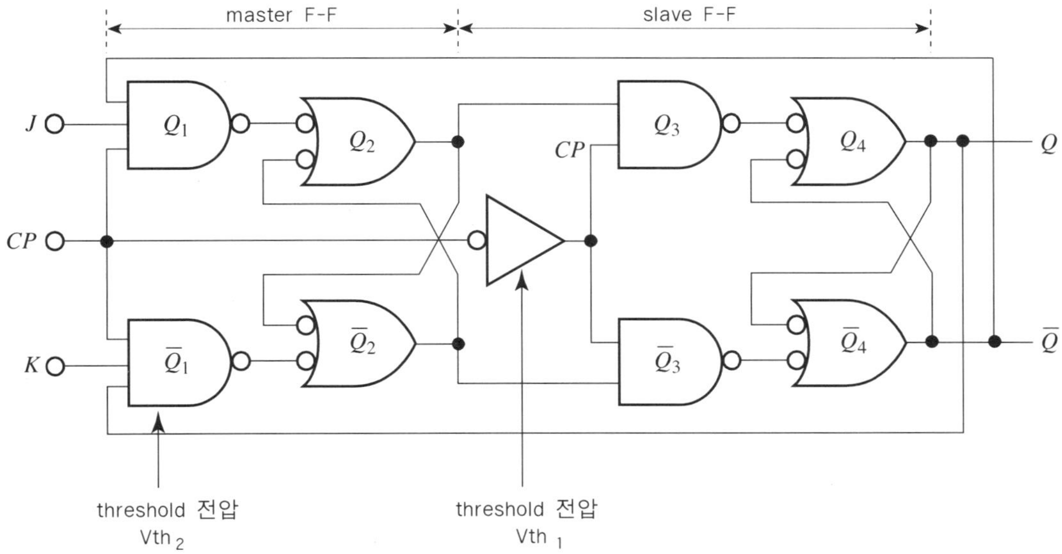

그림 10-3 Master slave JK 플립플롭

표 10-2 Master slave JK 플립플롭의 진리표

J	K	CP	Q_{n+1}
0	0	↑	Q_n
0	1	↑	0
1	0	↑	1
1	1	↑	$\overline{Q}_n$

$CP=1$일 때 외부 J, K에 의하여 첫 NAND의 상태를 결정하나, 이때 $\overline{CP}=0$ 이므로 세 번째의 NAND 출력으로는 전달될 수 없고, $Q, \overline{Q}$ 의 상태는 변하지 않는다. $CP=0$이 되면 J, K가 첫 NAND 출력에 전달되는 것은 막으나($CP=0$이면 첫 NAND 출력은 모두 "1"이 됨), $\overline{CP}=1$ 이므로 마스터 측의 출력이 슬레브 측으로 전달되어 $Q, \overline{Q}$ 의 상태를 반전시킨다.

이 플립플롭의 동작상태를 표로 나타내면 표 10-2와 같으며, 또 $J=K=1$일 때 CP에 의

한 각 NAND의 출력 변화 상태를 표 10-3에 나타내었다.

표 10-3 CP에 의한 상태 변화표

$J=K=1$	NAND 1		NAND 2		NAND 3		NAND 4	
CP	Q_1	$\overline{Q_1}$	Q_2	$\overline{Q_2}$	Q_3	$\overline{Q_3}$	Q_4	$\overline{Q_4}$
0(L)	H	H	L	H	H	L	L	H
1(H)	L	H	H	L	H	H	L	H
0(L)	H	H	H	L	L	H	H	L
1(H)	H	L	L	H	H	H	H	L
0(L)	H	H	L	H	H	L	L	H
1(H)	L	H	H	L	H	H	L	H

단 처음 상태 $Q_2=Q_4=0$ 라고 함.

이 플립플롭은 금지 입력이 없고, 펄스 폭에 따른 Race 문제가 없으며 펄스 상승 시간 여하에 따른 오동작도 물론 없는 안정된 동작을 한다.

그림 10-4는 이 플립플롭의 동작에 대한 타임 차트(time chart)이다.

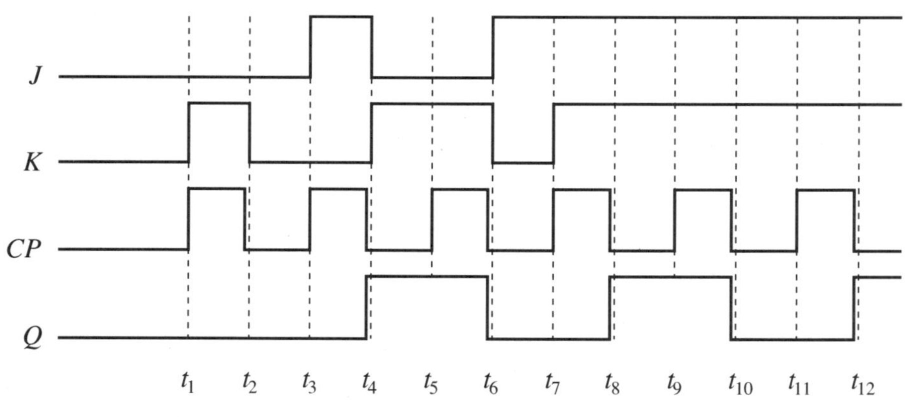

그림 10-4 Master slave JK 플립플롭의 타임 차트

이 타임 차트에서 $CP=1$인 동안($t_1 \sim t_2$, $t_3 \sim t_4$) J나 K 또는 $Q, \overline{Q}$ 의 상태가 마스터의 상태를 결정해 놓고, $CP=0(\overline{CP}=1)$ 인 동안($t_2 \sim t_3$, $t_4 \sim t_5$, ……) 마스터의 준비된 상태에 따라 Q_{n+1}의 상태가 변환한다.

플립플롭이 RESET 되어 있다고 가정하고 입력에 SET 조건을 만드는 즉, *J*를 HIGH로, K를 LOW로 하면, 그림 10-5는 그 플립플롭에 있어서 클럭 펄스의 적용에 따라 RESET 상태로부터 SET 상태로 되어 가는 변이를 나타낸 것이다. 그 변이가 클럭 펄스에 따라 나타날 때의 상태를 ①, ②로 구분하여 표시하였다. .

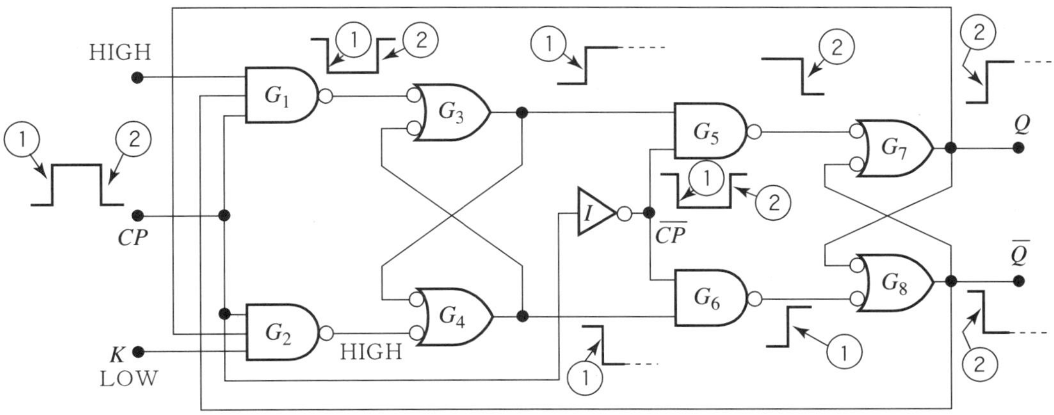

그림 10-5 RESET으로부터 SET으로 변환하는 플립플롭

①은 클럭 펄스의 리딩 에지에 해당하는 것이고 ②는 트레일링 에지에 해당하는 것이다. 다음은 클럭 펄스의 리딩 에지에서 일어나는 것을 설명한 것이다.

(1) 게이트 G_1의 출력은 HIGH에서 LOW로 된다. 그 이유는 그의 입력이 모두 HIGH이기 때문이다.

(2) 게이트 G_3의 출력은 LOW에서 HIGH로 되고 게이트 G_4의 출력은 HIGH에서 LOW로 된다. 그 이유는 게이트 G_1의 출력이 LOW이기 때문이다.

(3) 반전된 클럭 (CP)은 LOW이므로 G_5와 G_6은 둘 다 무능해진다. 따라서 그의 출력은 HIGH로 된다.

[3] T 플립플롭(Flip Flop)

T 플립플롭의 기호와 진리표는 그림 10-6, 표 10-4와 같다. T는 Trigger 또는 Toggling의 첫 글자로서 트리거 입력이 있을 때마다 출력이 반전된다.

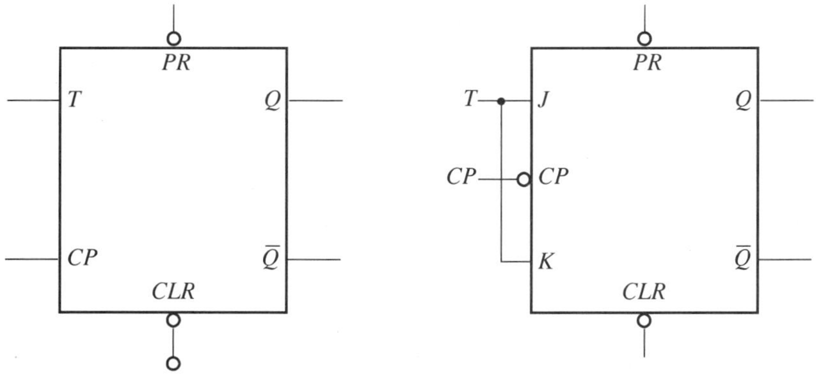

(a) 기호 (b) 구성

그림 10-6 T 플립플롭

표 10-4 T 플립플롭의 진리표

T	CP	Q_{n+1}
d	0	Q_n
0	1	Q_n
1	1	$\overline{Q_n}$

진리표로부터

$$\left.\begin{array}{l} Q_{n+1} = T \oplus Q_n \\ J = K = T \end{array}\right\} \qquad (10\text{-}1)$$

이 된다. 여기서 Q의 첨자 $_{n+1}$은 CP가 "1"이 되어 T의 상태에 따라 Q_n의 바로 다음 상태가 결정된 순간을 의미한다.

[4] D 플립플롭(Flip Flop)

D 플립플롭은 1비트 데이터를 저장할 때 매우 유용하게 사용된다. 그림 10-7과 같이 S-R 플림플롭에 단순히 인버터만 추가하면 D 플립플롭이 만들어진다. D 플립플롭은 클럭과 하나의 입력만을 갖고 있다. CP가 공급될 때 D 입력이 1(High)이면 플립플롭은 1(Set)이 되며, D 입력이 0(Low)이면 플립플롭은 0(Reste)이 된다.

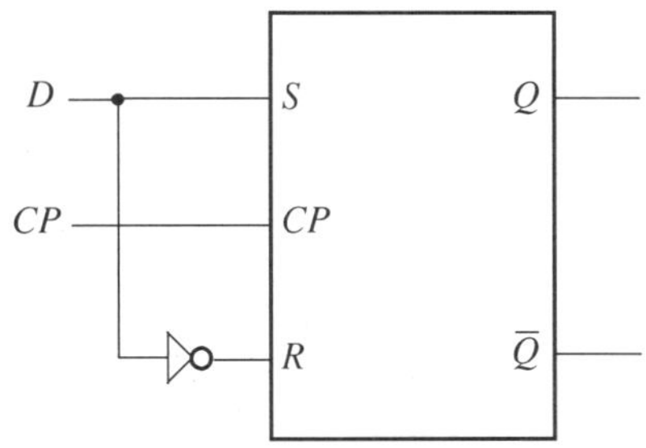

그림 10-7 D 플립플롭

표 10-5 D 플립플롭의 진리표

D	CP	Q_{n+1}
0	1	0(Reset)
1	1	1(Set)

기재 및 부품

DC power supply
오실로스코프
구형파 발생기
7400(2-입력 NAND 게이트)
7402(2-입력 NOR 게이트)
7404(2-입력 Inverter)
7408(2-입력 AND 게이트)
7410(3-입력 NAND 게이트)
7411(3-입력 AND 게이트)
7474(DUAL D 플립플롭)
7476(DUAL JK 플립플롭)
CMOS 74C76 (DUAL Negative JK 플립플롭)

실험 과정

1. 그림 10-8과 같은 회로를 구성하고, 출력전압을 측정하여 표 10-6에 기록하고, 그 결과를 정리하여 JK 플립플롭의 진리표 표 10-7을 완성하시오. 또 그림 10-9의 타이밍 차트를 완성하시오.

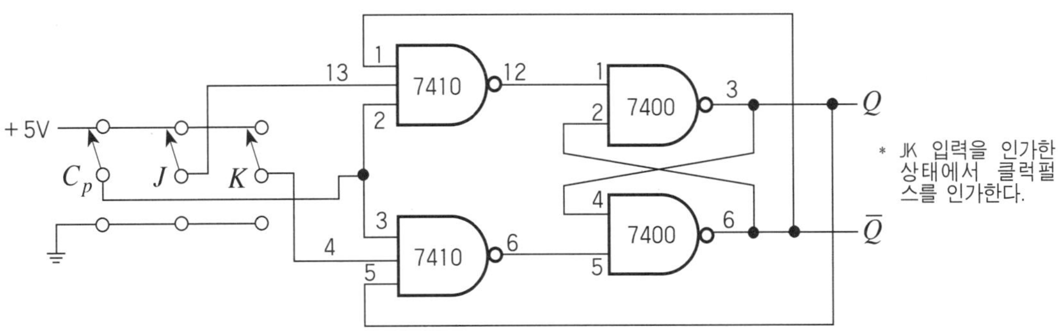

그림 10-8 JK 플립플롭

표 10-6

순서	입 력			출 력	
	C_p	J	K	Q	$\overline{Q}$
1	0	0	+5		
2	+5	0	+5		
3	0	0	+5		
4	0	0	0		
5	+5	0	0		
6	0	0	0		
7	0	+5	0		
8	+5	+5	0		
9	0	+5	0		
10	0	+5	+5		
11	+5	+5	+5		
12	0	+5	0		
13	0	+5	+5		
14	+5	+5	+5		
15	0	+5	+5		
16	0	0	0		
17	+5	0	0		
18	0	0	0		

표 10-7

C	J	K	Q_{n+1}
↓	0	0	
↓	0	1	
↓	1	0	
↓	1	1	

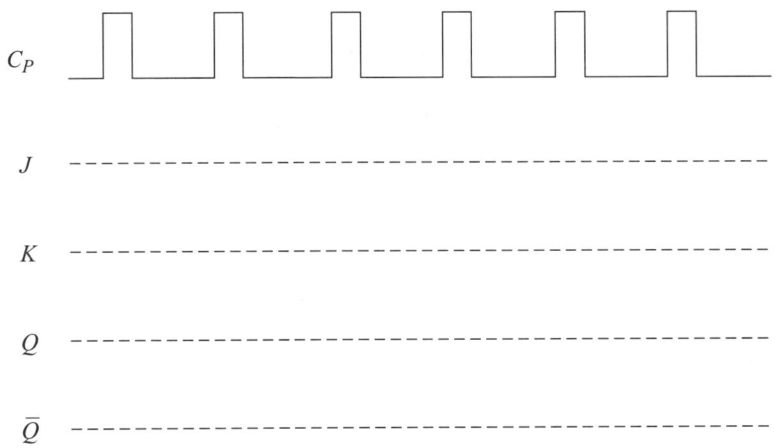

그림 10-9 타이밍차트

2. 그림 10-10과 같은 7476형 플립플롭으로 회로를 구성하고, 출력전압을 측정하여 표 10-8에 기록하고, 그림 10-11의 타이밍 차트를 완성하시오.(단 2번, 3번 단자에 high(+5V)를 인가하시오)

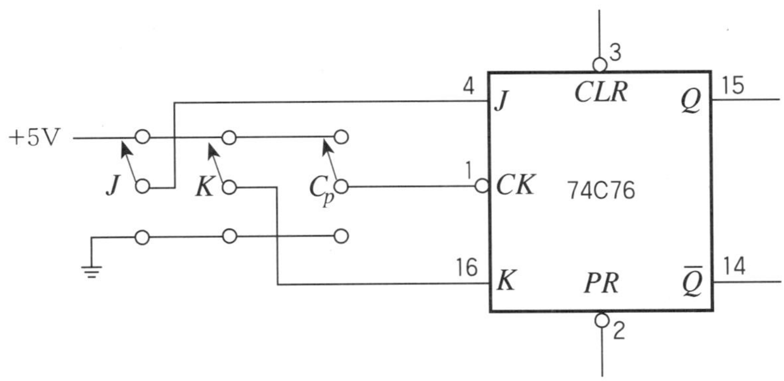

그림 10-10 7476을 사용한 JK 플립플롭

표 10-8

순서	입 력			출 력	
	C_p	J	K	Q	$\overline{Q}$
1	0	0	+5		
2	+5	0	+5		
3	0	0	+5		
4	0	+5	+5		
5	+5	+5	+5		
6	0	+5	+5		
7	0	+5	+5		
8	+5	+5	+5		
9	0	+5	+5		
10	0	0	0		
11	+5	0	0		
12	0	0	0		
13	0	+5	0		
14	+5	+5	0		
15	0	+5	0		
16	0	0	0		
17	+5	0	0		
18	0	0	0		

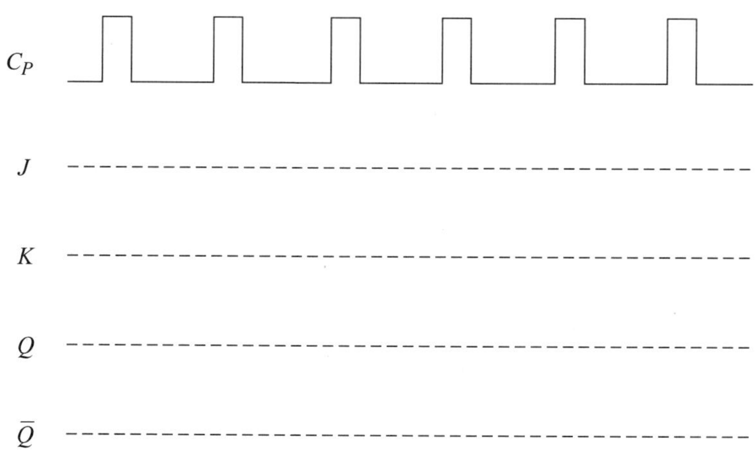

그림 10-11 타이밍차트

3. 그림 10-12와 같은 7476형 플립플롭으로 회로를 구성하고, 출력전압을 측정하여 표 10-9에 기록하고, 그 결과와 표 10-8을 정리하여 $\overline{\text{PRESET}}$, $\overline{\text{CLEAR}}$ 단자가 있는 JK 플립플롭의 진리표 10-10을 완성하시오. 또 그림 10-13의 타이밍차트를 완성하시오.

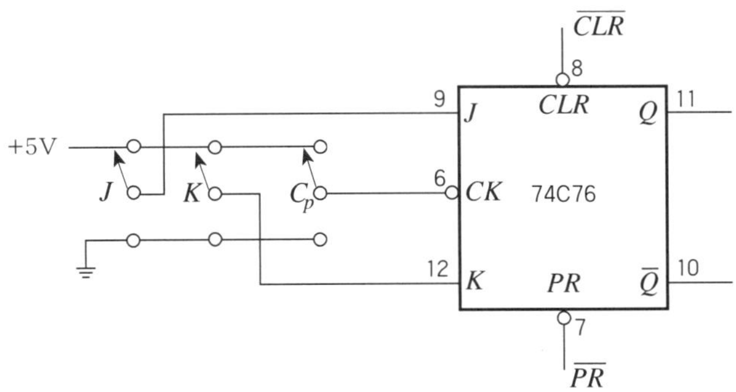

그림 10-12 7476형 플립플롭

표 10-9

순서	입 력					출 력	
	$\overline{PR}$	$\overline{CLR}$	C_p	J	K	Q	$\overline{Q}$
1	0	+5	×	×	×		
2	+5	0	×	×	×		
3	+5	+5	0	+5	0		
4	+5	+5	+5	+5	0		
5	+5	+5	0	+5	0		
6	+5	+5	0	+5	+5		
7	+5	+5	+5	+5	+5		
8	+5	+5	0	+5	+5		
9	+5	+5	0	0	0		
10	+5	+5	+5	0	0		
11	+5	+5	0	0	0		
12	+5	+5	0	0	+5		
13	+5	+5	+5	0	+5		
14	+5	+5	0	0	+5		
15	+5	+5	0	0	0		
16	+5	+5	+5	0	0		
17	+5	+5	0	0	0		

표 10-10

$\overline{PR}$	$\overline{CLR}$	C	J	K	Q_{n+1}
1	1	↓	0	0	
1	1	↓	0	1	
1	1	↓	1	0	
1	1	↓	1	1	
0	1	×	×	×	
1	0	×	×	×	

그림 10-13 타이밍 차트

4. 그림 10-14와 같은 T 플립플롭 회로를 구성하고, 출력 전압을 측정하여 표 10-11에 기록하시오.

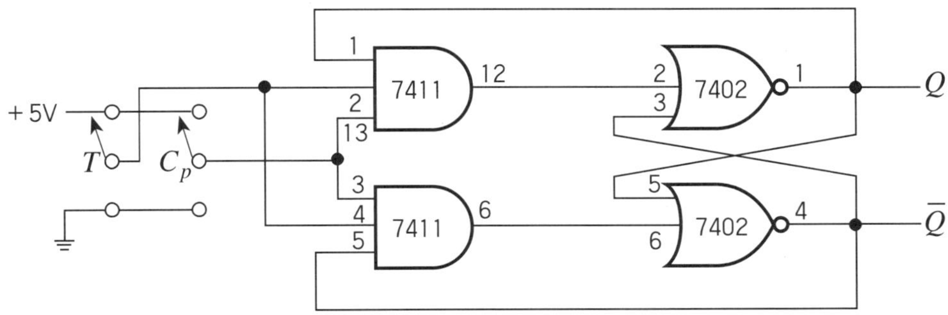

그림 10-14 T 플립플롭

표 10-11

입 력		출 력	
C_p	T	Q	$\overline{Q}$
0	X		
+5	0		
+5	+5		

5. 그림 10-15와 같은 D 플립플롭 회로를 구성하고, 출력 전압을 측정하여 표 10-12에 기록하고, 그 결과를 정리하여 $\overline{\text{PRESET}}$, $\overline{\text{CLEAR}}$ 단자가 있는 D 플립플롭의 진리표인 표 10-13을 완성하시오.

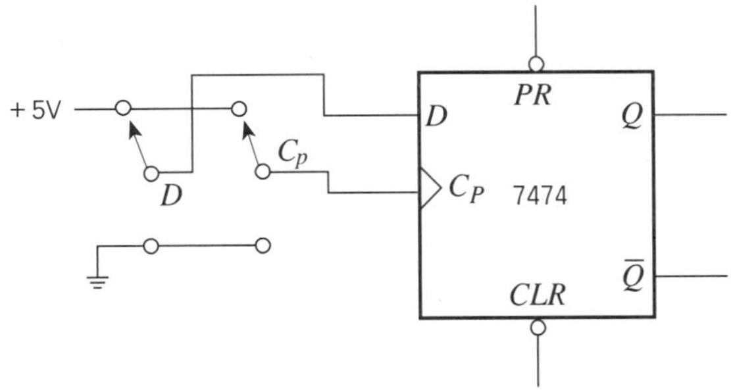

그림 10-15

표 10-12

순서	입 력				출 력	
	$\overline{PR}$	$\overline{CLR}$	C_p	D	Q	$\overline{Q}$
1	0	+5	×	×		
2	+5	0	×	×		
3	0	0	×	×		
4	+5	+5	0	0		
5	+5	+5	+5	0		
6	+5	+5	0	0		
7	+5	+5	0	+5		
8	+5	+5	+5	+5		
9	+5	+5	0	+5		

표 10-13

$\overline{PR}$	$\overline{CLR}$	C	D	Q_{n+1}
1	1	↑	0	
1	1	↑	1	
0	1	×	×	
1	0	×	×	

실험 보고서

실 험 제 목	JK, T 및 D 플립플롭		
실 험 일 자		실 험 조	
학번 및 성명			

1. JK 플립플롭

표 10-6

순서	입 력			출 력	
	C_p	J	K	Q	$\overline{Q}$
1	0	0	+5		
2	+5	0	+5		
3	0	0	+5		
4	0	0	0		
5	+5	0	0		
6	0	0	0		
7	0	+5	0		
8	+5	+5	0		
9	0	+5	0		
10	0	+5	+5		
11	+5	+5	+5		
12	0	+5	0		
13	0	+5	+5		
14	+5	+5	+5		
15	0	+5	+5		
16	0	0	0		
17	+5	0	0		
18	0	0	0		

표 10-7

C	J	K	Q_{n+1}
↓	0	0	
↓	0	1	
↓	1	0	
↓	1	1	

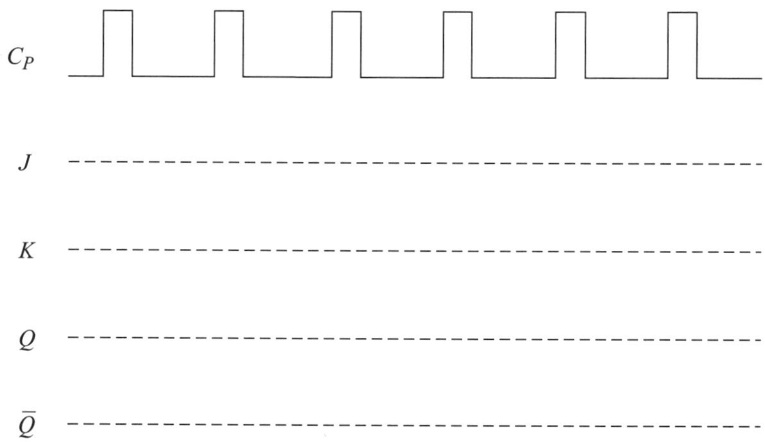

그림 10-9

2. 7476 **JK** 플립플롭

표 10-8

	입 력			출 력	
	C_p	J	K	Q	$\overline{Q}$
1	0	0	+5		
2	+5	0	+5		
3	0	0	+5		
4	0	+5	+5		
5	+5	+5	+5		
6	0	+5	+5		
7	0	+5	+5		
8	+5	+5	+5		
9	0	+5	+5		
10	0	0	0		
11	+5	0	0		
12	0	0	0		
13	0	+5	0		
14	+5	+5	0		
15	0	+5	0		
16	0	0	0		
17	+5	0	0		
18	0	0	0		

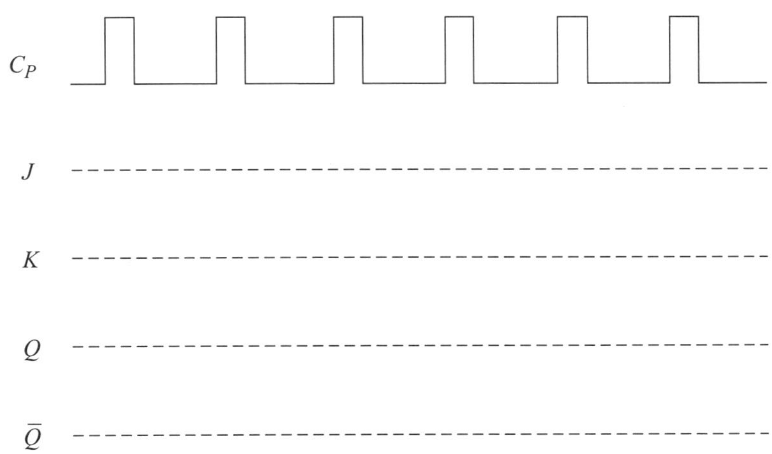

그림 10-11 타이밍차트

3. 7476형 플립플롭

표 10-9

순서	입 력					출 력	
	$\overline{PR}$	$\overline{CLR}$	C_p	J	K	Q	$\overline{Q}$
1	0	+5	×	×	×		
2	+5	0	×	×	×		
3	+5	+5	0	+5	0		
4	+5	+5	+5	+5	0		
5	+5	+5	0	+5	0		
6	+5	+5	0	+5	+5		
7	+5	+5	+5	+5	+5		
8	+5	+5	0	+5	+5		
9	+5	+5	0	0	0		
10	+5	+5	+5	0	0		
11	+5	+5	0	0	0		
12	+5	+5	0	0	+5		
13	+5	+5	+5	0	+5		
14	+5	+5	0	0	+5		
15	+5	+5	0	0	0		
16	+5	+5	+5	0	0		
17	+5	+5	0	0	0		

표 10-10

$\overline{PR}$	$\overline{CLR}$	C	J	K	Q_{n+1}
1	1	↓	0	0	
1	1	↓	0	1	
1	1	↓	1	0	
1	1	↓	1	1	
0	1	×	×	×	
1	0	×	×	×	

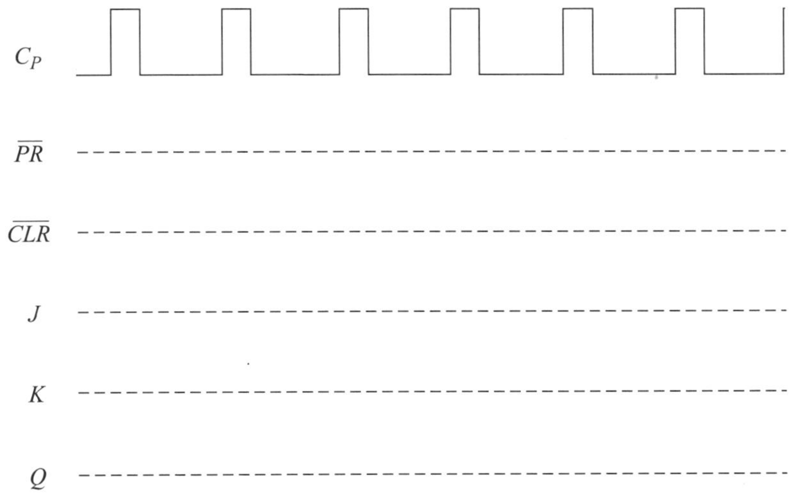

그림 10-13 타이밍차트

4. T 플립플롭

표 10-11

입 력		출 력	
C_p	T	Q	$\overline{Q}$
0	X		
+5	0		
+5	+5		

5. D 플립플롭

표 10-12

	입 력				출 력	
	$\overline{PR}$	$\overline{CLR}$	C_p	D	Q	$\overline{Q}$
1	0	+5	×	×		
2	+5	0	×	×		
3	0	0	×	×		
4	+5	+5	0	0		
5	+5	+5	+5	0		
6	+5	+5	0	0		
7	+5	+5	0	+5		
8	+5	+5	+5	+5		
9	+5	+5	0	+5		

표 10-13

$\overline{PR}$	$\overline{CLR}$	C	D	Q_{n+1}
1	1	↑	0	
1	1	↑	1	
0	1	×	×	
1	0	×	×	

검토 및 고찰

실험 11

비동기 계수회로(Asynchronous Counter)

목 적

비동기 계수회로를 통하여 플립플롭의 응용 방법을 익히며, 4단 플립플롭의 동작원리와 가산, 감산 계수회로의 차이점을 이해함으로써 계수회로의 응용 능력을 배양하는 데 목적을 둔다.

이 론

비동기 계수회로는 각 플립플롭(Flip Flop)의 트리거(trigger) 입력에 전단의 플립플롭을 접속시켜 구성하는 것으로 전단의 동작이 일어난 다음에 후단의 동작이 이루어진다. 이런 플립플롭을 여러 개 연결해서 입력되는 트리거의 수를 셀 수 있는 계수회로를 만들 수 있다.

[1] 비동기 계수회로

그림 11-1은 JK *T* 플립플롭을 다단으로 연결해 놓은 것인데 구형파(clock pulse)가 플립플롭 *A*의 입력으로 가해진다.

그림에서 *A* 플립플롭의 출력이 *B* 플립플롭의 입력으로 *B* 플립플롭의 출력은 *C* 플립플롭에 입력이 되고 *C* 플립플롭의 출력은 *D* 플립플롭에 입력이 된다. 먼저 각 플립플롭의 초기 상태를 0으로 리셋(reset)시킨 다음에 첫 번째 클럭펄스(clock pulse)를 인가시키면 펄스가 1에서 0으로 떨어지는 순간 *A* 플립플롭의 출력은 0에서 1로 변한다. 즉 *A* 플립플롭의 증가된 출력값이 *B* 플립플롭의 입력 *T*에 입력되더라도 *T* 플립플롭은 입력이 감소하는 순간에만 상태가 바뀌기 때문에 영향을 받지 않는다. 두 번째 클럭펄스가 들어와서 펄스가 떨어지는 순간 *A* 플립플롭은 또다시 1에서 0으로 바뀐다. 이 바뀐 출력이 *B* 플립플롭을 트리거시키는 순간 *B* 플립플롭의 상태가 0에서 1로 바뀐다. 그러나 이것 역시 *C* 플립플롭에는 아무런 영향도 미치지 않는다. 세 번째 클

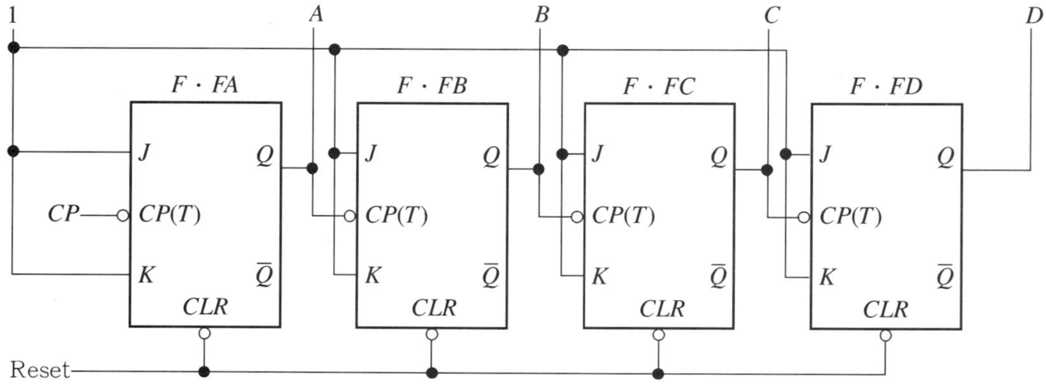

그림 11-1 비동기 계수회로(asynchronous conter)

럭펄스가 들어오면 *A*는 0에서 1로 상태가 바뀌고 *B* 플립플롭에는 영향이 없다가 네 번째 클럭펄스가 들어오면 *A* 플립플롭은 1에서 0으로 상태가 바뀌고 이것은 *B*의 상태를 1에서 0으로 변화시킨다. 이때 *C* 플립플롭도 상태가 1에서 0으로 바뀐다. 클럭펄스 4개가 입력되는 동안 플립플롭의 출력은 0001, 0010, 0011, 0100으로 상태가 변하였다. 이와 같이 전단의 플립플롭이 후단의 플립플롭을 트리거(trigger)시키는 계수회로를 직렬 계수회로(serial counter) 또는 리플 계수회로(ripple counter)라 하는데 각 단의 플립플롭에 가해진 클럭펄스는 각 플립플롭에서의 지연으로 입력단의 클럭펄스와 동기되지 않으므로 비동기 계수회로라고도 한다.

그림 11-1의 출력파형은 그림 11-2와 같으며 진리표는 표 11-1과 같다.

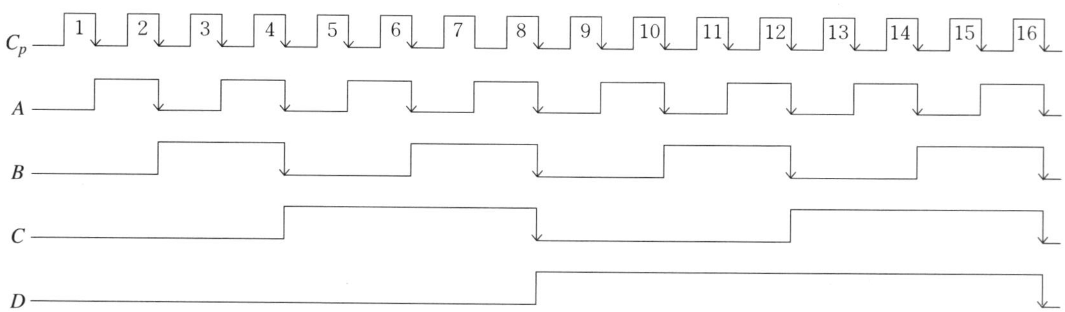

그림 11-2 비동기 계수회로의 출력파형

표 11-1 4비트 2진 계수 회로의 진리표

클럭펄스	D	C	B	A
0	0	0	0	0
1	0	0	0	1
2	0	0	1	0
3	0	0	1	1
4	0	1	0	0
5	0	1	0	1
6	0	1	1	0
7	0	1	1	1
8	1	0	0	0
9	1	0	0	1
10	1	0	1	0
11	1	0	1	1
12	1	1	0	0
13	1	1	0	1
14	1	1	1	0
15	1	1	1	1
16	0	0	0	0

표 11-1에서 보면 플립플롭의 출력은 클럭펄스 수와 같은 2진수이므로 4단 플립플롭은 4비트 2진 계수회로가 되어 최고 15까지 셀 수 있다. 이때 16번째 클럭펄스가 들어오면 A, B, C, D 플립플롭이 1에서 0으로 상태가 변하므로 이 계수회로는 0으로 리세트된다. 일반적으로 n개의 플립플롭으로는 2^n가지의 출력을 낼 수 있으며 10진수로 최고 수는 2^n-1이다.

[2] 비동기 감산 계수회로(down counter)

앞에서 설명한 계수회로는 클럭펄스가 들어올 때마다 증가하는 방향으로 하나씩 계수하므로 이것을 가산 계수회로(up cunter)라 하고 이것과 반대로 클럭펄스가 들어올 때마다 감소하는 방향으로 셀 수 있는 계수회로를 감산 계수회로(down counter)라 하는데 그림 11-3과 같이 회로를 구성할 수 있다.

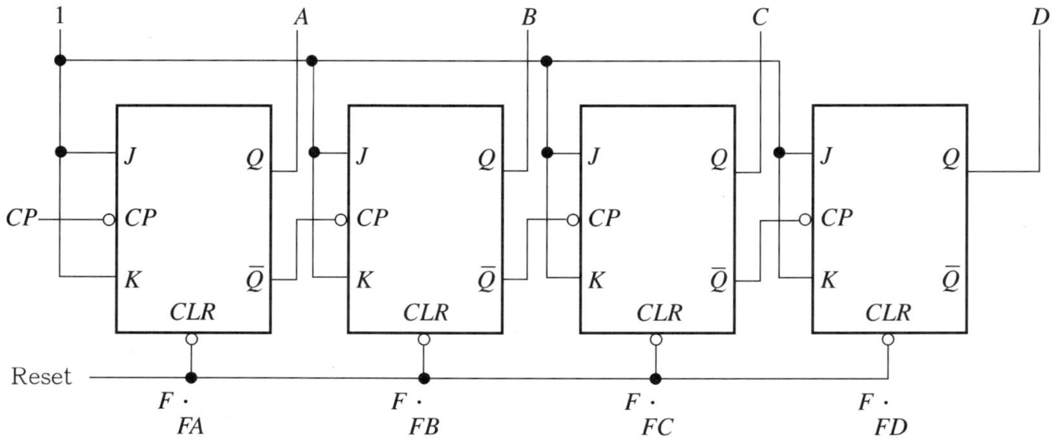

그림 11-3 비동기 감산 계수회로

그림 11-3은 앞에서 설명한 4개의 플립플롭 리플 계수회로를 다시 그린 것이다. 플립플롭의 거짓 쪽($\overline{Q}$)의 진리표는 표 11-2와 같으며, 출력파형은 그림 11-4와 같다.

표 11-2 4비트 2진 감산 계수회로의 진리표

클럭펄스	D	C	B	A	10진 출력 계수
0	0	0	0	0	0(또는 16)
1	1	1	1	1	15
2	1	1	1	0	14
3	1	1	0	1	13
4	1	1	0	0	12
5	1	0	1	1	11
6	1	0	1	0	10
7	1	0	0	1	9
8	1	0	0	0	8
9	0	1	1	1	7
10	0	1	1	0	6
11	0	1	0	1	5
12	0	1	0	0	4
13	0	0	1	1	3
14	0	0	1	0	2
15	0	0	0	1	1
16	0	0	0	0	0(또는 16)
	1	1	1	1	15

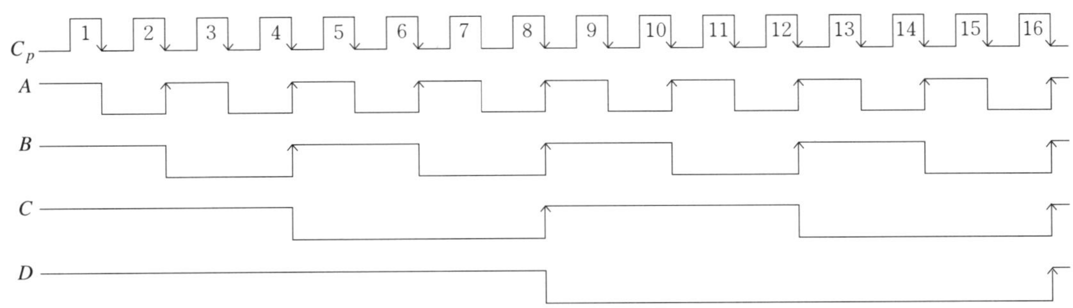

그림 11-4 비동기 감산 계수회로의 출력파형

플립플롭의 거짓 쪽은 참 쪽의 보수이다. 이 계수회로를 적당히 디코딩(decoding)하면 원하는 감산 계수회로의 파형을 얻을 수 있다. 감산 계수회로는 각 플립플롭의 입력을 앞단 플립플롭의 참 쪽 대신에 거짓 쪽으로 트리거시킴으로써 얻을 수 있다. 앞에서와 같이 *A* 플립플롭은 클럭이 떨어질 때마다 상태가 바뀌는데 유의하라. 그러나 여기서는 *A* 플립플롭이 증가할 때 플립플롭 *B*의 상태가 바뀌는데 이것은 *F* · *FA*의 $\overline{Q}$ 가 감소하기 때문이므로 마찬가지로 *C* 플립플롭은 *B* 플립플롭이 증가할 때마다 상태가 바뀌게 된다.

[3] 비동기 가감산 계수회로(up down counter)

비동기식 가감산 계수회로는 가산계수회로와 감산계수회로를 결합하여 구성한 것으로, 신호선택에 의해서 가산계수 회로 혹은 감산 계수회로로 선택하여 동작시킬 수 있는 계수회로이다.

그림 11-5와 같이 4개의 플립플롭으로 된 가감산 계수회로를 생각해 보자. 계수회로가 가산계수 순서로 되기 위해서는 각 플립플롭은 앞단 플립플롭의 참 쪽으로 트리거해 주어야 하며 가산 계수선이 높고 감산 계수선이 낮으면 가산 계수회로로 동작한다. 이 계수회로가 감산 계수 순서로 진행하게 하기 위해서는 가산 계수선을 낮게 하고 감산 계수선을 높게 유지시키면 된다. 이렇게 하면 각 플립플롭은 전단의 플립플롭의 거짓 쪽에 의해서 트리거된다.

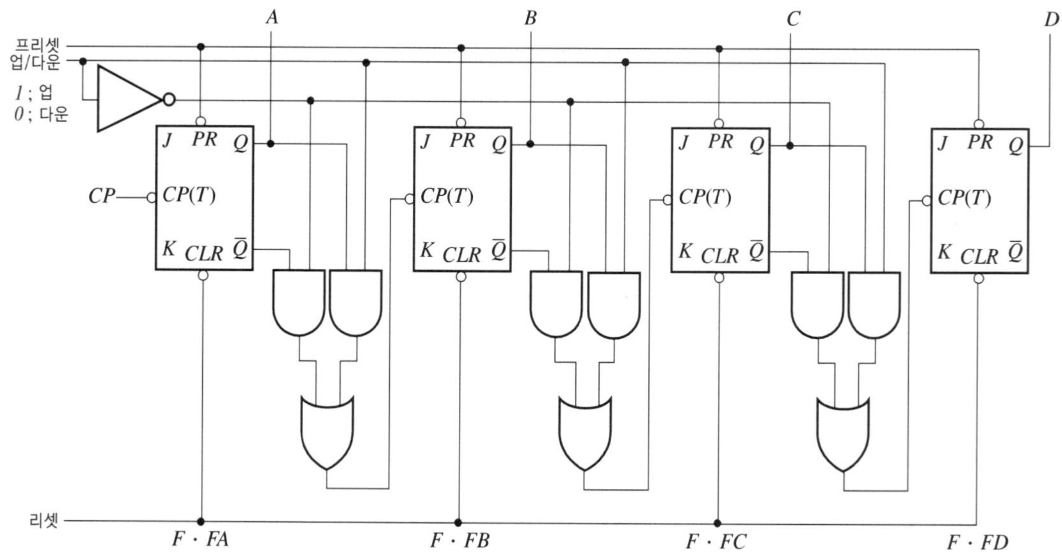

그림 11-5 비동기 가감산 계수회로

[4] 비동기 10진 계수회로

10진 계수회로는 계수기중에서 가장 널리 사용되는 계수기이다. 앞에서 설명한 것과 같이 4개의 플립플롭을 직렬로 연결하여 구성하면 16가지 상태의 출력을 얻을 수 있는데, 비동기 10진 계수회로는 그림 11-6과 같이 10번째 클럭이 들어오면 1010이 되어야 하나, 이것을 NAND 게이트를 통하여 입력으로 궤환시키는 회로이다. 이때 NAND 게이트의 출력이 zero(0)이 되어 모든 플립플롭을 clear시켜 맨 처음의 상태인 0000으로 되돌아가게 된다. 표 11-3에 비동기 10진 계수회로의 진리표를 나타내었다.

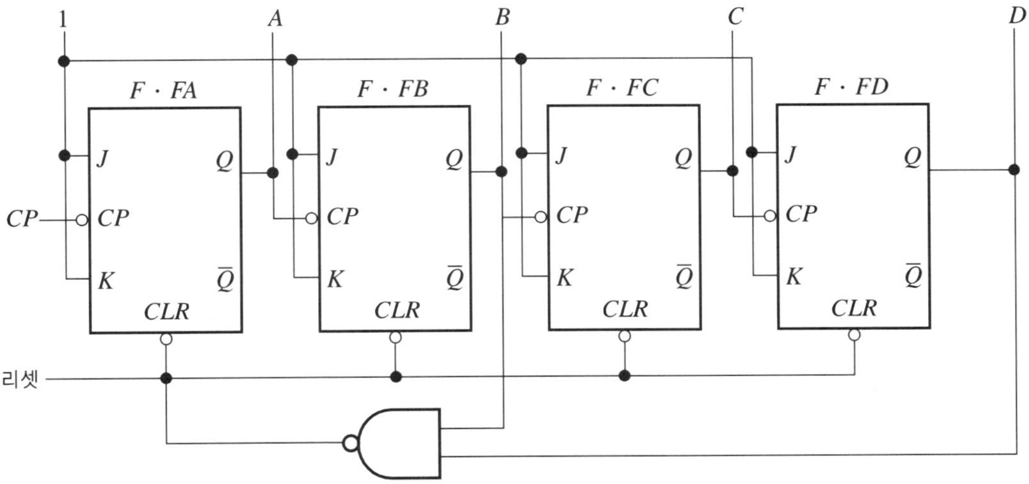

그림 11-6 비동기 10진 계수회로

표 11-3 비동기 10진 계수회로의 진리표

입력	출력			
클럭펄스	D	C	B	A
0	0	0	0	0
1	0	0	0	1
2	0	0	1	0
3	0	0	1	1
4	0	1	0	0
5	0	1	0	1
6	0	1	1	0
7	0	1	1	1
8	1	0	0	0
9	1	0	0	1
10	0	0	0	0

기재 및 부품

DC power supply

오실로스코프

단일 펄스 발생기

구형파 발생 장치

7400(2-입력 NAND 게이트)

7447(BCD to Seven-Segment)

7476(DUAL JK 플립플롭)×2

FND 507(7 segment)

저항 820Ω

저항 330 Ω×7

실험 과정

1. 두 개의 7476 dual JK 플립플롭을 이용해서 그림 11-7과 같은 회로를 구성한다.

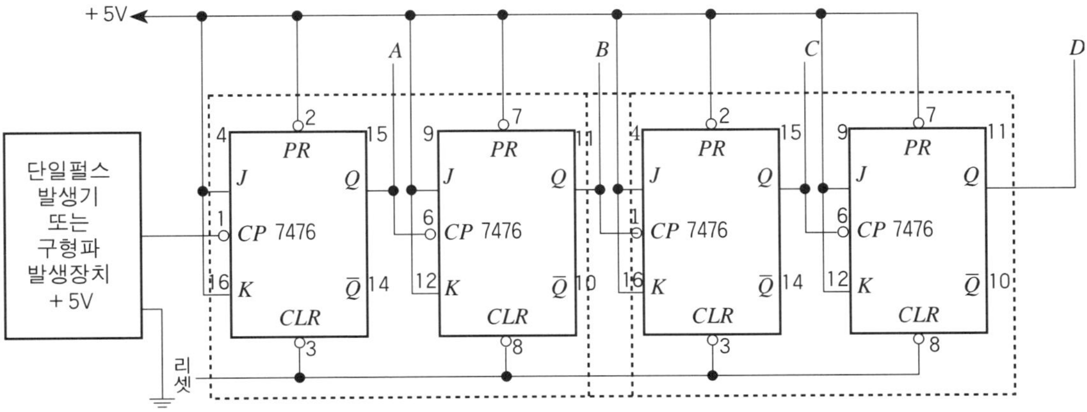

그림 11-7 비동기 계수회로

* 그림 11-7과 같이 구성하고, 구형파 발생기(pulse generator)가 없는 경우에는 저주파 발생기(audio generator)의 출력 단자에 820Ω의 저항을 접속하여 사용하면 된다.

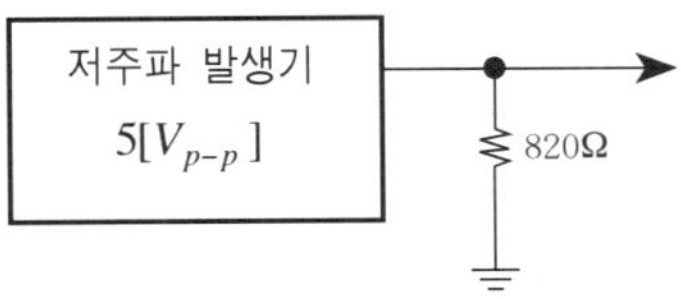

리셋 단자를 잠시 접지("0")시킨 다음 개방("1")시키는 방법으로 리셋시킨 다음, 단일 펄스 발생기를 *CP* 단자에 접속시켜 단일 펄스를 1개씩 순차적으로 가해가면서 각 지점에서 측정된 전압값을 표 11-4에 기입하라.

2. 구형파 발생기에서 발생한 10[kHz]의 펄스를 그림 11-7의 1번 핀에 가한 다음 각 지점에서의 파형을 관찰하여 그림 11-8에 그려라. 오실로스코프의 triggering을 위해서, AUTO negative slope, DC coupled, external triggering(FFD의 핀 11로부터)으로 한다.
Logic Analyzer의 CH0은 Q_1, CH1은 Q_2, CH2는 Q_3, CH3은 Q_4에 연결 후 화면에 CH0~CH3까지 나오게 한 후 'Auto-scale' Key를 누른다.

표 11-4

입력	출력							
클럭펄스의 수	FFD		FFC		FFB		FFA	
	D	$\overline{Q}$	*C*	$\overline{Q}$	*B*	$\overline{Q}$	*A*	$\overline{Q}$
0								
1								
2								
3								
4								
5								
6								
7								
8								
9								
10								
11								
12								
13								
14								
15								
16								

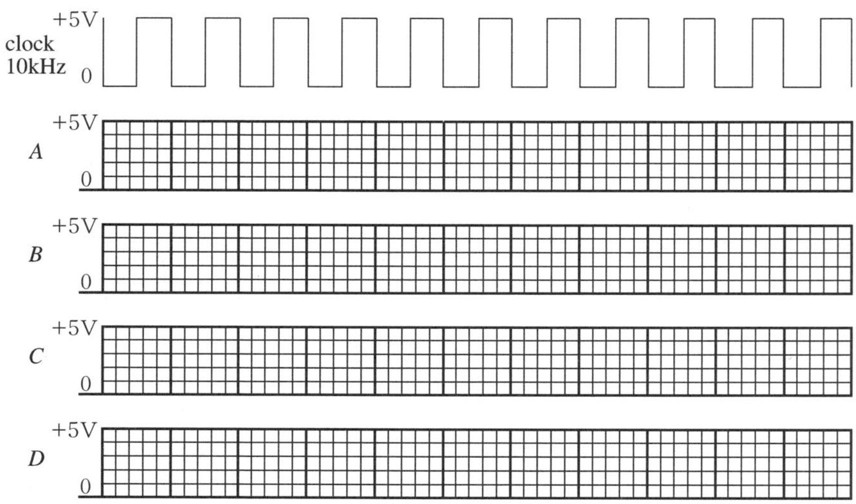

그림 11-8 비동기 계수회로 파형

3. 그림 11-9와 같이 회로를 구성하고 리셋한 후 단일 펄스 발생기를 접속시킨 다음 단일 펄스를 1개씩 순차적으로 가해가면서 각 지점에서 측정된 전압값을 표 11-5에 기입하라.

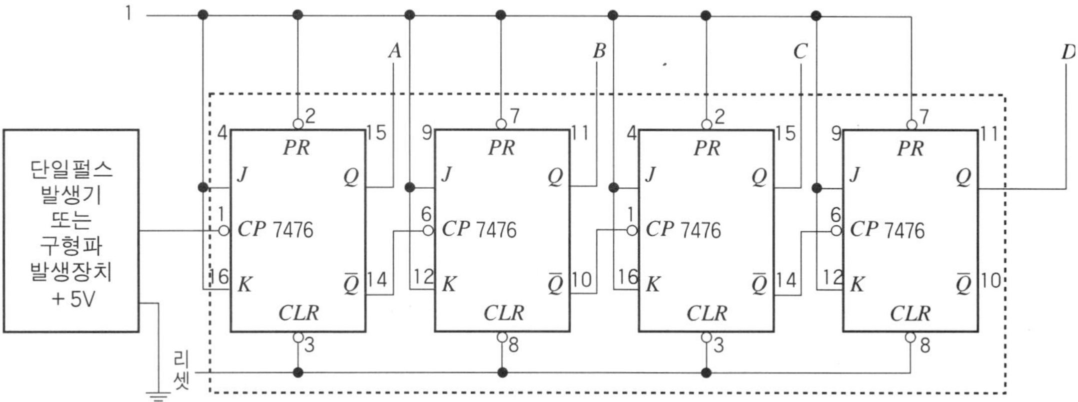

그림 11-9 비동기 감산회로

표 11-5

입력	출력							
클럭펄스의 수	FFD		FFC		FFB		FFA	
	D	$\overline{Q}$	C	$\overline{Q}$	B	$\overline{Q}$	A	$\overline{Q}$
0								
1								
2								
3								
4								
5								
6								
7								
8								
9								
10								
11								
12								
13								
14								
15								
16								

4. 구형파 발생기에서 발생한 10[kHz]의 펄스를 그림 11-9의 1번 핀에 인가한 다음 각 지점에서의 파형을 관찰하여 그림 11-10에 그려라. 오실로스코프의 triggering을 위해서 AUTO negative slope, DC coupled, external triggering(FFD의 핀 11로부터)으로 한다.
Logic Analyzer의 CH0은 Q_1, CH1은 Q_2, CH2는 Q_3, CH3은 Q_4에 연결 후 화면에 CH0~CH3까지 나오게 한 후 'Auto-scale' Key를 누른다.

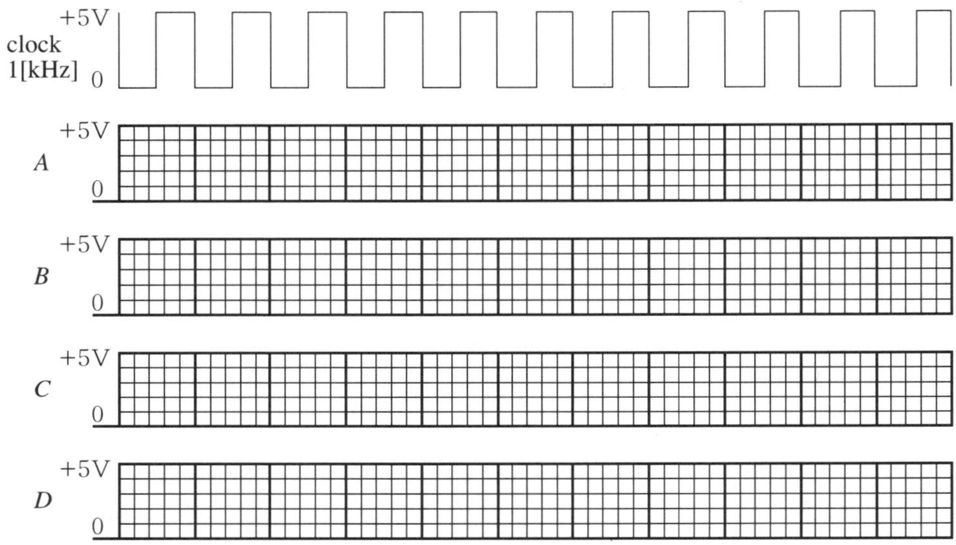

그림 11-10 비동기 감산회로 파형

5. 두 개의 7476 dual JK 플립플롭과 7400 2-입력 NAND 게이트를 이용해서 그림 11-10과 같이 회로를 구성하고 리셋한 후 단일 펄스 발생기를 접속시킨 다음 단일 펄스를 1개씩 순차적으로 인가해가면서 각 지점에서 측정된 전압값을 표 11-6에 기입하라.

표 11-6

입력	출력			
클럭펄스의 수	가산(업)	+5V	감산(다운)	0
	B	A	B	A
0				
1				
2				
3				
4				
5				

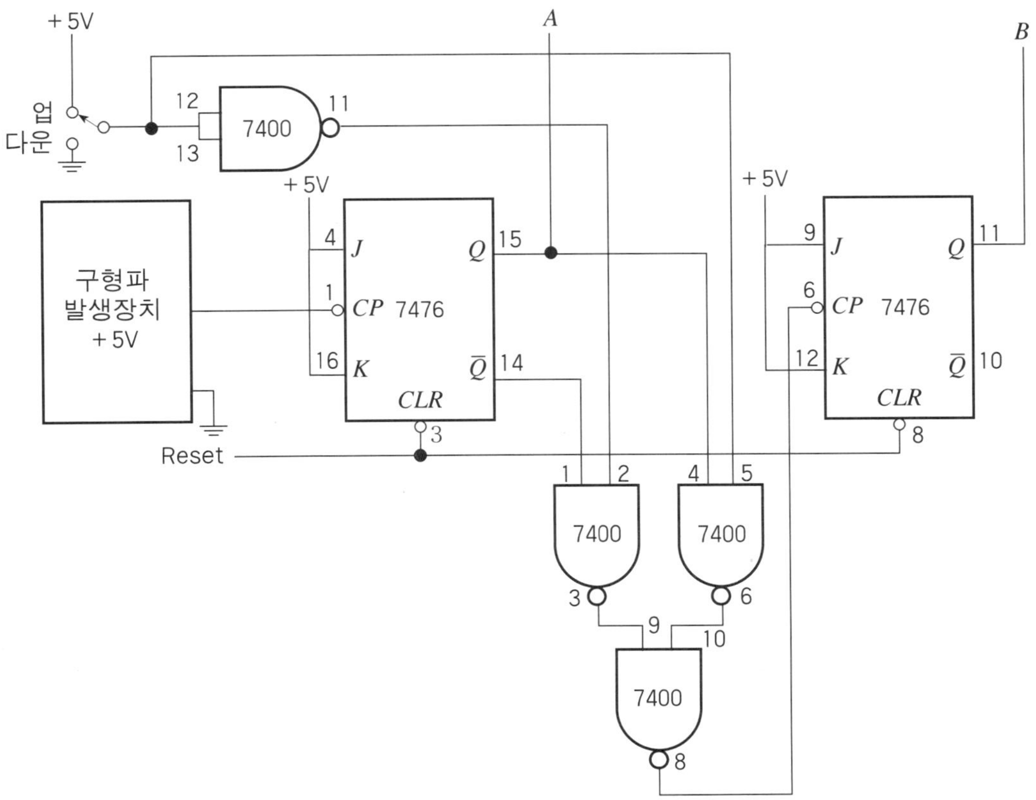

그림 11-10 비동기 가감산 회로

6. 구형파 발생기에서 발생한 1[kHz]의 펄스를 그림 11-10의 1번 핀에 인가한 다음

up/down 스위치를 +5V와 0으로 했을 경우에 대한 각 지점에서의 파형을 관찰하여 그림 11-11에 그려라. 오실로스코프의 triggering에 의해서 AUTO, negative slope, DC coupled, external triggering(FFB의 핀 11로부터)으로 한다.

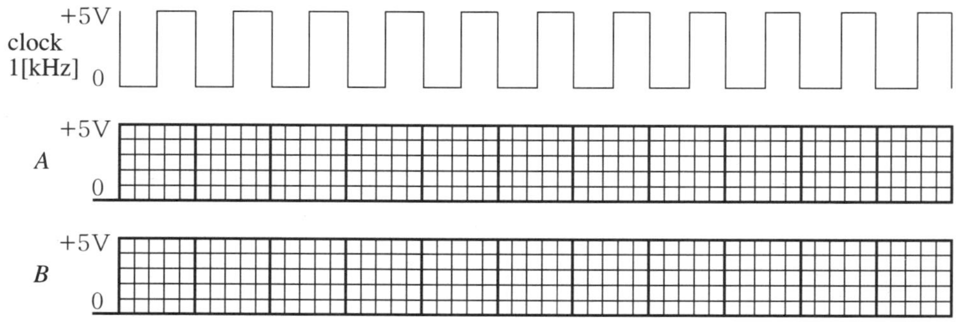

그림 11-11 비동기 가감산 회로 파형

7. 그림 11-12와 같이 두 개의 7476 dual JK 플립플롭으로 BCD 계수기 회로를 구성하고, 7 Segment에 연결하고 출력값을 관찰하라.

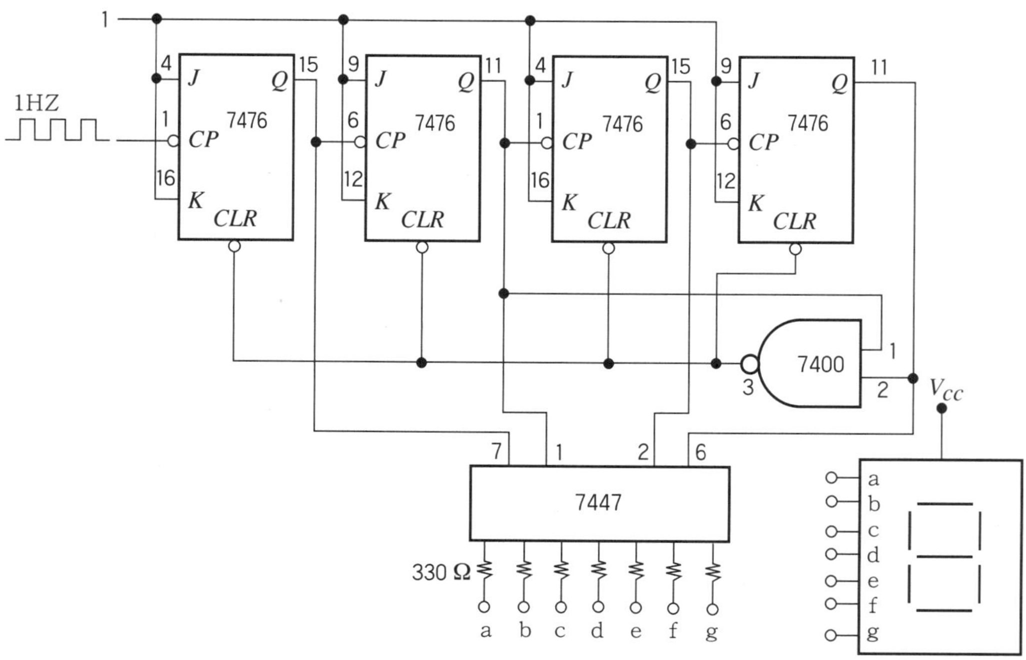

그림 11-12 BCD 계수기

실험 보고서

실 험 제 목	비동기 계수회로		
실 험 일 자		실 험 조	
학번 및 성명			

실 험 결 과

1.

표 11-4

입력	출력							
클럭펄스의 수	FFD		FFC		FFB		FFA	
	D	$\overline{Q}$	C	$\overline{Q}$	B	$\overline{Q}$	A	$\overline{Q}$
0								
1								
2								
3								
4								
5								
6								
7								
8								
9								
10								
11								
12								
13								
14								
15								
16								

2.

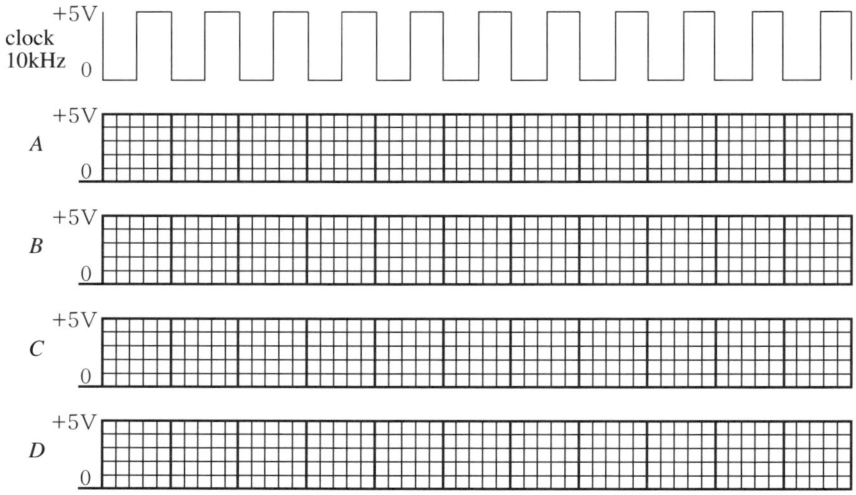

그림 11-8 비동기 계수회로 파형

3.

표 11-5

입력	출력							
클럭펄스의 수	FFD		FFC		FFB		FFA	
	D	$\overline{Q}$	*C*	$\overline{Q}$	*B*	$\overline{Q}$	*A*	$\overline{Q}$
0								
1								
2								
3								
4								
5								
6								
7								
8								
9								
10								
11								
12								
13								
14								
15								
16								

4.

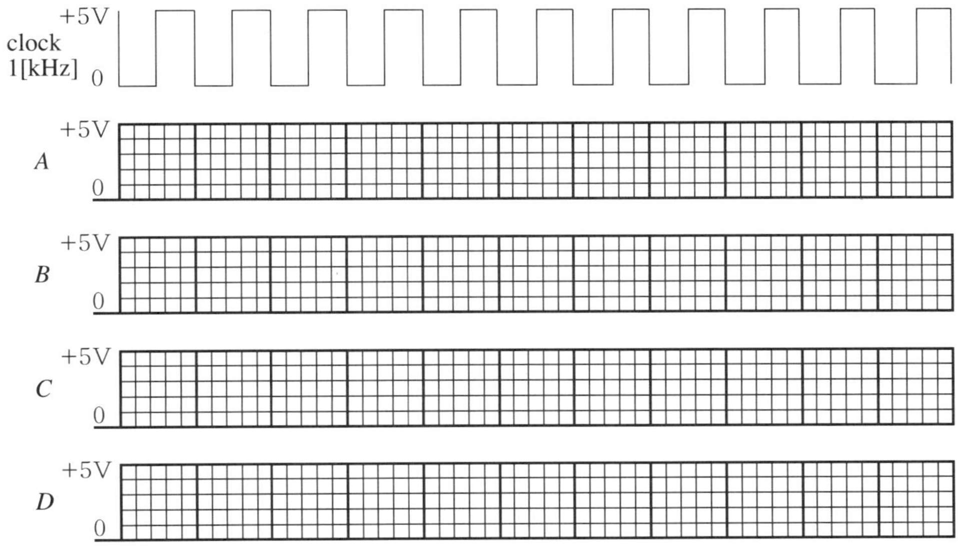

그림 11-10 비동기 감산회로 파형

5.

표 11-6

입력	출력			
클럭펄스의 수	가산(up)	+5V	감산(down)	0
	B	*A*	*B*	*A*
0				
1				
2				
3				
4				
5				

6.

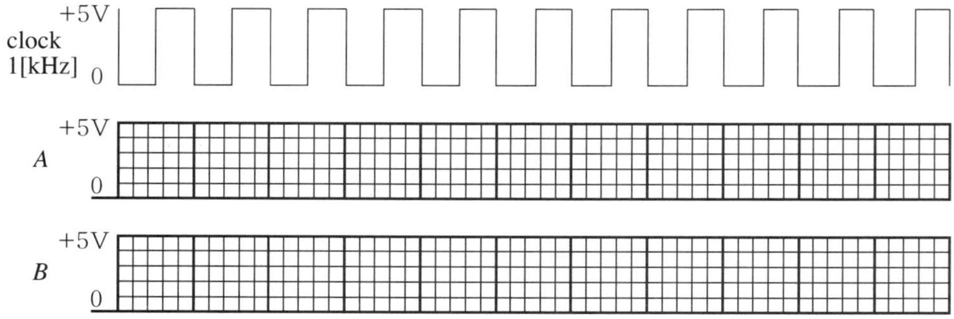

그림 11-11 비동기 가감산 회로 파형

검토 및 고찰

실험 12

동기 계수회로(synchronous counter)

목 적

동기 계수회로의 원리와 비동기 계수회로와의 차이점을 알아봄으로써 플립플롭의 응용 능력을 배양하는 데 목적이 있다.

이 론

비동기 계수회로는 전단의 출력에 의하여 플립플롭이 트리거되므로 종속 접속된 플립플롭의 단수가 늘어날수록 전송지연이 발생하게 된다. 이런 전송지연 때문에 사용할 수 있는 최대 클럭 주파수가 제한되지만 동기계수회로를 구성하고 있는 플립플롭의 클럭 신호가 병렬로 연결되어 있어 한번의 클럭 펄스 변화가 동시에 각단을 트리거시킴으로 순간 동작형의 계수회로라고 할 수 있으며 고속계수회로에 이용된다.

[1] JK 플립플롭에 의한 동기 계수회로

JK 플립플롭은 $J=K=1$(HIGH 상태)일 때 토글(toggle)되므로 2진 계수동작을 한다. 그림 12-1과 같이 AND 게이트들은 병렬로 상위의 플립플롭에 연결되어 있으며, 이것은 각각 상위 비트의 set-up time에 부가된 하나의 추가적인 게이트 전파지연만을 갖는다. 그러나 AND 게이트가 부가된 플립플롭을 사용해야 하므로 비동기 계수회로보다 회로가 복잡해진다. 그림 12-1과 같은 동기계수회로의 출력파형을 그림 12-2에 나타내었다.

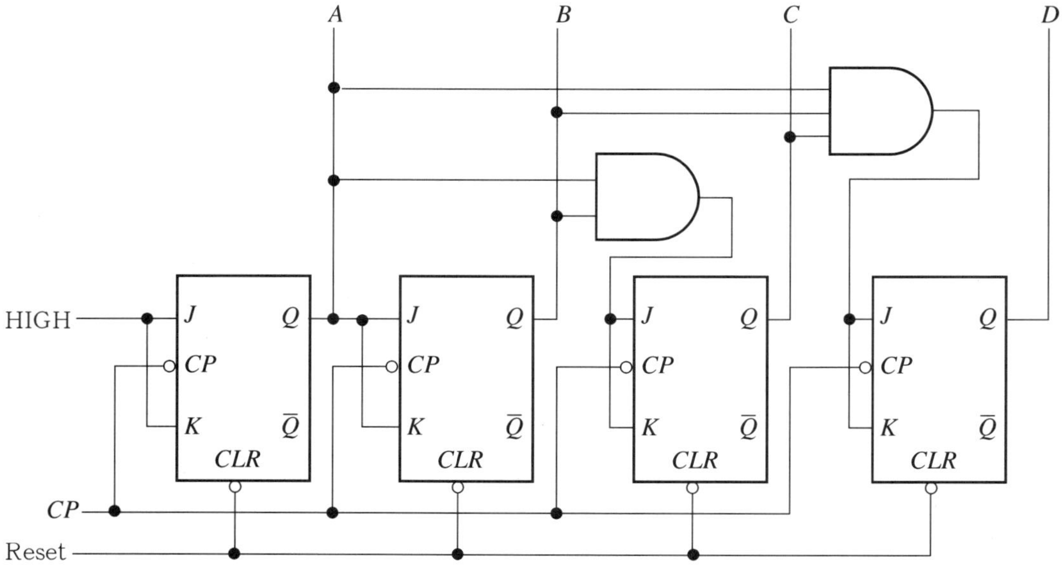

그림 12-1 JK 플립플롭에 의한 동기 계수회로

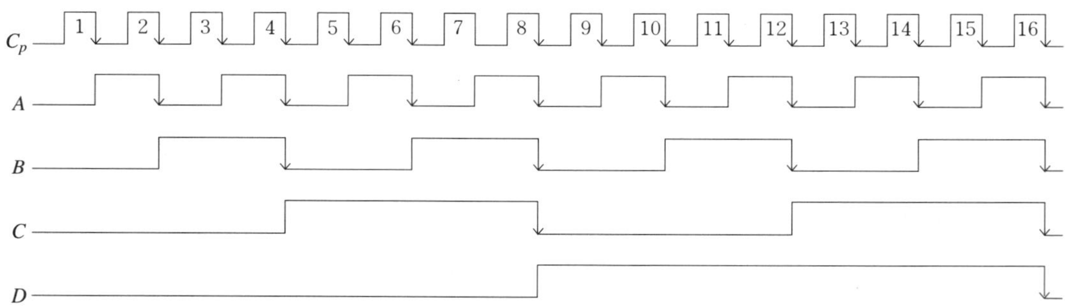

그림 12-2 동기 계수회로의 출력파형

[2] 동기 10진 카운터

이미 아는 바와 같이, BCD 10진 카운터는 0000에서 1001까지 결절된 시퀀스를 보여준다. 1001 상태까지 2진 시퀀스로 진행한 후, 1010 상태로 가지 않고 0000 상태로 재순환한다. 그림 12-4는 동기 BCD 10진 카운터이다. 이 카운터 동작은 표 12-1의 시퀀스 상태를 검토하고, 그림 12-4를 살펴보면 이해할 수 있다.

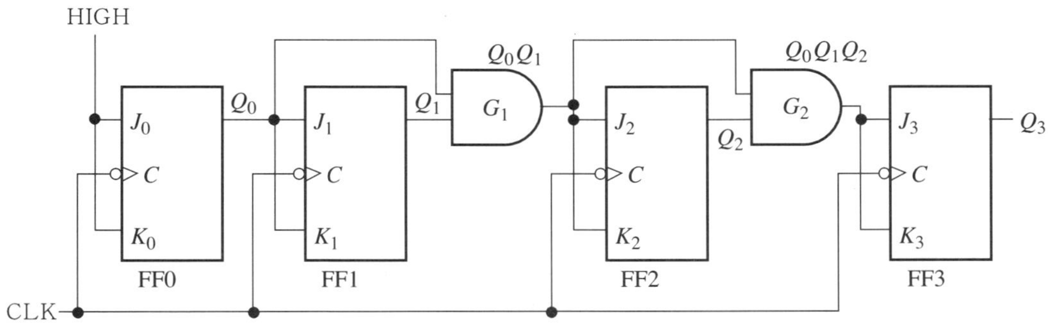

(a)

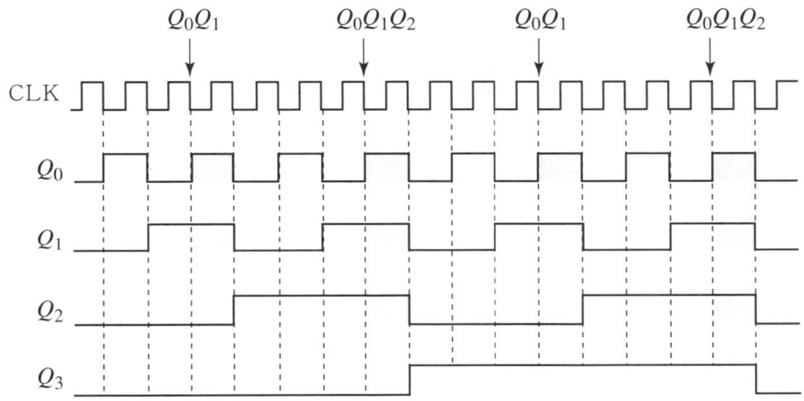

(b)

그림 12-3 4-비트 동기 2진 카운터와 타이밍 선도(회색 부분은 AND 게이트 출력이 HIGH가 되는 구간이다)

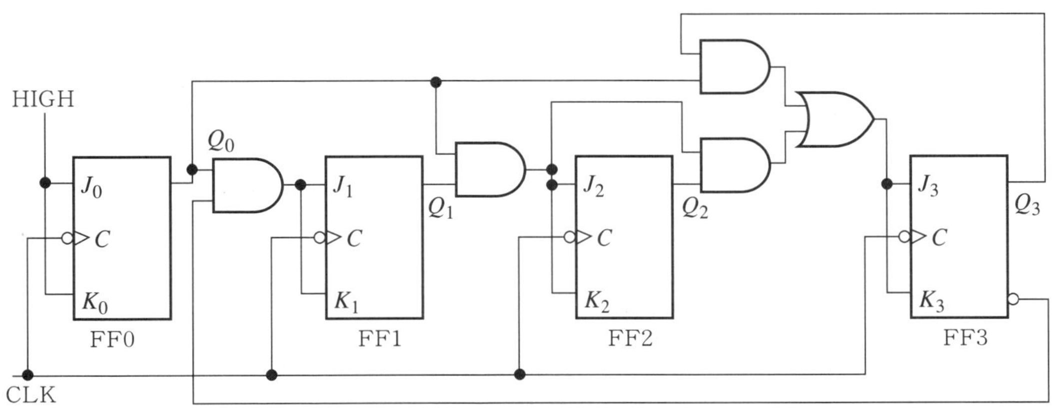

그림 12-4 동기 BCD 10진 카운터

표 12-1 BCD 10진 카운터의 상태

클럭 펄스	Q_3	Q_2	Q_1	Q_0
초기상태	0	0	0	0
초기상태	0	0	0	0
1	0	0	0	1
2	0	0	1	0
3	0	0	1	1
4	0	1	0	0
5	0	1	0	1
6	0	1	1	0
7	0	1	1	1
8	1	0	0	0
9	1	0	0	1
10(재순환)	0	0	0	0

FF0(Q_0)은 각 클럭 펄스에서 토글되므로 FF0의 J_0과 K_0 입력에 대한 논리식은

$$J_0 = K_0 = 1$$

이 된다. 이 논리식은 J_0과 K_0 입력을 HIGH 상태로 고정하여 구현한다.

FF1(Q_1)은 $Q_0=1$, $Q_3=0$이 되어 있을 때 다음 클럭 펄스에서 변한다. FF1의 입력 J_1과 K_1에 대한 논리식은 다음과 같다.

$$J_1 = K_1 = Q_0 \overline{Q_3}$$

이 논리식은 Q_0과 $\overline{Q_3}$를 AND하여 FF1의 J_1과 K_1입력에 연결함으로써 구현한다.

FF2(Q_2)은 $Q_0=1$, $Q_1=1$일 때 입력되는 클럭 펄스에서 변하므로, 다음과 같은 입력 논리식이 요구된다.

$$J_2 = K_2 = Q_0 Q_1$$

이 논리식은 Q_0과 Q_1을 AND하여 J_2와 K_2에 연결하여 구현한다.

마지막으로 FF3(Q_3)은 $Q_0=1$, $Q_1=1$일 때 $Q_2=1$(7 상태)일 때, 또는 $Q_0=1$, $Q_3=1$(9 상태)일 때 다음 클럭 펄스에서 반대 상태로 변한다. 이에 대한 논리식은 다음과 같다다.

$$J_3 = K_3 = Q_0Q_1Q_2 + Q_0Q_3$$

이 함수는 12-4의 논리 선도에 나타낸 바와 같이 FF3의 J_3과 K_3 입력에 AND/OR 논리회로를 연결하여 구현한다. 이 10진 카운터와 그림 12-3의 모듈러스-16 2진 카운터의 유일한 차이점은 Q_0Q_3 AND 게이트와 OR 게이트이다. 이 게이트들은 1001 상태가 발생한 것을 감지하여 카운터가 다음 클럭 펄스에서 재순환하도록 만든다. 그림 12-5는 10진 카운터에 대한 타이밍 선도이다.

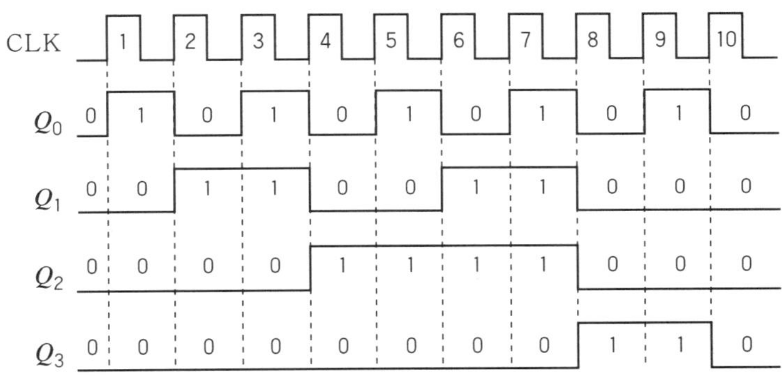

그림 12-5 BCD 10진 카운터에 대한 타이밍 선도(Q_0이 LSB)

카운터의 설계 방법을 단계별로 정리하면 다음과 같다. 일반적으로 이러한 설계방법은 다른 순차회로에도 적용된다.

1. 카운터 시퀀스를 파악하고 상태 선도를 그린다.
2. 상태 선도를 참조하여 다음-상태 표를 작성한다.
3. 전이에 필요한 플립플롭의 입력을 나타내는 상태 전이표를 작성한다. 같은 종류의 플립플롭에 대한 상태 전이표는 항상 동일하다.
4. 전이표를 참조하여 J, K 상태를 Karnaugh 맵으로 변환한다. 플립플롭의 입력마다 각각 하나의 Karnaugh 맵이 존재한다.
5. Karnaugh 맵을 이용하여 플립플롭 입력에 대한 논리식을 구한다.
6. 조합논리로 식을 도출하고 플립플롭들을 연결하여 카운터를 구현한다.

카운터 설계방법으로 3-비트 Gray코드 카운터를 설계하면 다음과 같다.

• 단계 1 : 상태 선도

단계 1에서는, 우선 카운터를 상태 선도(state diagram)로 나타낸다. 상태 선도는 클럭이 있을때 카운터가 진행하면서 상태가 변하는 모습을 보여준다. 그림 12-6은 3-비트 Gray코드 카운터의 상태 선도이다. 이 회로는 클럭 이외의 입력이 없으며 카운터 내의 각 플립플롭에서 나오는 출력 이외의 출력도 없다.

• 단계 2 : 다음-상태 표

순차회로가 상태 선도로 정의되면, 두번째 단계는 카운터의 각 상태(현재-상태)와 이에 대응하는 다음-상태의 리스트인 다음-상태 표(next-state table)를 작성하는 것이다. 다음-상태란 현재-상태가 클럭 펄스에 의하여 바뀌게 되는 상태, 즉, 카운터가 진행하게 될 상태이다. 다음-상태 표는 상태 선도로부터 작성된다. 표 12-2는 3-비트 Gray 코드 카운터의 다음-상태 표이다. Q_0이 LSB이다.

표 12-2 3-비트 Gray 코드 카운터에 대한 다음-상태 표

현재 상태			다음 상태		
Q_2	Q_1	Q_0	Q_2	Q_1	Q_0
0	0	0	0	0	1
0	0	1	0	1	1
0	1	1	0	1	0
0	1	0	1	1	0
1	1	0	1	1	1
1	1	1	1	0	1
1	0	1	1	0	1
1	0	1	1	0	0
1	0	0	0	0	0

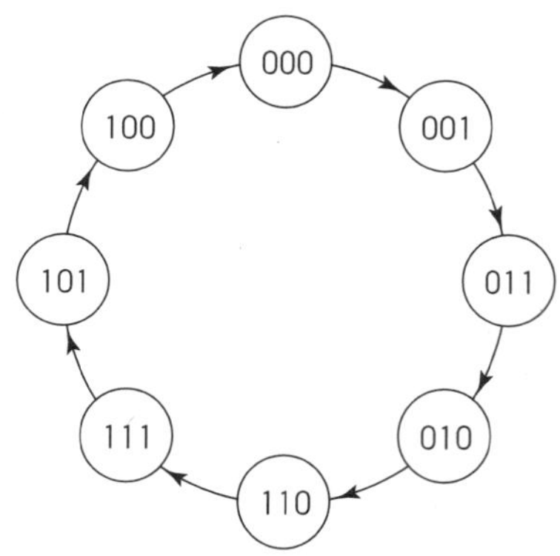

그림 12-6 3-비트 Gray코드 카운터의 상태선도

• 단계 3 : 플립플롭 상태 전이표

표 12-3은 JK 플립플롭에 대한 상태 전이표(fllip-flop transition table)이다. 현재-상태에서 다음-상태로 바뀌는 플립플롭의 출력 Q를 보임으로써 모든 가능한 출력 전이를 보여준다. Q_N은 플립플롭의 현재-상태(클럭 펄스 전)이며 Q_{N+1}은 다음-상태(클럭 펄스 후)를 나타낸다. 플립플롭 입력은 출력 전이를 발생하게 하는 J와 K 입력을 나타

낸다. X는 입력이 1이든 0이든 관계가 없는 "don't care"를 나타낸다.

카운터 설계에서 상태 전이표는 다음-상태 표(표 12-2)를 기반으로 하여 카운터 내의 모든 플립플롭에 대해 작성한다. 예를 들어 현재-상태가 000일 때, Q_0은 현재-상태 0에서 다음-상태 1로 변한다. 이러한 전이가 발생하려면 표 12-3의 상태 전이표에 있는 것처럼 K_0은 어떤 값이든 관계가 없지만 J_0은 1이어야 한다($J_0=1$, $K_0=X$). 다음으로 Q_1은 현재-상태와 다음-상태가 모두 0이다. 이러한 전이(0→0)가 발생하려면 $J_0=1$, $K_0=X$이어야 한다. 마지막으로 Q_2도 현재-상태와 다음-상태가 모두 0이다. 따라서 $J_2=0$이고 $K_2=X$이다. 표 12-2의 모든 현재-상태에 대해 이러한 분석을 반복한다.

• 단계 4 : Karmaugh 맵

Karnaugh 맵은 각 플립플롭의 J, K 입력에 대한 논리식을 결정하는데 사용한다. 각 플립플롭에 대하여 J 입력을 위한 Karmaugh 맵과 K 입력을 위한 Karmaugh 맵을 작성한다. Karnaugh 맵의 각 셀은 표 12-2에 있는 카운터 시퀀스의 현재-상태를 나타낸다.

표 12-3 JK 플립플롭에 대한 상태 전이표

출력변이			플립플롭 입력	
Q_N		Q_{N+1}	J	K
0	⟶	0	0	X
0	⟶	1	1	X
1	⟶	0	X	1
1	⟶	1	X	0

Q_N : 현재상태
Q_{N+1} : 다음 상태
: "don't care"

상태 전이표(표 12-3)의 J와 K 상태로부터 맵의 각 현재-상태 셀에 플립플롭에 대한 Q 출력의 전이에 해당하는 1, 0, X 중 하나를 삽입한다. 그림 12-7은 카운터 내의 3개 플립플롭에 대해 완성한 Karmaugh 맵이다. 맵으로부터 플립플롭 입력에 대한 논리식을 유도한다.

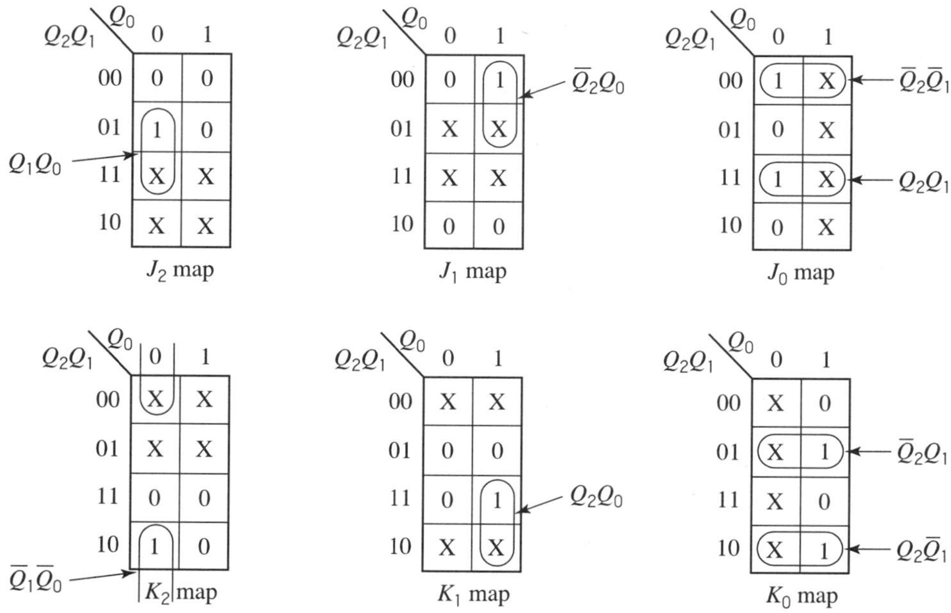

그림 12-7 J와 K 입력에 대한 Karnaugh 맵

• 단계 5 : 입력 논리식

그림 12-7의 Karnaugh 맵에서 유도한 각 플립플롭의 J와 K 입력에 대한 논리식은 다음과 같다.

$$J_0 = Q_2Q_1 + \overline{Q_2}\,\overline{Q_1} = \overline{Q_2 \oplus Q_1}$$
$$K_0 = Q_2\overline{Q_1} + \overline{Q_2}Q_1 = Q_2 \oplus Q_1$$
$$J_1 = \overline{Q_2}Q_0$$
$$K_1 = Q_2Q_0$$
$$J_2 = Q_1\overline{Q_0}$$
$$K_2 = \overline{Q_1}\,\overline{Q_0}$$

• 단계 6 : 카운터 구현

마지막 단계는 J와 K 입력의 논리식으로부터 조합논리를 구현하고 그림 12-8과 같이 플립플롭을 연결하여 3-비트 Gray 코드 카운터를 구성하는 것이다.

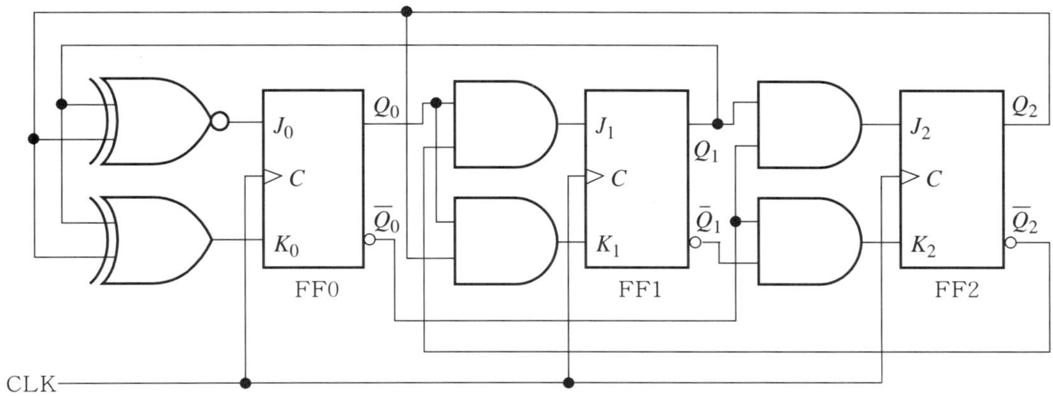

그림 12-8 3-비트 Gray 코드 카운터

동기형 BCD 십진카운터인 74LS163A의 핀번호를 그림 12-9에 타이밍도를 그림 12-10에 나타냈다.

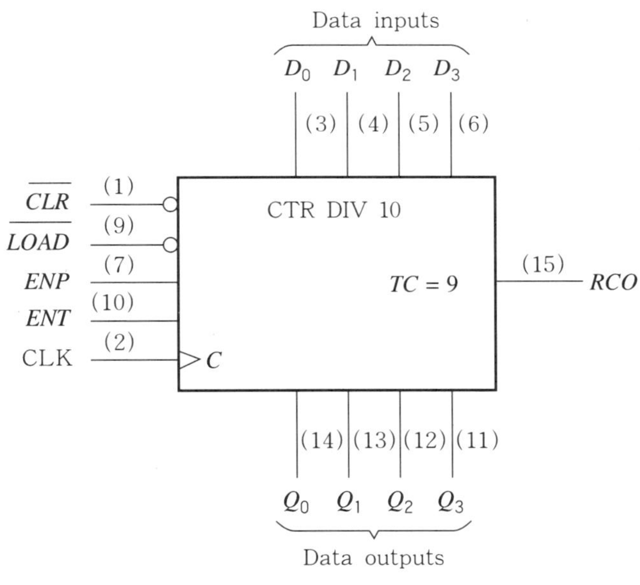

그림 12-9 74LS163A 동기 BCD 십진카운터

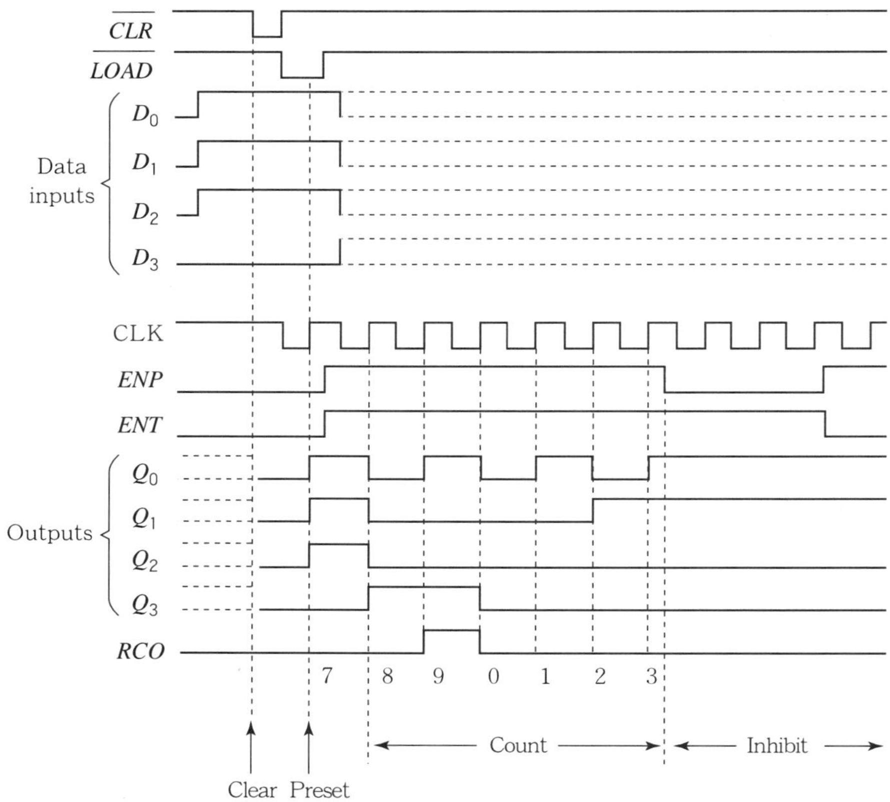

그림 12-10 74LS160A에 대한 타이밍 예

기재 및 부품

DC power supply

오실로스코프(또는 Logic Analyzer)

단일 펄스 발생기

구형파 발생기, Logic Analyzer

7408(2-입력 AND 게이트)

7432(2-입력 OR 게이트)

7461(DUAL 3-입력 AND 게이트) : (7411로 대치 가능)

7476(DUAL JK 플립플롭)×2

7447(BCD to seven-segment)

74160(동기 BCD 계수기)

FND 507(7-segment)×2
저항 330Ω×14

실험 과정

1. 두 개의 7476 dual JK 플립플롭과 7461 dual 3-입력 AND 게이트를 이용해서 그림 12-11과 같은 회로를 구성한다.

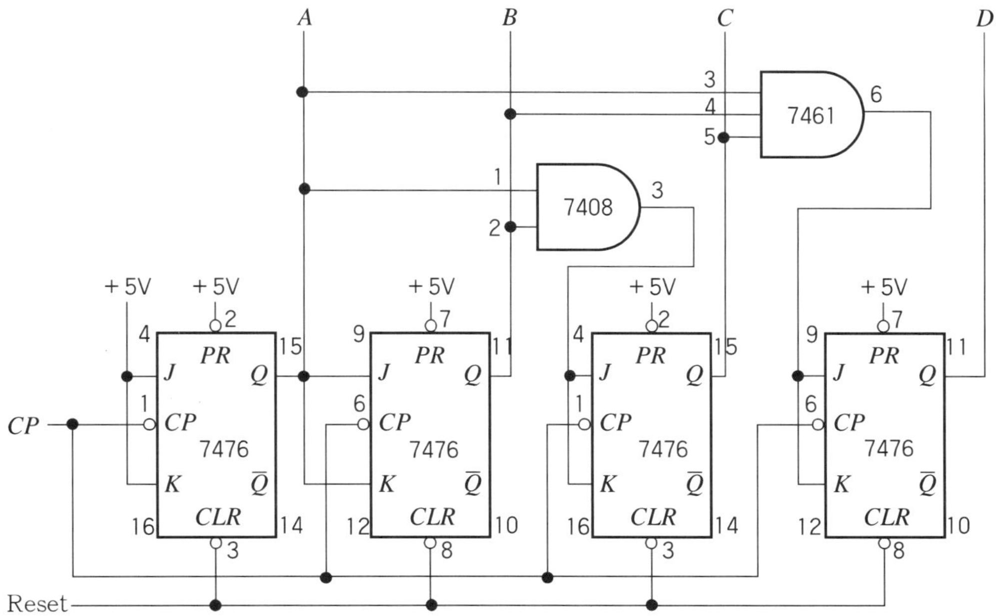

그림 12-11 *JK* 플립플롭에 의한 동기 계수회로

리셋 단자를 잠시 접지("0")시킨 다음 개방("1")시키는 방법으로 리셋시킨 다음 단일 펄스 발생기를 CP 단자에 접속시켜 단일 펄스를 1개식 순차적으로 인가해가면서 각 지점에서 측정된 전압값을 표 12-4에 기입하라.

2. 구형파 발생기에서 발행한 10[kHz]의 펄스를 그림 12-11의 1번 핀에 인가한 다음 각 지점에서의 파형을 관찰하여 그림 12-12에 그려라. 오실로스코프의 triggering을 위하여 AUTO, negative, slope, DC coupled, external triggering(FFD의 핀 11로부터)으로 한다.

Logic Analyzer의 CHQ는 Q_1, CH1는 Q_2, CH2는 Q_3, CH3는 Q_4에 연결후 화면에 CHQ ~ CHZ까지 나오게 한후 'Auto-scale' Key를 누른다. (Edge key에서 상승에지, 하강에지, 양방향 에지를 교대로 누르며 관찰한다.)

3. 두 개의 7476 dual JK 플립플롭, 7408 2-입력 AND 게이트 및 7432 2-입력 OR 게이트로 그림 12-13과 같은 BCD 디케이드 계수회로를 구성하고, 7 Segment에 연결하고 출력값을 (*A*, *B*, *C*, *D*)을 측정하여 표 12-5에 기록하고, 7 Segment의 출력값을 관찰하라. 단 리셋 단자를 잠시 접지("0")시킨 다음, 개방("1")시키는 방법으로 리셋시킨 다음 단일 펄스 발생기를 CP 단자에 접속시켜 단일 펄스를 1개식 순차적으로 인가한다.

표 12-4

입력	출력							
클럭펄스의 수	FFD		FFC		FFB		FFA	
	Q	$\overline{Q}$	Q	$\overline{Q}$	Q	$\overline{Q}$	Q	$\overline{Q}$
0								
1								
2								
3								
4								
5								
6								
7								
8								
9								
10								
11								
12								
13								
14								
15								
16								

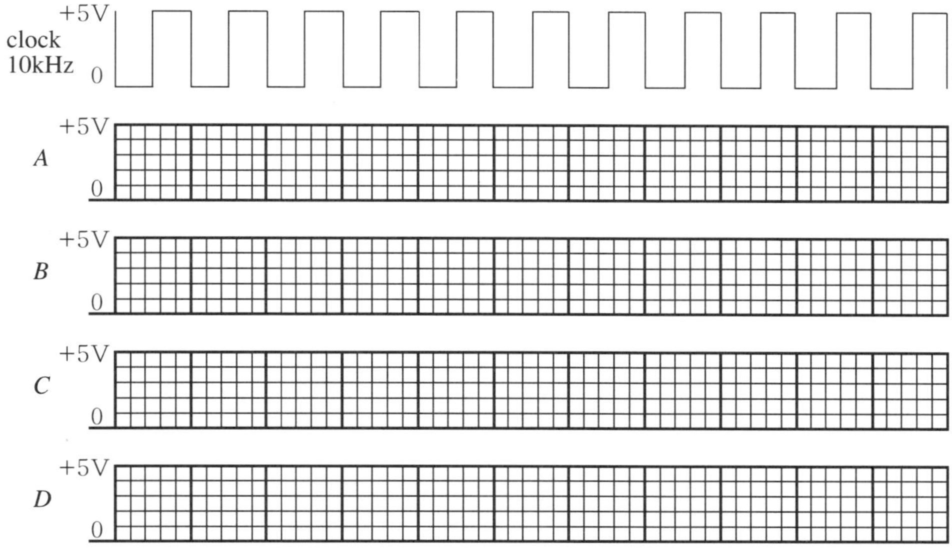

그림 12-12 동기 계수회로 파형

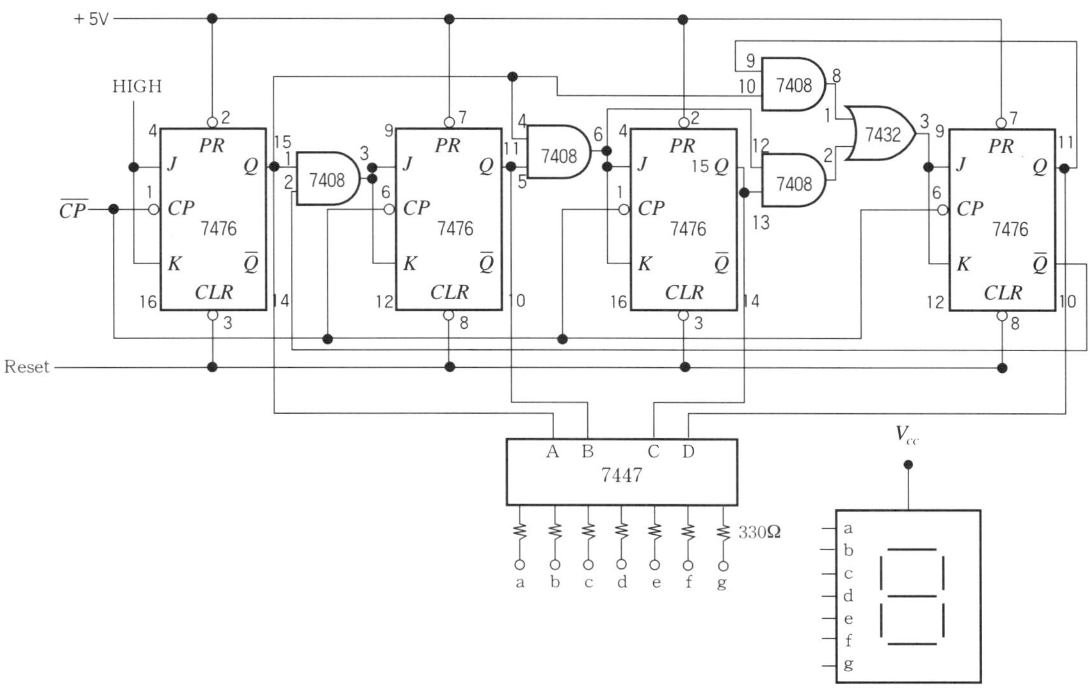

그림 12-13 BCD 디케이드 계수회로

표 12-5

입력	출력							
클럭펄스의 수	FFD		FFC		FFB		FFA	
	D	$\overline{Q}$	C	$\overline{Q}$	B	$\overline{Q}$	A	$\overline{Q}$
0								
1								
2								
3								
4								
5								
6								
7								
8								
9								
10								

4. 그림 12-14와 같이 2개의 IC 74160(동기 BCD 계수기)을 사용한 계수기를 구성하고, 출력값(A_0 B_0 C_0 D_0, A_1 B_1 C_1 D_1)을 측정하여, 표 12-6에 기록하고 7-Segment의 출력값과 비교관찰하라.(0~99까지 표시가능)

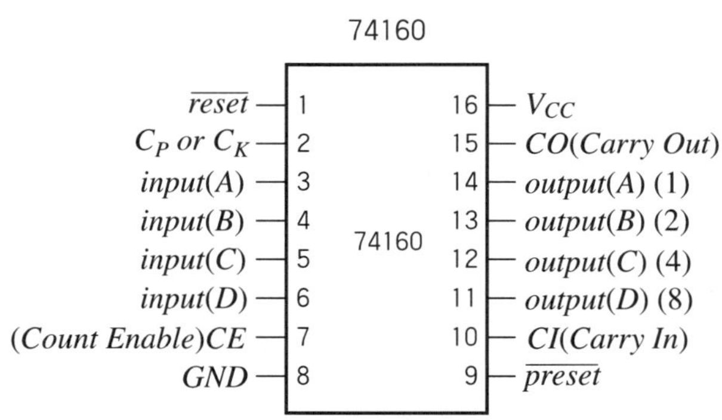

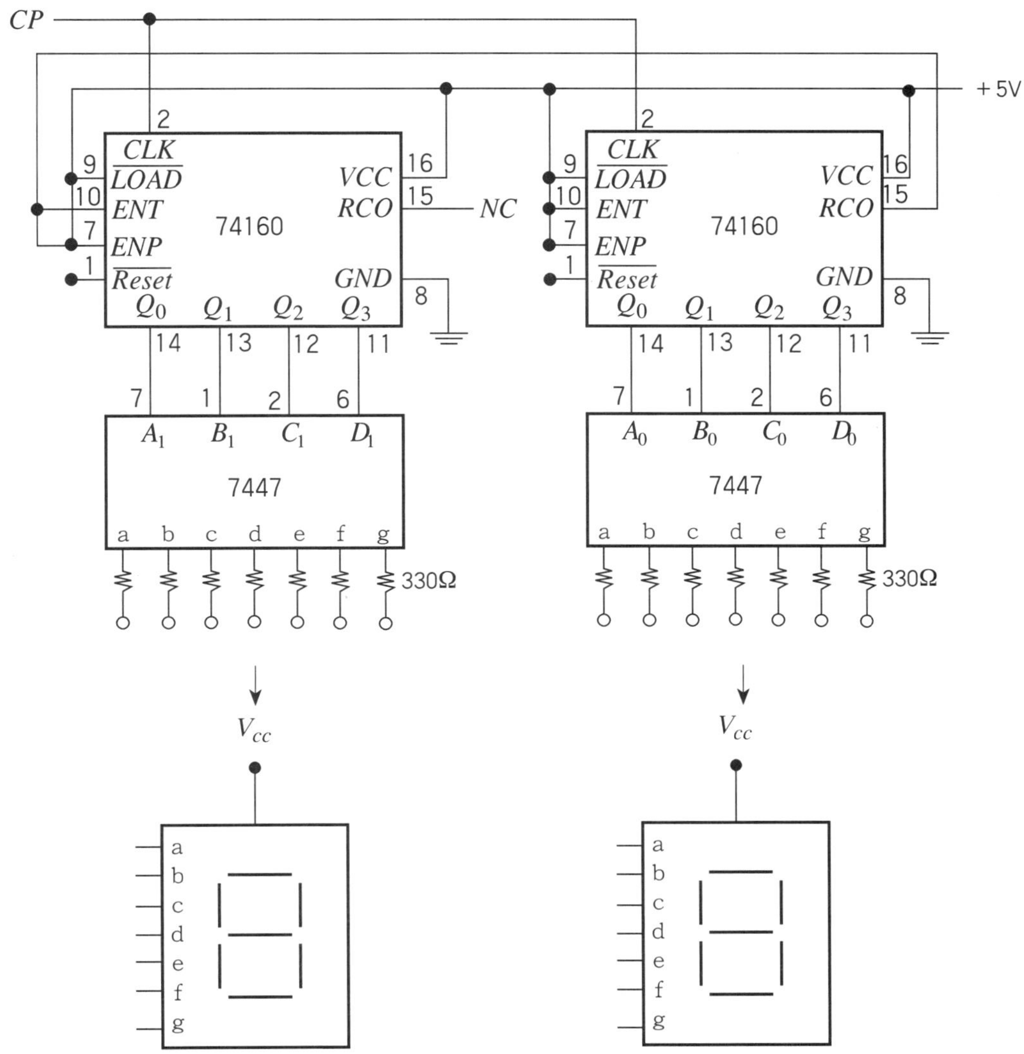

그림 12-14 2개의 74160(동기BCD 계수기)을 사용한 계수기

표 12-6

입력	출력							
클럭펄스의 수	D_1	C_1	B_1	A_1	D_0	C_0	B_0	A_0
0								
1								
2								
3								
4								
5								
6								
7								
8								
9								
10								
11								
12								
13								
14								
15								
16								

실험 보고서

실 험 제 목	동기 계수회로		
실 험 일 자		실 험 조	
학번 및 성명			

실 험 결 과

1. 표 12-4

입력	출력							
클럭펄스의 수	FFD		FFC		FFB		FFA	
	D	$\overline{Q}$	C	$\overline{Q}$	B	$\overline{Q}$	A	$\overline{Q}$
0								
1								
2								
3								
4								
5								
6								
7								
8								
9								
10								
11								
12								
13								
14								
15								
16								

2.

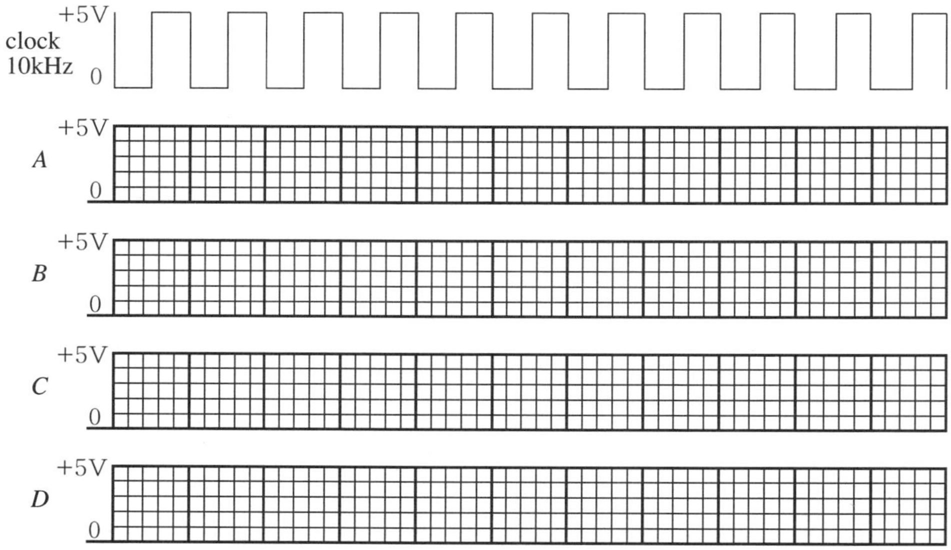

그림 12-12 동기 계수회로 파형

3.

표 12-5

입력	출력							
클럭펄스의 수	FFD		FFC		FFB		FFA	
	D	$\overline{Q}$	C	$\overline{Q}$	B	$\overline{Q}$	A	$\overline{Q}$
0								
1								
2								
3								
4								
5								
6								
7								
8								
9								
10								

4. 표 12-6

입력	출력							
클럭펄스의 수	D_1	C_1	B_1	A_1	D_0	C_0	B_0	A_0
0								
1								
2								
3								
4								
5								
6								
7								
8								
9								
10								
11								
12								
13								
14								
15								
16								

검토 및 고찰

실험 13

n진 계수회로(modulus n counter)

목 적

비동기 및 동기 n진 계수회로의 구성 원리를 통해서 플립플롭의 응용방법을 향상시키는데 목적을 둔다.

이 론

11장, 12장에서는 m개의 플립플롭으로 2^m진 계수회로를 구성하였으나 본 실험에서는 셋 단자(SD)와 리셋 단자(CD)를 이용해서 2^m진 이하의 계수회로를 구성할 수 있는데, 이런 계수회로를 일반적으로 modulus-n계수회로라 한다.

[1] 비동기 n진 계수회로

리플 계수회로(ripple counter)로 n진 계수회로를 설계하는 경우에는 일반적으로

$$2^{m-1} \leq n \leq 2^m$$

을 만족하는 m을 구한다. 여기서 m은 플립플롭의 갯수로서 이것을 사용해서 2^m진 계수 회로를 만든 다음 $n-1$에 대한 2진수를 구한다. $n-1$일 때 1인 모든 플립플롭의 출력(Q)과 계수회로의 CP 입력으로 NAND 게이트를 사용한다. 이때 n이 우수이면 CP 입력을 직접 NAND 게이트에 연결하고 기수이면 CP 입력을 약간 지연시켜 트리거(trigger) 입력으로 한다. NAND 게이트의 출력을 $n-1$일 때 0인 플립플롭의 프리셋에 연결한다.

(1) 3진 계수회로

3진 계수회로는 표 13-1의 진리표와 같이 Q_1, Q_2가 모두 1인 상태, 즉

$Z = \overline{Q_1 \cdot Q_2} = 0$ 일 때

Z를 조합 논리회로로 만들어(NAND 게이트 사용) Z로서 Q_1, Q_2를 모두 0의 상태로 클리어(clear)시킨다. 이것을 회로로 구성하면 그림 13-1과 같다.

표 13-1 진리표

1진수	Q_1	Q_2
0	0	0
1	0	1
2	1	0
	1	1

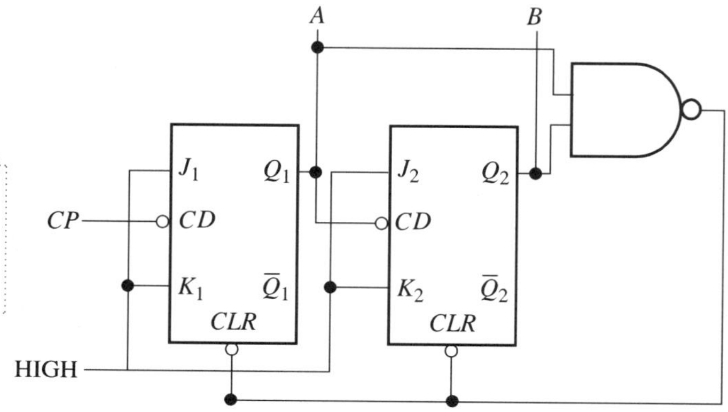

그림 13-1 비동기 3진 계수회로

(2) 비동기 10진 계수회로

비동기 10진 계수회로는 표 13-2에서 보는 바와 같이 Q_2와 Q_4가 모두 1인 상태, 즉

$Z = \overline{Q_2 \cdot Q_4} = 0$

인 출력으로 $Q_1 \sim Q_4$를 모두 클리어시키면 1010 → 0000으로 변화하는 10진 계수회로가 되며 이것을 회로로 구성하면 그림 13-2와 같다.

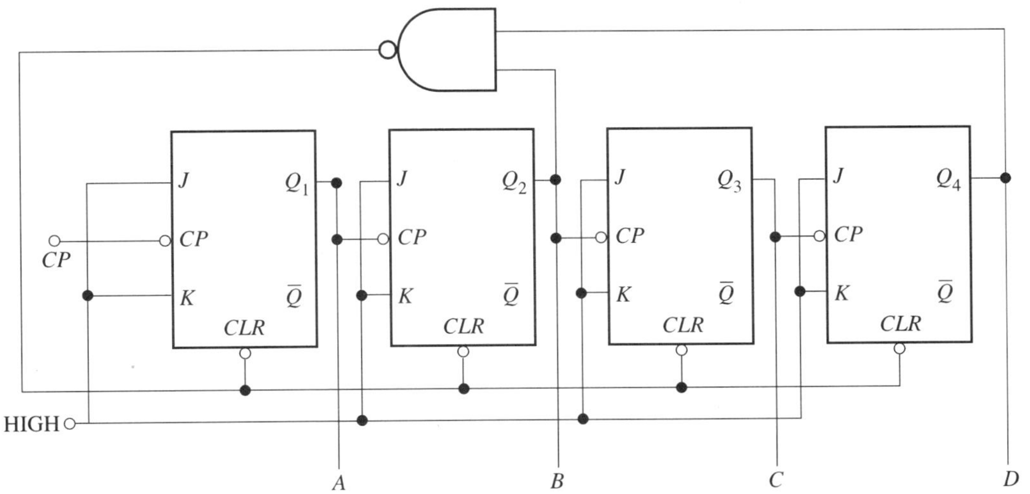

그림 13-2 비동기 10진 계수회로

표 13-2 진리표

10진수	Q_4	Q_3	Q_2	Q_1	
0	0	0	0	0	
1	0	0	0	1	
2	0	0	1	0	
3	0	0	1	1	
4	0	1	0	0	
5	0	1	0	1	
6	0	1	1	0	
7	0	1	1	1	
8	1	0	0	0	
9	1	0	0	1	
	1	0	1	0	
	1	0	1	1	
	1	1	0	0	
	1	1	0	1	*
	1	1	1	0	
	1	1	1	1	

[2] 동기 n진 계수회로

동기식 순서 회로의 설계는 상태의 천이표(transistion table)를 만들고 이에 의해 입력과 현 상태에 대한 다음 상태를 얻기 위하여서는 어떤 플립플롭을 사용하고 그 플립플롭의 다음 상태(1개의 클럭펄스가 가해진 후의 상태)는 어떤 제어 입력이 준비되어 있을 때 얻어질 수 있는가를 생각할 수 있어야 한다. 다음에 제시된 방법에 의해 설계할 때 복잡한 순서 회로의 경우 논리 소자의 개수 등을 고려한 경제적이고 안정된 회로를 설계하기 위해서는 많은 경험이 필요하다.

① 회로동작의 기술
  모든 입력 및 출력의 관계를 기술한다.
② 상태표의 결정
  ①의 입출력 관계로부터 초기 상태 및 상태표를 만든다.
③ 상태표의 최소화
  상태표에서 여분 상태를 제거하여 간소화시킨다.
④ 상태 천이표의 작성
  상태표로부터 상태 천이표를 만든다.
⑤ 회로의 구성
  상태 천이표로부터 어떤 플립플롭을 사용할 것인가를 결정하고 입출력 및 현 상태와 제어신호가 결정되면 회로를 구성한다.

(1) 5진 계수회로

그림 13-3은 상태선도를 나타낸다. 상태선도는 클럭이 있을 때 카운터가 진행하면서 상태가 변하는 모습을 보여준다. 표 13-3은 다음-상태표이다. 카운터의 각 상태(현재 상태)와 이에 대응하는 다음-상태의 리스트인 다음-상태 표를 작성한 것이다. 표 13-4는 JK 플립플롭에 대한 상태전이표이다.

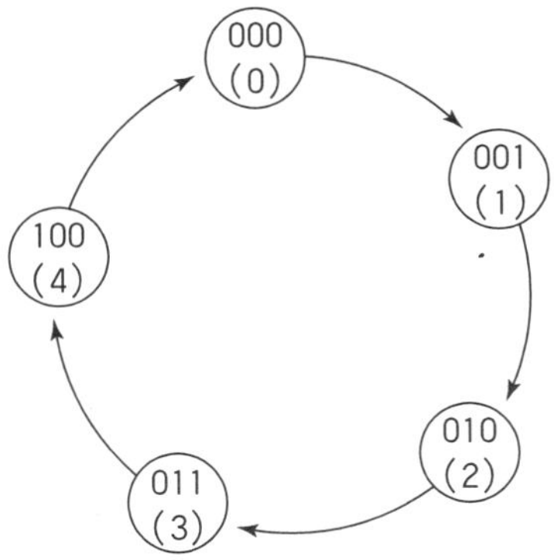

그림 13-3 상태선도

표 13-3 다음-상태표

현재 상태			다음 상태			Q_2		Q_1		Q_0	
Q_2	Q_1	Q_0	Q_2	Q_1	Q_0	J_2	K_2	J_1	K_1	J_0	K_0
0	0	0	0	0	1	0	×	0	×	1	×
0	0	1	0	1	0	0	×	1	×	×	1
0	1	0	0	1	1	0	×	×	0	1	×
0	1	1	1	0	0	1	×	×	1	×	1
1	0	0	0	0	0	×	1	0	×	0	×
1	0	1	0	0	0	×	1	0	×	×	1
1	1	0	0	0	0	×	1	×	1	0	×
1	1	1	0	0	0	×	1	×	1	×	1

표 13-4 JK 플립플롭에 대한 상태 전이표

출력변이			플립플롭 입력	
Q_N		Q_{N+1}	J	K
0	⟶	0	0	X
0	⟶	1	1	X
1	⟶	0	X	1
1	⟶	1	X	0

그림 13-4는 5진계수의 Karnaugh 맵이다. 각 플립플롭의 J, K 입력에 대한 논리식을 결정하는데 사용한다.

$Q_2Q_1 \backslash Q_0$	0	1
00	1	X
01	1	X
11	X	X
10	0	X

J_0

$Q_2Q_1 \backslash Q_0$	0	1
00	X	1
01	X	1
11	X	X
10	X	X

K_0

$Q_2Q_1 \backslash Q_0$	0	1
00	0	1
01	X	X
11	X	X
10	0	X

J_1

$Q_2Q_1 \backslash Q_0$	0	1
00	X	X
01	0	1
11	X	X
10	X	X

K_1

$Q_2Q_1 \backslash Q_0$	0	1
00	0	0
01	0	1
11	X	X
10	0	X

J_2

$Q_2Q_1 \backslash Q_0$	0	1
00	X	X
01	X	X
11	X	X
10	1	X

K_2

그림 13-4 카르노 맵

5진 계수회로의 각 제어 입력에 대한 논리식을 구하면

$$J_0 = \overline{Q}_2$$
$$K_0 = 1$$
$$J_1 = Q_0 \cdot \overline{Q}_2$$
$$K_1 = Q_0 + Q_2$$
$$J_2 = Q_0 \cdot Q_1$$
$$K_2 = 1$$

논리식에 의하여 5진 계수기 회로를 구성하면 그림 13-5와 같다.

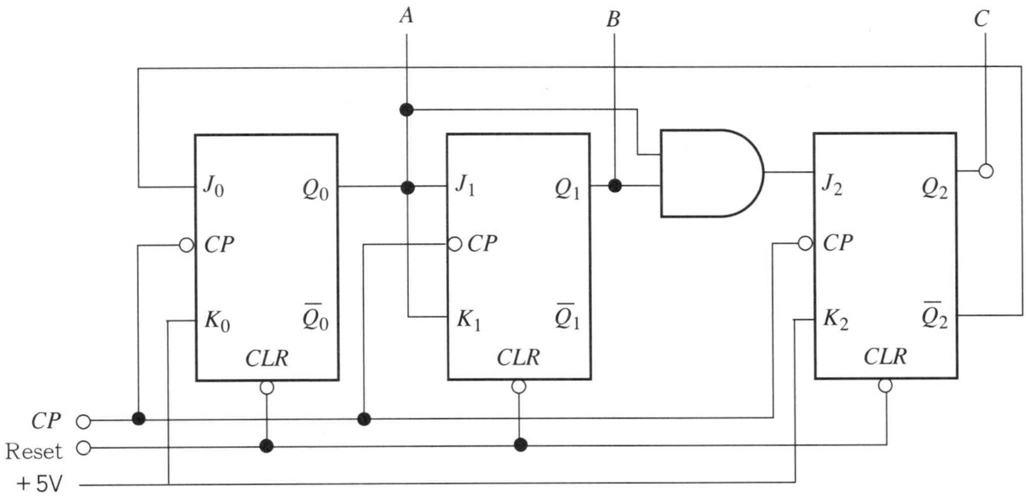

그림 13-5 5진 계수 회로

(2) 6진 계수회로

6진 계수회로의 각 제어 입력에 대한 논리식을 구해보면 다음과 같다.

$$J_1 = \overline{Q_2},\ J_2 = Q_1,\ CP_3 = Q_2$$
$$K_1 = 1,\ K_2 = 1,\ K_3 = J_3 = 1$$
$$Q_j = J\overline{Q_i} + \overline{K}Q_i$$

이므로

$$Q_{1j} = \overline{Q_{2i}} \cdot \overline{Q_{1i}}$$
$$Q_{2j} = Q_{1j} \cdot \overline{Q_{2i}}$$
$$Q_{3j} = \overline{Q_{3i}}$$

단, $CP_3 = Q_{2j} = 1 \rightarrow 0$ 이 될 때이다.

6진 계수회로는 그림 13-6과 같다.

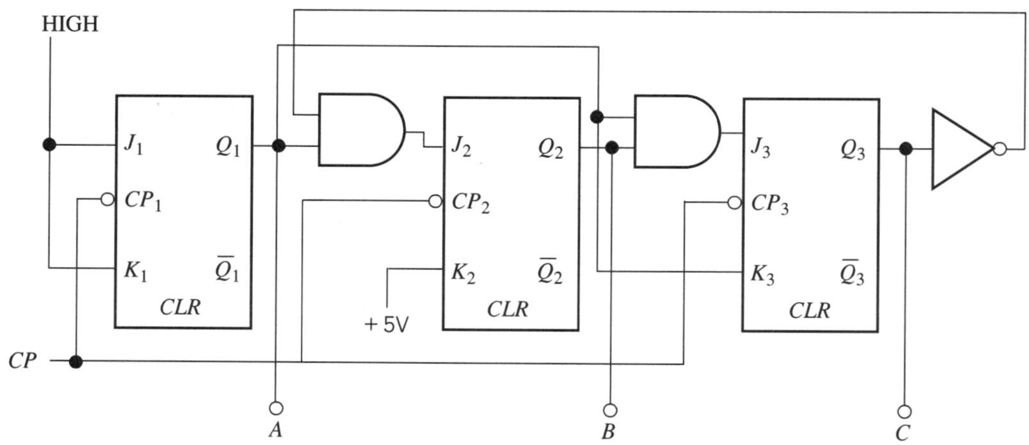

그림 13-6 6진 계수회로

[3] 링-카운터

링-카운터(ring counter)는 시퀀스의 각 상태마다 하나의 플립플롭을 사용한다. 이 카운터는 상태마다 각각에 대한 출력이 있기 때문에 10진 변환을 위한 디코딩 게이트가 필요 없다는 장점이 있다.

그림 13-7은 10-비트 링-카운터에 대한 논리 선도이다. 링-카운터에 대한 시퀀스는 표 13-5에 나타냈다. 초기화를 위하여 첫 번째 플립플롭은 1로 PRESET되고, 나머지 플립플롭은 CLEAR된다. 마지막 단의 Q_9가 처음으로 피드백되는 것을 제외하고는 중간 단의 연결은 존슨-카운터와 동일하다. 카운터의 10개 출력은 클럭 펄스의 10진 계수를 직접 나타낸다. 예를 들어, Q_0가 1이면 0, Q_1가 1이면 1, Q_2가 1이면, 2, Q_3가 1이면 3이다. 카운터 출력에는

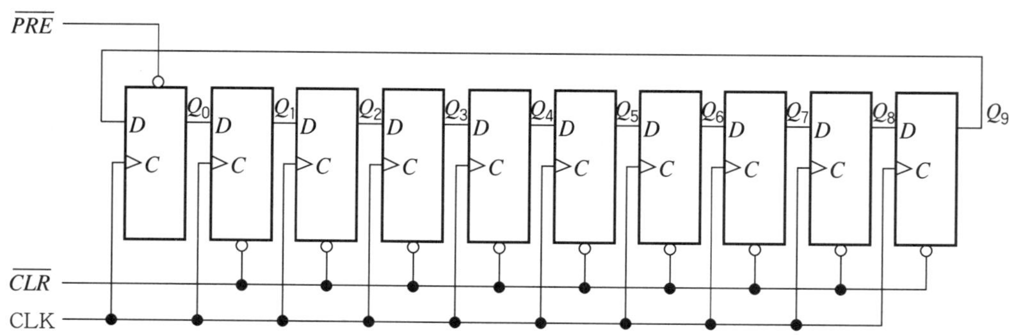

다음 예에서 기술한 것과 같이, 카운터가 하나 이상의 1을 갖도록 시퀀스를 수정할 수도 있다.

표 13-5 링-카운터 시퀀스(10-비트)

클럭 펄스	Q_0	Q_1	Q_2	Q_3	Q_4	Q_5	Q_6	Q_7	Q_8	Q_9
0	1	0	0	0	0	0	0	0	0	0
1	0	1	0	0	0	0	0	0	0	0
2	0	0	1	0	0	0	0	0	0	0
3	0	0	0	1	0	0	0	0	0	0
4	0	0	0	0	1	0	0	0	0	0
5	0	0	0	0	0	1	0	0	0	0
6	0	0	0	0	0	0	1	0	0	0
7	0	0	0	0	0	0	0	1	0	0
8	0	0	0	0	0	0	0	0	1	0
9	0	0	0	0	0	0	0	0	0	1

기재 및 부품

DC power supply
오실로스코프 (또는 Logic analyzer)
단일 펄스 발생기(또는 구형파 발생기)
7400(2-입력 NAND 게이트)
7408(2-입력 AND 게이트)
7447(BCD to Seven-Segment)
7476(DUAL JK 플립플롭)
74LS195A(4-bit 시프트레지스터)
FND(7-Segment)
저항 330Ω×7

실험 과정

1. 1개의 7476 dual JK 플립플롭과 7400 2-입력 NAND 게이트를 이용해서 그림 13-7과 같은 회로를 구성한다.

리셋시킨 다음 단일 펄스 발생기를 *CP* 단자에 접속시켜 단일 펄스를 1개씩 순차적으로 인가해가면서 각 지점에서 측정된 전압값을 표 13-6에 기입하라.

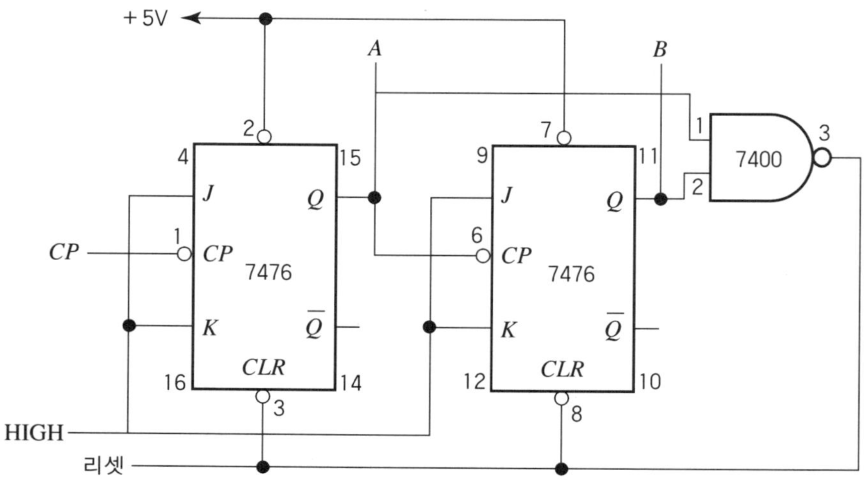

그림 13-7 비동기 3진 계수회로

표 13-6

입력	출력			
클럭펄스의 수	FFB		FFA	
	B	$\overline{Q}$	*A*	$\overline{Q}_*$
0				
1				
2				
3				

2. 구형파 발생기에서 발생된 10〔kHz〕의 펄스를 그림 13-7의 1번 핀에 인가한 다음 각 지점에서의 파형을 관찰하여 그림 13-8에 그려라. 오실로스코프의 triggering을 위하여 AUTO, negative, slope, DC coupled, external triggering(FFB의 핀 11로부터)으로 한다.

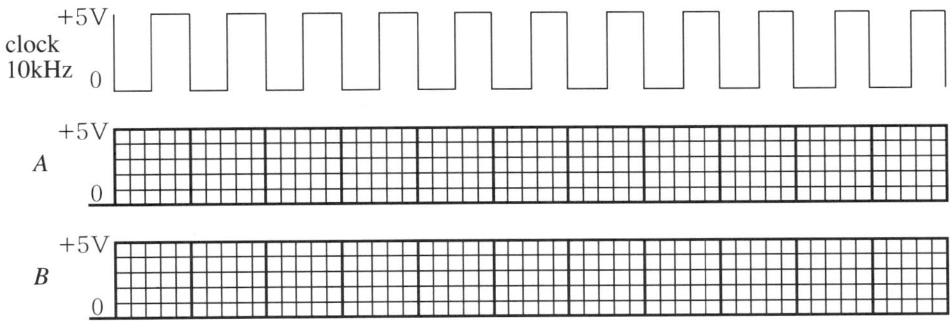

그림 13-8 비동기 3진 계수회로 파형

3. 2개의 7476 dual JK 플립플롭을 이용하여 그림 13-9와 같은 회로를 구성하고, 출력값 (A, B, C)을 측정하여 기록하고 7-Segment의 출력값과 비교 관찰하라. 리셋시킨 다음, 단일 펄스 발생기를 CP 단자에 접속시켜 단일 펄스를 1개씩 순차적으로 인가하라.

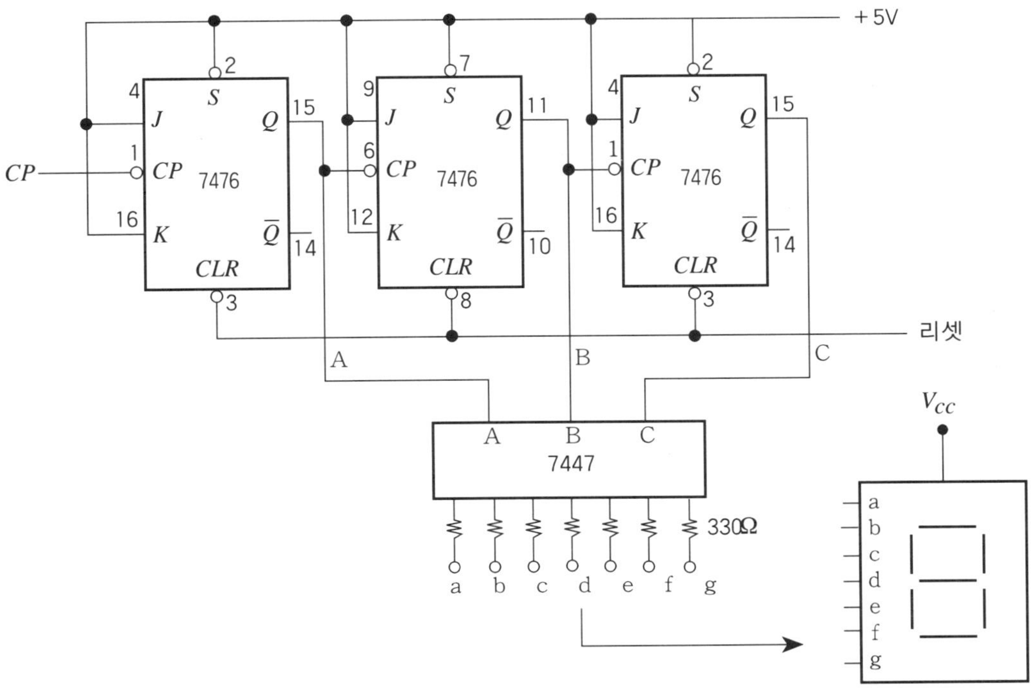

그림 13-9 비동기 8진 계수기

표 13-7

입력	출력					
클럭펄스의 수	FFC		FFB		FFA	
	C	$\overline{Q}$	B	$\overline{Q}$	A	$\overline{Q}$
0						
1						
2						
3						
4						
5						
6						
7						
8						
9						
10						

4. 2개의 7476 dual JK 플립플롭과 7408 2-입력 AND 게이트를 이용해서 그림 13-10과 같은 회로를 구성하고, 7-Segement의 출력을 관찰하라. 단, 리셋시킨 다음 단일 펄스를 1개씩 순차적으로 인가할 것.

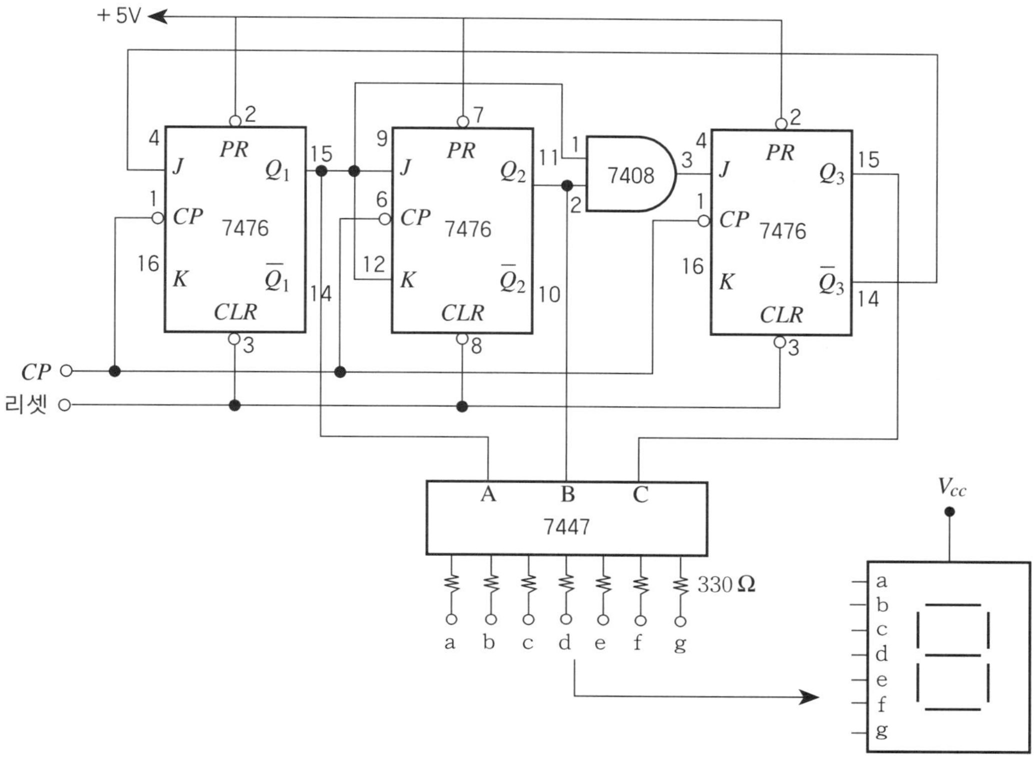

그림 13-10 동기 5진 계수회로

5. 2개의 7476 dual JK 플립플롭을 이용해서 그림 13-11과 같은 회로를 구성하고, 7-Segment의 출력을 관찰하라. 단, 리셋시킨 다음 단일 펄스를 1개씩 순차적으로 인가할 것.

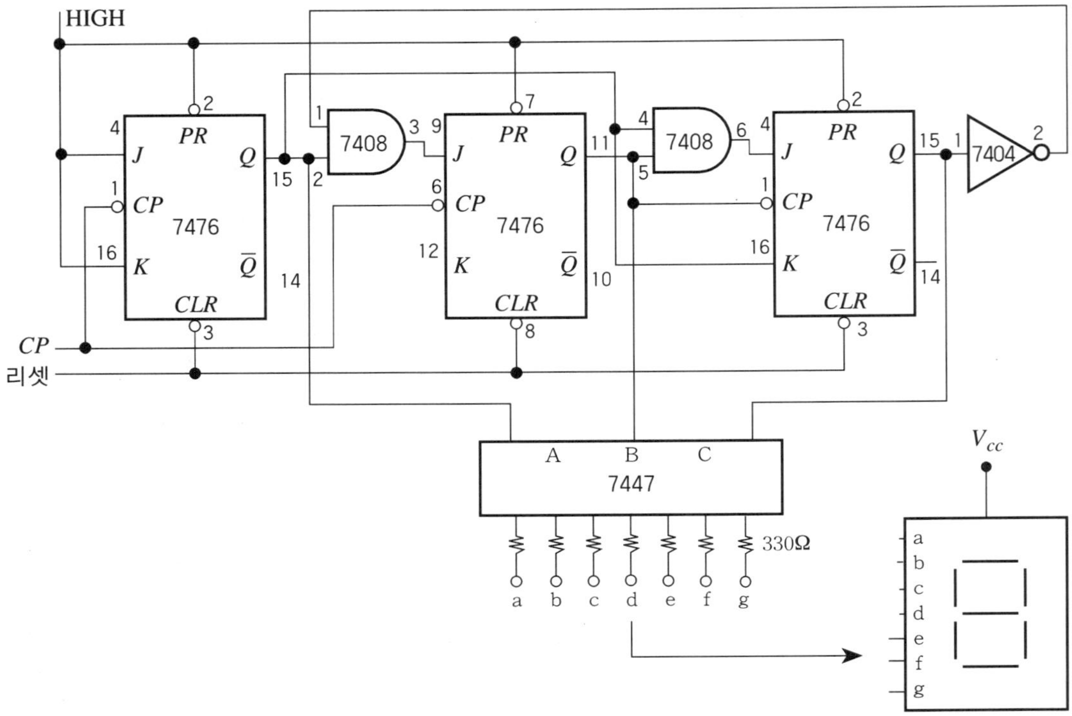

그림 13-11 동기 6진 계수회로

6. 시프트 레지스터의 출력을 직렬 입력에 다시 연결하면 링-카운터로 사용할 수 있다. 그림 13-12는 74LS195A 4-비트 시프트 레지스터를 사용하여 링-카운터를 구현한 것이다.

그림 13-12와 같이 74LS195A를 사용하여 연결하고 출력파형(Q_0~Q_3)을 관찰하고 그림 13-13에 그 출력파형을 그리시오.

1000 비트 패턴을 병렬 데이터 입력으로 연결하고 $SH/\overline{LD}$에 LOW를 입력한 후 클럭 펄스를 가하면 카운터가 1000으로 초기화된다. 초기화 후에는 1이 링-카운터를 계속 순환한다. 오실로스코프의 triggering을 위하여 Auto, negative, slope, DC coupled, external triggering으로 한다.

Logic Anallyzer의 CH0는 Q_0, CH1는 Q_1, CH2는 Q_2, CH3는 Q_3에 연결 후 화면에 CH0 ~ CH3까지 나오게 한 후 'Auto-Scale' Key를 누른다.

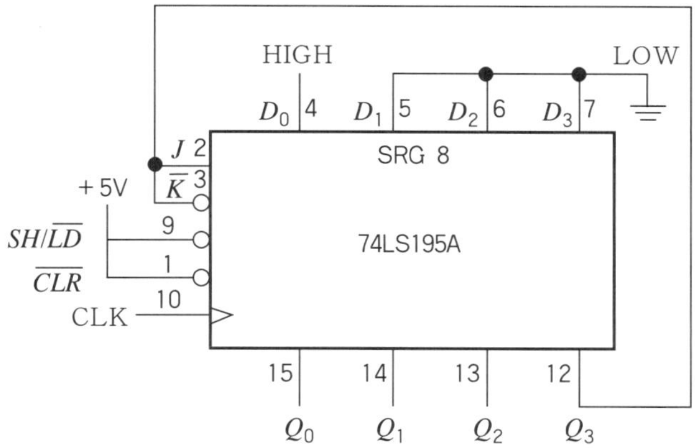

그림 13-12 74LS195A로 구현한 링-카운터

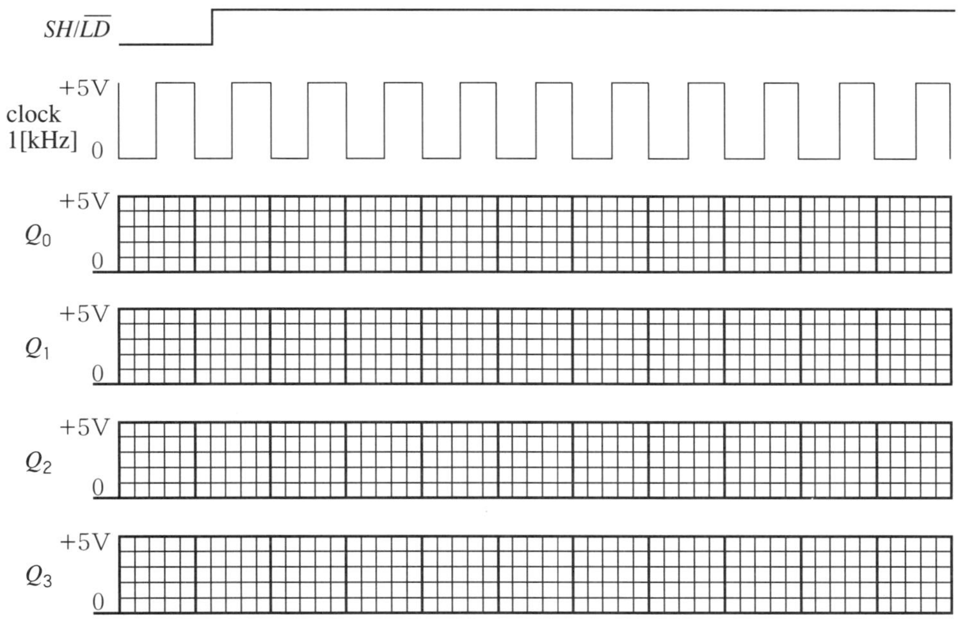

그림 13-13 링-카운터 파형

실험 보고서

실 험 제 목	n진 계수회로		
실 험 일 자		실 험 조	
학번 및 성명			

실 험 결 과

1.

표 13-6

입력	출력			
클럭펄스의 수	FFB		FFA	
	B	$\bar{Q}$	A	$\bar{Q}$
0				
1				
2				
3				

2.

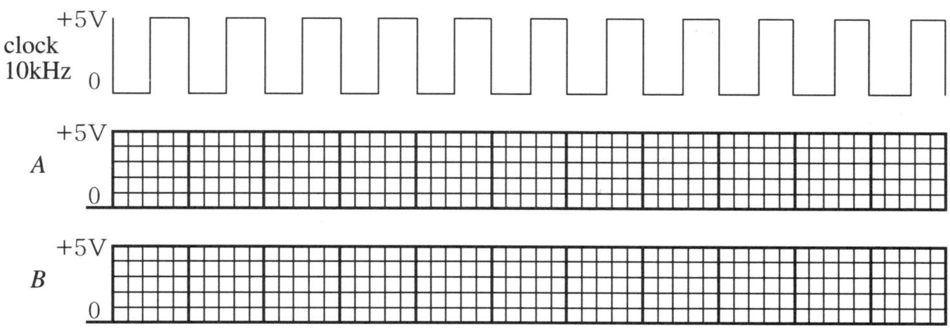

그림 13-8

3.

표 13-7

입력	출력					
클럭펄스의 수	FFC		FFB		FFA	
	C	$\overline{Q}$	B	$\overline{Q}$	A	$\overline{Q}$
0						
1						
2						
3						
4						
5						
6						
7						
8						
9						
10						

4.

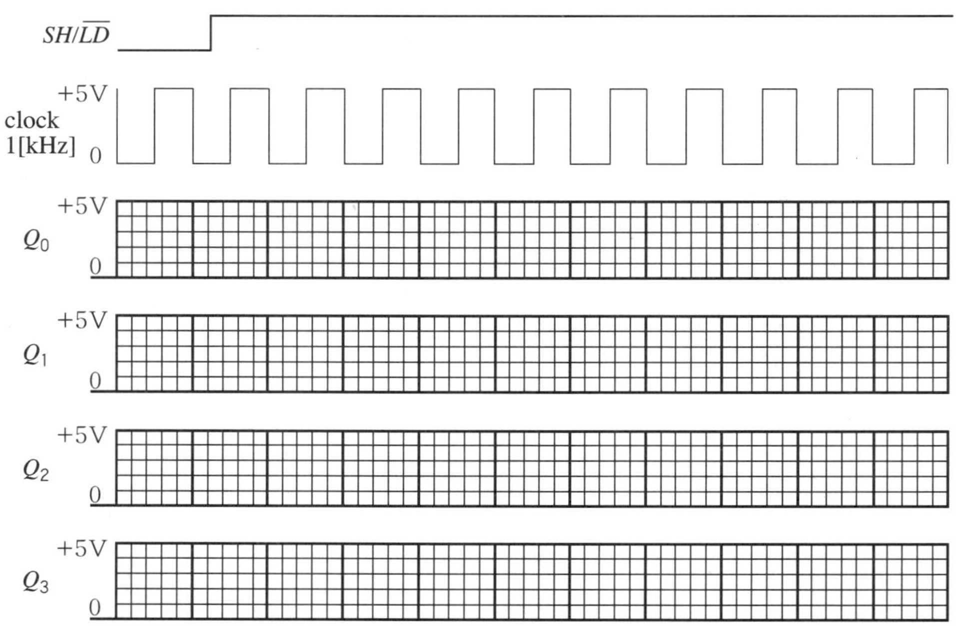

그림 13-13 링-카운터 파형

검토 및 고찰

실험 14

주파수 분할회로

목 적

1) JK 플립플롭 또는 캐스케이드 카운터를 구성하여 주파수분할 회로를 구성하고 이해할 수 있는 데 목적이 있다.

이 론

[1] 주파수 분할

플립플롭은 주기적인 파형의 주파수를 분할(frequency division)할 때도 사용된다. $J=K=1$(HIGH상태, 토글 조건)인 JK 플립플롭의 클럭 입력에 펄스파형을 공급하면, 클럭 입력 주파수의 1/2인 주파수를 가진 구형파(square wave)가 출력된다. 따라서 하나의 플립플롭은 그림 14-1처럼 2-분주 장치로 사용할 수 있다. 이 플립플롭은 각 트리거링-에지에서(이 경우에는 포지티브 에지-트리거) 상태가 바뀐다. 그 결과 클럭 파형의 1/2주파수를 가진 출력이 나타난다.

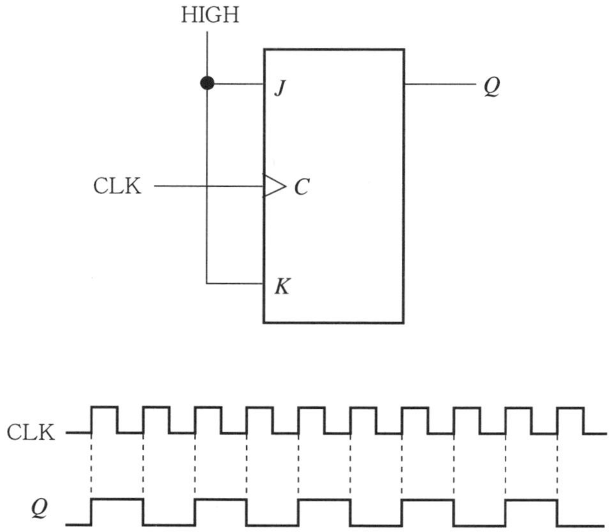

그림 14-1 2-분주 장치로 사용된 JK 플립플롭

그림 14-2처럼 한 플립플롭의 출력을 다른 플립플롭의 클럭 입력에 연결하면 클럭 주파수를 4-분주할 수 있다. Q_A 출력의 주파수는 플립플롭 B에 의해 2-분주되므로 Q_B 출력의 주파수는 원래 클럭 입력 주파수 1/4이 된다. 이 타이밍 선도에서는 전파 지연을 무시하였다.

이 방법으로 플립플롭을 연결하면 플립플롭을 추가할 때마다 계속하여 주파수를 분할할 수 있다. 플립플롭의 숫자가 n개라면 2^n의 주파수 분할이 가능하다. 3개의 플립플롭을 사용하면 클럭 주파수가 $2^3=8$로 분할되고, 4개의 플립플롭을 사용하면 클럭 주파수가 $2^4=16$으로 분할된다.

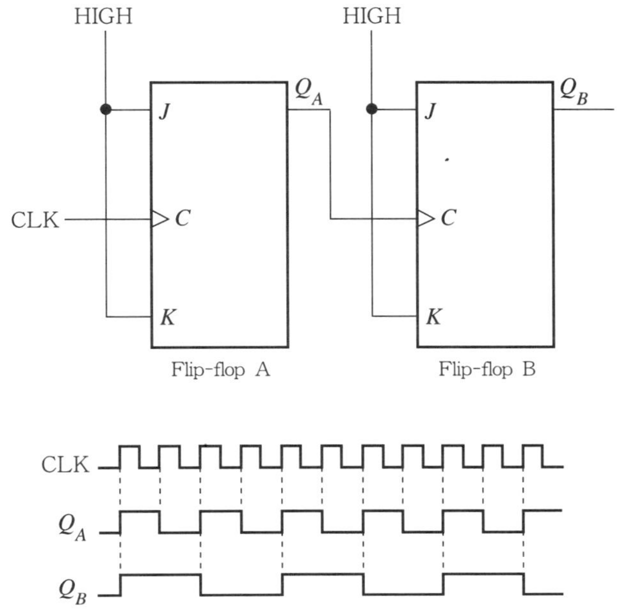

그림 14-2 클럭 주파수를 1/4로 나누기 위하여 사용된 두 개의 JK 플립플롭

입력 주파수를 8($2^3=8$)로 나누기 위해 플립플롭 3개가 사용하였고 회로와 출력파형인 Q_C 파형은 그림 14-3과 같다. 이 플립플롭은 포지티브 에지-트리거 형이므로 출력은 포지티브-고잉 클럭 에지에서 변한다. Q_A와 Q_B의 파형도 그림 14-3에 나타내었다.

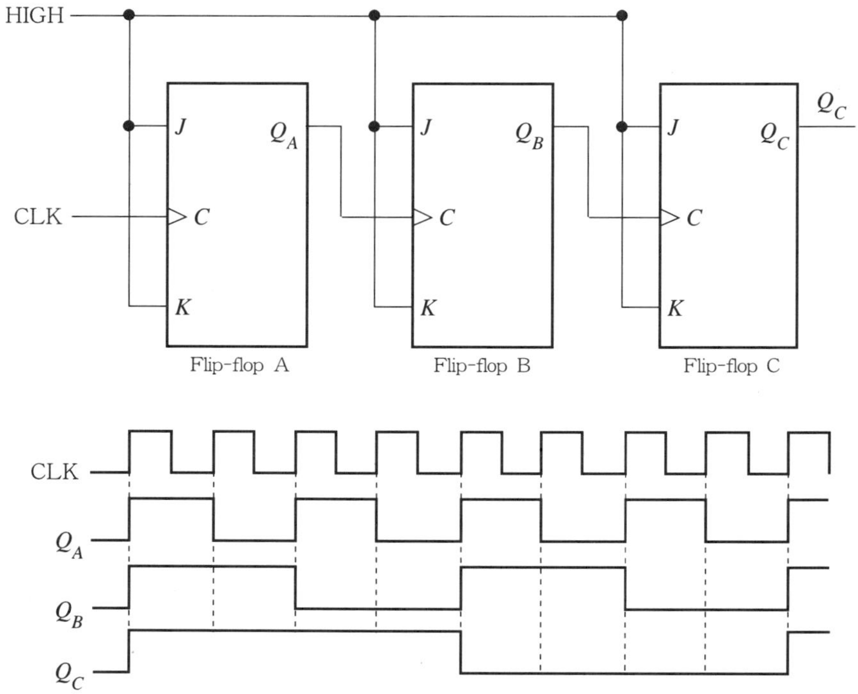

그림 14-3 클럭주파수를 1/8로 나누기 위하여 사용된 세 개의 JK 플립플롭

[2] 캐스케이드 카운터

동기 카운터를 캐스케이드로 구성할 때는 카운트 인에이블(count enable, 혹은 계수-가능)과 터미널 카운트(terminal count) 기능을 이용한다. 어떤 소자들은 단순히 *CTEN* 레이블로 카운트 인에이블 입력을 표시하며, 터미널 카운트(*TC*)를 리플 클럭 출력(*RCO*)으로 나타내기도 한다.

그림 14-4는 두 개의 10진 카운터를 캐스케이드로 연결한 것이다. 카운터 1의 터미날 카운트(*TC*)출력은 카운터 2의 계수가능(*CTEN*) 입력으로 연결된다. 카운터 1이 최종 상태에 도달하여 터미날 카운트 출력이 HIGH가 되기 전까지 카운터 2는 *CTEN* 입력이 LOW이므로 동작하지 않는다. 최종 상태에 도달하면, 출력된 HIGH에 의해 카운터 2가 동작 가능해지므로 카운터 1이 터미날 카운트(CLK10)에 도달한 후 첫 번째 클럭 펄스에서 카운터 2는 초기 상태에서 두 번째 상태로 바뀐다. 카운터 1의 두 번째 사이클이 모두 완료되면(카운터 1이 두 번째로 터미날 카운트에 도달했을 때) 카운터 2는 다시 동작 가능해지고 다음-상태로 진행되며, 이러한 시퀀스가 계속된다.

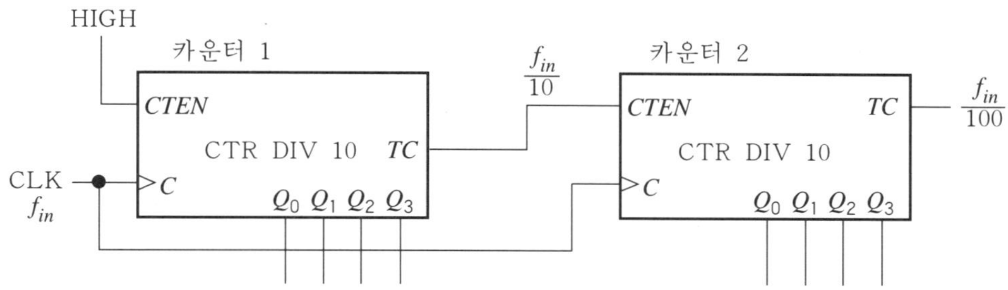

그림 14-4 두 개의 10진 카운터를 이용한 모듈러스-100 캐스케이드 카운트

사용된 카운터는 10진 카운터이므로 카운터 1은 카운터 2의 첫 번째 사이클이 완료되기 전에 10개의 사이클을 거쳐야만 한다. 다시 말해서, 카운터 1이 10개의 사이클을 거칠 때 카운터 2는 한 개의 사이클을 진행한다. 따라서, 카운터 2는 100개의 클럭 펄스가 입력된 후에야 한 개의 사이클이 완료된다. 이들 두 개의 캐스케이드 카운터의 전체 모듈러스는 10 ×10=100이다.

또 그림 14-4의 회로는 입력 클럭 주파수를 100으로 나누는 주파수 분주기(frequency divider)라고도 할 수 있다. 캐스케이드 카운터는 고주파 클럭 신호를 분주하여 매우 정확한 펄스 주파수를 얻을 때 흔히 사용된다. 이러한 목적으로 사용된 캐스케이드 카운터 구성을 때때로 카운트 다운체인(countdown chain)이라 한다.

예를 들어 1MHz의 기본 클럭 주파수를 이용하여 100kHz, 10kHz 그리고 1kHz를 얻고자 할 때, 캐스케이드 10진 카운터를 이용할 수 있다. 1MHz 신호를 10으로 나누면 100kHz 얻을 수 있다.

100kHz를 10으로 나누면 10kHz를 얻을 수 있으며, 또 다시 10으로 나누면 1kHz 주파수를 얻을 수 있다. 그림 14-5는 이러한 카운트 다운 체인을 캐스케이드 10진 카운터로 구현한 것이다.

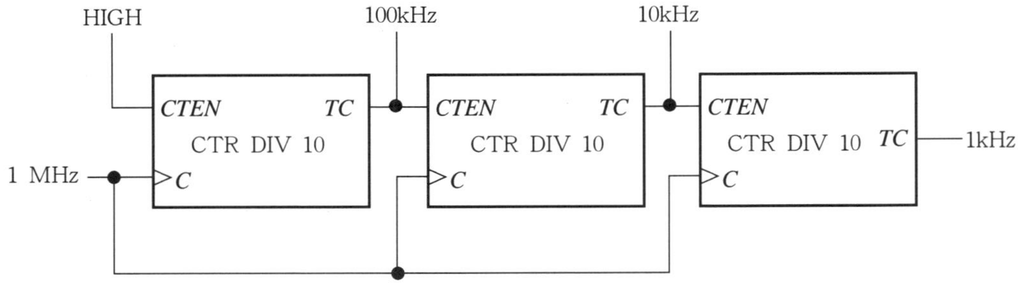

그림 14-5 10-분주 100-분주를 거쳐 1000-분주를 얻기 위한 10진 카운터 3개의 캐스케이드 연결

기재 및 부품

DC power supply
오실로스코프
구형파 발생기
Logic Analyzer
7476(Dual JK 플립플롭)×2
74LS160A(Synchronous Decoder Counter)

실험 과정

1. 그림 14-6과 같이 구성하고 8kHz 구형파 입력을 플립플롭 A의 클럭 입력에 공급하시오. 출력인 f_{out}에 대한 파형을 그림 14-7에 그리시오.
   오실로스코프의 triggering을 위하여 Auto, negative, Slope, DC Coupppled, external triggering으로 한다. Logic Analyzer의 CHQ는 f_{in}, CH1는 Q_A, CH2는 Q_B, CH3는 f_{out}에 연결 후 화면에 CHQ ~ CH3까지 나오게 한 후 'Auto-Scale' Key를 누른다.

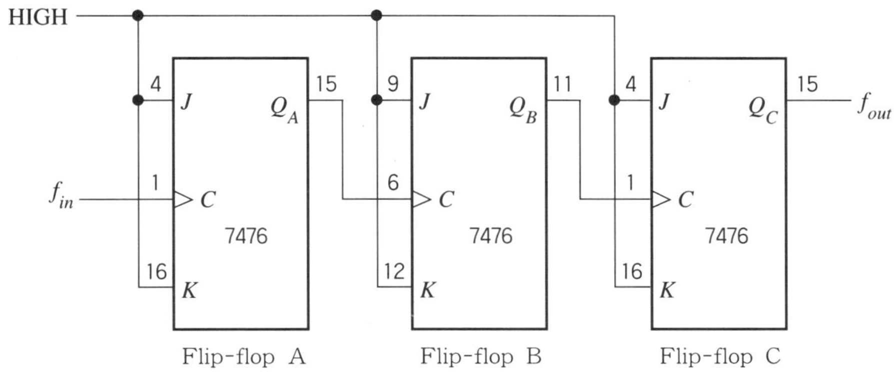

그림 14-6 클럭주파수를 8분주 하는 회로

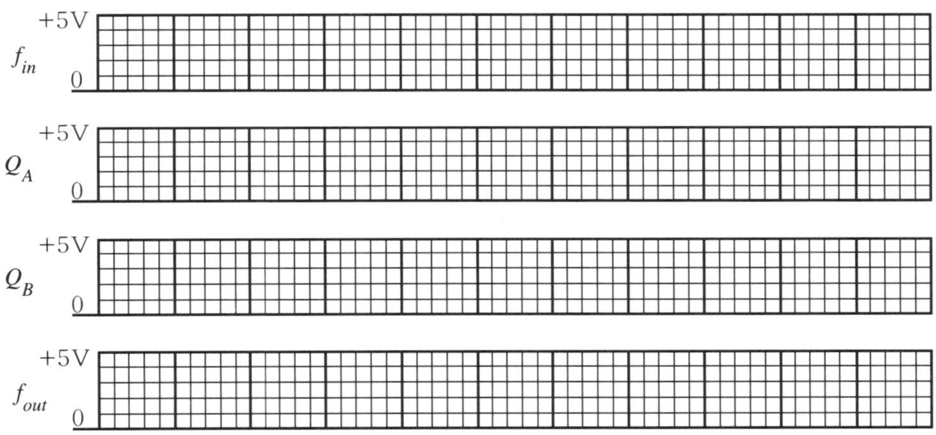

그림 14-7 클럭주파수를 8분주 하는 회로출력

2. 그림 14-8과 같이 74LS160A 카운터를 사용하여 1MHz 클럭으로부터 10kHz의 출력을 내는 회로를 구성하시오. 그 출력파형을 그림 14-9에 그리시오.
(1MHz 클럭으로부터 10kHz를 얻기 위해서는 100으로 나눠야 한다. 이를 위해서는 2개의 74LS160A 카운터를 그림 14-8과 같이 캐스케이드로 연결하여야한다. 왼쪽 카운터는 매 10 클럭 펄스마다 하나의 *RCO* 펄스를, 오른쪽 카운터는 매 100 클럭 펄스마다 하나의 *RCO* 펄스를 출력한다.)

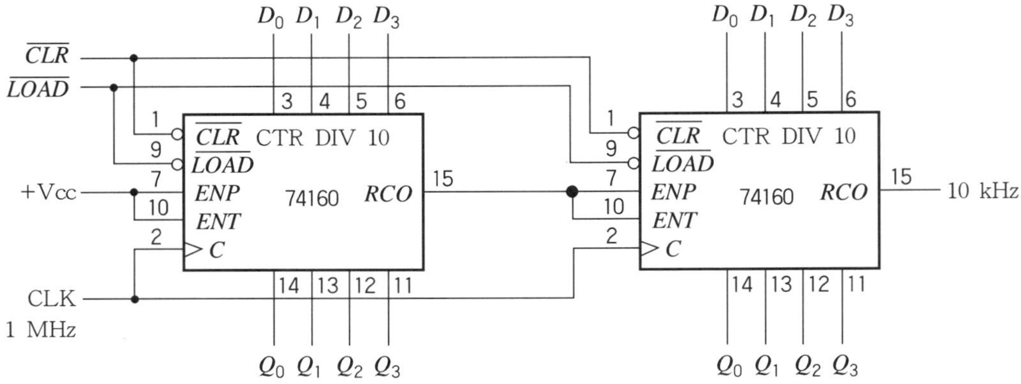

그림 14-8 두 개의 74LS160A 10진 카운터를 이용한 100-분주 카운터

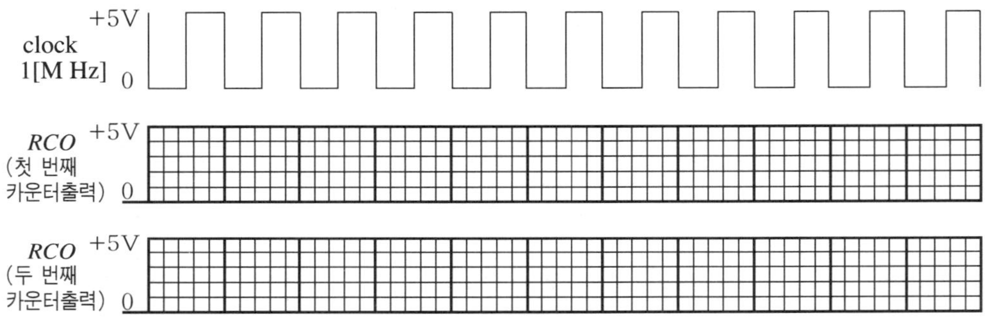

그림 14-9 100분주 카운터 파형

실험 보고서

실 험 제 목	주파수 분할 회로		
실 험 일 자		실 험 조	
학번 및 성명			

실 험 결 과

1. 그림 14-7

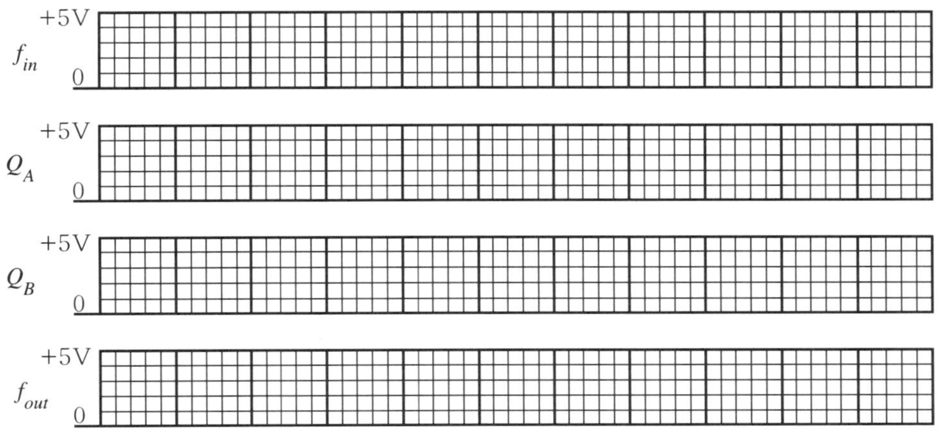

2. 그림 14-9

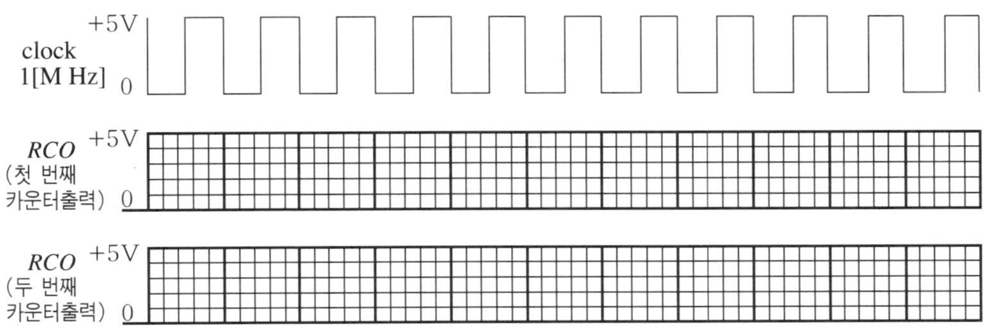

검토 및 고찰

실험 15

복호기와 부호기(decoder and encoder)

목 적

복호기와 부호기의 동작원리 및 특성을 확인하고 부호변환기의 동작을 이해하는데 목적을 둔다.

이 론

[1] 복호기(decoder)

복호기는 2진 부호(binary code), BCD 부호(binary coded decimal code) 등의 부호들을 부호가 없는 형태로 바꾸는 것을 의미하지만 일반적으로 2진수를 10진수로 바꾸는 것을 복호화(decoding)라고 한다. 많이 사용하는 예로는 컴퓨터의 연산회로에서 출력되는 BCD 부호를 발광 다이오드를 이용해서 10개의 수치로 나타내는 수치 디스플레이(numeric display) 장치를 들 수 있다. 일반적으로 입력측에 어떤 신호가 있는가를 검색하여 지시하여 주는 집적회로나 논리소자로 구성된 회로들을 모두 복호기라고 한다.

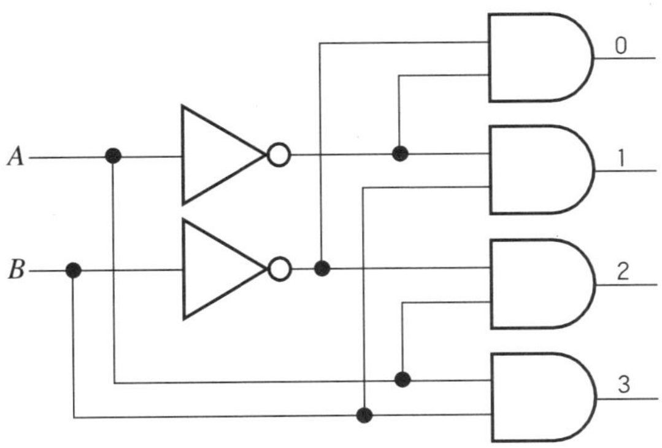

그림 15-1 2-to-4 라인 복호기

표 15-1 2-to-4 라인 복호기 진리표

입 력		출 력
A	*B*	(논리 1)
0	0	0
0	1	1
1	0	2
1	1	3

그림 15-1은 가장 간단한 복호기인 2-to-4 라인(2-to-4 line) 복호기 회로이다. 입력 *A*와 *B*가 조합하여 나타낼 수 있는 4가지 출력의 상태는 표 15-1에 표시되어 있다. 만약 3 입력인 경우에는 출력이 8가지가 되고 4 입력인 경우에는 16가지가 출력된다. 2진 to 10진 복호기는 4개의 입력을 사용하지만 16가지의 출력 중에서 0~9까지의 10가지만 사용하여 BCD 부호로 표시된 수치를 10진수로 변환시킨다. 이런 BCD to 10진 복호기의 회로와 진리표는 그림 15-2와 표 15-2와 같다.

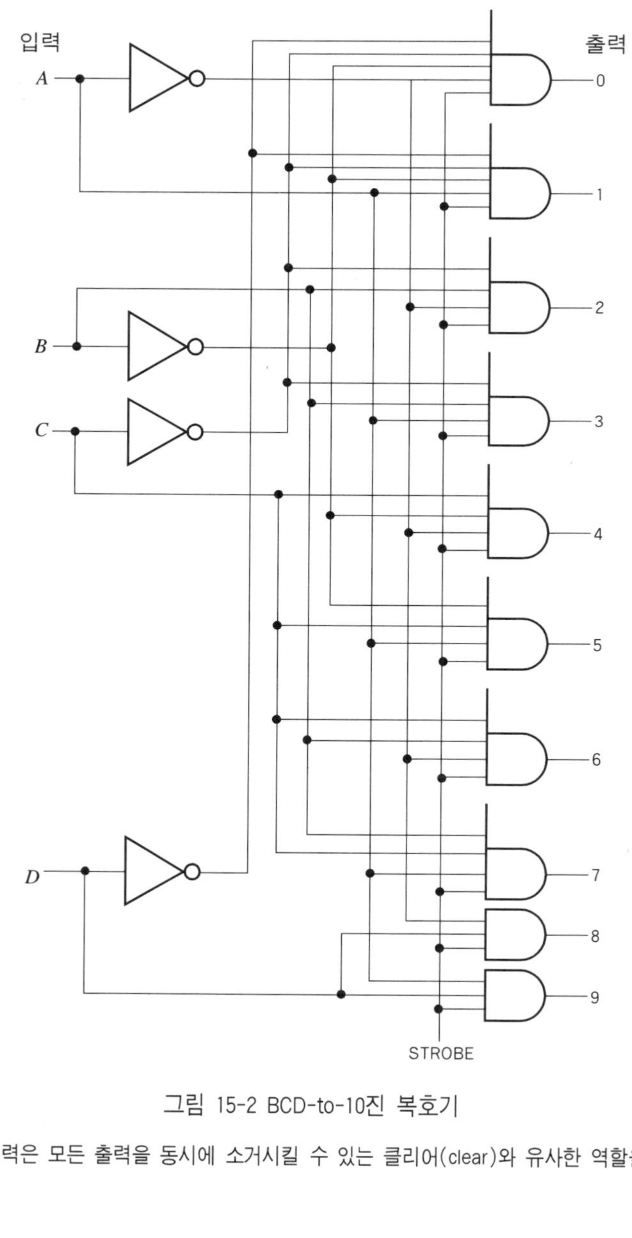

그림 15-2 BCD-to-10진 복호기

* 스토로브(strobe) 입력은 모든 출력을 동시에 소거시킬 수 있는 클리어(clear)와 유사한 역할을 한다.

표 15-2 BCD-to-10진 복호기의 진리표

입		력		출 력 (논리 1)
D	*C*	*B*	*A*	
0	0	0	0	0
0	0	0	1	1
0	0	1	0	2
0	0	1	1	3
0	1	0	0	4
0	1	0	1	5
0	1	1	0	6
0	1	1	1	7
1	0	0	0	8
1	0	0	1	9

[2] 부호기(encoder)

부호기는 복호기와 상반된 역할을 하는 변환회로로서 부호화되지 않은 입력을 받아서 부호화시켜 출력시킨다. 일반적으로 대부분의 논리회로는 처음부터 2진법 등으로 부호화된 신호를 발생시키기 때문에 부호기는 복호기만큼 많이 IC화되어 있지는 않다.

그림 15-3은 가장 간단한 4-to-2 라인 부호기이다. 4가지 입력이 2가지로 출력되는 회로이다. 그림에서 A가 MSB, B가 LSB이다.

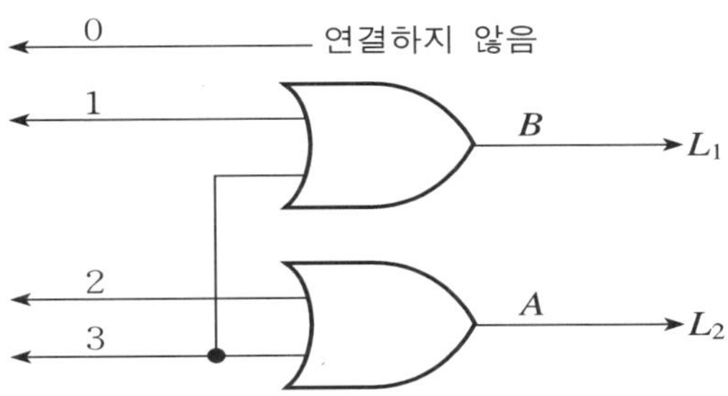

그림 15-3 4-to-2 라인 부호기

부호기로 많이 사용되고 있는 것으로 우선 순위 부호기(priority encoder)가 있다. 우선 순위 부호기는 컴퓨터의 입출력 장치로 주변장치(peripheral devices)들을 제어하는데 주로 많이 사용된다.

그림 15-4는 8가지 입력과 3가지 출력으로 구성된 우선 순위 부호기이다. 이 회로에서 3, 6, 7 세 곳에서 입력이 들어온 경우에는 최고 순위에 해당되는 7이 출력으로 나가게 되어 있는 것을 알 수 있다.

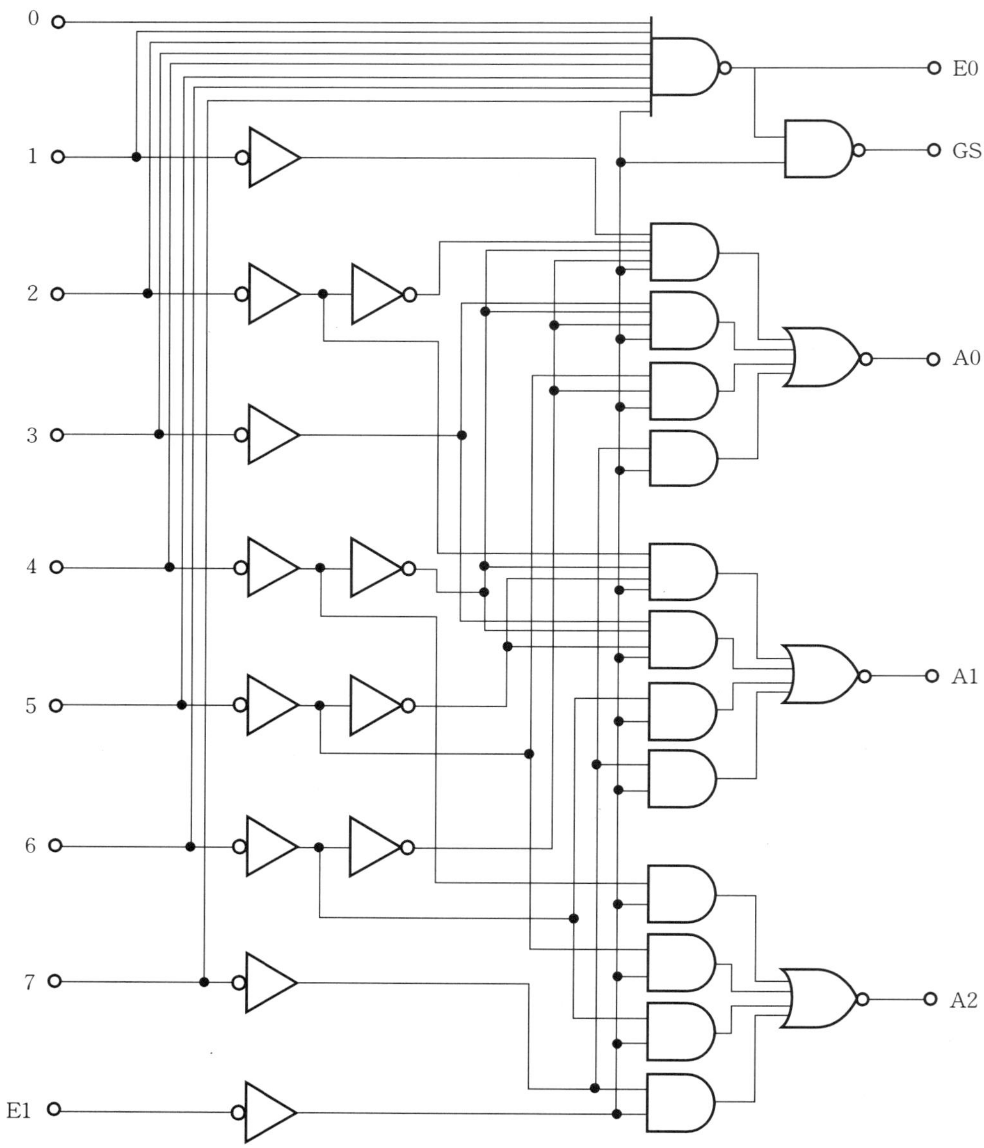

그림 15-4 우선 순위 부호기(HD74LS148)

기재 및 부품

DC power supply
오실로스코프
회로 시험기
7402(2-입력 NOR 게이트)
7404(NOT 게이트)
7408(2-입력 AND 게이트)
7410(3-입력 NAND 게이트)
7421(4-입력 AND 게이트)×5
7425(4-입력 NOR 게이트)
7432(2-입력 OR 게이트)

실험 과정

1. 7408 2-입력 AND 게이트와 7404 NOT 게이트를 이용해서 그림 15-5와 같은 회로를 구성하라.

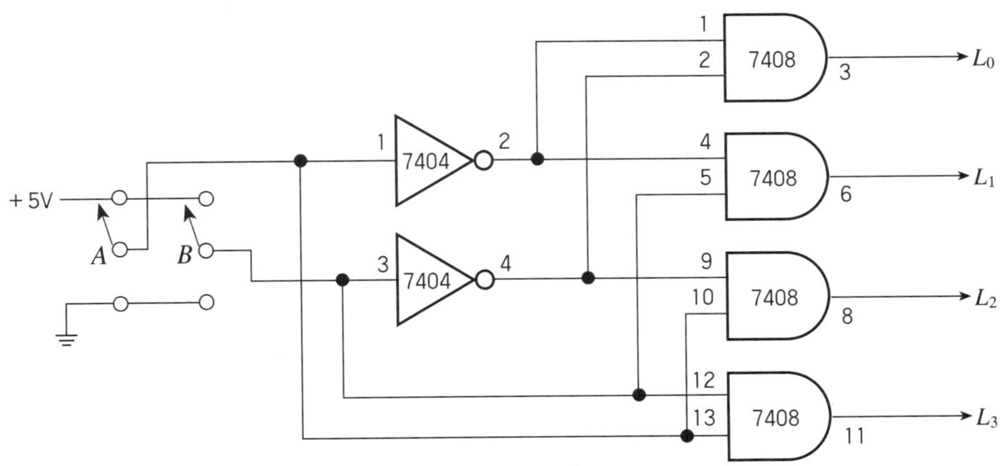

그림 15-5 2-to-4 라인 복호기

스위치 A와 B를 조작하여 각각의 상태에서 출력(L_0~L_3)의 전압을 측정하여 표 15-3에 기록하여라.

표 15-3

입	력	출			력
A	B	L_3	L_2	L_1	L_0
0	0				
0	+5				
+5	0				
+5	+5				

2. 7421 4-입력 AND 게이트와 7404 NOT 게이트를 이용하여 그림 15-6과 같은 BCD-to-10진 복호기 회로를 구성하라.

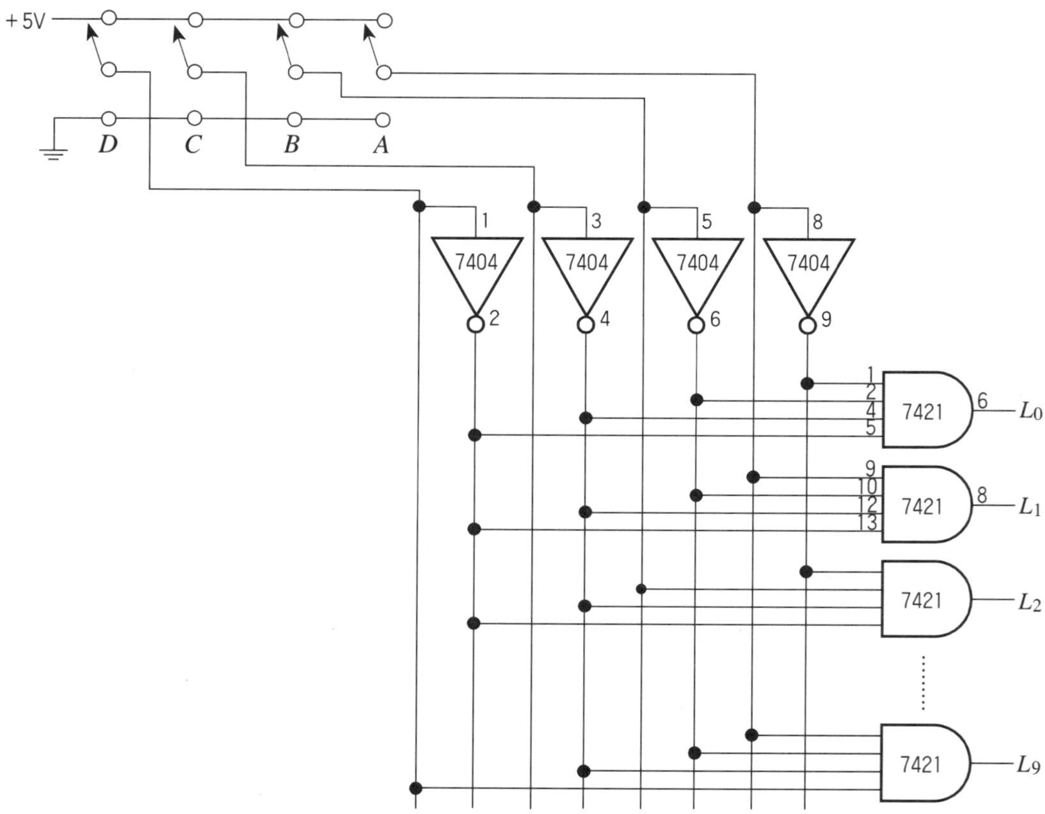

그림 15-6 BCD-to-10진 복호기

스위치 A, B, C, D를 조작하여, 각각의 상태에서 출력($L_0 \sim L_9$)의 전압을 측정하여 표 15-4에 기록하라.

표 15-4

입			력	출									력
D	C	B	A	L_0	L_1	L_2	L_3	L_4	L_5	L_6	L_7	L_8	L_9
0	0	0	0										
0	0	0	+5										
0	0	+5	0										
0	0	+5	+5										
0	+5	0	0										
0	+5	0	+5										
0	+5	+5	0										
0	+5	+5	+5										
+5	0	0	0										
+5	0	0	+5										

3. 7432 2-입력 OR 게이트를 이용해서 그림 15-7과 같은 회로를 구성한다. 다음 스위치 L_0, L_1, L_2, L_3를 조작하여 각 상태에 따라 출력(A, B)의 전압을 측정하여 표 15-5에 기록하라.

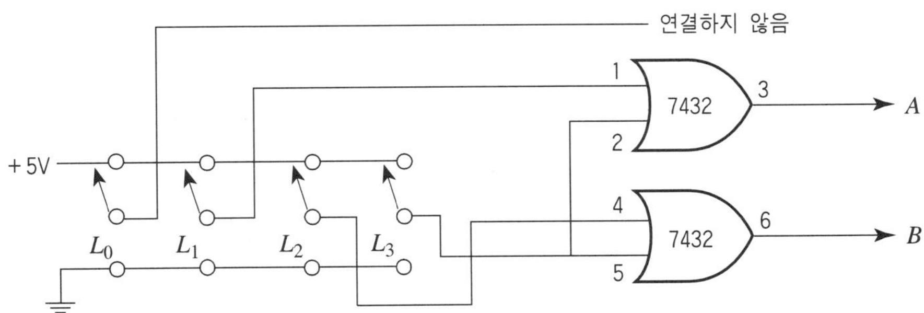

그림 15-7 4-to-2 라인 부호기

표 15-5

입		력		출	력
L_3	L_2	L_1	L_0	A	B
0	0	0	+5		
0	0	+5	0		
0	+5	0	0		
+5	0	0	0		

4. 그림 15-8과 같은 10-to-4 라인 부호기를 구성하고, 출력점(A, B, C, D)에서 전압을 측정하여 표 15-6에 기록하라.

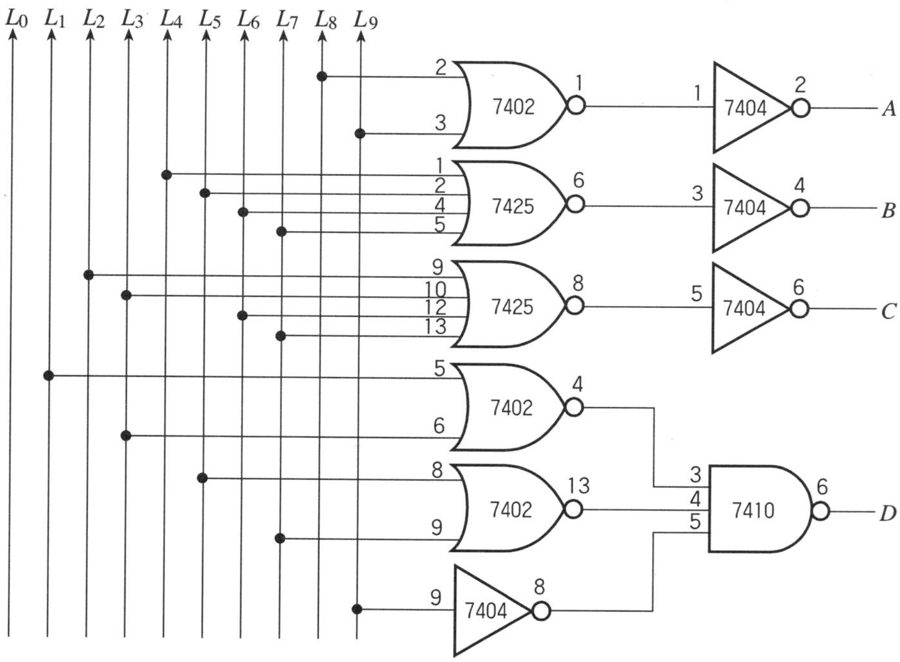

그림 15-8 10-to-4 라인 부호기

표 15-6

입									력	출			력
L_9	L_8	L_7	L_6	L_5	L_4	L_3	L_2	L_1	L_0	A	B	C	D
0	0	0	0	0	0	0	0	0	+5				
0	0	0	0	0	0	0	0	+5	0				
0	0	0	0	0	0	0	+5	0	0				
0	0	0	0	0	0	+5	0	0	0				
0	0	0	0	0	+5	0	0	0	0				
0	0	0	0	+5	0	0	0	0	0				
0	0	0	+5	0	0	0	0	0	0				
0	0	+5	0	0	0	0	0	0	0				
0	+5	0	0	0	0	0	0	0	0				
+5	0	0	0	0	0	0	0	0	0				

실험 보고서

실 험 제 목	복호기와 부호기		
실 험 일 자		실 험 조	
학번 및 성명			

실 험 결 과

1. 표 15-3

입	력	출			력
A	B	L_3	L_2	L_1	L_0
0	0				
0	+5				
+5	0				
+5	+5				

2. 표 15-4

입			력	출									력
D	C	B	A	L_0	L_1	L_2	L_3	L_4	L_5	L_6	L_7	L_8	L_9
0	0	0	0										
0	0	0	+5										
0	0	+5	0										
0	0	+5	+5										
0	+5	0	0										
0	+5	0	+5										
0	+5	+5	0										
0	+5	+5	+5										
+5	0	0	0										
+5	0	0	+5										

3. 표 15-5

입력				출력	
L_3	L_2	L_1	L_0	A	B
0	0	0	+5		
0	0	+5	0		
0	+5	0	0		
+5	0	0	0		

4. 표 15-6

입력										출력			
L_9	L_8	L_7	L_6	L_5	L_4	L_3	L_2	L_1	L_0	A	B	C	D
0	0	0	0	0	0	0	0	0	+5				
0	0	0	0	0	0	0	0	+5	0				
0	0	0	0	0	0	0	+5	0	0				
0	0	0	0	0	0	+5	0	0	0				
0	0	0	0	0	+5	0	0	0	0				
0	0	0	0	+5	0	0	0	0	0				
0	0	0	+5	0	0	0	0	0	0				
0	0	+5	0	0	0	0	0	0	0				
0	+5	0	0	0	0	0	0	0	0				
+5	0	0	0	0	0	0	0	0	0				

검토 및 고찰

실험 16

멀티플렉서와 디멀티플렉서 (multiplexer and demultiplexer)

목적

멀티플렉서와 디멀티플렉서의 동작원리 및 특성을 이해하는데 목적을 둔다.

이론

[1] 멀티플렉서(multiplexter)

N개의 입력 데이터에서 1개씩 선택해서 단일 채널(channel)로 송신하는 기능을 가진 논리회로를 데이터 셀렉터(data selector) 또는 멀티플렉서(multiplexer)라고 한다. 이때 데이터의 선택은 선택입력에 의해서 제어된다.

그림 16-1은 입력이 2개인 멀티플렉서의 구성을 나타낸 것으로 두 입력을 A, B라 하고 선택입력을 S라 하면 출력 Z는 다음과 같이 된다.

$$Z = AS + B\overline{S}$$

$S=1$일 때는 출력에 A만이 나타난다.

$$Z = A \cdot 1 + B \cdot 0 = A$$

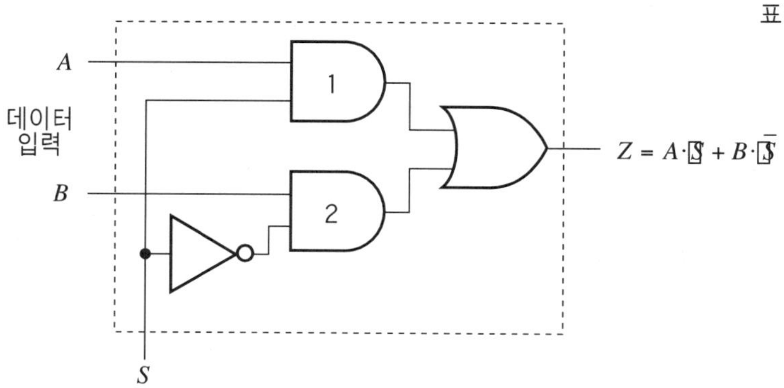

그림 16-1 2채널 멀티플렉서

표 16-1 2입력 멀티플렉서의 진리표

S	Z
0	B
1	A

그림 16-2는 4채널 멀티플렉서의 구성을 나타낸 것으로 데이터의 선택은 표 16-2인 진리표로 알 수 있는 바와 같이 셀렉터 입력 S_1, S_0의 조합에 의해서 이루어진다.

예를 들어 $S_1=S_0=0$일 때는 $Z=I_0$로 되고, $S_1=0$, $S_0=1$일 때는 $Z=I_1$로 된다.

간단한 블록도를 그림 16-2(b)에 나타냈다.

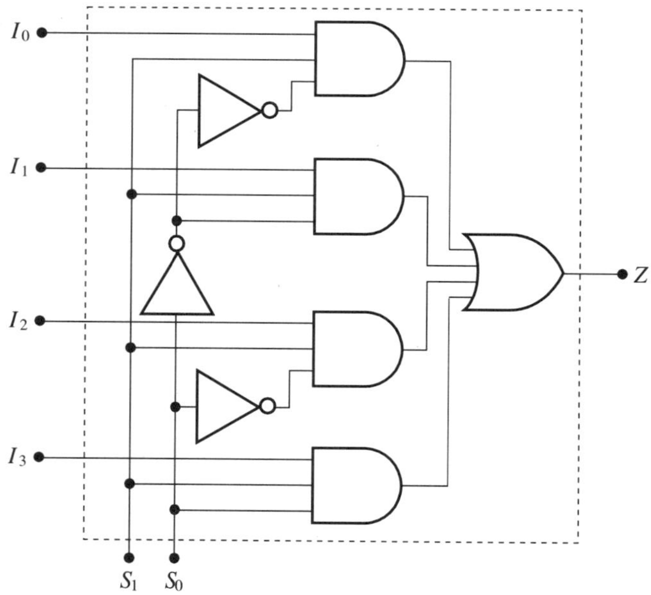

(a) 회로도

표 16-2 4채널 멀티플렉서 진리표

S_1	S_0	Z
0	0	I_0
0	1	I_1
1	0	I_2
1	1	I_3

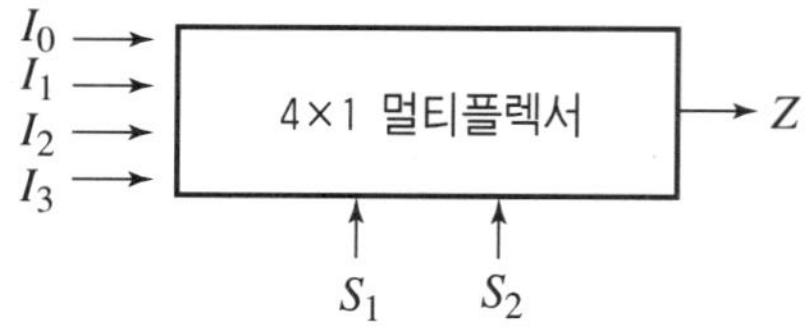

(b) 블록도

그림 16-2 4채널 멀티플렉서

그림 16-3의 8채널 멀티플렉서는 $D_0 \sim D_7$의 8가지 입력을 받고 어드레스 A, B, C의 제시에 따라 이를 재구성하여 한 가지의 출력 Z를 출력으로 내보내고 있다.

예를 들어 $A=0$, $B=0$, $C=0$이라면 D_0의 데이터만이 출력 Z로 나가게 되고 $A=1$, $B=0$, $C=0$이라면 D_1의 데이터가 출력 Z로 나가게 된다. 일반적인 의미에서의 멀티플렉서는 많은 입력을 받아서 보다 적은 출력을 내보내는 혼합회로라고 한다.

예를 들어 8채널의 신호를 8개의 선을 통하여 통신을 하는 대신 멀티플렉서와 디멀티플렉서를 이용하여 시간 스롯트(timing slot generator)에 동기시켜 순차적으로 통신하게 되면 통신선로를 줄일 수 있다.

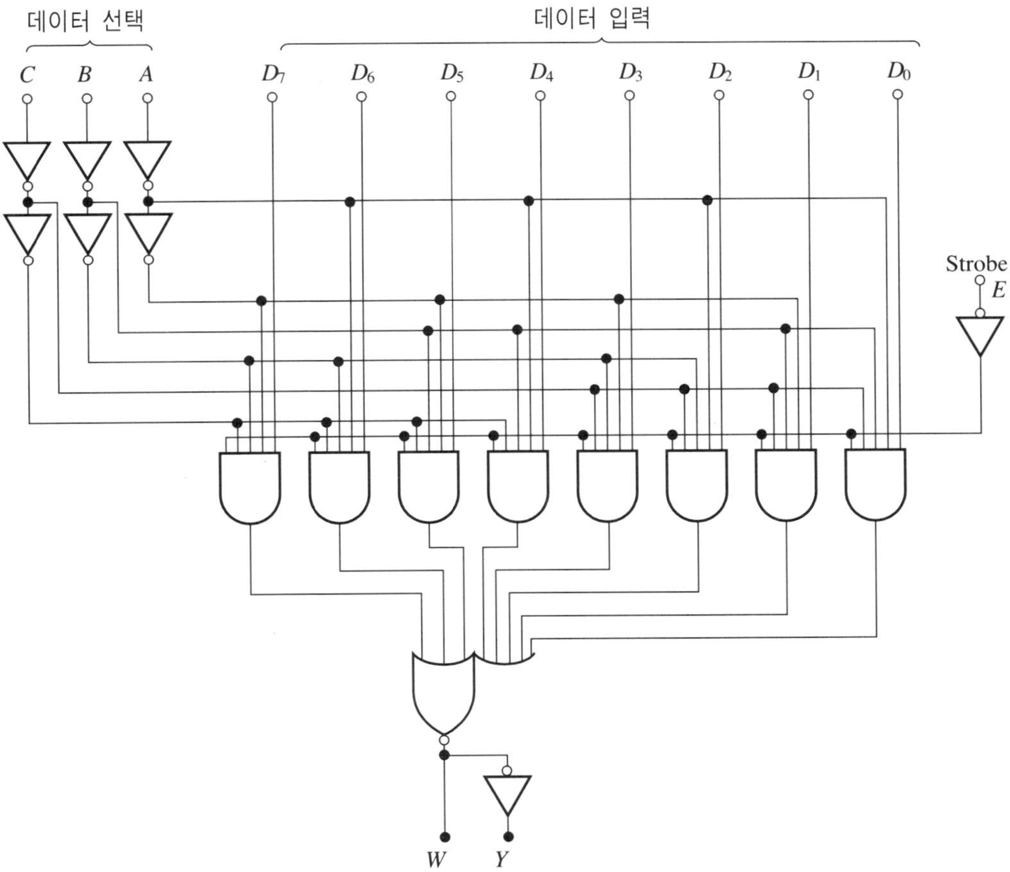

(a) 회로도

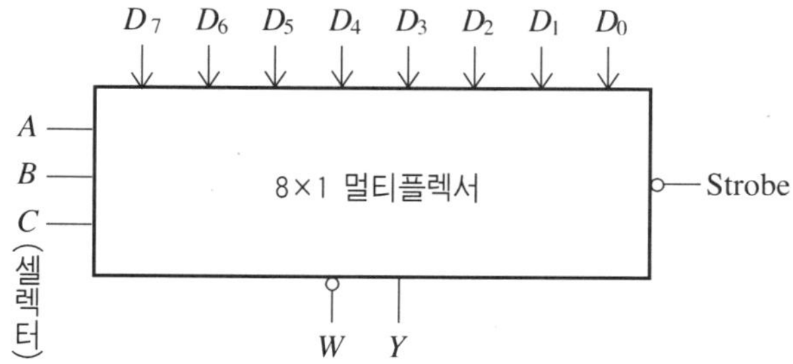

(b)

번지 입력			strobe	데 이 터 입 력								출 력	
C	B	A	E	D_0	D_1	D_2	D_3	D_4	D_5	D_6	D_7	Y	W
×	×	×	1	×	×	×	×	×	×	×	×	0	1
0	0	0	0	0	×	×	×	×	×	×	×	0	1
0	0	0	0	1	×	×	×	×	×	×	×	1	0
0	0	1	0	×	0	×	×	×	×	×	×	0	1
0	0	1	0	×	1	×	×	×	×	×	×	1	0
0	1	0	0	×	×	0	×	×	×	×	×	0	1
0	1	0	0	×	×	1	×	×	×	×	×	1	0
0	1	1	0	×	×	×	0	×	×	×	×	0	1
0	1	1	0	×	×	×	1	×	×	×	×	1	0
1	0	0	0	×	×	×	×	0	×	×	×	0	1
1	0	0	0	×	×	×	×	1	×	×	×	1	0
1	0	1	0	×	×	×	×	×	0	×	×	0	1
1	0	1	0	×	×	×	×	×	1	×	×	1	0
1	1	0	0	×	×	×	×	×	×	0	×	0	1
1	1	0	0	×	×	×	×	×	×	1	×	1	0
1	1	1	0	×	×	×	×	×	×	×	0	0	1
1	1	1	0	×	×	×	×	×	×	×	1	1	0

(c) 진리표

그림 16-3 8채널 멀티플렉서

[2] 디멀티플렉서(demultiplexer)

디멀티플렉서(demultiplexer)는 멀티플렉서와 상반된 역할을 하는 회로로서 한 가지 입력으로부터 여러 가지 출력을 동시에 내보내는 역할을 하는 것이다. 그림 16-4의 8채널 디멀티플렉서는 그림 16-3의 8채널 멀티플렉서와 반대로 동작한다. 즉 입력 T에 데이터를 직렬로 넣어주면서 어드레스 $A \sim C$를 000과 111 사이에서 변화시켜 주면 이에 따라서 출력이 $D_0 \sim D_7$에 연속적으로 나타나게 된다.

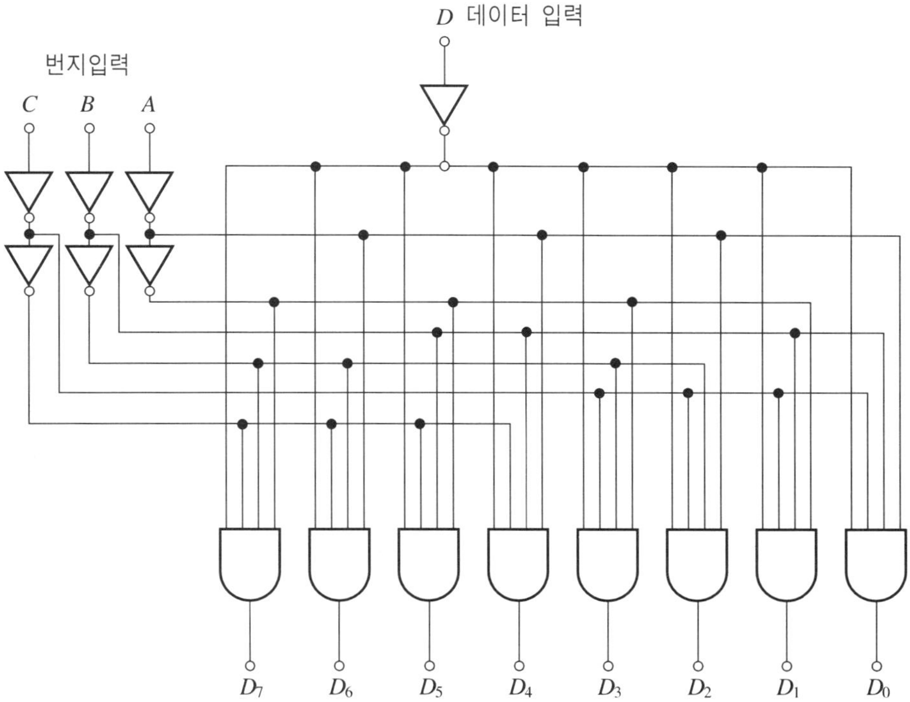

(a) 회로도

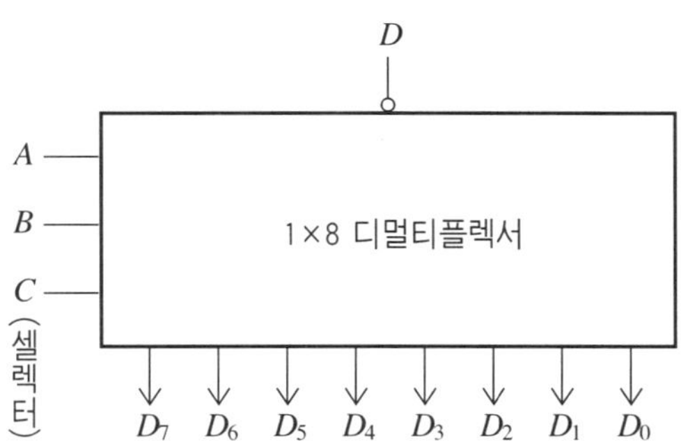

(b)

그림 16-4 8채널 디멀티플렉서

이렇게 한 가지 데이터가 여러 출력에 연속적으로 분배되는 성질을 가지므로 디멀티플렉서를 데이터 분배기(data distributer)라고도 한다. 그림 16-4의 디멀티플렉서는 T를 클리어(clear) 또는 인에이블(enable) 입력으로 하는 복호기로도 사용될 수 있다.

기재 및 부품

DC power supply
회로 시험기
오실로스코프
7404(NOT 게이트)
7411(3-입력 AND 게이트)
7420(4-입력 NAND 게이트)
74139(디멀티플렉스)
74153(멀티플렉스)

실험 과정

1. 세 개의 7420과 7404 게이트를 이용해서 그림 16-5와 같은 4채널 멀티플렉서 회로를 구성하고, 출력점 *Y*에서 측정된 전압값을 표 16-3에 기입하라.

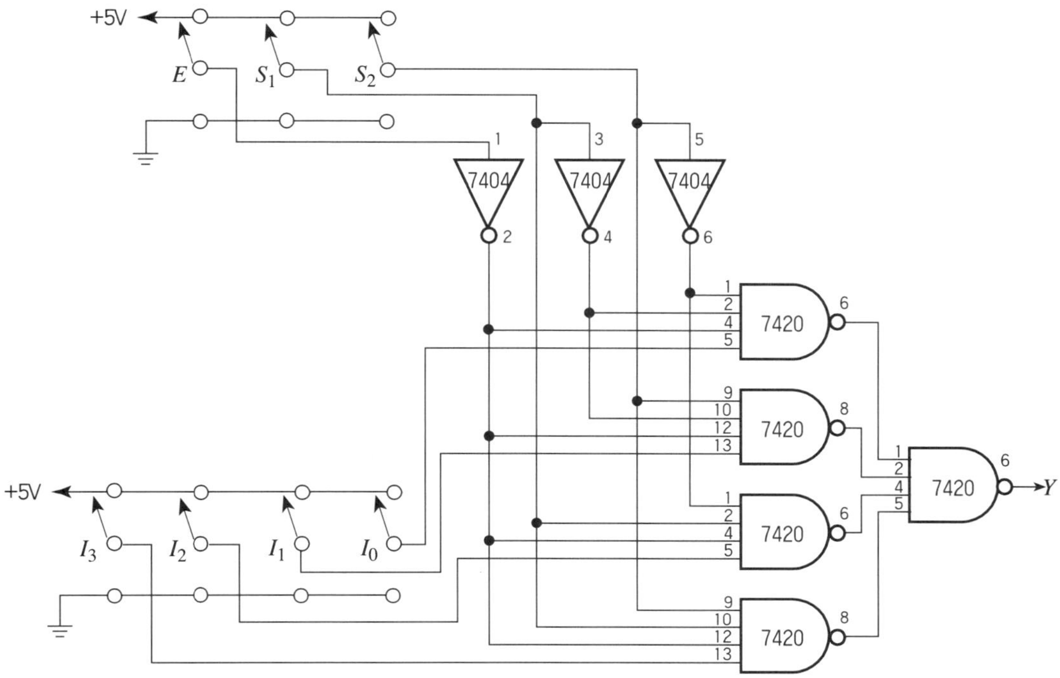

그림 16-5 4채널 멀티플렉서

표 16-3

입			력				출 력
E	S_1	S_2	I_0	I_1	I_2	I_3	Y
+5	×	×	×	×	×	×	
0	0	0	0	+5	+5	+5	
0	0	0	+5	0	0	0	
0	0	+5	0	+5	0	0	
0	0	+5	+5	0	+5	+5	
0	+5	0	0	0	+5	0	
0	+5	0	+5	+5	0	+5	
0	+5	+5	0	0	0	+5	
0	+5	+5	+5	+5	+5	0	

2. IC74153을 이용해서 그림 16-6과 같은 4채널 멀티플렉서 회로를 구성하고, 출력점 Y에서 측정된 전압값을 표 16-4에 기입하라.

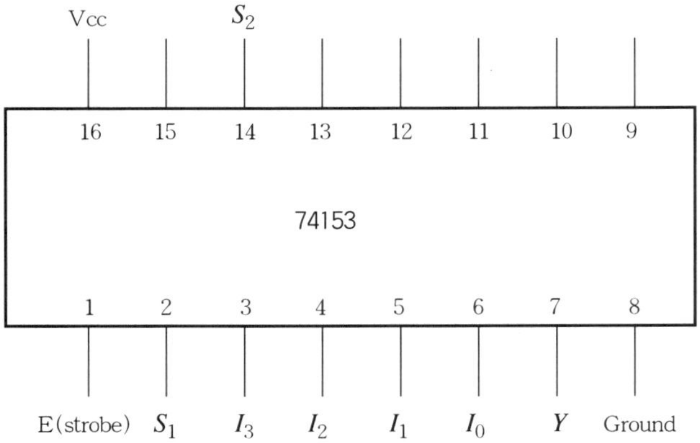

그림 16-6

표 16-4

입			력				출　력
E	S_1	S_2	I_0	I_1	I_2	I_3	Y
+5	×	×	×	×	×	×	
0	0	0	0	+5	+5	+5	
0	0	0	+5	0	0	0	
0	0	+5	0	+5	0	0	
0	0	+5	+5	0	+5	+5	
0	+5	0	0	0	+5	0	
0	+5	0	+5	+5	0	+5	
0	+5	+5	0	0	0	+5	
0	+5	+5	+5	+5	+5	0	

3. 두 개의 7411과 7404 게이트를 이용해서 그림 16-7과 같은 4채널 디멀티플렉서 회로를 구성하고, 출력점 I_0, I_1, I_2, I_3 에서 측정된 전압값을 표 16-5에 기입하라.

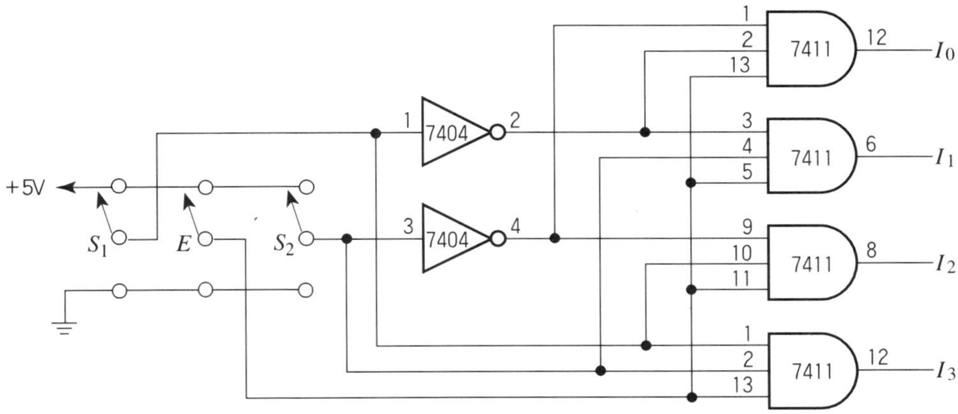

그림 16-7 4채널 디멀티플렉서

표 16-5

입력			출력			
E	S_1	S_2	I_0	I_1	I_2	I_3
0	×	×				
+5	0	0				
+5	0	+5				
+5	+5	0				
+5	+5	+5				

4. IC 74139를 이용해서 그림 16-8과 같은 1 to 4 디멀티플렉서 회로를 구성하고 출력 I_0, I_1, I_2, I_3에서 측정된 전압값을 표 16-6에 기입하라.

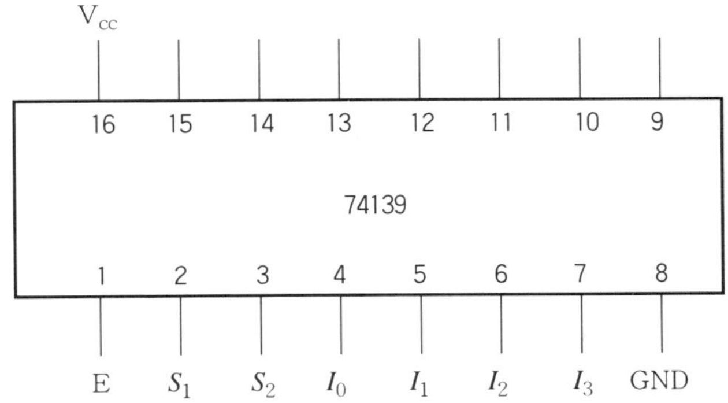

그림 16-8

표 16-6

입력			출력			
E	S_1	S_2	I_0	I_1	I_2	I_3
+5	×	×				
0	0	0				
0	0	+5				
0	+5	0				
0	+5	+5				

실험 보고서

실 험 제 목	멀티플렉서와 디멀티플렉서		
실 험 일 자		실 험 조	
학번 및 성명			

실 험 결 과

1. 표 16-3

입					력		출 력
E	S_1	S_2	I_0	I_1	I_2	I_3	Y
+5	×	×	×	×	×	×	
0	0	0	0	+5	+5	+5	
0	0	0	+5	0	0	0	
0	0	+5	0	+5	0	0	
0	0	+5	+5	0	+5	+5	
0	+5	0	0	0	+5	0	
0	+5	0	+5	+5	0	+5	
0	+5	+5	0	0	0	+5	
0	+5	+5	+5	+5	+5	0	

2. 표 16-4

입						력	출 력
E	S_1	S_2	I_0	I_1	I_2	I_3	Y
+5	×	×	×	×	×	×	
0	0	0	0	+5	+5	+5	
0	0	0	+5	0	0	0	
0	0	+5	0	+5	0	0	
0	0	+5	+5	0	+5	+5	
0	+5	0	0	0	+5	0	
0	+5	0	+5	+5	0	+5	
0	+5	+5	0	0	0	+5	
0	+5	+5	+5	+5	+5	0	

3. 표 16-5

입		력	출			력
E	S_1	S_2	I_0	I_1	I_2	I_3
+5	×	×				
0	0	0				
0	0	+5				
0	+5	0				
0	+5	+5				

4. 표 16-6

입		력	출			력
E	S_1	S_2	I_0	I_1	I_2	I_3
+5	×	×				
0	0	0				
0	0	+5				
0	+5	0				
0	+5	+5				

검토 및 고찰

실험 17

메모리

목 적

반도체 기억장치인 메모리의 읽기와 쓰기 동작을 통해 동작 과정과 측정방법을 이해하는데 목적을 둔다.

이 론

[1] RAM (Random Access Memory)

RAM은 크게 SRAM(Static RAM)과 DRAM(Dynamic RAM)으로 분류할 수 있다. SRAM은 플립플롭으로 구성되어 있기 때문에 전원이 가해지고 있는 동안에는 플립플롭에 저장된 데이터가 계속 유지될 수 있다. 소자의 집적도는 떨어지나 리프레시(Refresh) 동작이 필요치 않아 디지털 시스템의 하드웨어 구현이 쉽다. DRAM은 MOS소자의 커패시터에 전기 신호를 인가해서 데이터를 저장하기 때문에 주기적으로 리프레시 동작을 해야 된다. 셀(Cell)의 구조가 간단하여 고집적 회로 실현이 가능하므로 용량이 큰 소자를 구현할 수 있다. 따라서 컴퓨터 시스템의 메모리 용량이 큰 경우는 DRAM으로 구성을 하고, 용량이 작을 경우에는 SRAM으로 구성을 한다.

그림 17-1 (A)의 SRAM은 1비트를 저장할 수 있으며, 이것을 간략화된 그림으로 나타내면 그림 17-2와 같다.

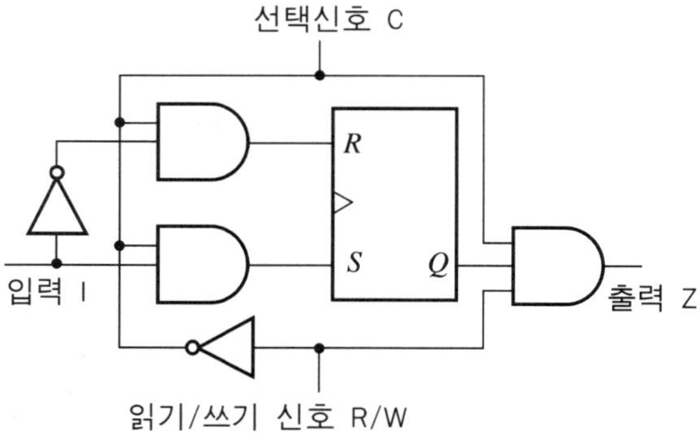

(A) SRAM

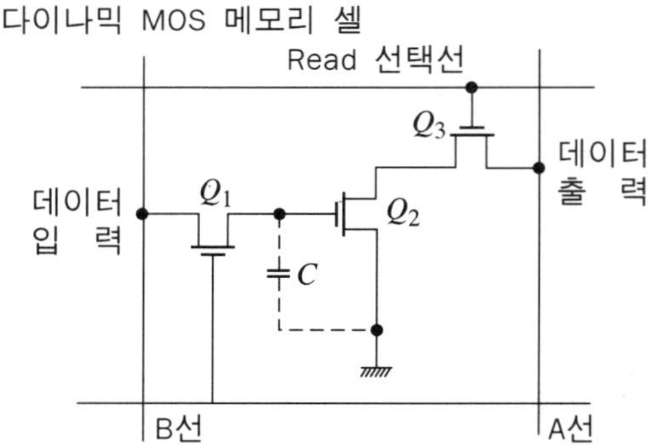

(B) DRAM

그림 17-1 RAM의 구조

그림17-2에서 MC는 Memory Cell을 의미하고 *R/W* 신호는 "0"이면 Write 동작을 "1"이면 Read 동작을 수행한다.

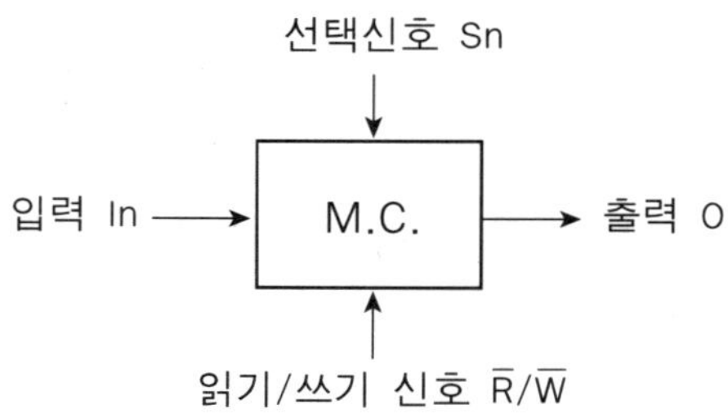

그림 17-2 RAM의 읽기 쓰기 동작

간략화된 SRAM을 이용하여 4×3 SRAM을 설계하면 그림17-3과 같다.

데이터 번지가 D_0, D_1, D_2, D_3으로 총 4개이므로 디코더를 사용하여 2개의 주소 입력 A_0와 A_1으로 메모리 셀(MC)을 선택하게 된다. 입력되는 데이터는 디코더의 출력과 읽기/쓰기 신호에 의해서 메모리 셀에 1비트씩 저장되거나 출력이 되어진다.

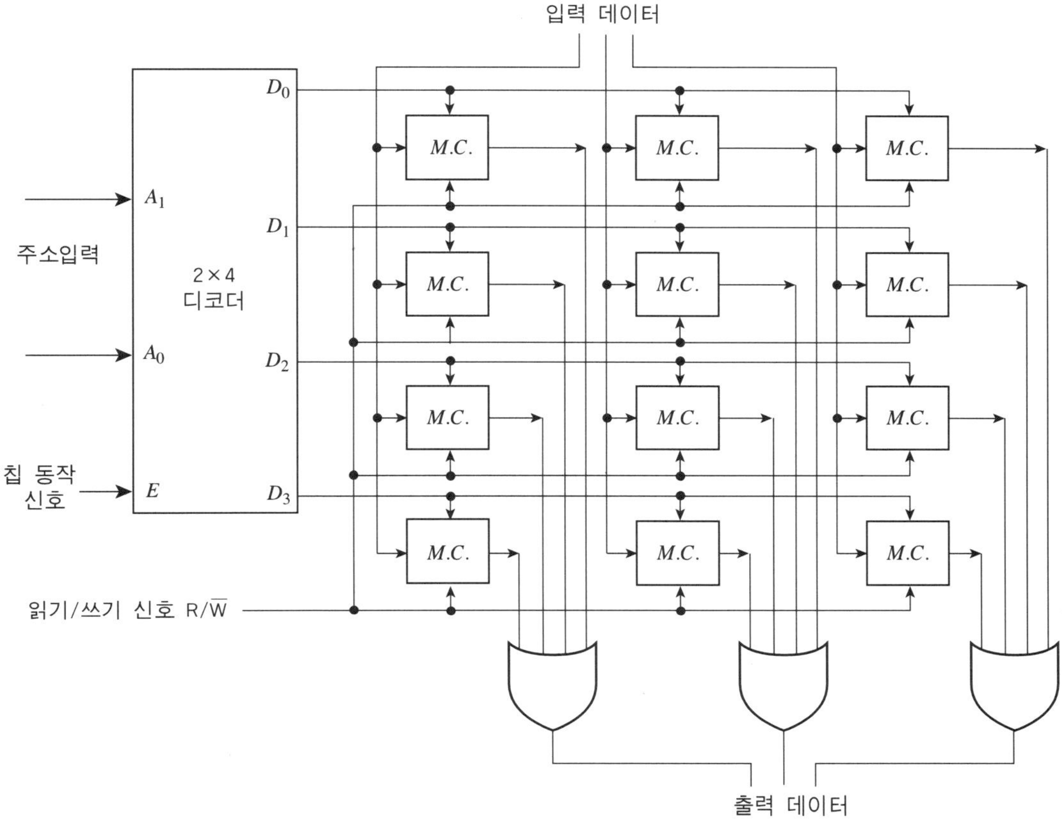

그림 17-3 SRAM의 구조

[2] ROM(Read Only Memory)

ROM은 기억된 정보 데이터를 읽기만 할 수 있는 메모리 소자로, 전원의 인가 여부에 관계없이 저장된 데이터가 소멸되지 않는다. ROM의 종류로는 마스크 ROM(Mask ROM), PROM(Programmable ROM), EPROM(Erasable & PROM), EEPROM(Electrically EPROM) 등이 있다.

마스크 ROM은 사용자의 요구에 따라 제조사가 데이터를 입력함으로써 단일 대량 생산에 적합한 이점이 있다.

PROM은 ROM Writer를 이용하여 사용자가 필요한 데이터를 입력시킬 수 있으나 지울 수 없는 메모리이다.

EPROM은 기존의 저장된 데이터를 지우고 다시 데이터를 입력시킬 수 있는 메모리로서 데이터를 지울 때에는 자외선(Ultra violet)을 이용한다.

EEPROM은 데이터의 입력 및 지움을 전기적인 신호로 처리할 수 있는 메모리 소자이다.

ROM은 다이오드, 바이폴라 트랜지스터, MOS 소자를 이용해서 구현할 수 있으며, 그림 17-4는 다이오드를 이용하여 구현한 ROM의 구조이다.

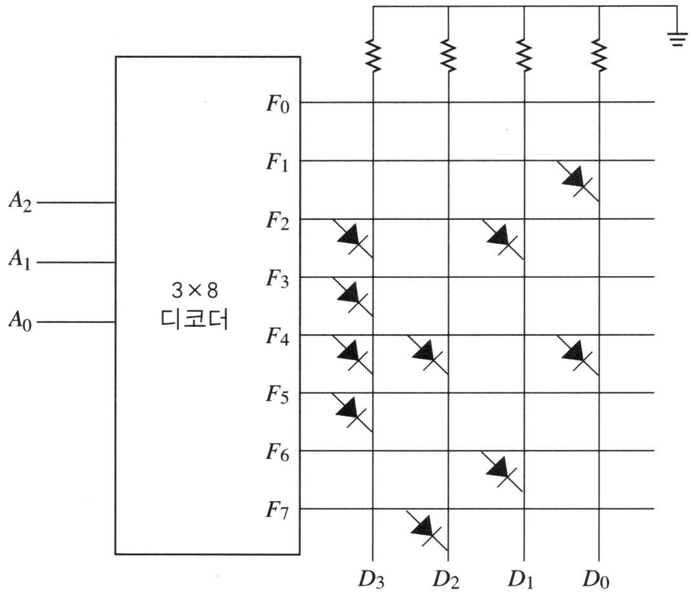

그림 17-4 다이오드를 이용한 ROM의 구조

그림 17-4의 진리표는 표 17-1과 같이 나타낼 수 있다. A_2, A_1, A_0는 주소 입력이고 D_3, D_2, D_1, D_0는 저장된 데이터 값을 나타낸다. 3 비트의 주소 입력이 들어가면 8개의 출력 라인 ($F_0 \sim F_n$) 중 한 개의 출력이 1이 된다. 예를 들면 주소 입력이 "010"이라면 F_2에 출력 5V가 나오고 다이오드에 의해 D_3, D_2, D_1, D_0에 저장되는 데이터는 "1010"이 된다.

표 17-1 ROM의 진리표

입력데이터 A_2 A_1 A_0	출력데이터 D_3 D_2 D_1 D_0
0 0 0	0 0 0 0
0 0 1	0 0 0 1
0 1 0	1 0 1 0
0 1 1	1 0 0 0
1 0 0	1 1 0 0
1 0 1	1 0 0 1
1 1 0	0 0 1 0
1 1 1	0 1 0 0

기재 및 부품

DC power supply
74LS89
29C256
저항 : 4.7KΩ, 390Ω×8
LED×8
DIP S/W : 4P×2 , 8P×1

실험 과정

1. 74LS89와 LED를 사용하여 그림 17-5와 같이 회로를 구성하고 표 17-2에 지시된 입력 전압을 각각 인가하여, 출력전압을 측정하여 표 17-2에 기록하라.

2. 데이터 입력은 D_5, D_6, D_7, D_8 단자를 이용하고, 주소 입력은 D_1, D_2, D_3, D_4 단자를 통해서 가변시킨다.

3. $\overline{ME}$ 단자는 네거티브 상태이므로 접지시키고, 읽기/쓰기 신호는 D_3 단자를 변화시킨다.

4. 데이터 출력은 O_1, O_2, O_3, O_4 단자를 통해서 확인한다.

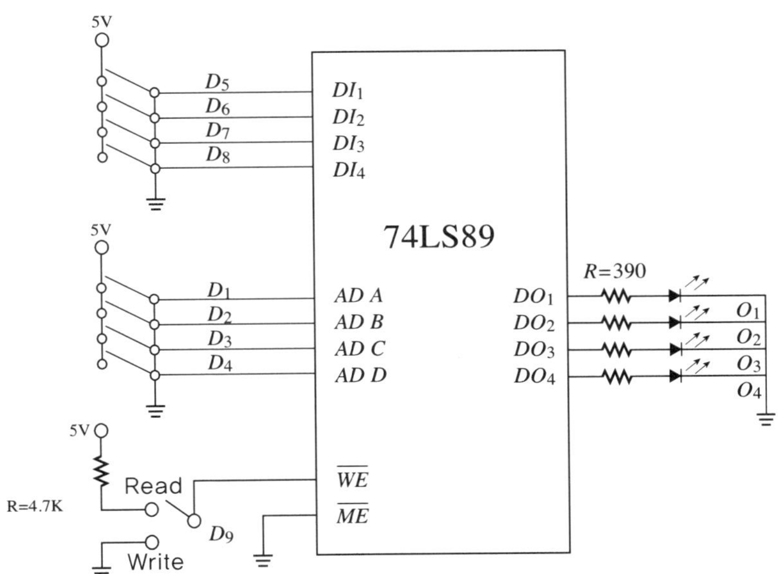

그림 17-5 74LS89 RAM의 구성도

표 17-2

주소입력				*WE*	데이터입력				입력			
D_1	D_2	D_3	D_4	D_9	D_5	D_6	D_7	D_8	O_1	O_2	O_3	O_4
0	0	0	0	0	1	1	1	1				
0	0	0	0	1	1	1	1	1				
0	0	0	1	0	1	1	1	0				
0	0	0	1	1	1	1	1	0				
0	0	1	0	0	1	1	0	1				
0	0	1	0	1	1	1	0	1				
0	0	1	1	0	1	1	0	0				
0	0	1	1	1	1	1	0	0				
0	1	0	0	0	1	0	1	1				
0	1	0	0	1	1	0	1	1				
0	1	0	1	0	1	0	1	0				
0	1	0	1	1	1	0	1	0				
0	1	1	0	0	1	0	0	1				
0	1	1	0	1	1	0	0	1				
0	1	1	1	0	1	0	0	0				
0	1	1	1	1	1	0	0	0				
1	0	0	0	0	0	1	1	1				
1	0	0	0	1	0	1	1	1				
1	0	0	1	0	0	1	1	0				
1	0	0	1	1	0	1	1	0				
1	0	1	0	0	0	1	0	1				
1	0	1	0	1	0	1	0	1				
1	0	1	1	0	0	1	0	0				
1	0	1	1	1	0	1	0	0				
1	1	0	0	0	0	0	1	1				
1	1	0	0	1	0	0	1	1				
1	1	0	1	0	0	0	1	0				
1	1	0	1	1	0	0	1	0				
1	1	1	0	0	0	0	0	1				
1	1	1	0	1	0	0	0	1				
1	1	1	1	0	0	0	0	0				
1	1	1	1	1	0	0	0	0				

5. 그림 17-6과 같이 회로를 구성하고, 다음의 과정으로 데이터 값을 측정하여 표 17-3에 기록하라. 단 이때 데이터를 써넣지 않은 EEPROM 29C256을 사용하여라.

6. EEPROM 29C256의 0번지에서 F번지까지의 데이터를 확인한다.

7. 데이터를 ROM WRITER를 이용하여 EEPROM 29C256에서 표 17-3에 주어진 데이터 값을 써넣는다.

8. 주소 입력은 *a*1, *a*2, *a*3, *a*4, *a*5, *a*6, *a*7, *a*8 단자를 통해서 가변시키며 데이터 출력은 *d*1, *d*2, *d*3, *d*4, *d*5, *d*6, *d*7, *d*8 단자를 통해서 확인한다.

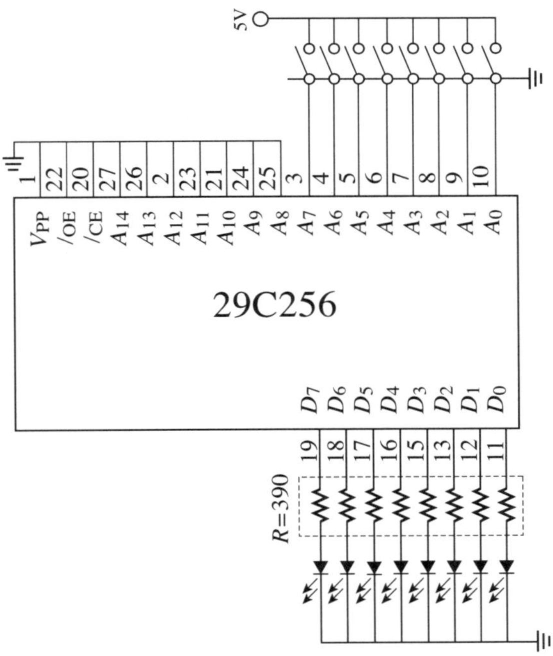

그림 17-6 29C256 ROM의 구성도

표 17-3

주소값	사용 전 EPROM 데이터 값	주어진 데이터 값	사용 후 EPROM 데이터 값
0000		0F	
0001		0E	
0002		0D	
0003		0C	
0004		0B	
0005		0A	
0006		09	
0007		08	
0008		07	
0009		06	
000A		05	
000B		04	
000C		03	
000D		02	
000E		01	
000F		00	

실험 보고서

실 험 제 목	메모리		
실 험 일 자		실 험 조	
학번 및 성명			

실 험 결 과

4. 표 17-2

주소입력				WE	데이터입력				입력			
D_1	D_2	D_3	D_4	D_9	D_5	D_6	D_7	D_8	O_1	O_2	O_3	O_4
0	0	0	0	0	1	1	1	1				
0	0	0	0	1	1	1	1	1				
0	0	0	1	0	1	1	1	0				
0	0	0	1	1	1	1	1	0				
0	0	1	0	0	1	1	0	1				
0	0	1	0	1	1	1	0	1				
0	0	1	1	0	1	1	0	0				
0	0	1	1	1	1	1	0	0				
0	1	0	0	0	1	0	1	1				
0	1	0	0	1	1	0	1	1				
0	1	0	1	0	1	0	1	0				
0	1	0	1	1	1	0	1	0				
0	1	1	0	0	1	0	0	1				
0	1	1	0	1	1	0	0	1				
0	1	1	1	0	1	0	0	0				
0	1	1	1	1	1	0	0	0				
1	0	0	0	0	0	1	1	1				
1	0	0	0	1	0	1	1	1				
1	0	0	1	0	0	1	1	0				
1	0	0	1	1	0	1	1	0				
1	0	1	0	0	0	1	0	1				
1	0	1	0	1	0	1	0	1				
1	0	1	1	0	0	1	0	0				
1	0	1	1	1	0	1	0	0				
1	1	0	0	0	0	0	1	1				
1	1	0	0	1	0	0	1	1				
1	1	0	1	0	0	0	1	0				
1	1	0	1	1	0	0	1	0				
1	1	1	0	0	0	0	0	1				
1	1	1	0	1	0	0	0	1				
1	1	1	1	0	0	0	0	0				
1	1	1	1	1	0	0	0	0				

8.

표 17-3

주소값	사용 전 EPROM 데이터 값	주어진 데이터 값	사용 후 EPROM 데이터 값
0000		0F	
0001		0E	
0002		0D	
0003		0C	
0004		0B	
0005		0A	
0006		09	
0007		08	
0008		07	
0009		06	
000A		05	
000B		04	
000C		03	
000D		02	
000E		01	
000F		00	

검토 및 고찰

실험 18

PLD(Programmable Logic Devices)

목적

PLD의 기능을 이해하고 일반적으로 사용하는 PAL, GAL Chip을 이용한 응용 회로를 구성하는데 목적을 둔다.

이론

프로그램 가능한 로직(Programmable Logic Device : PLD)이란 AND, OR, NOT, LATCH, Flip Flop(F/F) 등과 같은 논리소자가 배열형태로 구성되어, 프로그램에 의해 사용자가 원하는 기능을 구현할 수 있는 소자를 일컫는다. 이 같은 기능을 가진 논리소자로는 ASIC, FPGA, PLA, PROM, PAL, GAL, CPLD 등과 같은 여러 종류가 사용되고 있다.

PLD는 사용자가 원하는 논리함수를 일련의 개발툴(S/W)을 사용하여 직접 프로그램 할 수 있도록 된 소자이다. 소자의 아키텍처는 일반적으로 다양하지만, 보통의 표준 PLD는 OR 배열과 AND 배열로 구성되어 있고, 이 배열 모두(혹은 일부)가 프로그램 가능하도록 되어 있다. 입력단자는 AND 배열에 의해서 원하는 AND 함수 동작을 수행하여, 적항(product term)을 생성한다. 이 적항은 OR 배열에 입력되며, 여러 가지 적항을 결합하여 원하는 출력을 얻게 된다. 또한 소자의 입출력에 데이터 저장기능을 갖는 Flip-Flop, Latch 등을 포함하고 있는 소자도 있으며, 이밖에 매크로셀(macro cell)을 포함하고 있어 사용자가 설계에 필요한 입출력의 타입까지도 프로그램 가능하도록 한 소자도 있다.

PLD 프로그램은 Logic Device사의 CUPL로 작성하였으며, CUPL에 대한 상세한 내용은 부록Ⅳ를 참조하기 바랍니다.

[1] PAL(Programmable Array Logic)

PAL은 프로그램 가능한 AND 배열과 고정된 OR 배열의 소자로서 AND 배열이 프로그램 가능하기 때문에 많은 입력을 갖도록 할 수 있고, OR 배열이 고정되어 있기 때문에 저렴하고, 빠른 소자를 만들 수 있다. 프로그램 된 AND항은 고정된 OR 게이트의 입력이 된다. 배열에 있는 모든 입력은 함께 AND로 묶을 수 있다. PAL은 매우 일반적인 기술로서, AND 배열만 프로그램 가능하기 때문에 회로 구성 시 유연성은 다소 떨어진다. PAL의 출력은 "고정출력", "3-state 출력", "레지스터 출력" 등 3가지를 조합할 수 있고, 회로규모에 따라 여러 종류로 나뉘어진다. 단점으로는 한번밖에 프로그램 할 수 없고 비교적 소비전력이 크다는 것이다. PAL의 구조는 그림 18-1과 같다.

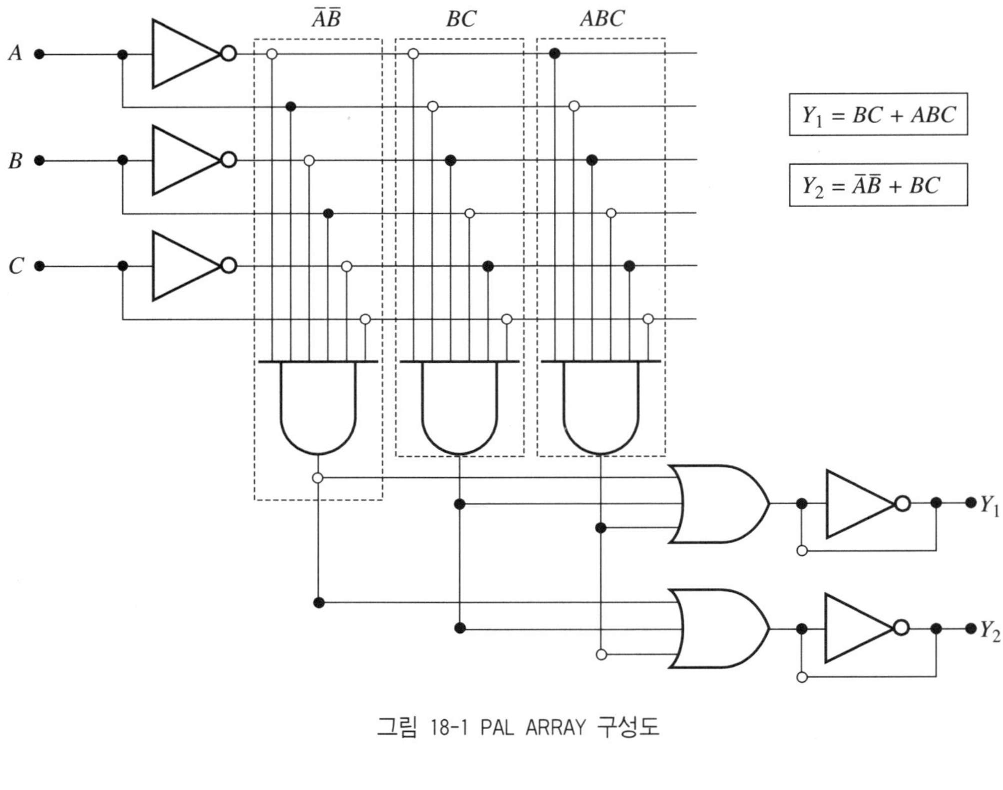

그림 18-1 PAL ARRAY 구성도

[2] GAL(Generic Array Logic)

PAL의 문제점을 해결하기 위해 개발된 CMOS PLD 소자이다. GAL은 기존의 PAL 기능을 구현할 수 있도록 되어 있고, 출력 매크로셀(Output Logic Macro Cell : OLMC)을 포함한 구조로 되어 있다. 즉, 출력부를 프로그램함으로써 수십 종류의 PAL을 GAL16V8과 GAL20V8 GAL로 대치가 가능하다. 따라서 여러 개의 다른 PAL을 사용하여 설계한 회로는 같은 종류의 GAL을 사용하여 구성이 가능하다. 따라서 회로 제작 시 사용되는 부품수를 줄이고, 대신 같은 종류의 GAL부품을 사용할 수 있기 때문에 경제적인 제작에 도움이 된다. 또한 PAL과 다르게·전기적으로 소거가 가능하기 때문에 설계 엔지니어에게 매우 유용하다.

[3] PLD 설계

PLD 프로그램 절차를 설명하면 다음과 같다.

(1) 구현하고자 하는 함수의 설계파일(Design file)을 작성한다. 이 함수는 일반적으로 SOP(Sum of Product)의 형태로 표현되며, 설계하고자 하는 회로의 타이밍도, 진리표, 혹은 카르노 맵 및 상태도 등을 사용하여 구현한다.

(2) 이 설계 파일은 컴파일러를 통해 JEDEC(Joint Electron Devices Engineering Council : 반도체제조업체 규약회의) 파일로 변환한다. 이 파일은 소자의 모든 연결상태를 JEDEC에서 정한 표준형식으로 나타낸 것이다. 또한 필요한 경우 이 파일을 이용하여 시뮬레이션을 수행할 수 있다.

(3) 앞의 시뮬레이션을 통해 설계에 이상이 없으면, 프로그램 장비를 이용하여 JEDEC 파일을 PLD 소자에 다운로드 하면 원하는 소자의 프로그래밍이 완료된다.

위의 기능을 수행하는 대부분의 프로그램은 PC에서 수행할 수 있도록 관련 소프트웨어가 제공되어, 설계파일의 편집, 컴파일링, 시뮬레이션, 다운로드 및 소자프로그램 등을 한 장소에서 프로그램할 수 있도록 지원한다.

PLD 소자의 선택은 설계자는 설계하고자 하는 회로가 조합회로인지 혹은 레지스터를 사용하는 순차회로인지를 판단하여 적절한 소자선택을 하여야 한다. 즉, 인코더, 디코더, 멀티플렉서, 디멀티플렉서, 가산기, 비교기 등과 같은 간단한 조합회로는 레지스터가 필요 없다. 반면에 카운터, 타이머, 제어신호 생성, 상태머신 등은 레지스터가 필요하다. 따라서 구현하고자하는 회로 및 사용목적에 따라 적절한 PLD 소자의 선택을 하여야 하는데, 주요 고려할 사항은 다음과 같다.

① 입력핀 및 출력핀 수 ② I/O핀 수

③ 소자의 속도(t_{PD} : 조합회로, f_{MAX} : 순차회로) ④ 소자의 소비전력

⑤ 레지스터의 지연시간 (레지스터가 있는 경우) ⑥ 적항(Product항)의 수
⑦ 출력의 극성 제어

설계에 관련한 프로그램 장비는 여러 회사에서 제공되는 것으로, 사용자가 사용하고자 하는 소자가 해당 회사에서 사용하고자하는 PLD 소자를 지원하고 있는 가를 확인하여 사용하면 된다. 이 프로그램 장비를 이용하여 작성된 JEDEC 파일을 다운로드 하면, 해당 PLD 소자를 사용할 수 있게 된다.

[4] 소자의 구성

① PAL 소자의 구성

PAL 소자의 패밀리는 크게 핀 수 및 내부구조에 의해 나뉘어진다. 핀 수로 구분하면 20핀 타입과 24핀 타입이 있다. 각 PAL들은 간단한 조합회로만으로 구성된 소자와 내부 귀환회로 및 출력레지스터를 구성된 좀더 복잡한 타입의 소자로 나눌 수 있다. 표 18-1은 20핀 PAL 소자들을 나타낸다.

표 18-1 20핀 PAL 소자 family

품 명	입력 핀 수	출력 핀 수	입출력 공용핀	레지스터 수	출 력 극 성	함 수
10H8	10	8			AND-OR	AND-OR Array
12H6	12	6			AND-OR	AND-OR Array
14H4	14	4			AND-OR	AND-OR Array
16H2	16	2			AND-OR	AND-OR Array
10L8	10	8			AND-NOR	AND-OR-Invert Array
12L6	12	6			AND-NOR	AND-OR-Invert Array
14L4	14	4			AND-NOR	AND-OR-Invert Array
16L2	16	2	6		AND-NOR	AND-OR-Invert Array
16C1	16	1			AND-OR/NOR	AND-OR/-NOR-Invert Array
16L8	10	8	2		AND-NOR	AND-OR-Invert Array
16R8	8	8		8	AND-OR	AND-OR-Invert Register
16R6	8	8		6	AND-OR	AND-OR-Invert Register
16R4	8	8	4	4	AND-OR	AND-OR-Invert Register

소자의 부품번호를 읽는 예는 다음과 같다.

예) PAL 16 L 8 A N C

PAL : Programmable Logic Family

PAL=PAL 소자, PL=공장에서 프로그램된 PAL

16 : 입력핀의 수

L : 출력타입

H=Active high, L=Active low,

C=Complementary, R=Register

X=X-OR with Register,

P=Programmable output polarity

8 : 출력핀수

A : 동작속도

No symbol=Standard, A=High speed,

A_2=High speed, B=Ultra high speed

N : 패키지 타입

N=Plastic DIP, J=Ceramic DIP, V=PLCC

C : 온도범위

C = 0~75℃, M = -55~125℃

② GAL 소자의 구성

GAL은 앞에서 설명한 바와 같이 전기적으로 소거 가능하여 반복하여 사용할 수 있는 EECMOS기술로 만들어진 낮은 소비전력, 고속의 프로그램 가능한 로직셀이다. 따라서 로직 설계시 실수나 프로그램의 착오가 있다고 하더라도 재프로그램 할 수가 있다. GAL 내부에 있는 프로그램 카운터는 128회까지를 기록할 수 있도록 되어 있다. GAL은 Lattice 회사의 등록상표이고, 반도체 회사마다 상호호환이 되지만 각기 다른 명칭으로 사용된다. 현재는 반복사용이 불가능한 PAL 대신 이 GAL을 이용하는 추세라고 할 수 있다. 물론 대부분의 PAL은 이 GAL을 사용하여 같은 기능을 구현할 수 있다. 현재 업계에서 많이 사용하고 있으며, 전기적으로 소거 가능한 GAL 소자로는 표 18-2와 같다.

표 18-2 대표적인 전기적으로 소거 가능한 PLD(GAL)

<table>
<tr><th>소 자 명</th><th>핀 수</th><th>제 조 회 사</th><th>비 고</th></tr>
<tr><td>GAL16V8</td><td>20핀</td><td rowspan="2">Lattice사, SGS Thomson사,
National Semiconductor사</td><td rowspan="8">20/24핀의 Bipolar
PAL로 대체사용이
가능함</td></tr>
<tr><td>GAL20V8</td><td>24핀</td></tr>
<tr><td>VP16V8</td><td>20핀</td><td rowspan="2">VLSI Technology사</td></tr>
<tr><td>VP20V8</td><td>24핀</td></tr>
<tr><td>PALCE16V8
PALCE20V8</td><td>20핀
24핀</td><td>AMD사</td></tr>
<tr><td>PEEL18CV8
PEEL20CG10</td><td>20핀
24핀</td><td>ICT사</td></tr>
<tr><td>GAL22V10</td><td>24핀</td><td>Lattice사</td></tr>
<tr><td>PALCE22V10</td><td>24핀</td><td>AMD사</td></tr>
</table>

기재 및 부품

DC power supply

Computer(O/S : Windows)

S/W : cupl

ROM WRITER

GAL16V8A(B)

실험과정

1. CUPL 프로그램을 이용하여 다음의 TTL gate 회로를 구현해 본다.

GAL16V8은 1~9번 핀, 11번 핀은 입력전용으로 사용되고, 12~19번 핀은 입력, 출력 어느 쪽으로도 사용가능하고, 10번은 GND, 20번은 VCC로 사용된다. 이것을 바탕으로 입력과 출력핀을 각각 할당한다. 그 후 각 신호를 이용한 TTL 게이트의 논리식을 CUPL 기호에 따라 순서대로 소스파일을 작성한다. 즉, NAND, NOR, AND, OR 등의 출력에 대한 논리식을 작성한다. 이와 같이 작성된 파일을 저장하고, 컴파일을 시켜 JEDEC 파일을 생성한다. 표 18-3은 TTL 게이트을 구현한 CUPL 프로그램용 소스파일이다.

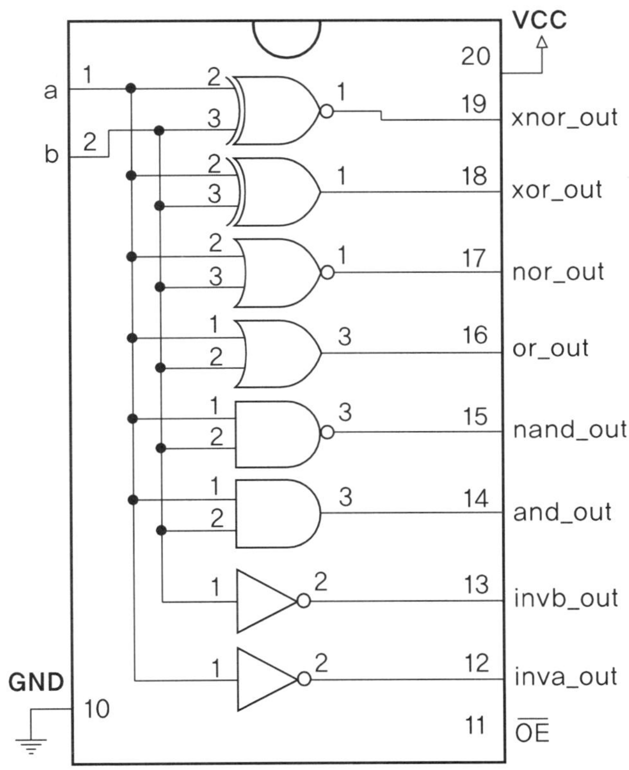

그림 18-2 GAL16V8A를 이용한 TTL gate

표 18-3 TTL 게이트을 구현한 CUPL 프로그램용 소스파일

```
Name           Gates;
Partno         EXAM001;
Revision        001;
Date           08/11/03;
Designer        Gil-Dong Hong;
Company         Dong-Yang Tech College;
Location        None;
Assembly        None;
Device         P16L8;

/*************************************************************/
/*              Example for TTL gate  using PAL              */
/*                                                           */
/*************************************************************/

/* Inputs:  define inputs to build simple gates from */

Pin 1 =  a;
Pin 2 =  b;

/* Outputs:  define outputs as active HI levels */
Pin 12 = inva;
Pin 13 = invb;
Pin 14 = and;
Pin 15 = nand;
Pin 16 = or;
Pin 17 = nor;
Pin 18 = xor;
Pin 19 = xnor;

/* Logic:  examples of simple gates expressed in CUPL */

inva = !a;               /* inverters */
invb = !b;
and  = a & b;             /* and gate */
nand = !(a & b);          /* nand gate */
or   = a # b;             /* or gate */
nor  = !(a # b);          /* nor gate */
xor  = a $ b;             /* exclusive or gate */
xnor = !(a $ b);          /* exclusive nor gate */
```

생성된 JEDEC 파일은 ROM Writer를 이용하여 GAL16V8A 칩에 Write 동작을 수행한다. Write된 GAL16V8A 칩의 입력 단자 1, 2핀에 다음과 같은 입력을 인가하고, 출력 단자 12-19핀을 통해 결과를 확인하여 표 18-4에 기록하라.

표 18-4

a	b	inva	invb	nand	and	or	nor	xor	xnor
0	0								
0	1								
1	0								
1	1								

2. CUPL 프로그램을 이용하여 2비트 전가산기를 설계해 본다. 전가산기라는 것은 2진수의 가산에서 그 아랫자리에서 올라오는 캐리(Carry)를 포함해야 하므로 3개의 입력이 필요하다. 1비트 전가산기를 진리표로 표현하면 표 18-5와 같다.

표 18-5 전가산기 진리표

입 력			출 력	
X	Y	C_i	S	C
0	0	0	0	0
0	0	1	1	0
0	1	0	1	0
0	1	1	0	1
1	0	0	1	0
1	0	1	0	1
1	1	0	0	1
1	1	1	1	1

표 18-5의 진리표를 논리식으로 합(Sum)과 자리올림수(Carry)를 표현하면 다음과 같다.

$S=\overline{XY}C_i+\overline{XYC_i}+X\overline{YC_i}+XYC_i=X\oplus Y\oplus C_i$

$C=C_iX+C_iY+XY$

여기서 X, Y는 입력, S는 Sum, C는 Carry 비트이다.

이 실험에서는 2비트 전가산기를 만들기 위해 전가산기 2개가 필요하고, GAL로 구현하기 위한 입력핀, 출력핀의 할당은 그림 18-3과 같다.

그림 18-3에서 $X(X_1,X_2)$, $Y(Y_1,Y_2)$는 더하고자하는 2비트 입력이고, $S(S_1, S_2)$는 Sum, Carry는 전가산기 2의 자리올림수(Carry) C2이다. 단, 전가산기 1의 초기 자리올림수(carry)의 값은 '0'으로 하기로 한다.

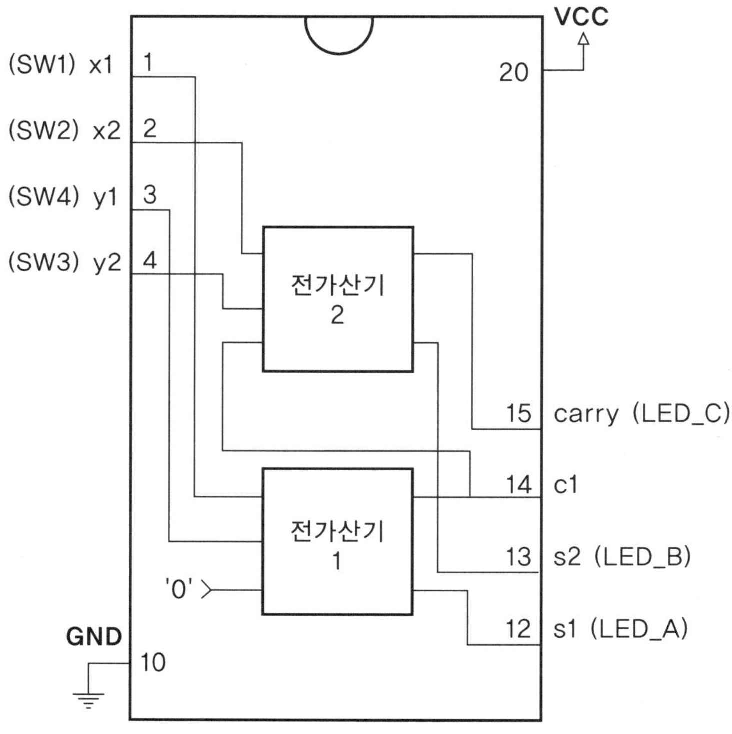

그림 18-3 GAL16V8에 적용된 2비트 전가산기 회로

이것을 CUPL로 구현한 것이 표 18-6과 같다. 여기서는 CUPL의 함수기능인 Function을 사용하였다. 사용하는 형식은 다음과 같으며, 특정한 로직을 해당 함수로 정의하여 회로설계에 활용할 수 있다.

FUNCTION name ([parameter_0,….,parameter_n])
{ body }

(예) FUNCTION xor(in1, in2) {
/* in1 and in2 are parameters */
xor = in1 & in2 # !in1 & in2 ; }

표 18-6 2Bit 전가산기을 구현한 CUPL 프로그램용 소스파일

```
Name        2 bit Adder;
Partno      DTC001;
Date        01/01/04;
Rev         01;
Designer    Gil-Dong Hong;
Company     Dong-Yang Tech College;
Assembly    None;
Location    None;
Device      GAL16V8A

/*********************************************************/
/* 2 Bit Adder using the CUPL function statemen       /*
/*********************************************************/
/*  Allowable Target Device Types: GAL16V8A           */
/*********************************************************/
** Inputs **/
Pin [1..2] = [X1..2];        /* First 2-bit number     */
Pin [3..4] = [Y1..2];        /* Second 2-bit number    */

/** Outputs **/
Pin [12..13] = [S1..2];      /* 2-bit sum              */
Pin 14       = C1;           /* Intermediate carry values  */
Pin 15 = Carry;              /* Carry for 2-bit sum    */

/* Adder-slice circuit  */
function adder_slice(X, Y, Cin, Cout) {
        Cout    = Cin & X              /* Compute carry */
                # Cin & Y
                # X & Y;
        adder_slice = Cin $ (X $ Y);   /* Compute sum */
 }

/* Perform 2, 1-bit, additions and keep the final carry */

S1 = adder_slice(X1, Y1, 'h'0, C1);     /* Initial carry = 'h'0 */
S2 = adder_slice(X2, Y2,    C1, Carry);
```

소스 파일 작성 후, 실험 1과 같이 컴파일러를 거친 후 최종적으로 JEDEC 파일을 생성한다.

생성된 JEDEC 파일을 이용하여 GAL 칩을 Write시킨다. Write된 GAL 칩을 이용하여 2비트 전가산기 동작을 구현해본다. 구현한 결과는 표 18-7에 기록하라.

표 18-7 2bit 전가산기 진리표

입 력				출 력		
X		Y		S		Carry
X_1	X_2	Y_1	Y_2	S_1	S_2	
0	0	0	0			
0	0	0	1			
0	0	1	0			
0	0	1	1			
0	1	0	0			
0	1	0	1			
0	1	1	0			
0	1	1	1			
1	0	0	0			
1	0	0	1			
1	0	1	0			
1	0	1	1			
1	1	0	0			
1	1	0	1			
1	1	1	0			
1	1	1	1			

실험 보고서

실 험 제 목	PLD(Programmable Logic Devices)		
실 험 일 자		실 험 조	
학번 및 성명			

실 험 결 과

1.

표 18-4

a	b	inva	invb	nand	and	or	nor	xor	xnor
0	0								
0	1								
1	0								
1	1								

2. 표 18-7

입력				출력		
X		Y		S		Carry
X_1	X_2	Y_1	Y_2	S_1	S_2	
0	0	0	0			
0	0	0	1			
0	0	1	0			
0	0	1	1			
0	1	0	0			
0	1	0	1			
0	1	1	0			
0	1	1	1			
1	0	0	0			
1	0	0	1			
1	0	1	0			
1	0	1	1			
1	1	0	0			
1	1	0	1			
1	1	1	0			
1	1	1	1			

검토 및 고찰

실험 19

D/A, A/D 변환기

목적

D/A, A/D 변환기의 개념을 파악하고 구성 방법을 익히는 데 목적을 둔다.

이론

[1] D/A 변환기

디지탈기기의 출력이 2진 정보로 되어있기 때문에 이와 등가인 아날로그 정보로 바꾸어야할 경우가 많이 생긴다. 이런 변환(conversion)은 D/A 변환기(digital to analog converter)를 통해서 하고 이 변환은 주로 디지탈 시스템의 출력에서의 변환을 직접 오실로스코프를 통하여 보거나 그래프를 그리기 위하여 사용하는 기록계기의 서보모터(servomotor)를 구동시킬 때 필요하다. 그러므로 D/A 변환기는 디지탈 시스템에서 결과를 얻기 위한 디코딩 장치(decoding device)로 볼 수 있다.

D/A 변환기는 사다리꼴회로망과 연산증폭기(operational amplifier)로 구성되어 있다.

표 19-1은 4비트 D/A 변환기의 진리표이다. 이 표에서 아날로그 전압은 $0V \sim 9V$까지 2진수가 1씩 증가할 때마다 전압이 0.6V씩 증가한다. 예를 들어 2진계수기가 0001에서 0010으로 증가하면 아날로그 전압은 $0.6V$에서 $1.2V$로 증가한다.

표 19-1 D/A변환기 진리표

행	2진 입력				출력전압	행	2진 입력				출력전압
	D(8)	C(4)	B(2)	A(1)	Vout		D(8)	C(4)	B(2)	A(1)	Vout
1	0	0	0	0	0 V	9	1	0	0	0	4.8V
2	0	0	0	1	0.6V	10	1	0	0	1	5.4V
3	0	0	1	0	1.2V	11	1	0	1	0	6 V
4	0	0	1	1	1.8V	12	1	0	1	1	6.6V
5	0	1	0	0	2.4V	13	1	1	0	0	7.2V
6	0	1	0	1	3 V	14	1	1	0	1	7.8V
7	0	1	1	0	3.6V	15	1	1	1	0	8.4V
8	0	1	1	1	4.2V	16	1	1	1	1	9 V

입력전압(Vin)은 그림 19-1의 입력스위치 *D, C, B, A*를 통해 입력되고 아날로그 출력전압(Vout)는 아날로그 출력측에 전압계를 연결하여 측정한다. 입력전압은 $3V$이고 출력은 표 19-1의 진리표와 같다.

저항 회로망의 저항값은 매우 중요한데, 3번째 자리의 입력저항 R_3는 R_4의 2배 크기이고 2번째 자리의 입력저항 R_2는 R_3의 2배이다.

그림 19-1에서 스위치 *A*만을 동작시켰을 경우 OP-Amp의 이득은 다음과 같이 계산된다. 이때 궤환저항(R_f)의 값은 20KΩ이고 입력저항(Rin)은 100KΩ이므로 전압이득 (A_v)는

$$A_V = \frac{R_f}{\mathrm{Rin}} = \frac{20 \times 10^3}{100 \times 10^3} = 0.2$$

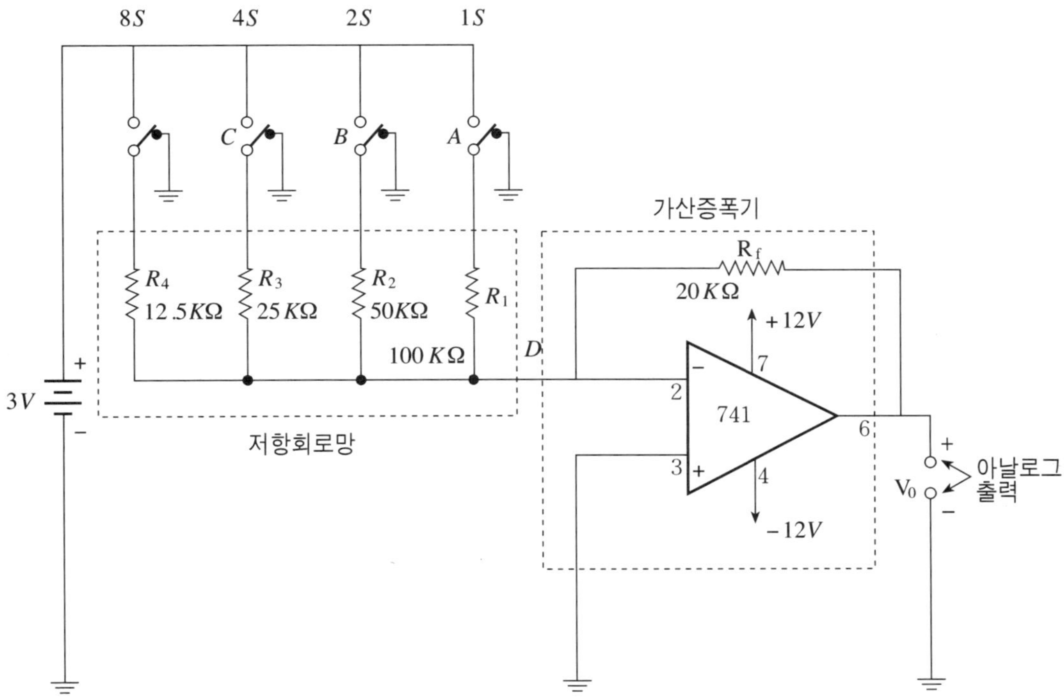

그림 19-1 D/A변환기

스위치 A가 동작하고 있는 동안의 연산증폭기의 전압이득이 0.2이므로 출력전압은 다음과 같이 된다.

$$V_{out} = V_{in} \times A_v = 3 \times 0.2 = 0.6V$$

스위치 A만이 동작되고 있는 경우 D/A변환기의 연산증폭기 출력 전압은 $0.6V$이므로 표 19-1의 2행의 진리값을 만족한다.

이번에는 2진입력이 0101인 경우를 계산해보면 스위치 A, C가 동작되므로 R_1과 R_3가 입력저항으로서 연산증폭기에 입력된다. 이때 합성저항 R_T는

$$R_T = \frac{R_1 \times R_3}{R_1 + R_3} = \frac{100 \times 10^3 \times 25 \times 10^3}{100 \times 10^3 + 25 \times 10^3} = 20{,}000\Omega$$

이므로

$$A_V = \frac{R_f}{\text{Rin}} = \frac{20,000}{20,000} = 1 \quad \text{이고}$$

출력전압은

$$\text{Vout} = \text{Vin} \times A_V = 3 \times 1 = 3V \quad \text{이다.}$$

이 경우도 표 19-1의 6행의 진리값을 만족한다.

[2] A/D 변환기

아날로그 신호를 디지탈 신호로 변환시켜 주는 A/D 변환기는 D/A 변환기와는 반대되는 동작을 한다. 미지의 Analog 전압을 A/D 변환기에 인가하면 이에 대응하는 2진출력을 얻을 수 있다. 그림 19-2와 같은 A/D 변환기인 경우 2진 출력은 0000에서 1111까지이다. 이때 이 A/D 변환기에 클럭입력이 있는 것에 주의해야 한다.

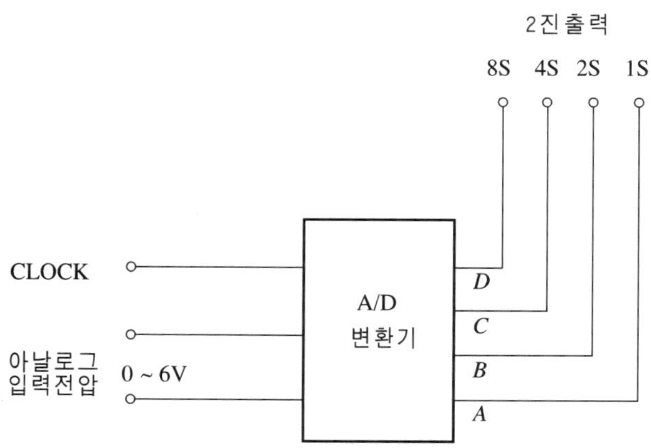

그림 19-2 4비트 A/D 변환기의 블록도

그림 19-2에 있는 A/D 변환기의 진리표를 나타내면 표 19-2와 같다. 표 19-2의 입력은 Analog이고 출력은 이에 대응하는 2진출력이다. 입력전압이 0.4V 단위로 변화할 때마다 2진출력은 1씩 증가한다.

표 19-2 진리표

행	입력전압	2진 출력				행	입력전압	2진 출력			
	Vin	D(8)	C(4)	B(2)	A(1)		Vin	D(8)	C(4)	B(2)	A(1)
1	0 V				0	9	3.2V	1	0	0	0
2	0.4V				1	10	3.6V	1	0	0	1
3	0.8V				0	11	4 V	1	0	1	0
4	1.2V				1	12	4.4V	1	0	1	1
5	1.6V				0	13	4.8V	1	1	0	0
6	2 V				1	14	5.2V	1	1	0	1
7	2.4V	0	1	1	0	15	5.6V	1	1	1	0
8	2.8V	0	1	1	1	16	6 V	1	1	1	1

그림 19-3은 카운터램프형 A/D 변환기(counter ramp type A/D converter)라고 한다. 이 회로는 D/A 변환기, 16진 업카운터(Up Counter), AND 게이트 1개와 비교기((Comparator)로 구성되어 있으며, 비교기는 입력*A*의 전압과 입력B의 전압을 단순비교하는데 입력*A*쪽이 큰 경우에 출력은 LOW($B > A = 0$)가 된다.

그림 19-3의 A/D 변환기에 미지에 Analog입력전압 2.4V를 가하는 경우에는 이 입력전압에 대한 2진출력이 0110(10진의 6)이 된다는 것을 진리표를 통해 알 수 있다.

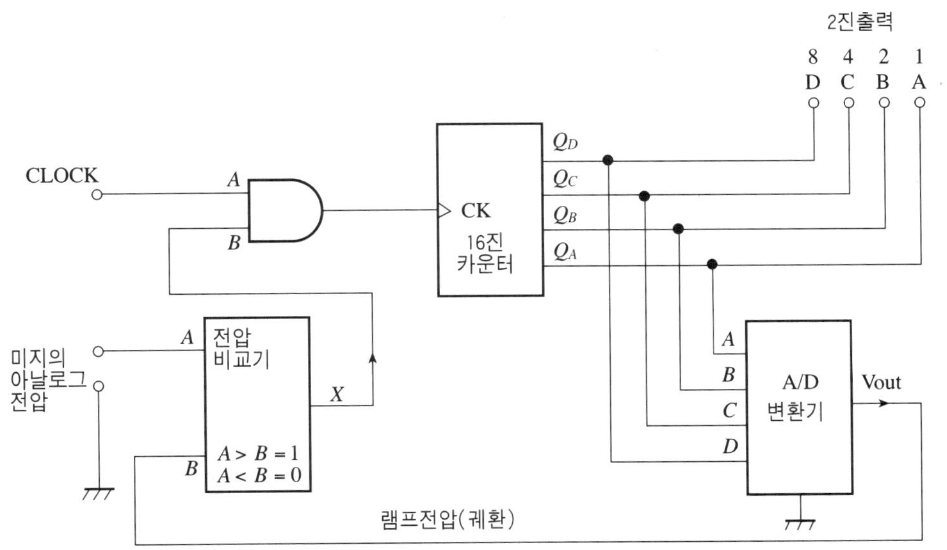

그림 19-3 카운터램프형 A/D변환기

기재 및 부품

오실로스코프

DC power supply +15V, -15V(50mA)

저항 : 680Ω, 25kΩ, 50kΩ×2

100kΩ×6, 200kΩ×6

μ A741(op-Amp)

3 turn potentiometer 500[Ω] 1/2[W]

MC 14011B

MC 14510B

CA 3160(Op Amp)

LED

Reset SW

실험과정

1. 그림 19-4와 같은 D/A변환기 회로를 구성하고 출력전압을 측정하여 표 19-3에 기록하라.

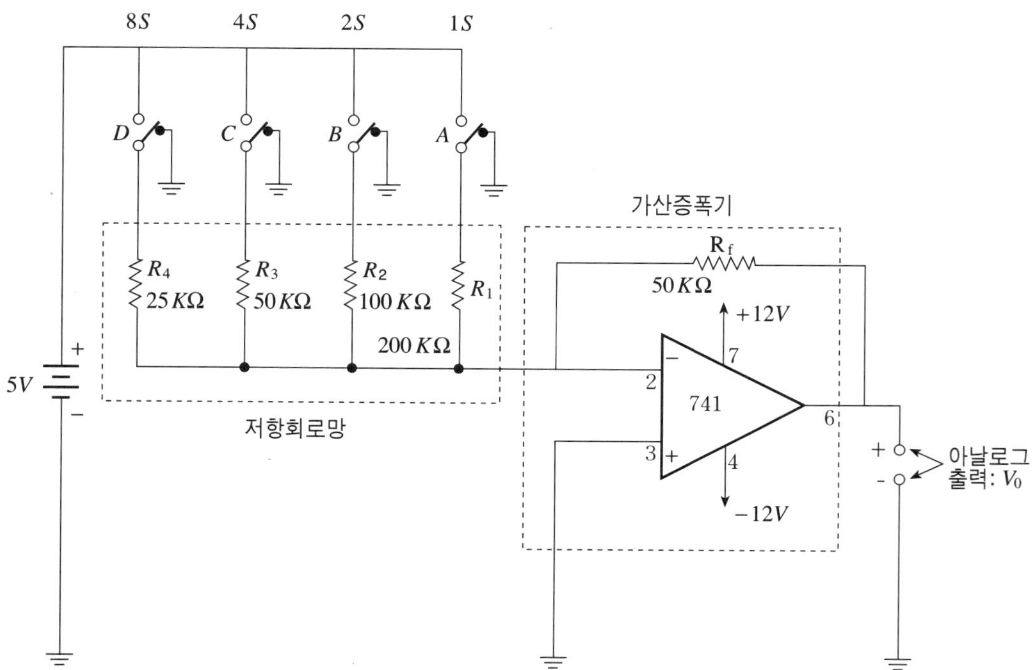

그림 19-4 D/A변환기

표 19-3

입			력	출	력
D	C	B	A	V_0(측정치)	V_o(이론치)
0	0	0	0		
0	0	0	1		
0	0	1	0		
0	0	1	1		
0	1	0	0		
0	1	0	1		
0	1	1	0		
0	1	1	1		
1	0	0	0		
1	0	0	1		
1	0	1	0		
1	0	1	1		
1	1	0	0		
1	1	0	1		
1	1	1	0		
1	1	1	1		

2. 그림 19-5와 같이 회로를 구성하여라.

3. 스위치(SW_1)을 눌러가면서 A, B, C, D전압을 측정하여 표 19-4에 기록하여라.

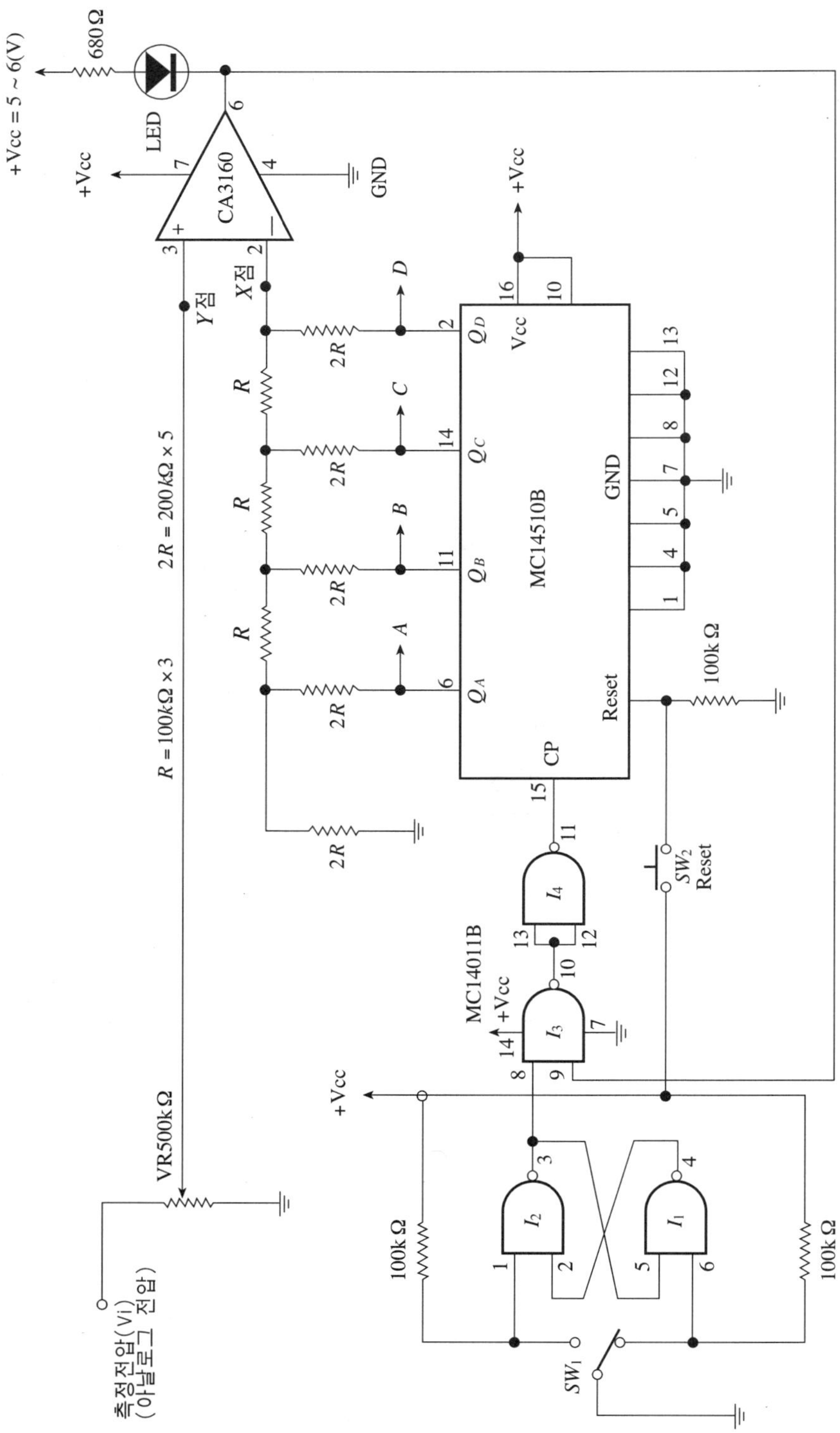

※A~D의 출력은 표시 회로로 연결(Digital 출력)

그림 19-5 A/D변환기

표 19-4

입력전압	2진 출력			
	A	*B*	*C*	*D*
0 V				
0.2V				
0.4V				
0.6V				
0.8V				
1.0V				
1.2V				
1.4V				
1.6V				
1.8V				
2.0V				
2.2V				
2.4V				
2.6V				
2.8V				
3.0V				

실험 보고서

실 험 제 목	D/A, A/D 변환기		
실 험 일 자		실 험 조	
학번 및 성명			

실 험 결 과

1. 표 19-3

입			력	출	력
D	*C*	*B*	*A*	V_0(측정치)	V_o(이론치)
0	0	0	0		
0	0	0	1		
0	0	1	0		
0	0	1	1		
0	1	0	0		
0	1	0	1		
0	1	1	0		
0	1	1	1		
1	0	0	0		
1	0	0	1		
1	0	1	0		
1	0	1	1		
1	1	0	0		
1	1	0	1		
1	1	1	0		
1	1	1	1		

3.

표 19-4

입력전압	2진 출력			
	A	*B*	*C*	*D*
0 V				
0.2V				
0.4V				
0.6V				
0.8V				
1.0V				
1.2V				
1.4V				
1.6V				
1.8V				
2.0V				
2.2V				
2.4V				
2.6V				
2.8V				
3.0V				

검토 및 고찰

실험 20
신호등 제어기

목적

(1) 입력 변수들로서 제어되는 일련의 카운터를 설계하고 적합한 회로를 구성하여 시험하여 실무회로를 익히는데 목적이 있다.

이론

동기 카운트는 많은 소형 디지털 시스템의 심장부를 형성한다. 신호등 제어기는 출력에 나타나는 각각의 4가지 가능한 상태를 나타내기 위해서 소형 동기 카운터를 사용한다. 신호등 제어기에서 상태는 세 입력 변수와 두 상태 변수로 결정된다. 이러한 변수들의 어떤 조건이 만족되면, 이 카운터는 다음 상태로 진행된다. 세 입력 변수들은 아래와 같이 정의된다.

차(vehicle)가 있을 때 = V_S
25-s 타이머(장기 타이머)는 ON = T_L
4-s 타이머(단기 타이머)는 ON = T_S

변수들의 보수를 사용하는 것은 그 변수의 반대 상태를 표시한다. 상태도는 참고를 위해서 그림 20-1에 다시 나타낸다. 이 상태도를 근거로 하여 순차 동작은 아래와 같이 설명되어진다.

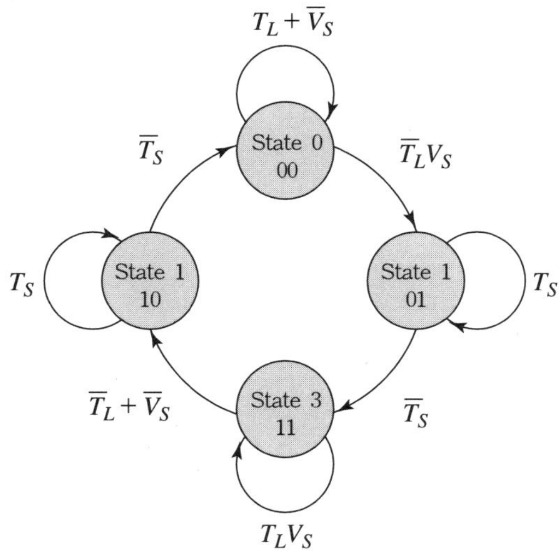

그림 20-1 상태도

상태 0 : 카운터는 00상태이다. 만일 장기 타이머(T_L)가 ON이거나 한쪽 거리(V_S)에 차가 없다면, 이것은 00상태를 유지한다. 만일 장기 타이머가 OFF(T_L)이고 거리에 차가 있다면(V_S), 이것은 01상태로 변한다.

상태 1 : 카운터는 01상태이다. 만일 단기 타이머(T_S)가 ON이라면 이것은 01상태를 유지한다. 만일 단기 타이머(T_S)가 OFF이라면 이것은 11상태로 변한다.

상태 3 : 카운터는 11상태이다. 만일 장기 타이머(T_L)가 ON이고 거리(V_S)에 차가 있다면 11상태로 된다. 만일 장기 타이머(T_S)가 OFF이거나 거리(V_S)에 차가 없다면 10상태로 변한다.

상태 2 : 카운터는 10상태이다. 만일 단기 타이머(T_S)가 ON이면 10상태를 유지한다. 만일 단기 타이머(T_S)가 OFF이면 00상태로 변한다.

그림 20-2에서 블럭도는 순차 논리(sequential logic)를 정의한다. 이 입력 논리 블록은 플립플롭에 세 개의 변수(V_S, T_L와 T_S)를 경유하도록 하기 위해서 두 데이타 선택기

(selector)로 구성된다. 그림 20-4에 부분 완성도로 더욱 상세하게 주어진다. 데이타 선택기(DS-0과 DS-1)는 74153 칩이다. 선택된 선(C_0에서 C_3까지)은 현재 상태로 결정이 된다.(왜냐하면, 플립플롭의 출력들이 선택 입력들(select input)과 연결되었기 때문이다). MUX를 가진 조합 논리로 구성하였다.

이 실험에서는 이 시스템의 한 부분을 설계하고 구현할 것이다. 더욱 현실적인 실험을 하기 위해서는 또한 이것은 단기 타이머 동작에 도움을 줄 것이다. 이 단기 타이머는 74121 one-shot로 구성된다. 동종의 IC가 사용되지만, 트리거 논리는 이 실험에서는 유효하지 않기 때문에 트리거의 연결은 약간 다르게 연결이 될 것이다.

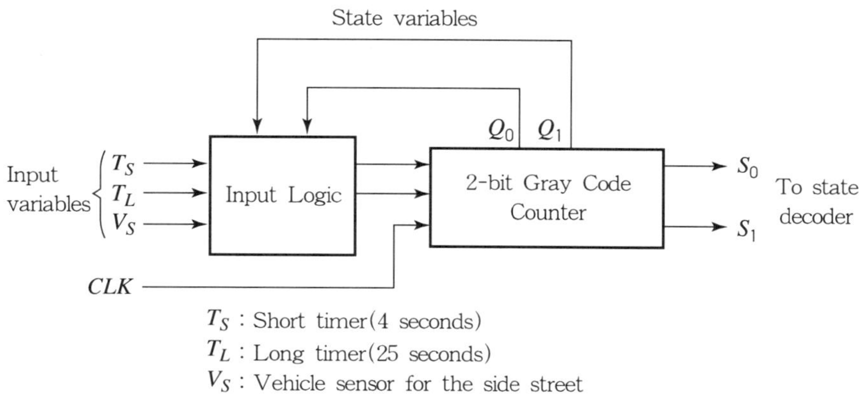

그림 20-2 순차 논리의 블록도

다음-상태표에서 단기 타이머가 상태 1과 2에서 ON이 된다는 것을 보게 된다. 또한 다음-상태표는 카운터의 출력 Q_0가 리드(leading)와 트래일(trailling) 에지(edge)에서 상태 변화가 있을 때 단기 타이머가 트리거되는 것을 나타내고 있다. 74121 기능표(function tables)에서 리드와 트래일-에지 트리거들은 추가된 논리 없이 동시에 사용할 수 없다. 그러나, 두 입력(A_1와 A_2)은 각 트래일-에지 트리거들에 접속할 수 있다. 플립플롭으로부터 두 전이에 대한 트래일-에지 트리거를 얻기 위해서 간단한 기법(즉, 출력 $\overline{Q}$을 얻음으로서 리드 에지를 반전하는)이 필요하다. 이것은 그림 20-3에 입력에 대한 도안으로 제시되어 있다.

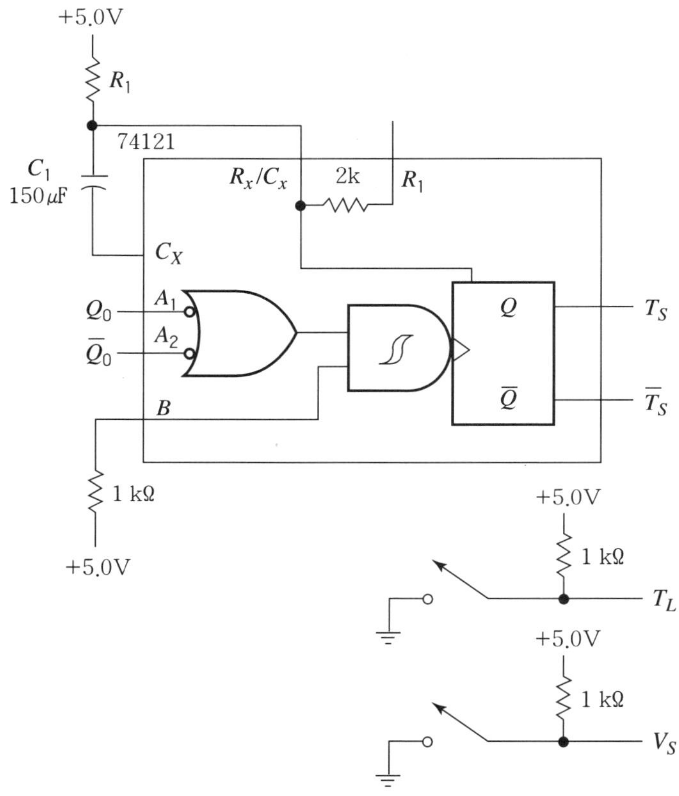

그림 20-3 단기 타이머

입력 조건들을 가진 현재 상태-다음 상태표는 표 20-1에 보인다. 표 20-1에서 각 쌍의 선들은 카운터가 동작 가능한 두 상태를 나타낸다. 예를 들어, 첫 번째 선 쌍(pair of lines)

에서 카운터는 00상태이고 장기 타이머와 차량 센서 입력들(vehicle sensor inputs)에 의존하여 00이나 01로 바뀐다. 00상태에서 Q_1에 대한 다음 상태는 입력에 상관없이 0을 유지해야 하기 때문에 결국 데이타 선택-1(data selector : DS-1)에 대한 곱의 항(product term)에 0이 들어가게 됨을 주의한다. 반면에, Q_0는 장기 타이머가 LOW(타임 아웃)이고 차량 센서가 HIGH(차량 대기)일 때만 1이 될 것이다. 그러므로 DS-0에 대한 입력 곱의 항은 $\overline{T_L}V_S$이다. 또 다른 예로, 01상태에서 Q_0에 대한 다음-상태는 입력이 무엇이든지 1이 되기 때문에, 결국 표에 1이 들어가게 됨을 주의한다.

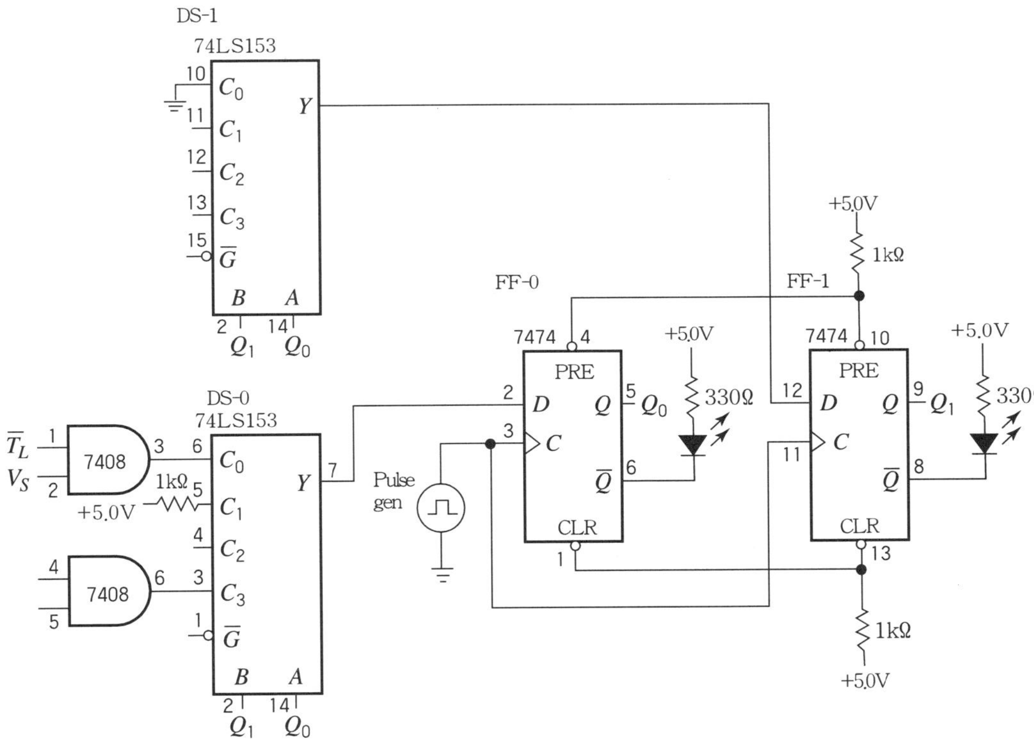

그림 20-4

표 20-1

Present State		Next State		Input Conditions	Input Product Term for Data selector-1	Input Product Term for Data selector-0
Q_1	Q_0	Q_1	Q_0			
0	0	0	0	$T_L + \overline{V_S}$	0	$\overline{T_L} + V_S$
0	0	0	1	$\overline{T_L} + V_S$		
0	1	0	1	T_S		1
0	1	1	1	$\overline{T_S}$		
1	1	1	1	$T_L + V_S$		
1	1	1	0	$\overline{T_L} + \overline{V_S}$		
1	0	1	0	T_S		
1	0	0	0	$\overline{T_S}$		

기재 및 부품

DC power supply
구형파 발생기
7408(Quad 2 Input AND)
74LS153(Dual 4 to 1 Line Data Selector)
330Ω×2개
7474×2개(Dual D Type Flip Flop)
150μF
1kΩ×6개
74121(Mono Stable Multivibrator)
LED×2개

실험과정

1. 입력 조건들을 가진 현재-다음 상태표는 표 20-1에 제시되어 있다. 데이타 선택기에 대한 세 입력들은 한 예로서 완성이 되어 있다. 나머지 입력을 결정하고 표 20-1에 나머지 5개의 입력을 완성한다.

2. 과정 1에서 결정된 입력들로부터 그림 20-4와 같이 회로를 구성한다. 각 데이타 선택기와 인에블의 입력을 보인다. 데이타 선택기의 선들은 플립플롭의 출력에 연결된다는

것을 주의한다.

3. 입력을 실험하기 위해서 one-shot와 발진기를 구성할 수 있다. 그러나 시간과 보드 공간을 절약하기 위해서 그림 20-3에 보인 단기 타이머만 설계한다. 4-s 타이머를 만들기 위해서 R1의 값을 계산할 필요가 있다. 단기 타이머의 트리거는 간략화 했기 때문에 전(full) 시스템과는 차이가 있다. 장기 타이머와 차량 센서는 그림 20-3에서 보인 것처럼 SPST 스위치들로 만들어진다. $\overline{T_L}$과 같은 "notted" 변수는 스위치가 닫혔을 때 나타난다.

4. 장기 타이머와 차량 센서를 나타내는 단기 타이머와 스위치들과 같은 로직랩(Logic Lab)에 그림 20-4의 순차 논리를 추가한다. LED는 상태 표시기로 동작한다. 과정 1에서의 설계와 일치하도록 모든 입력들을 연결한다. 펄스 발생기를 10kHz로 세트 한다.

5. 상태도(그림 20-1)는 회로를 시험하기 위한 시컨스에 필요한 입력에 도움을 줄 것이다. 장기 타이머와 차량 센서 스위치들을 오픈(둘 다 HIGH)함으로서 시작한다. $\overline{CLR}$ 입력들을 순간 접지(momentary ground)함으로서 카운터를 00 상태에 놓는다. 이 조건에서 차량이 한쪽 거리에 있다고 가정되지만(V_S가 HIGH이기 때문에) 장기 타이머는 큰길에서의 순환을 끝마치지는 않았다. 장기 타이머가 작동하게 된다. 4-s 단기 타이머가 작동하는 동안에 장기 타이머 스위치는 다시 열린다. 이 회로는 4-s 후에, 저절로 11 상태로 전환을 한다.

6. 만일 계속해서 상태 3에 이르려고 한다면, 상태도를 보고 00 상태로 돌아가고 그 상태를 유지하기 위해서 어떤 과정이 필요한지 결정한다. 그런 다음, 00 상태로 돌아가기 위해서 스위치를 사용한 실험 결과를 요약한다.

실험 보고서

실 험 제 목	신호등 제어기		
실 험 일 자		실 험 조	
학번 및 성명			

실 험 결 과

1.

표 20-1

Present State		Next State		Input Conditions	Input Product Term for Data selector-1	Input Product Term for Data selector-0
Q_1	Q_0	Q_1	Q_0			
0	0	0	0	$T_L + \overline{V}_S$	0	$\overline{T}_L + V_S$
0	0	0	1	$\overline{T}_L + V_S$		
0	1	0	1	T_S		1
0	1	1	1	$\overline{T}_S$		
1	1	1	1	$T_L + V_S$		
1	1	1	0	$\overline{T}_L + \overline{V}_S$		
1	0	1	0	T_S		
1	0	0	0	$\overline{T}_S$		

검토 및 고찰

실험 21

op Amp의 특성

목 적

op Amp(operational amplifier)의 개념과 이에 관한 여러 가지 정수(parameter)인 입력 off set전압, 입력바이어스전류, 내부 입력임피던스 등을 이해하고 측정방법을 익히는 데 목적을 둔다.

이 론

[1] 이상적인 op-Amp

연산증폭기(op-Amp)는 전압궤환을 이용하여 안정된 전압이득을 제공해주는 아주 높은 이득을 갖는 차동증폭기이다. 기본적인 증폭기는 필수적으로 매우 높은 개방루프이득과 고입력 임피던스 및 저출력 임피던스를 갖는 차동증폭이다.

이상적인 op-Amp의 특성은 다음과 같다.

① 전압 이득(개방루프이득)은 무한대이다.

② 입력 임피던스는 무한대이다.

③ 출력 임피던스는 영(zero)이다.

④ 대역폭은 무한대이다.

⑤ 두 입력 전압이 같을 때 출력 전압은 0이다.

⑥ 특성은 온도에 따라 드리프트하지 않는다.

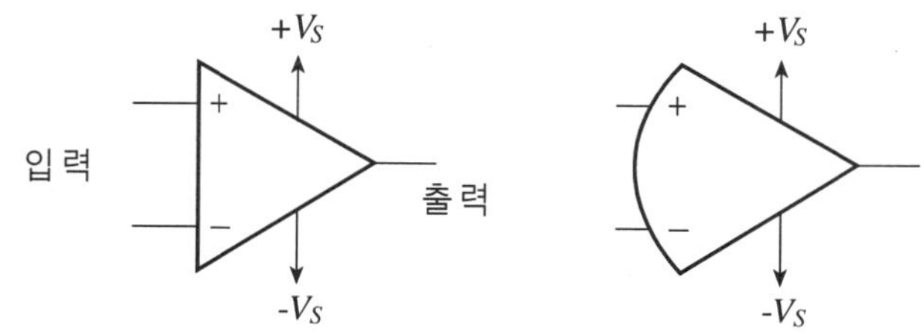

그림 21-1 op-Amp의 기호

op Amp는 2개의 입력과 1개의 출력을 가지며, op Amp의 기호로는 그림 21-1과 같다. 여기서 입력의 음(-) 및 양(+)의 각각 반전입력(inverting input)과 비반전입력(noninverting input)을 나타낸다. 음(-) 입력에 인가된 신호는 위상이 반전된 증폭신호가 나타나며, 양(+) 입력에 인가된 신호는 동일한 위상으로 증폭된 신호가 나타낸다.

[2] op-Amp의 최대정격

op Amp의 최대정격은 op-Amp가 파괴되지 않고 안전하게 사용될 수 있는 최댓값을 뜻하며 다음과 같은 것이 있다. 실제 op-Amp의 특성은 부록을 참고하시오.

① 전원전압 : $\pm V_s$

V_s는 op-Amp에 공급할 수 있는 최대의 +, -전압이다.

② 내부전력소모 : P_D

P_D는 어떤 특정온도에서 op-Amp가 소모할 수 있는 최대전력이다.

③ 차동입력전압 : V_{id}

V_{id}는 두 입력(+, –입력)간에 가해질 수 있는 최대전압이다.

④ 동상입력전압(common mode input voltage) : V_{icm}

V_{icm}은 두 입력단자와 동시에 가해질 수 있는 최대입력전압을 뜻하며 최대전압은 전원전압과 같다.

⑤ 사용온도 : T_a

T_a는 op Amp를 동작시킬 수 있는 주의 온도의 범위를 뜻한다.

⑥ 출력단락 유지시간

출력단락 유지시간은 op-Amp의 출력단자가 접지나 공급전원의 한 단자와 단락되어도 op-Amp가 파괴되지 않는 시간이다.

[3] 전기적 특성

op-Amp의 전기적 특성을 아래와 같이 몇 가지로 분류할 수 있다.

3-1. 입력 정수

① 입력 off set 전압 : V_{to}

V_{to}는 출력전압을 0으로 만들기 위해 입력단자 중의 하나에 가해지는 전압이다. 이상적인 op-Amp인 경우 출력전압 off set는 0이다.

② 입력 바이어스전류 : I_b

I_b는 두 입력단자에 흘러들어가는 전류의 평균값이다. 이상적인 경우 두 입력단자의 바이어스전류는 같다.

③ 입력 off set전류 : I_{io}

I_{io}는 출력전압이 0인 경우에 두 입력단자 바이어스 전류의 차이다.

④ 입력 전압범위 : V_{cm}

Vcm는 두 입력단자와 접지간의 전압범위를 나타낸다.

⑤ 입력 임피던스 : Z_i

Z_i는 어느 한 입력단자가 접지되었을 때 다른 입력단자에서 입력측으로 들여다 본 임피던스이다.

3-2. 출력정수

① 출력임피던스 : Z_o

Z_o는 op-Amp의 출력측에서 들여다 본 임피던스이다.

② 출력단락회로전류 : I_{os}

I_{os}는 op Amp가 부하에 흘릴 수 있는 최대출력전류이다.

③ 출력전압 Swing : $\pm V_{0max}$

V_{0max}는 op Amp가 포화나 클리핑없이 부하저항에 공급할 수 있는 최대출력전압이다.

3-3. 동특성 정수

① open loop 전압이득 : A_{OL}

A_{OL}은 외부궤환이 없는 경우에 출력전압의 입력전압에 대한 비이다.

② 대신호전압이득

출력전압을 0에서 어떤 특정전압까지 변화시키는데 필요한 입력전압의 변화에 대한 최대전압 Swing의 비이다.

③ slew rate : SR

슬루레이트는 전압이득이 1인 op Amp회로에서 시간변화에 대한 출력전압의 변화를 뜻한다.

3-4. 기타의 정수

① 전원전류

전원으로부터 op Amp에 흐르는 전류이다.

② 공통성분제거비 : CMRR

CMRR은 op Amp가 양입력단자에 동시에 가해지는 신호를 거부하는 정도를 측정하는데 사용된다. 이것은 출력전압에 대한 공통성분 입력전압의 비로 표시되고 일반적으로 dB로 나타낸다.

③ 채널분리

μA 741 op-Amp와 같이 하나의 IC 내에 2개 이상의 op Amp가 들어있는 경우 이들간에 어느 정도의 간섭현상이 나타나게 된다. 즉 어느 한 op Amp의 입력에 의해 다른 op Amp 출력이 입력이 가해지지 않았음에도 나타나는 경우가 있다.

[4] 이득과 주파수 응답

이상적인 op Amp에서와는 달리 실제 op Amp는 무한대의 이득과 대역폭을 갖지 않는다. 그림 21-2에 μA741 op-Amp의 개방루프이득 A_{OL}을 주파수의 함수로 나타내었다. 아주 낮은 주파수의 경우 개방루프 이득은 일정하나, 약 6Hz에서부터는 -6dB/octav(혹은 -20dB/decade)의 비율로 감소되기 시작한다. 감소는 이득이 1(혹은 0dB)가 될 때까지 계속되는데 이때의 주파수를 단위이득 주파수 f_T라 한다.

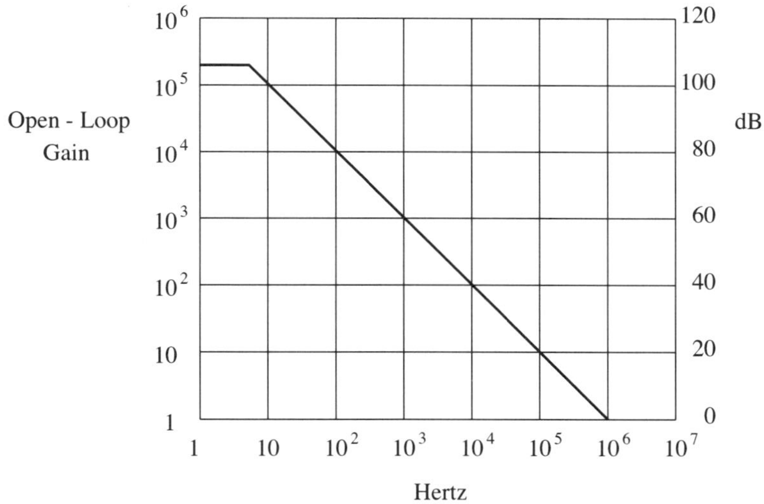

그림 21-2 op-Amp의 개방루프이득

다음 출력신호의 일부가 op-Amp의 입력에 궤환될 때 출력과 입력의 비를 폐쇄루프 이득(closed loop gain) A_{CL}이라 하는데 이것은 개방루프 이득보다 항상 작게 된다. 개방루프 이득의 폐쇄루프 이득에 대한 비를 loop 이득 A_L이라 하며 다음식과 같이 된다.

$$A_L = \frac{A_{OL}}{A_{CL}}$$

op-Amp의 다른 중요한 상수로 이득대역폭적(GBP : gain-bandwidth product)이 있는데 이것은 개방루프이득과 주파수의 곱은 곡선상의 어떤 점에서도 일정하게 되며 다음 식으로 표현된다.

$$GBP = A_{OL} \times BW$$

그림 21-3에 나타내었으며 폐쇄루프 이득곡선과 개방루프 이득곡선이 만나는 점에서 주파수의 값이 대역폭이 된다.

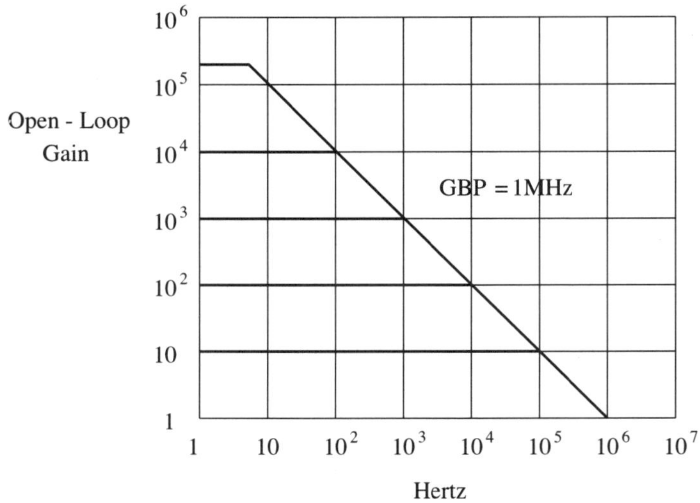

그림 21-3 μA741 op-Amp의 대역폭

끝으로 계단함수(step function) 펄스가 입력신호로 사용될 때 출력신호의 응답이 펄스의 최대진폭이 10%에서 90%까지 상승하는데 걸리는 시간을 상승시간(rise time)이라 하는데 이는 폐쇄루프인 경우 명시되어 있다. 상승시간과 op Amp의 대역폭 사이의 관계는 다음과 같이 표현된다.

$$BW = \frac{0.35}{\text{상승시간}}$$

기재 및 부품

DC power supply

오실로스코프

μA741

저항 : 100Ω×2, 10kΩ×2, 100kΩ×2, 1MΩ

실험 과정

1. 입력 off set 전압

그림 21-4와 같이 회로를 구성하고 출력전압을 측정하여 입력 off set 전압을 계산하여 표 21-1에 기입하라.

단, 폐 loop 이득 $A_{CL} = \frac{R_2}{R_1}$

입력 off set 전압 $V_{io} = \frac{V_0}{A_{CL}}$

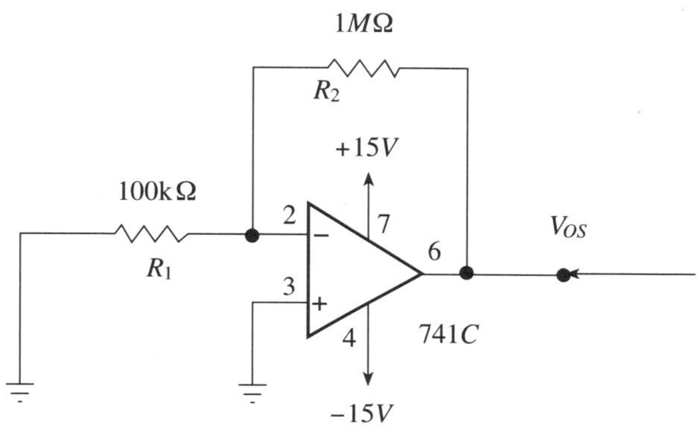

그림 21-4

표 21-1

출력전압 : V_{os}	
입력 off set 전압	

2. 입력 바이어스 전류

그림 21-5의 회로를 구성하고 *A*점과 *B*점의 전압을 측정하여 입력바이어스전류를 계산하여 표 21-2에 기입하라.

단, $I_{B1} = \frac{V_A}{R_1}$, $I_{B2} = \frac{V_B}{R_2}$

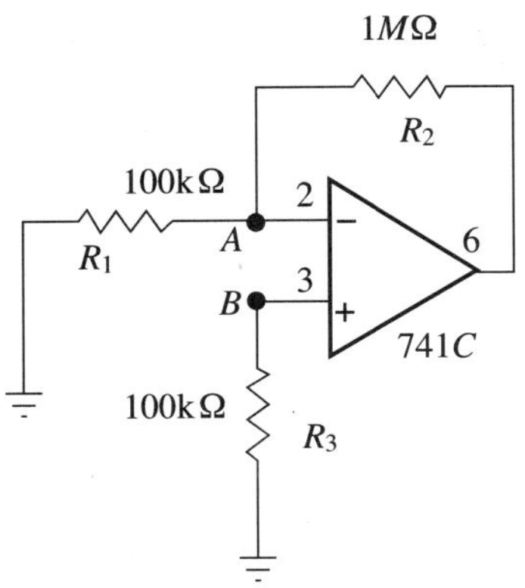

그림 21-5

표 21-2

V_A	
V_B	
I_{B1}	
I_{B2}	
I_B(평균치)	

3. 내부 입력 임피던스

그림 21-6의 회로를 구성한다.

전원을 가하고 입력 정현파는 1V(p-p), 100Hz를 인가하라. 다음 CH_2에 나타난 전압 V_i'를 관찰하면서 5MΩ 전위차계를 조정하여 V_i'의 전압이 입력전압의 $\frac{1}{2}$ (0.5V)가 되도록 조정한 후 전원을 제거하고 전위차계의 저항을 측정하여 표 21-3에 기입하라.

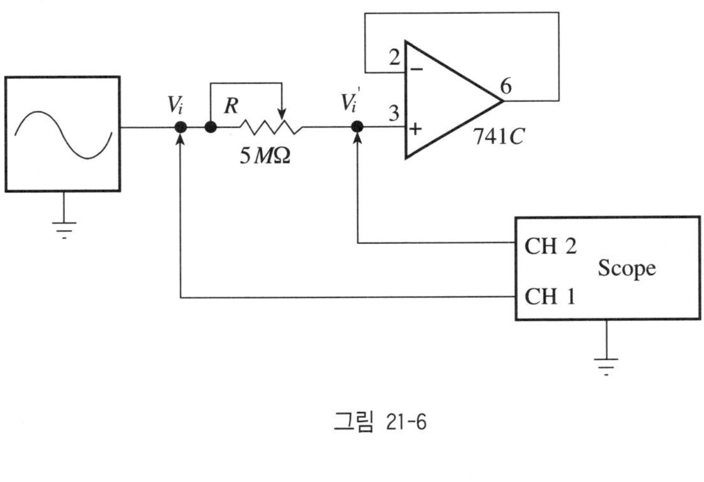

그림 21-6

표 21-3

내부입력임피던스	

4. slew rate

그림 21-7의 회로를 구성하라.

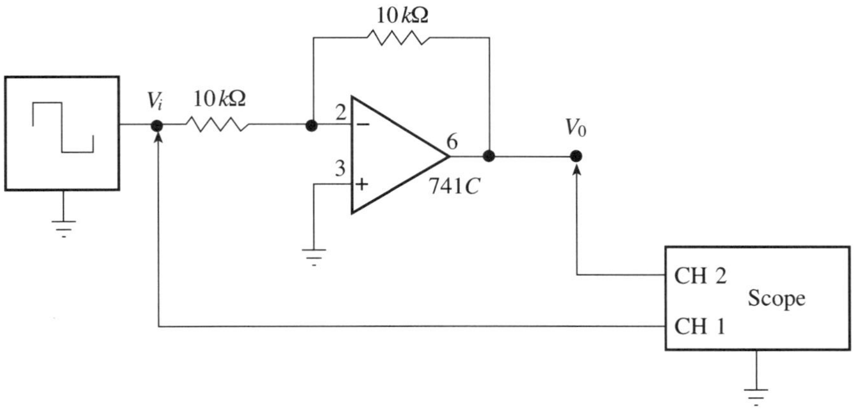

그림 21-7

전원을 가하고 입력구형파가 5V(p-p), 10kHz을 인가하라. p-p 출력전압 ΔV를 측정하고 출력전압이 한 상태에서 다른 상태로 스위칭되는 데 걸리는 시간 Δt을 측정한 다음 slew rate $\Delta V/\Delta t$을 계산하여 표 21-4에 기록하라.

표 21-4

ΔV	
Δt	
slew rate = $\frac{\Delta V}{\Delta t}$	

5. 동상제거비

그림 21-8의 회로를 구성하라.

단 차동성분이득 : $A_d = \frac{R_2}{R_1} = \frac{R_4}{R_3}$

공통성분이득 : $A_{CM} = \frac{V_o}{V_i}$

공통성분제거비 : $CMRR = 20\log_{10}\frac{A_d}{A_{CM}}$

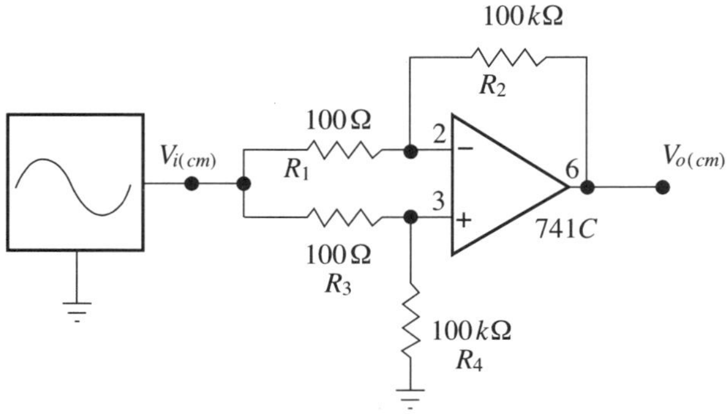

그림 21-8

전원을 인가하고 입력주파수가 대략 60Hz~100Hz 정도 되도록 조정한 다음 V_i을 측정하여 입력전압이 적어도 실효치(rms)로 2V가 되도록 하고 이때 입력전압 V_i와 출력전압 V_0의 실효치를 측정하여 표 21-4에 기록하라. 또 A_{CM}, A_d, CMRR을 계산하여 표 20-4에 기록하라.

표 21-5

V_i	
V_o	
A_{CM}	
A_d	
$CMRR$	

실험 보고서

실 험 제 목	op Amp의 특성		
실 험 일 자		실 험 조	
학번 및 성명			

실 험 결 과

1. 표 21-1

출력전압 : V_{os}	
입력 off set 전압	

2. 표 21-2

V_A	
V_B	
I_{B1}	
I_{B2}	
I_B(평균치)	

3. 표 21-3

내부입력임피던스	

4. 표 21-4

ΔV	
Δt	
slew rate = $\frac{\Delta V}{\Delta t}$	

5. 표 21-5

V_i	
V_o	
A_{CM}	
A_d	
$CMRR$	

검토 및 고찰

실험 22

op Amp의 기본 선형증폭기 회로

목 적

op Amp의 기본 선형증폭기 회로인 비반전 증폭기, 반전 증폭기, Voltage Follower, 가산 증폭기, 감산 증폭기의 동작특성을 이해하고 선형 증폭기회로의 측정 방법을 익히는데 목적을 둔다.

이 론

[1] 비반전 연산 증폭기

그림 22-1과 같이 입력신호가 op Amp의 비반전 (+)입력에 가해지므로 비반전 연산증폭기라 한다. 여기서 저항 R_1은 입력저항이며, R_2는 출력전압의 일부를 op Amp의 입력 단자로 궤환시키므로 궤환 저항이라 부른다.

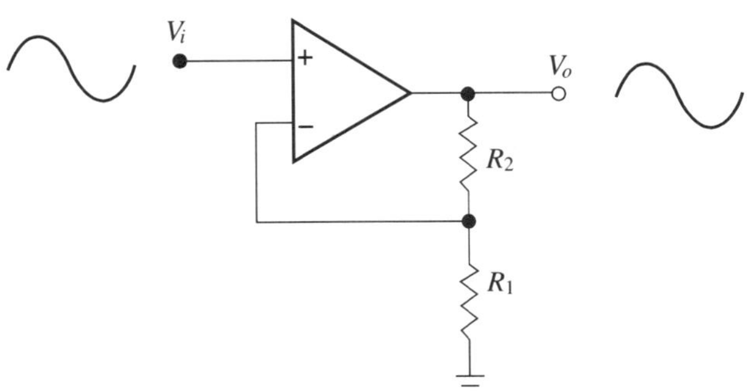

그림 22-1 비반전 연산 증폭기

이 연산 증폭기의 전압이득은 다음과 같이 된다.
전압이득(G : gain)

$$G = \frac{V_o}{Vi} = 1 + \frac{R_2}{R_1}$$

이 회로의 특징을 들면 아래와 같다.
① 전압이득이 양(+)이다.
② 전압이득이 1보다 크다(단 $R_2 = 0$ or $R_1 = \infty$이면 전압이득은 1이다).
③ 이득은 두 저항의 비로 되어 있다.

[2] 반전연산 증폭기

그림 22-2와 같이 입력신호가 op Amp의 반전 (-)입력에 가해지므로 반전연산 증폭기라 한다. 여기서 R_1은 입력저항이며 R_2는 궤환저항이라 한다.

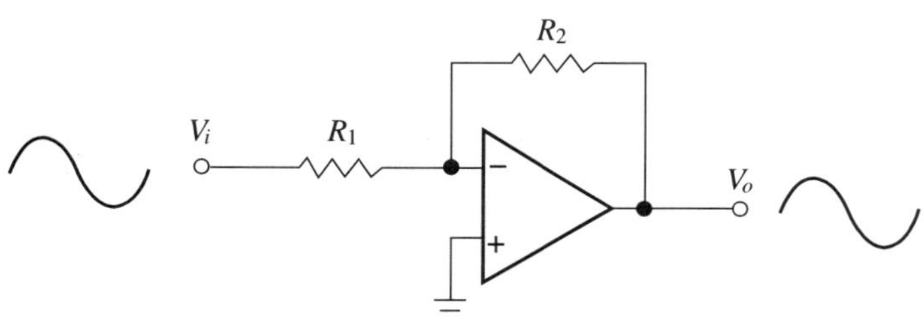

그림 22-2 반전연산 증폭기

이 연산 증폭기의 전압이득은 아래와 같이 주어진다.
전압이득(G : gain)

$$G = \frac{V_o}{Vi} = -\frac{R_2}{R_1}$$

이 회로의 특징은 다음과 같다.
① 전압이득이 음(−)이다.
② 전압이득의 크기($|G| > 1$, $|G| = 1$, $|G| < 1$)를 조정할 수 있다.

③ 이득은 두 저항의 비로 되어 있다.

[3] Voltage Follower

그림 22-3은 Voltage follower 혹은 source follower라 부른다. 이 증폭기의 전압이득은 다음과 같다.

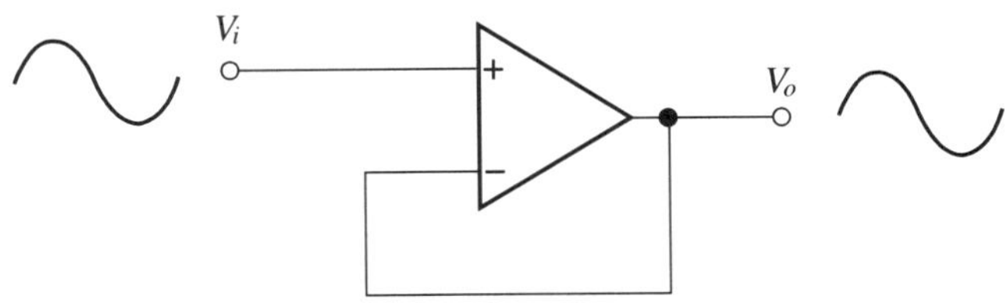

그림 22-3 Voltage Follower

전압이득(G : gain)

$$G = \frac{V_o}{V_i} = 1 \qquad \therefore V_o = V_i$$

이 회로의 특징은 다음과 같다.

① 전압이득이 1이다.
② 입력 임피던스는 매우 크다.
③ 출력 임피던스는 아주 작다.
④ 어떤 입력신호를 부하에 인가하기 전에 완충시키는 작용을 한다.

[4] 가산 증폭기

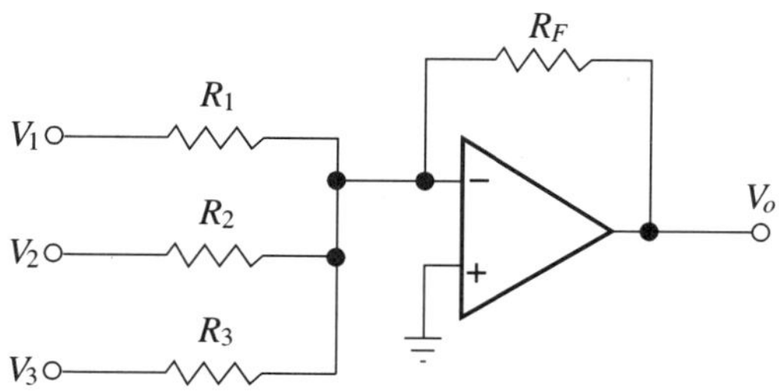

그림 22-4 가산증폭기

그림 22-4와 같이 여러 개의 입력저항이 op Amp의 반전 입력단자에 인가될 때 op Amp는 가산기의 기능을 갖게 된다. 이 가산증폭기의 출력 전압은,

$$Vo = \left[\frac{R_F}{R_1}V_1 + \frac{R_F}{R_2}V_2 + \frac{R_F}{R_3}V_3\right]$$

$$= -R_F\left[\frac{V_1}{R_2} + \frac{V_2}{R_2} + \frac{V_3}{R_3}\right]$$

만약

$$R_1 = R_2 = R_3 = R_F$$

$$V_o = -(V_1 + V_2 + V_3)$$

이 되며, 입력전압의 합이 출력전압이 되는 가산기로써 작용한다.

[5] 차동 증폭기

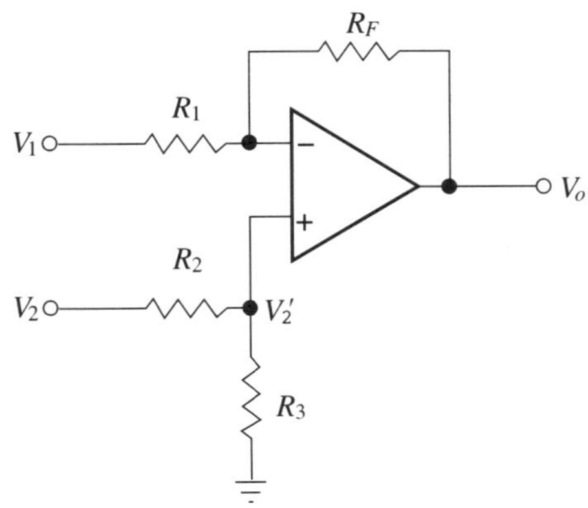

그림 22-5 차동증폭기

그림 22-5의 차동 증폭기는 op Amp의 반전 및 비반전 입력단자에 동시에 입력이 공급되어져 있다. 출력전압을 구하기 위해 먼저 V_2' 점이 접지되고 $V_2=0$가 된다면 이때 출력전압 V_{01}은 반전증폭기인 경우와 같이

$$V_{01} = -\frac{R_F}{R_1} V_1$$

이 된다. 다음 반대로 V_1이 접지되어 있는 경우 출력전압 V_{02}은 비반전 증폭기의 경우와 같이

$$V_{O2} = \left[1 + \frac{R_F}{R_1}\right] V_2'$$

여기서

$$V_2' = \frac{R_3}{R_2 + R_3} V_2 \quad \text{이다.}$$

그러므로

$$V_{O2} = \left[1 + \frac{R_F}{R_1}\right]\left[\frac{R_3}{R_2 + R_3}\right] V_2$$

이다. 결과적으로 출력전압 V_O는

$$V_O = V_{O1} + V_{O2}$$
$$= -\frac{R_F}{R_1}V_1 + \left[1 + \frac{R_F}{R_1}\right]\left[\frac{R_3}{R_2 + R_3}\right]V_2$$

이 되는데 만약 $R_F=R_1=R_2=R_3$로 한다면

$$V_O=V_2-V_1$$

이 된다. 그러므로 출력전압 $V_O=V_2-V_1$이므로 그림 22-5의 회로는 차동증폭기(감산기)로써 작용한다.

기재 및 부품

DC power supply
오실로스코프
파형발생기
μA 741×2
저항 : 10kΩ×3, 33kΩ×3, 39kΩ×1, 47kΩ×3, 68kΩ×1, 100kΩ×3, 27kΩ×1, 82kΩ×1.

실험 과정

1. 그림 22-6과 같은 비반전연산증폭기를 구성하라.

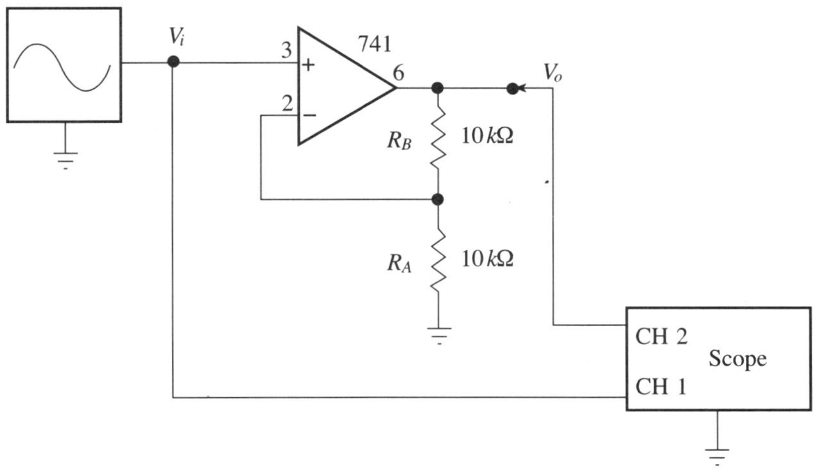

그림 22-6

전원을 인가하고 입력이 1V(p-p), 400Hz가 되도록 조정하여 출력전압을 오실로스코프로 관찰해서 측정하여 표 22-1에 기록하고 그림 22-7에 파형을 그리시오. 또 R_B의 저항치를 표 22-1과 같이 바꾸어 가면서 관찰하여 파형을 그리고 측정치를 기록하라.

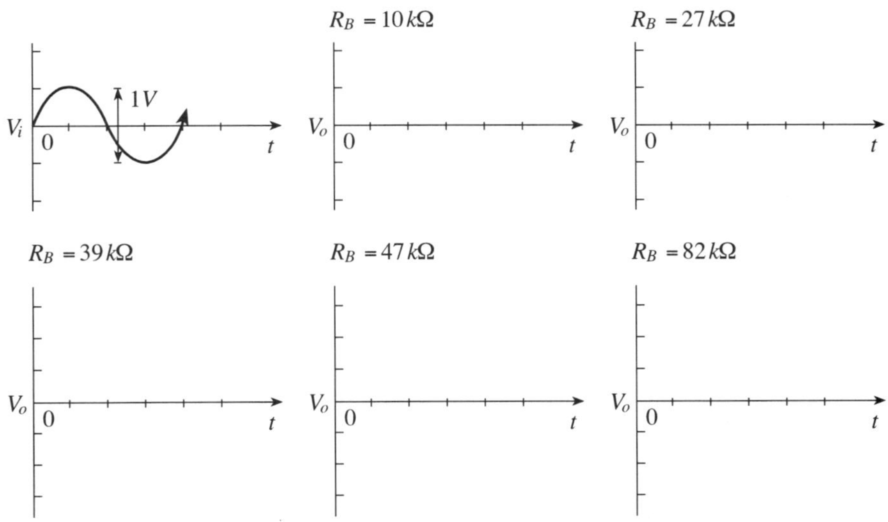

그림 22-7

표 22-1

R_B	V_O(p-p)	전압이득(측정치)	전압이득(계산치)
10kΩ			
27kΩ			
39kΩ			
47kΩ			
82kΩ			

2. 그림 22-8과 같은 반전연산증폭기를 구성하라.

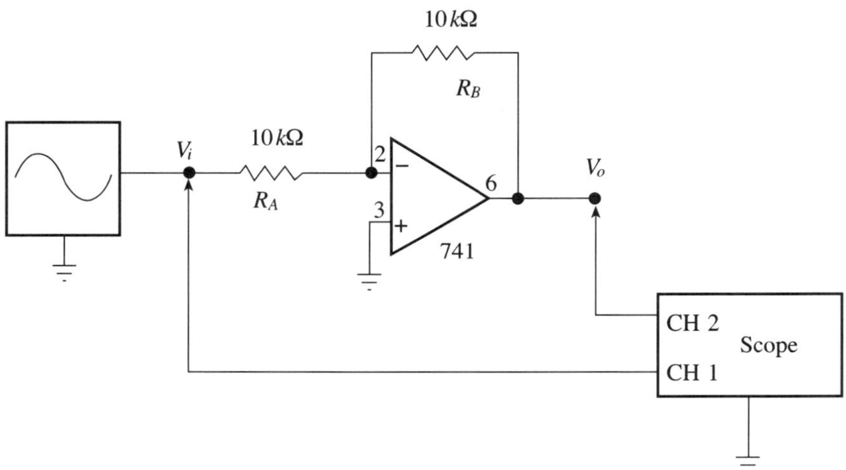

그림 22-8

전원을 인가하고 입력이 1V(p-p), 500Hz가 되도록 조정하여 출력전압을 오실로스코프로 관찰해서 측정하여 표 22-2에 기록하고 그림 22-9에 파형을 그리시오. 또 R_B의 저항치를 표 22-2와 같이 바꾸어가며 관찰하여 파형을 그리고 측정치를 기록하라.

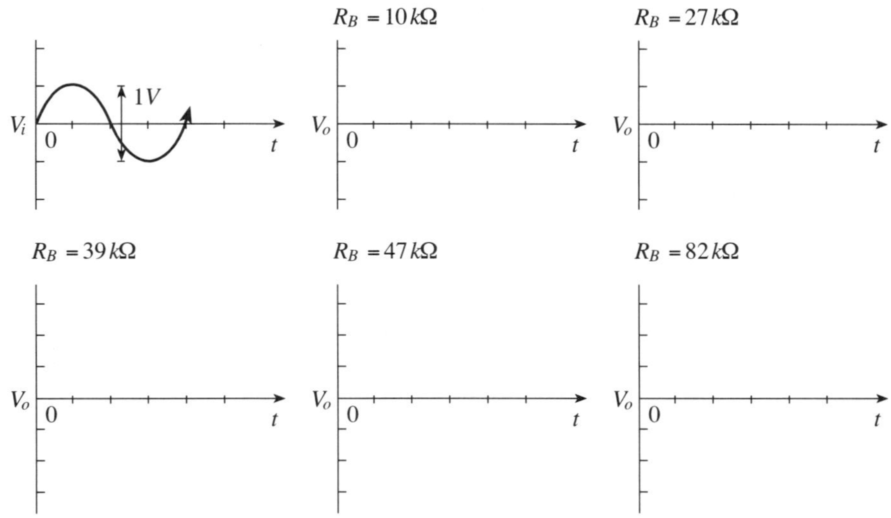

그림 22-9

표 22-2

R_B	V_O(p-p)	전압이득(측정치)	전압이득(계산치)
10kΩ			
27kΩ			
39kΩ			
47kΩ			
82kΩ			

3. 그림 22-10과 같은 voltage follower 회로를 구성하라.

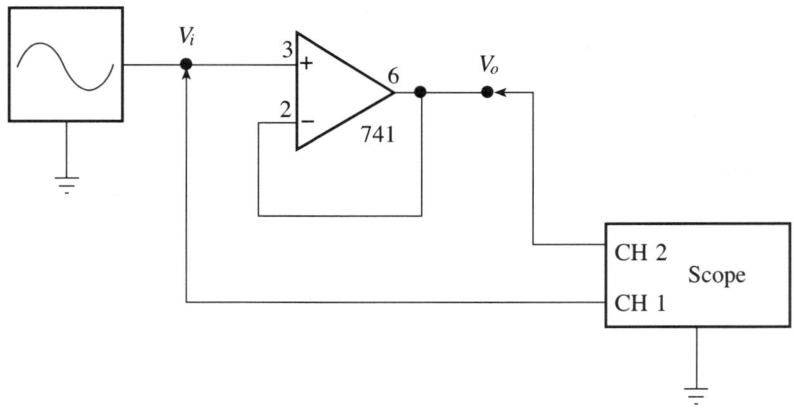

그림 22-10

전원을 인가하고 입력이 1V(p-p), 400Hz가 되도록 조정하여 출력전압을 오실로스코프로 관찰해서 측정하여 표 22-3에 기록하고 그림 22-11에 파형을 그리시오. 또 입력전압 V_i의 값을 표 22-3과 같이 변화시켜 가며 출력을 관찰하여 파형을 그리고 측정치를 기록하라.

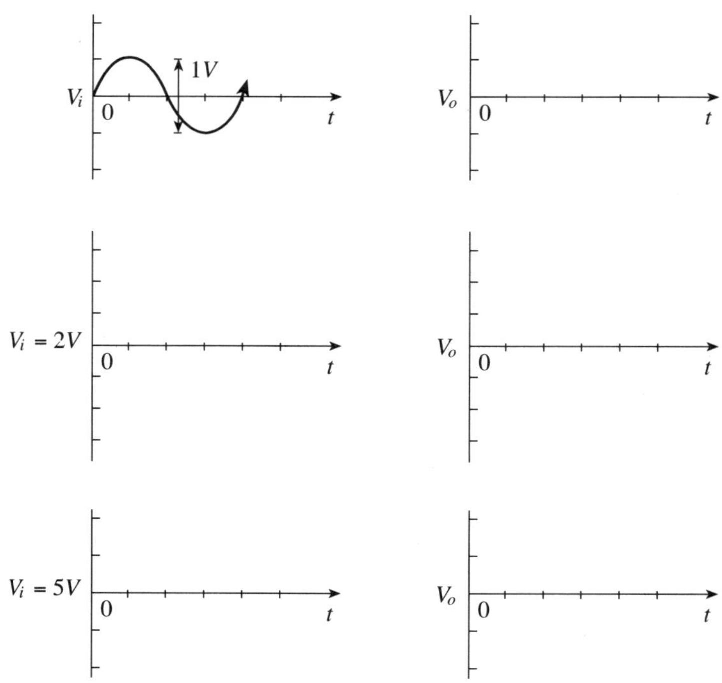

그림 22-11

표 22-3

입력전압(V_1)	V_O(p-p)	전압이득(측정치)	전압이득(계산치)
1V			
2V			
5V			

4. 그림 22-12와 같은 가산증폭기회로를 구성하라.

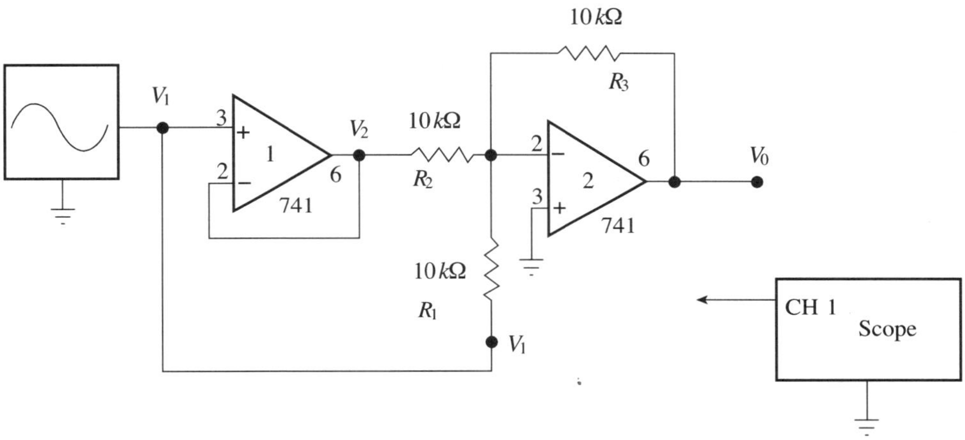

그림 22-12

여기서 $V_O = -R_3\left[\frac{V_1}{R_1} + \frac{V_2}{R_2}\right]$

① 전원을 인가하고 입력이 1V(p-p), 300Hz가 되도록 조정하여 출력전압 V_2와 V_O을 오실로스코프로 관찰하여 그림 22-13에 그리시오.

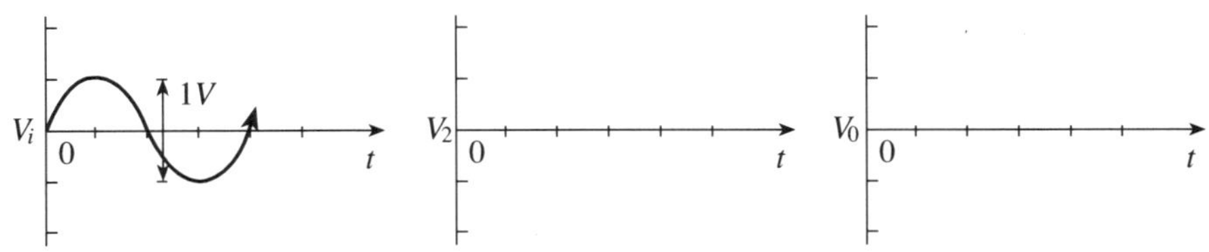

그림 22-13

② 서로 다른 입력을 인가하기 위해 첫 번째 단 op-Amp을 그림 22-14와 같이 비반전 증폭기로 바꾼 다음 출력전압 V_2와 V_O을 오실로스코프로 관찰하여 그림 22-15에 그리시오.

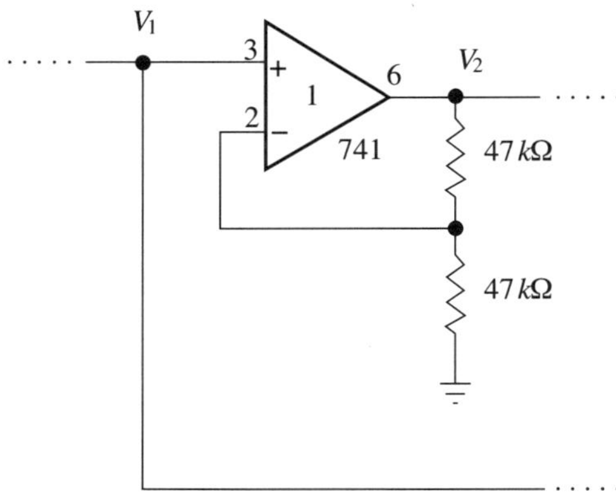

그림 22-14

그림 22-15

③ 다시 첫 번째단 op-Amp을 그림 21-16과 같이 바꾼 다음 출력전압 V_2와 V_O을 오실로스코프로 관찰하여 그림 22-17에 그리시오.

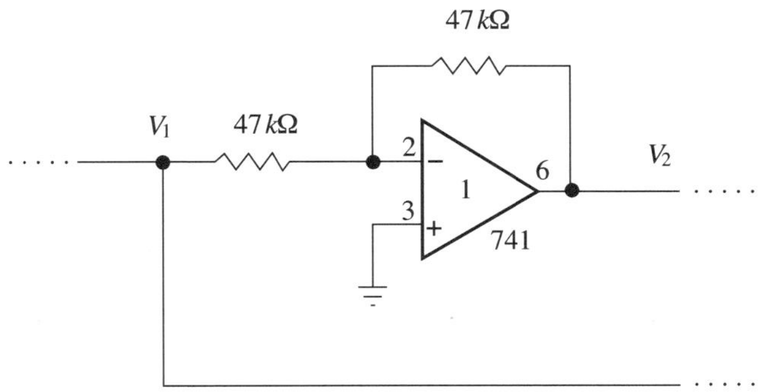

그림 22-16

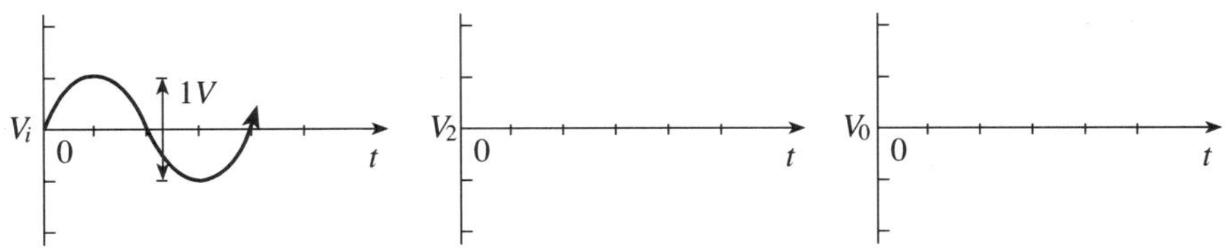

그림 22-17

5. 그림 22-18과 같은 차동증폭기회로를 구성하라.

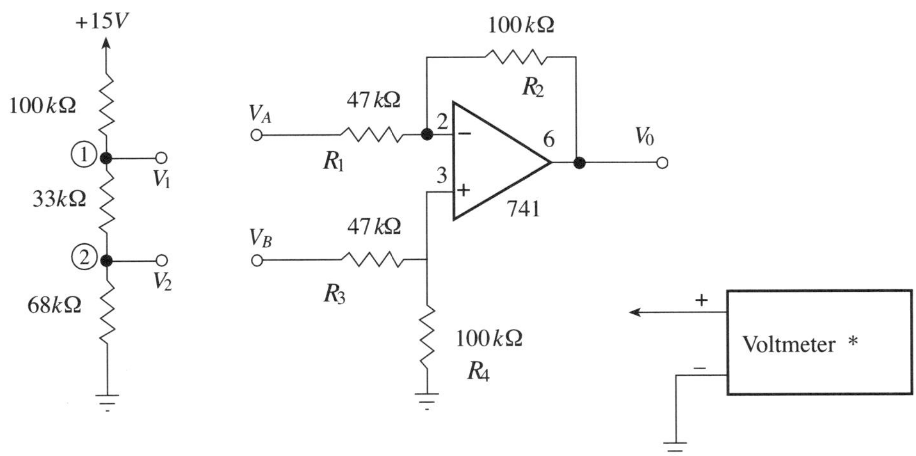

그림 22-18

여기서 $V_O = \frac{R_2}{R_1}(V_B - V_A)$ 단, $R_1 = R_3$

$R_2 = R_4.$

① R_1을 점 ②에, R_3을 점 ①에 연결하고 표 22-4에 주어진 각점을 측정하여 표 22-4에 기록하라.

표 22-4

$V_1 = V_B$	
$V_2 = V_A$	
$V_B - V_A$(계산치)	
V_O(측정치)	
V_O(계산치)	

② R_1을 점 ①에, R_3을 점 ②에 연결하고 표 22-5에 주어진 각점을 측정하여 표 22-5에 기록하라.

표 22-5

$V_1 = V_A$	
$V_2 = V_B$	
$V_B - V_A$(계산치)	
V_O(측정치)	
V_O(계산치)	

실험 보고서

실 험 제 목	op Amp의 기본 선형증폭기 회로		
실 험 일 자		실 험 조	
학번 및 성명			

실 험 결 과

1.

표 22-1

R_B	V_O(p-p)	전압이득(측정치)	전압이득(계산치)
10kΩ			
27kΩ			
39kΩ			
47kΩ			
82kΩ			

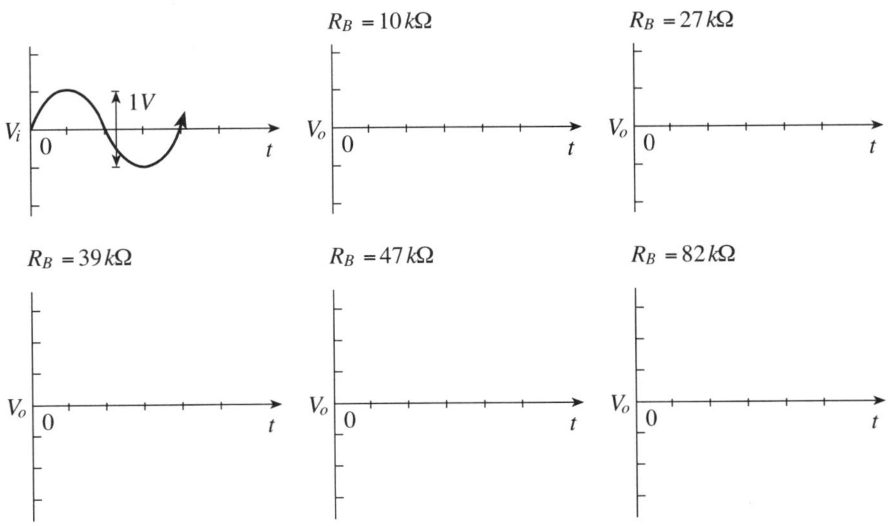

그림 22-7

2.

표 22-2

R_B	V_O(p-p)	전압이득(측정치)	전압이득(계산치)
10kΩ			
27kΩ			
39kΩ			
47kΩ			
82kΩ			

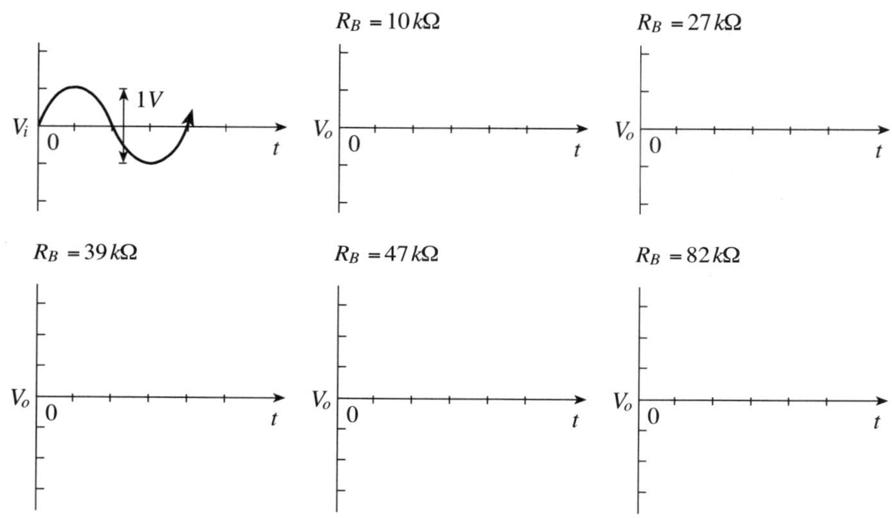

그림 22-9

3.

표 22-3

입력전압(V_i)	V_O(p-p)	전압이득(측정치)	전압이득(계산치)
1V			
2V			
5V			

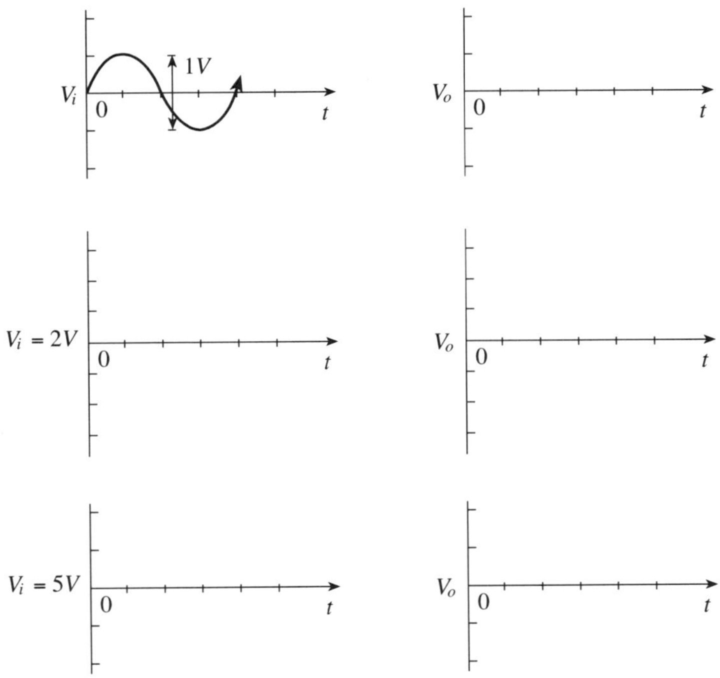

그림 22-11

4.

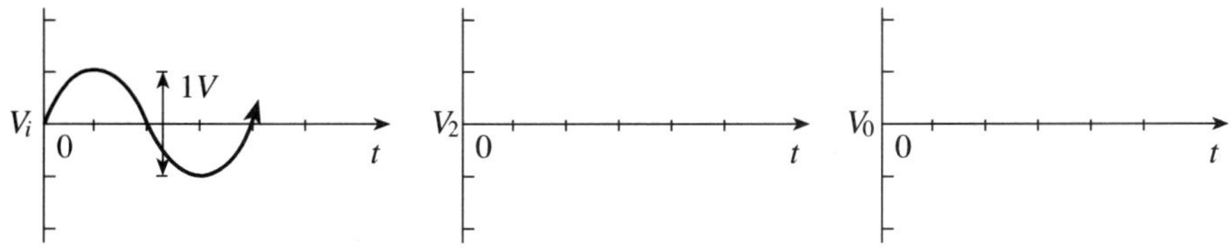

그림 22-13

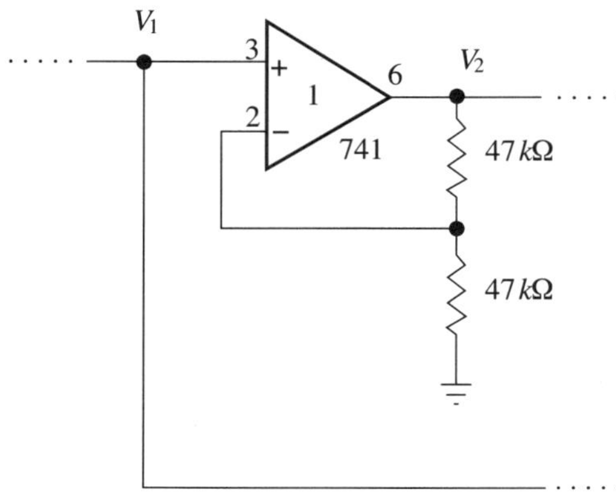

그림 22-14

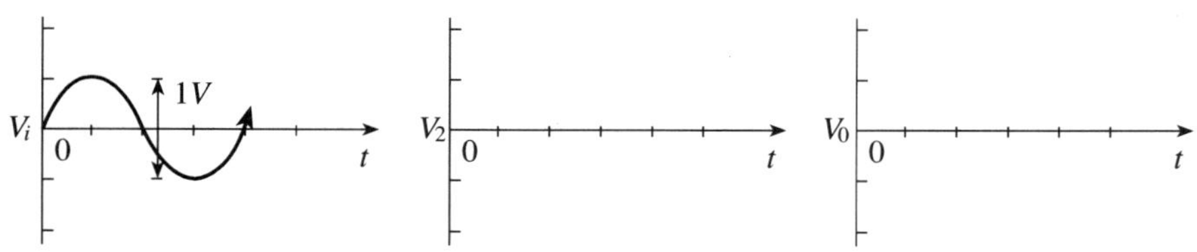

그림 22-15

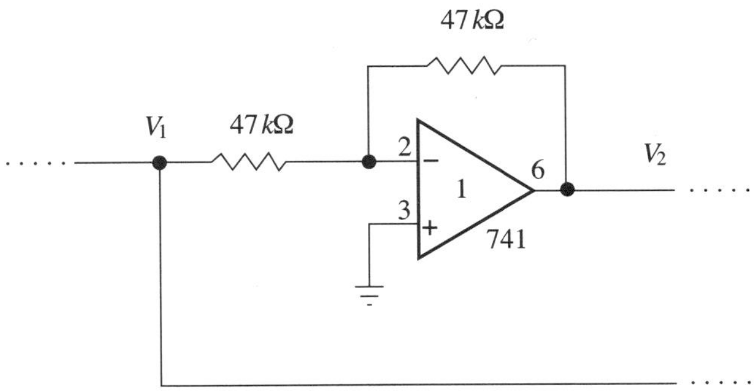

그림 22-16

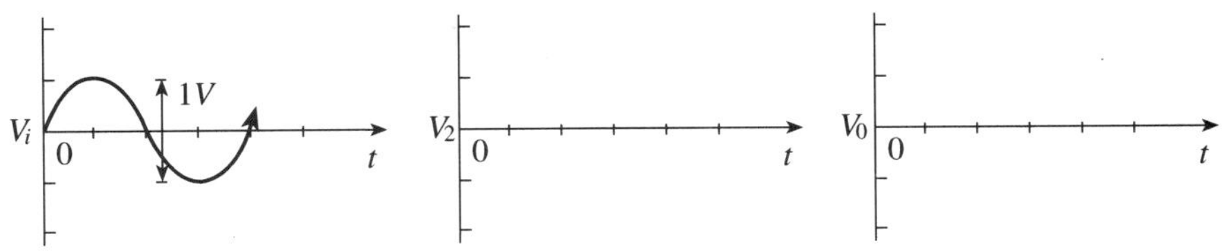

그림 22-17

5.

표 22-4

$V_1 = V_B$	
$V_2 = V_A$	
$V_B - V_A$(계산치)	
V_O(측정치)	
V_O(계산치)	

표 22-5

$V_1 = V_A$	
$V_2 = V_B$	
$V_B - V_A$(계산치)	
V_O(측정치)	
V_O(계산치)	

검토 및 고찰

실험 23

op Amp을 사용한 미분기와 적분기

목 적

op Amp의 응용회로인 미분기와 적분기의 동작 특성을 이해하고 회로의 측정 방법을 익히는 데 목적을 둔다.

이 론

[1]미분기

그림 23-1은 기본적인 미분기회로인데, 이 회로는 입력측 소자 C을 제외하면 기본 반전 증폭기와 비슷하다.

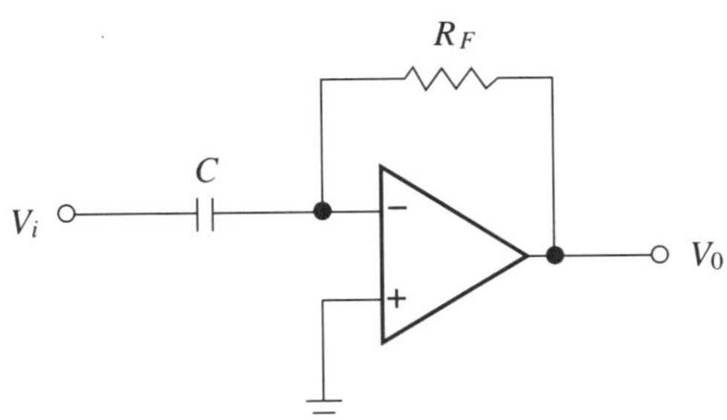

그림 23-1

이 회로의 출력전압은 다음과 같이 주어진다.

$$V_0 = -R_F C \frac{dv_i}{dt} \quad \cdots\cdots \text{(A)}$$

이 회로에 있어서 한 가지 문제점은 커패시터의 리액턴스(1/2πfc)가 주파수에 따라서 감소한다는 것이다. 그러므로 미분기의 출력은 주파수에 따라 증가하게 되므로 이 회로는 고주파 잡음에 민감하게 된다. 좀 더 실제적인 미분기는 그림 23-2와 같이 입력커패시터에 직렬로 저항 R_s를 결합하여 고주파 이득을 R_F/R_S로 감소시킨다.

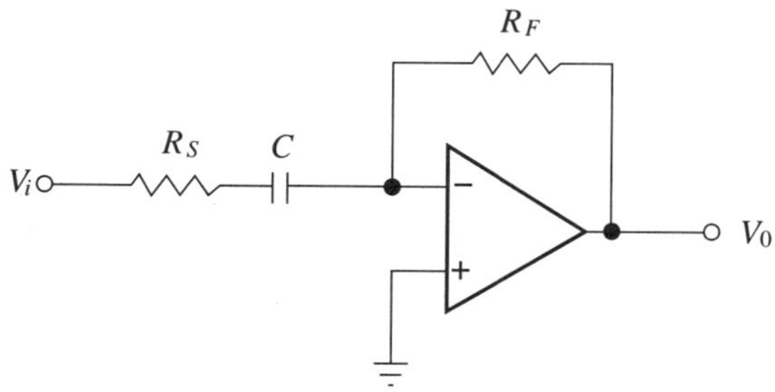

그림 23-2

이 회로의 출력 전압은 위의 (A)식과 같이 주어진다. 그러나 이 회로가 미분기로써 작용하기 위해서는 입력 주파수가 아래 식보다 적은 값이 되어야 한다.

$$f_c = \frac{1}{2\pi R_s C}$$

만약 입력 주파수가 위의 주파수(f_c)보다 크다면 다음과 같은 전압 이득을 갖는 반전증폭기가 된다.

$$G = \frac{V_o}{V_i} - \frac{R_F}{R_S}$$

미분기 입력에 삼각파를 인가할 때 출력 파형은 그림 23-3과 같은 구형파가 된다. 단 삼각파형의 주파수가 f_c보다 작은 경우이다.

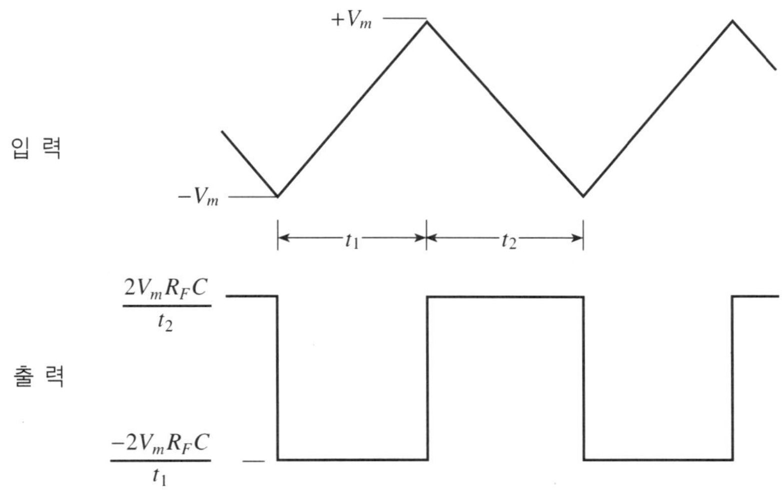

그림 23-3 미분기의 입·출력 파형

[2] 적분기

그림 23-4는 적분기 회로로써 그림 23-1의 미분기 회로에서 저항과 커패시터를 서로 바꾸어 놓은 것인데, 즉 저항 R_1은 입력소자이고 커패시터 C는 궤환소자이다.

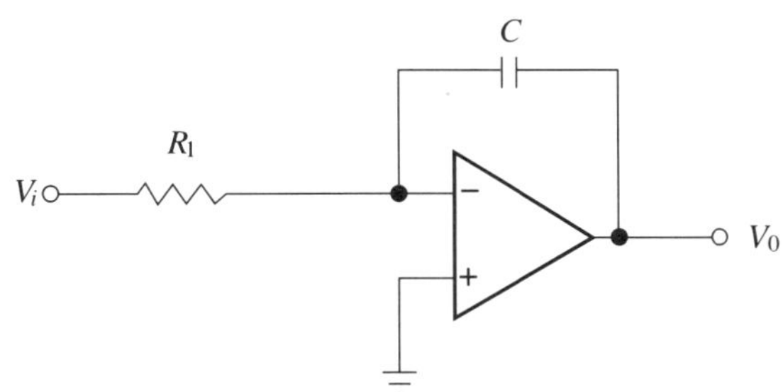

그림 23-4

그림 23-4의 회로에서 출력전압 V_O는 다음과 같다.

$$V_O = -\frac{1}{R_1 C}\int_0^t V_i dt \qquad \text{(B)}$$

그러나 좀 더 실제적인 적분기회로는 그림 23-5와 같이 궤환소자 C양단에 병렬로 저항 R_s를 접속시켜 회로의 저주파이득을 제한한다. 만약 저주파이득을 제한하지 않는다면 dc 오프셋이 적더라도 적분주기 동안 적분이 되더라도 결국 op-Amp를 포화시킨다. 입력바이어스 전류에 기인한 dc 오프셋전압은 저항 R_2에 의해서 최소화된다. 여기서 R_1는 입력저항 R_2과 분류기저항 R_s의 병렬 합성저항으로 다음과 같이 표현된다.

$$R_2 = \frac{R_1 \cdot R_s}{R_1 + R_s}$$

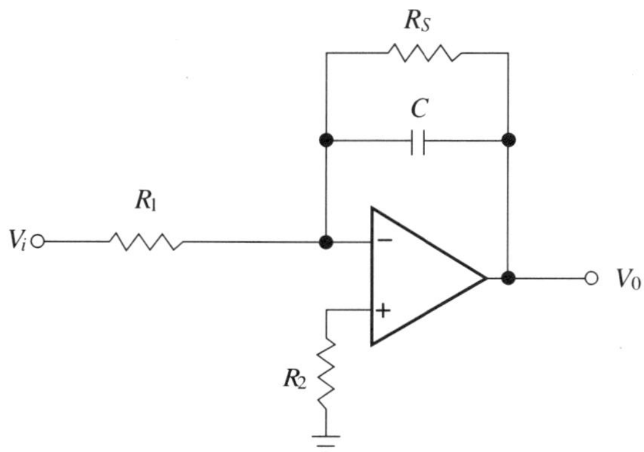

그림 23-5 제한된 저주파이득을 갖는 적분기

이때 저항 R_s로 인해 저주파 이득이 제한받게 되므로 앞의 식 (B)는 입력주파수가 $f_c = \frac{1}{2\pi R_s C}$ 보다 높은 주파수일 때 성립되며, 만약 f_c보다 입력주파수가 낮다면 반전증폭기가 되며 입 · 출력 관계식은 다음과 같이 된다.

$$\frac{V_O}{V_i} = -\frac{R_s}{R_1}$$

실제로 R_s는 R_1의 거의 10배 정도로 구성된다. 미분기에서와 마찬가지로 적분기에서도 시정수 R_1C는 입력신호의 주기와 거의 같게 구성되어진다.

적분기 입력에 구형파를 인가할 때 출력파형은 그림 23-6과 같은 삼각파가 된다. 단구형파의 주파수가 f_c보다 큰 경우이다.

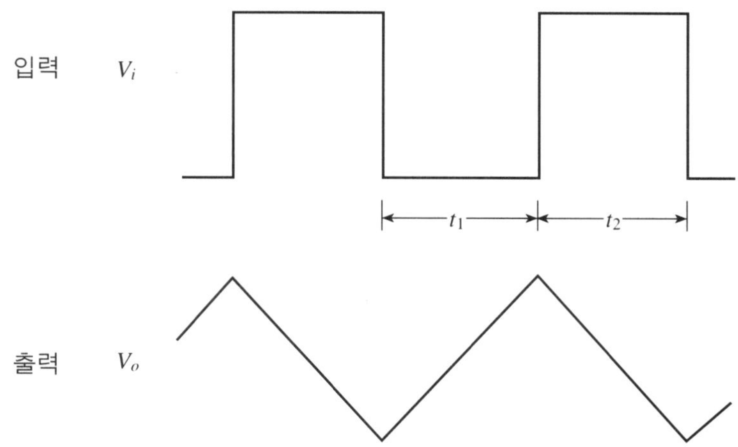

그림 23-6 적분기의 입·출력 파형

기재 및 부품

DC power supply
오실로스코프
함수발생기(구형파, 삼각파)
μA 741
저항 : 2.2kΩ, 10×2kΩ, 22kΩ, 100kΩ.
콘덴서 : 0.0047μF, 0.022F.

실험과정

1. 그림 23-7과 같은 미분기 회로를 구성하고 아래의 과정으로 실험하시오.

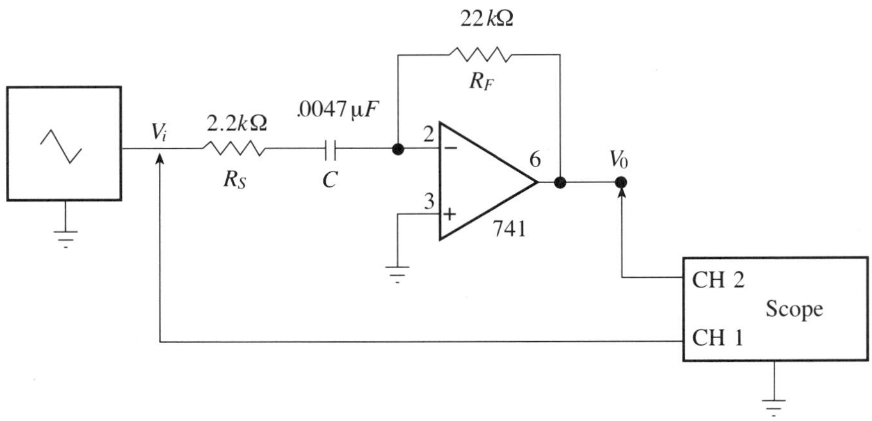

그림 23-7

① 삼각파의 입력전압을 1V(p-p), 주파수를 400Hz로 조정하여 출력파형을 관측하여 그림 23-8에 그리시오.

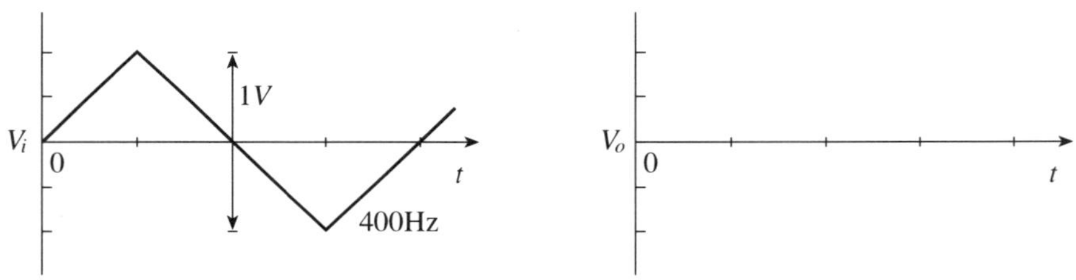

그림 23-8

② Channel 2 프로브를 제거시킨 후 스코프상에 0준위를 확인한 후 출력구형파의 전압(Negative p-p)을 측정하시오.

$V_O=$ V

③ 출력구형파의 (+)주기와 (-)주기를 측정하시오.

(+)인 주기 $t_1=$ sec

(-)인 주기 $t_2=$ sec

④ 실험 ②에서 구한 측정치와 이론치를 비교하시오.

이론치(p-p) : $V_O = -\frac{2R_F CVm}{t_2} =$ V

측정치(p-p) : $V_O =$ V

오　차 : $\varepsilon =$ %

⑤ 삼각파의 입력전압을 1V(p-p), 주파수를 1kHz로 다시 조정한 다음 실험 ①, ②, ③, ④를 반복하여 기록하십시오.

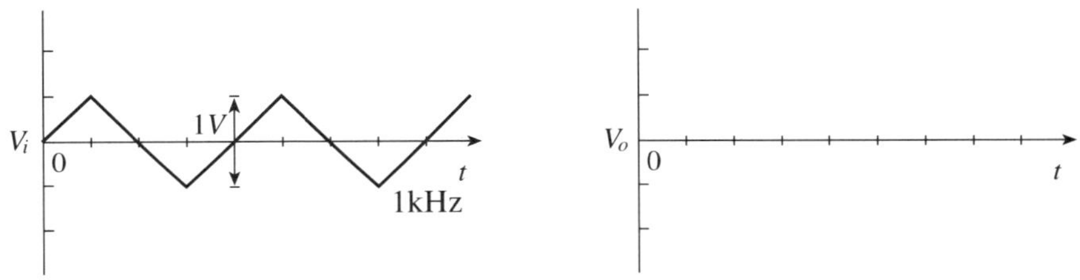

그림 23-9

$V_O =$ V

(+)인 주기 $t_1 =$ sec

(-)인 주기 $t_2 =$ sec

이론치 : $V_O =$ V

오　차 : $\varepsilon =$ %

⑥ 위의 실험결과 이 회로는 어떤 입력주파수 이상일 때 미분기가 아닌 발전증폭기로 동작하는가 관찰하시오.

____________ Hz

⑦ 삼각파의 입력전압을 1V(p-p), 주파수를 30kHz로 다시 조정하여 출력파형을 관측하여 그림 23-10에 그리고 전압 이득을 계산하시오.

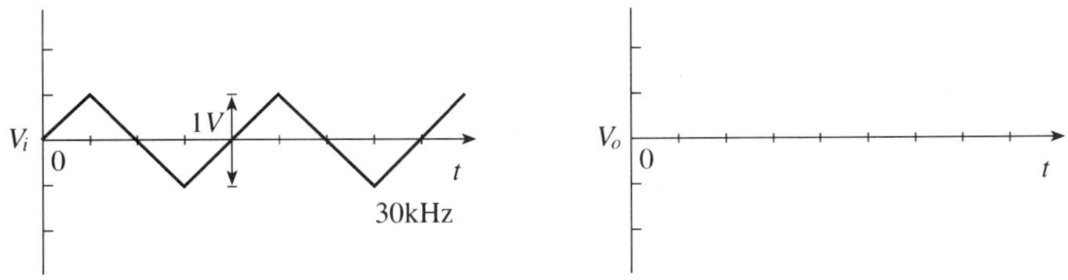

그림 23-10

전압이득=

2. 그림 23-11과 같은 적분기회로를 구성하고 아래의 과정으로 실험하시오.

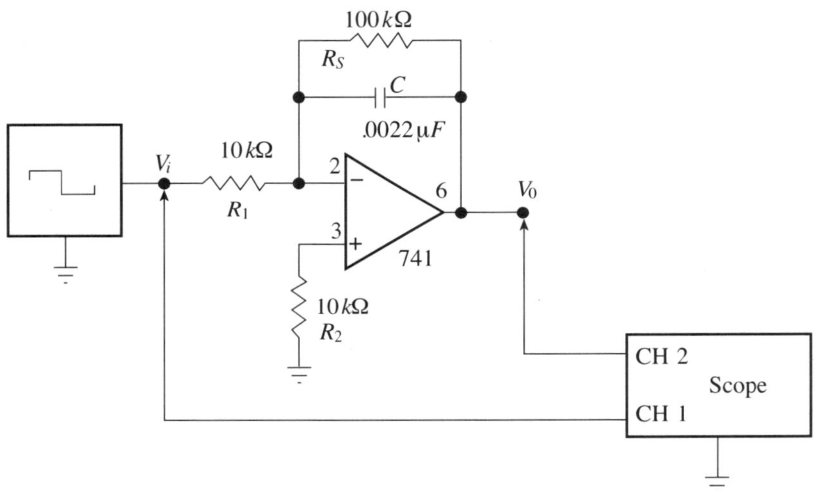

그림 23-11

① 입력구형파의 전압을 1V(p-p), 주파수를 10kHz로 조정하여 출력파형을 관측하여 그림 23-12에 그리시오.

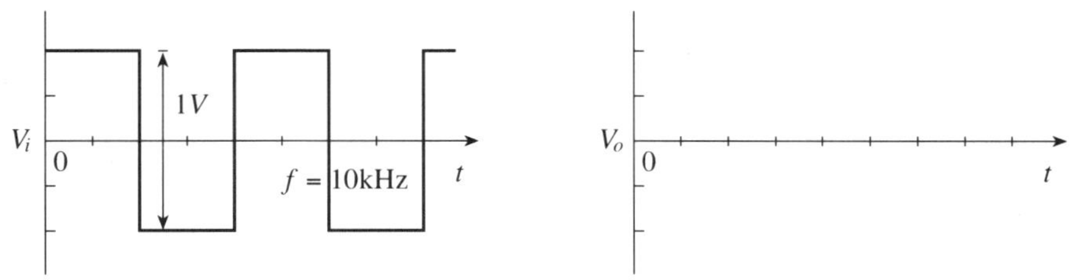

그림 23-12

② Channel 2 프로브를 제거시킨 후 스코프상에 0준위를 확인한 후 출력삼각파의 전압 (p-p)을 측정하시오.

$V_O=$ V

③ 입력파형과 출력파형의 주기를 비교하시오.

입력파형의 주기 : $t_i=$ sec

출력파형의 주기 : $t_o=$ sec

④ 실험 ②에서 구한 측정치와 이론치를 비교하시오.

이론치(p-p) : $V_O - \frac{V_m t}{R_1 C} =$ V

측정치(p-p) : $Vo=$ V

오 차 : $\varepsilon=$ %

⑤ 입력구형파의 전압을 1V(p-p), 주파수를 4kHz로 다시 조정한 다음 실험 ①, ②, ③, ④를 반복하여 기록하시오.

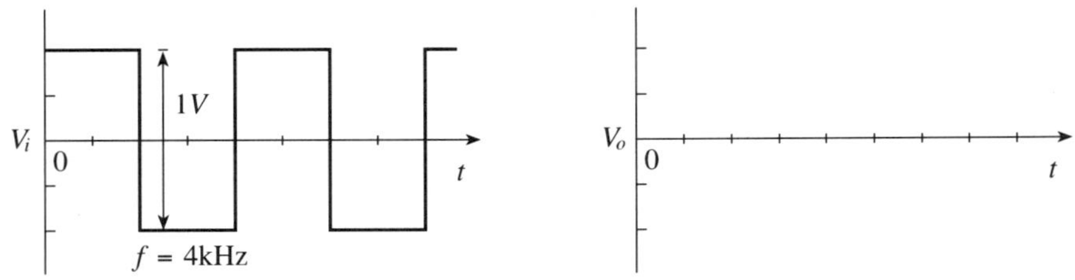

그림 23-13

$V_O=$ V

입력파형의 주기 : $t_i=$ sec

출력파형의 주기 : $t_o=$ sec

이론치 : $V_o=$ V

오 차 : $\varepsilon=$ %

⑥ 위의 실험결과 이 회로는 어떤 입력주파수 이하일 때 적분기가 아닌 반전증폭기로 동작하는가 관찰하시오.

____________ Hz

⑦ 입력구형파의 전압을 1V(p-p), 주파수를 100Hz로 다시 조정하여 출력파형을 관측하여 그림 23-14에 그리고 전압이득을 계산하시오.

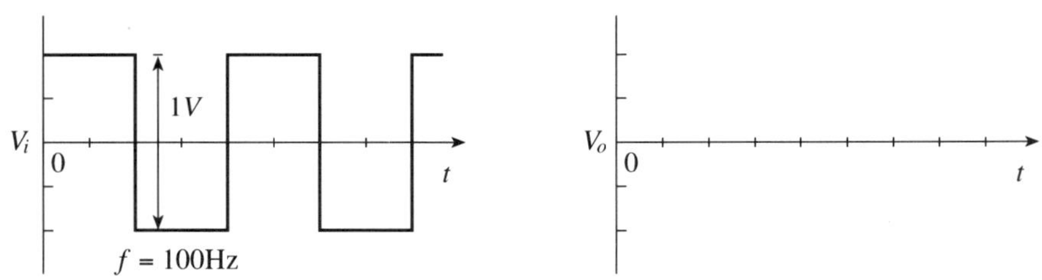

그림 23-14

전압이득=

실험 보고서

실 험 제 목	op Amp을 사용한 미분기와 적분기		
실 험 일 자		실 험 조	
학번 및 성명			

실 험 결 과

1. ①

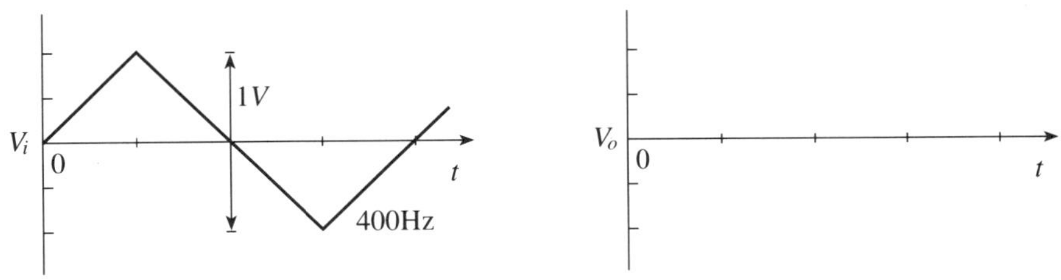

그림 23-8

② $Vo=$ V

③ ⊕인 주기 $t_1=$ sec

⊖인 주기 $t_2=$ sec

④ 이론치(p-p) : $V_o = -\dfrac{2R_F CVm}{t_2} =$ V

측정치(p-p) : $V_o=$ V

오 차 : $\varepsilon=$ %

⑤

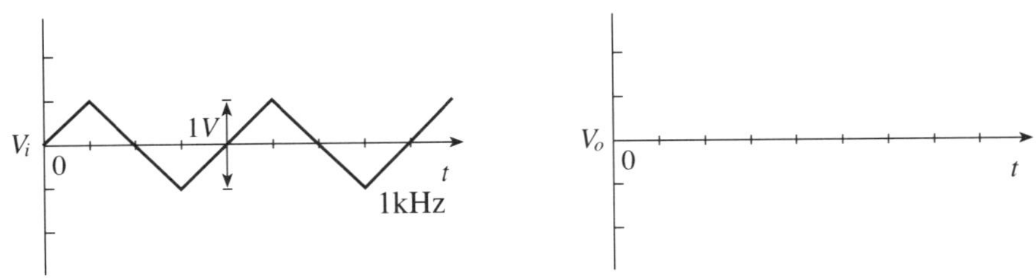

그림 23-9

⑥ ________________ Hz

⑦

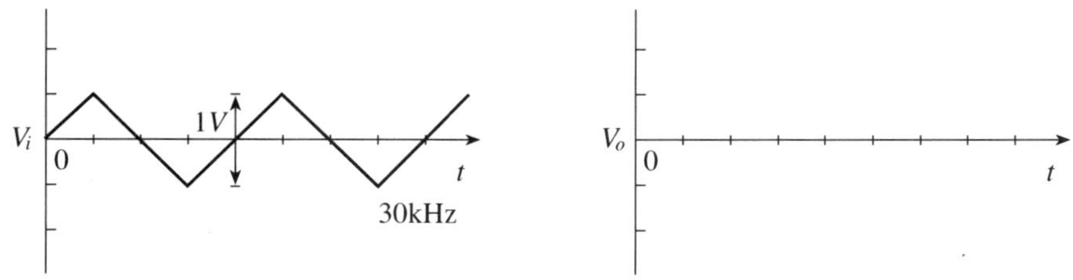

그림 23-10

2. ①

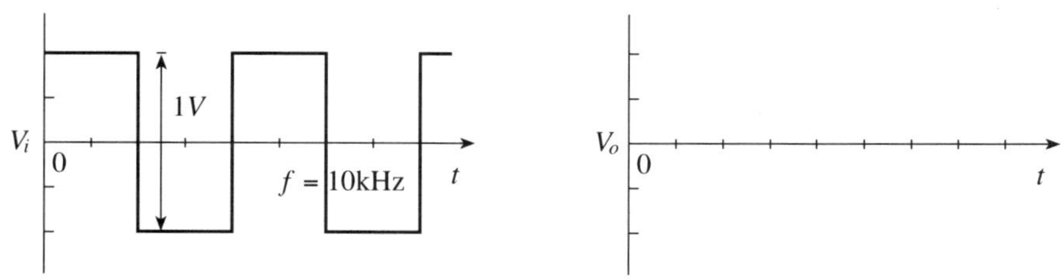

그림 23-12

② $V_O=$ V

③ 입력파형의 주기 : $t_i=$ sec

출력파형의 주기 : $t_o=$ sec

④ 이론치(p-p) : $V_O - \frac{V_m t}{R_1 C} =$ V

측정치(p-p) : $Vo=$ V

오 차 : $\varepsilon=$ %

⑤

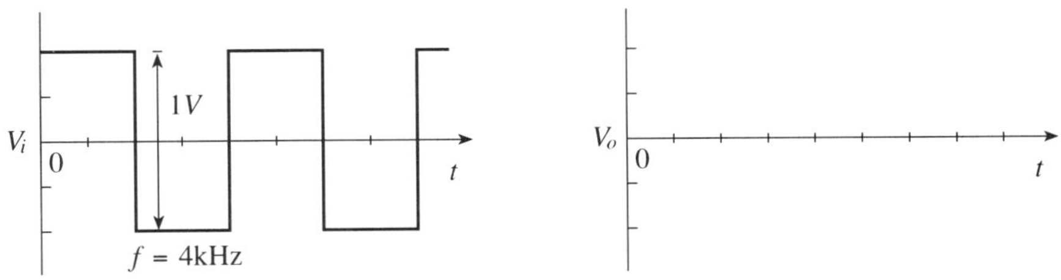

그림 23-13

⑥ ____________________ Hz

⑦

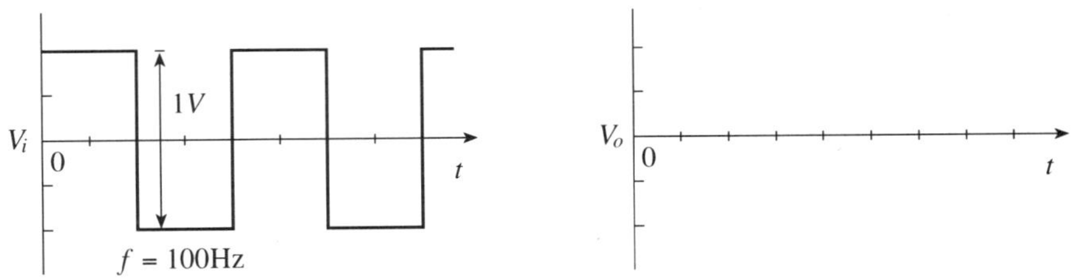

그림 23-14

검토 및 고찰

부 록

부록 Ⅰ TTL 54/74 Series

PIN ASSIGNMENTS (TOP VIEWS)

QUADRUPLE 2-INPUT POSITIVE-NAND GATES

00

positive logic:

$Y = \overline{AB}$

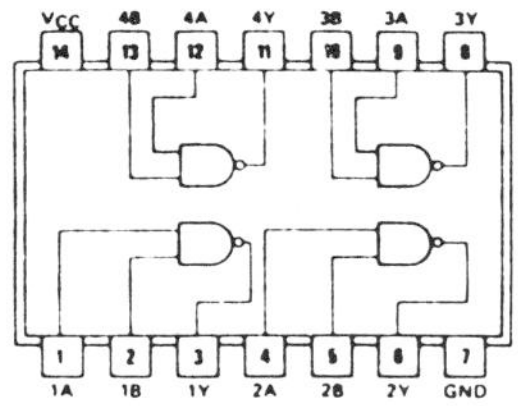

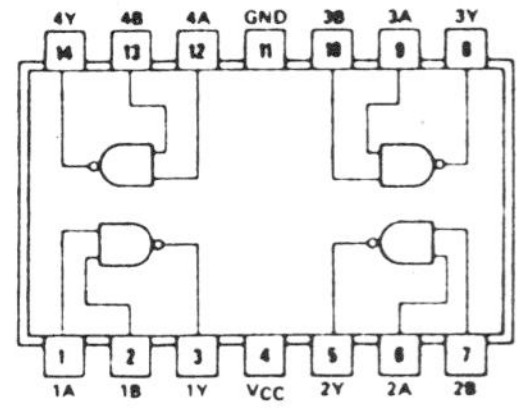

SN5400 (J) SN7400 (J, N)
SN54ALS00A (J, W) SN74ALS00A (J, N)
SN54H00 (J) SN74H00 (J, N)
SN54L00 (J)
SN54LS00 (J, W) SN74LS00 (J, N)
SN54S00 (J, W) SN74S00 (J, N)

SN5400 (W)
SN54H00 (W)
SN54L00 (T)

QUADRUPLE 2-INPUT POSITIVE-NAND GATES WITH OPEN-COLLECTOR OUTPUTS

01

positive logic:

$Y = \overline{AB}$

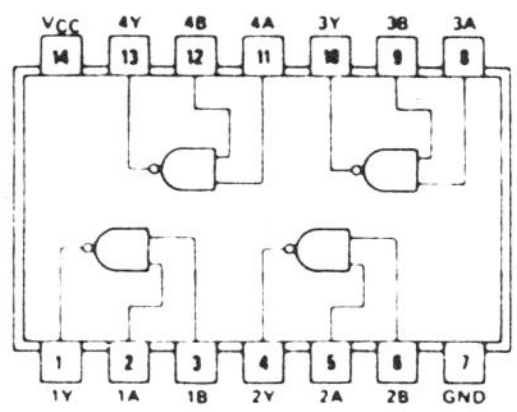

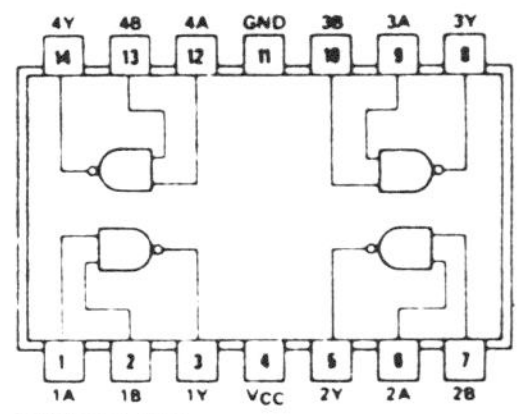

SN5401 (J) SN7401 (J, N)
SN54ALS01 (J, W) SN74ALS01 (J, N)
SN54LS01 (J, W) SN74LS01 (J, N)

SN5401 (W)
SN54H01 (W)
SN54L01 (T)

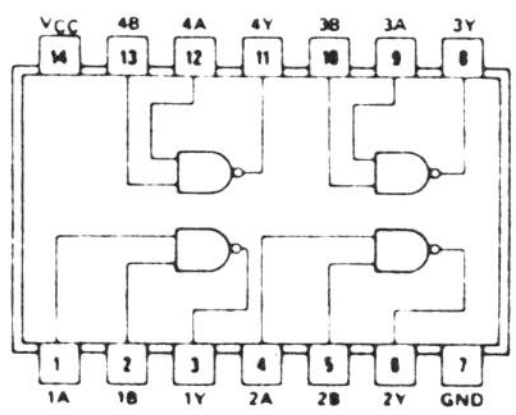

SN54H01 (J) SN74H01 (J, N)

QUADRUPLE 2-INPUT POSITIVE-NOR GATES

02

positive logic:

$Y = \overline{A+B}$

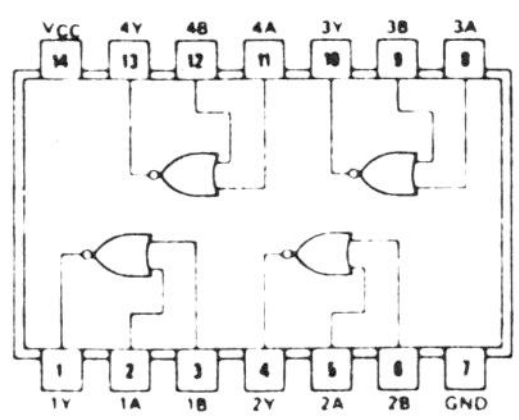

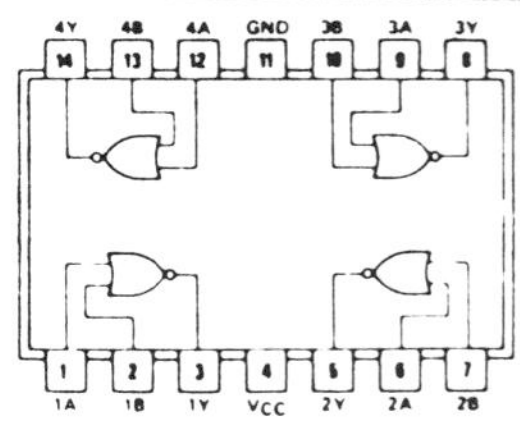

SN5402 (J) SN7402 (J, N)
SN54ALS02 (J, W) SN74ALS02 (J, N)
SN54L02 (J)
SN54LS02 (J, W) SN74LS02 (J, N)
SN54S02 (J, W) SN74S02 (J, N)

SN5402 (W)
SN54L02 (T)

PIN ASSIGNMENTS (TOP VIEWS)

QUADRUPLE 2-INPUT POSITIVE-NAND GATES WITH OPEN-COLLECTOR OUTPUTS

03

positive logic:
$Y = \overline{AB}$

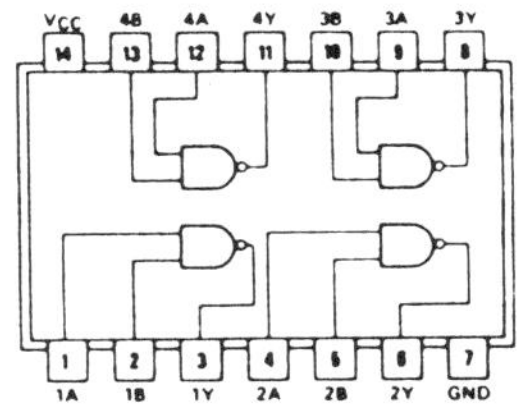

SN5403 (J) SN7403 (J, N)
SN54ALS03A (J, W) SN74ALS03A (J, N)
SN54L03 (J)
SN54LS03 (J, W) SN74LS03 (J, N)
SN54S03 (J, W) SN74S03 (J, N)

HEX INVERTERS

04

positive logic:
$Y = \overline{A}$

See pages 6-2, 15-9

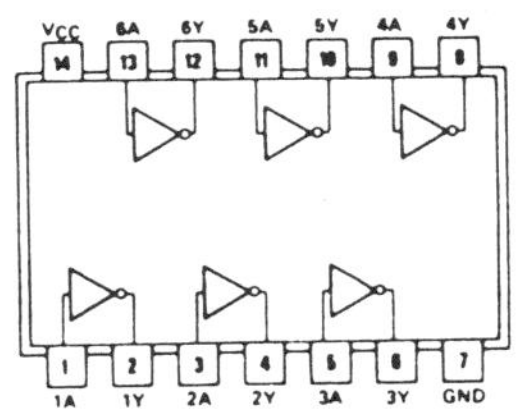

SN5404 (J) SN7404 (J, N)
SN54ALS04 (J, W) SN74ALS04 (J, N)
SN54H04 (J) SN74H04 (J, N)
SN54L04 (J)
SN54LS04 (J, W) SN74LS04 (J, N)
SN54S04 (J, W) SN74S04 (J, N)

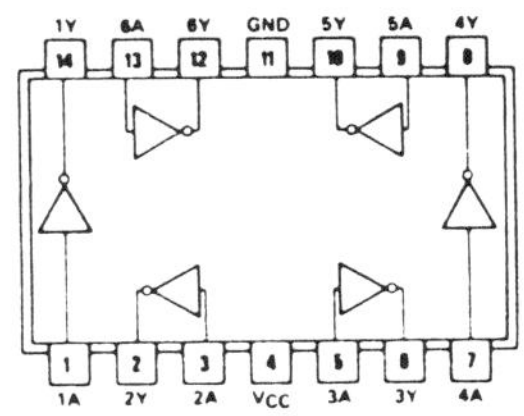

SN5404 (W)
SN54H04 (W)
SN54L04 (T)

HEX INVERTERS WITH OPEN-COLLECTOR OUTPUTS

05

positive logic:
$Y = \overline{A}$

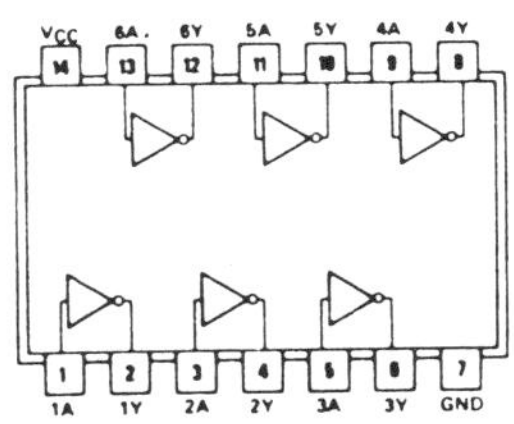

SN5405 (J) SN7405 (J, N)
SN54ALS05 (J, W) SN74ALS05 (J, N)
SN54H05 (J) SN74H05 (J, N)
SN54LS05 (J, W) SN74LS05 (J, N)
SN54S05 (J, W) SN74S05 (J, N)

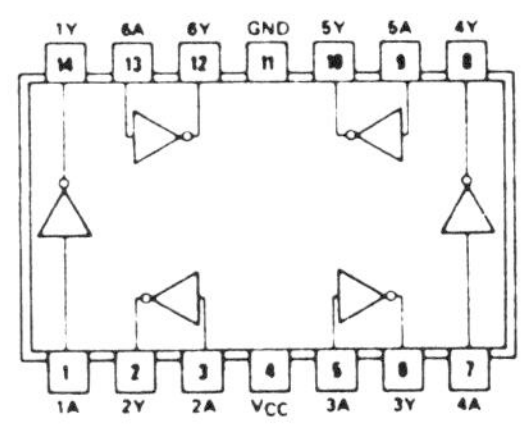

SN5405 (W)
SN54H05 (W)

HEX INVERTER BUFFERS/DRIVERS WITH OPEN-COLLECTOR HIGH-VOLTAGE OUTPUTS

06

positive logic:
$Y = \overline{A}$

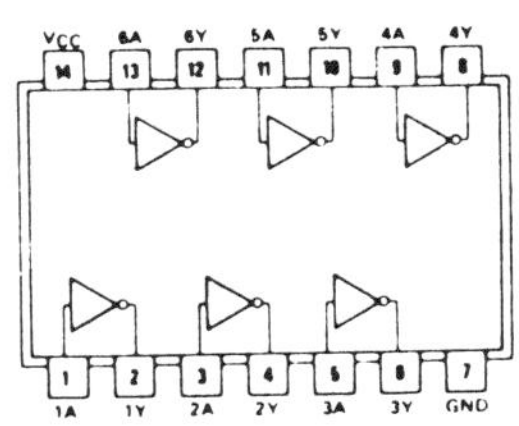

SN5406 (J, W) SN7406 (J, N)

PIN ASSIGNMENTS (TOP VIEWS)

HEX BUFFERS/DRIVERS
WITH OPEN-COLLECTOR
HIGH-VOLTAGE OUTPUTS

07

positive logic:
Y = A

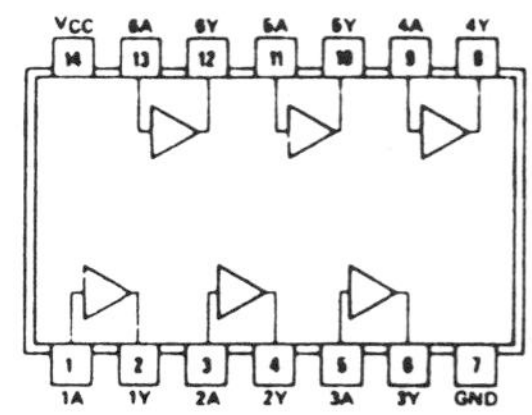

SN5407 (J, W) SN7407 (J, N)

QUADRUPLE 2-INPUT
POSITIVE-AND GATES

08

positive logic:
Y = AB

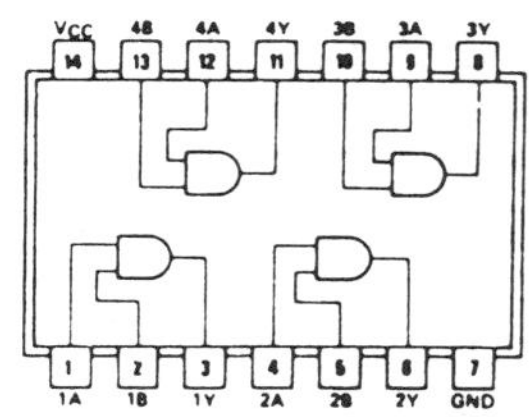

SN5408 (J, W) SN7408 (J, N)
SN54ALS08 (J, W) SN74ALS08 (J, N)
SN54LS08 (J, W) SN74LS08 (J, N)
SN54S08 (J, W) SN74S08 (J, N)

QUADRUPLE 2-INPUT
POSITIVE-AND GATES
WITH OPEN-COLLECTOR OUTPUTS

09

positive logic:
Y = AB

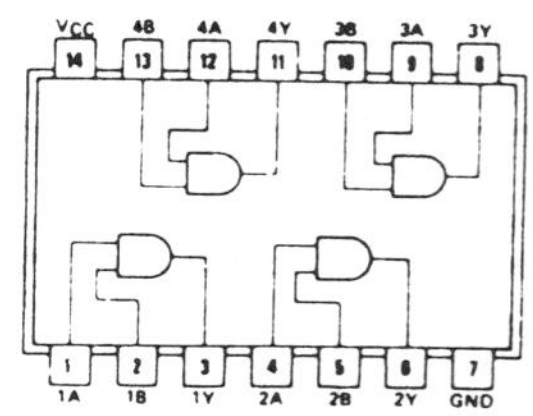

SN5409 (J, W) SN7409 (J, N)
SN54ALS09 (J, W) SN74ALS09 (J, N)
SN54LS09 (J, W) SN74LS09 (J, N)
SN54S09 (J, W) SN74S09 (J, N)

TRIPLE 3-INPUT
POSITIVE-NAND GATES

10

positive logic:
Y = $\overline{ABC}$

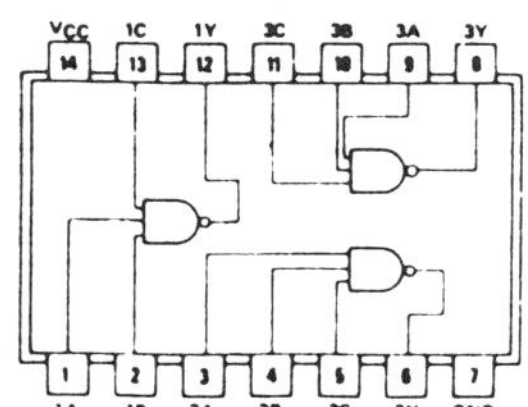

SN5410 (J) SN7410 (J, N)
SN54ALS10 (J, W) SN74ALS10 (J, N)
SN54H10 (J) SN74H10 (J, N)
SN54L10 (J)
SN54LS10 (J, W) SN74LS10 (J, N)
SN54S10 (J, W) SN74S10 (J, N)

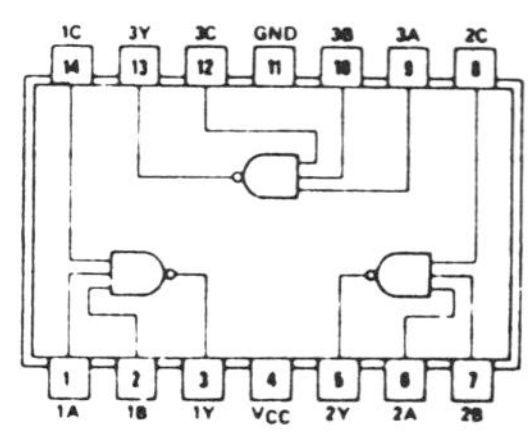

SN5410 (W)
SN54H10 (W)
SN54L10 (T)

PIN ASSIGNMENTS (TOP VIEWS)

TRIPLE 3-INPUT POSITIVE-AND GATES

11

positive logic:
Y = ABC

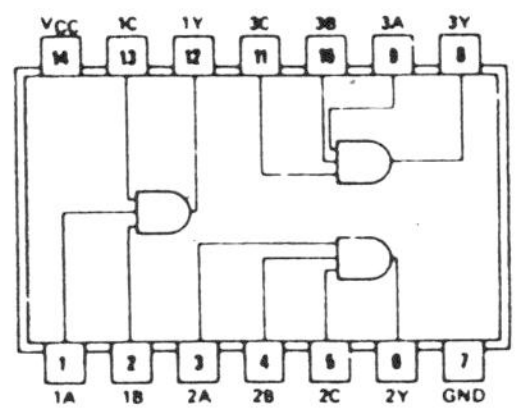

SN54ALS11 (J, W) SN74ALS11 (J, N)
SN54H11 (J) SN74H11 (J, N)
SN54LS11 (J, W) SN74LS11 (J, N)
SN54S11 (J, W) SN74S11 (J, N)

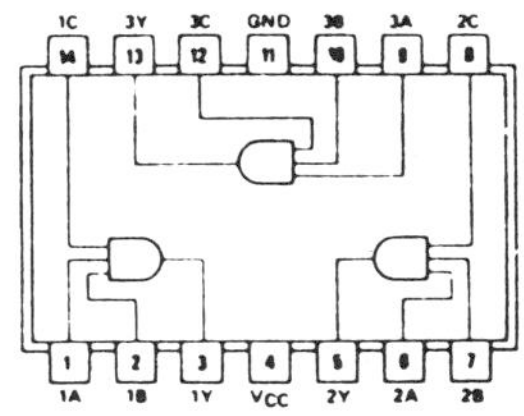

SN54H11 (W)

TRIPLE 3-INPUT POSITIVE-NAND GATES WITH OPEN-COLLECTOR OUTPUTS

12

positive logic:
Y = $\overline{ABC}$

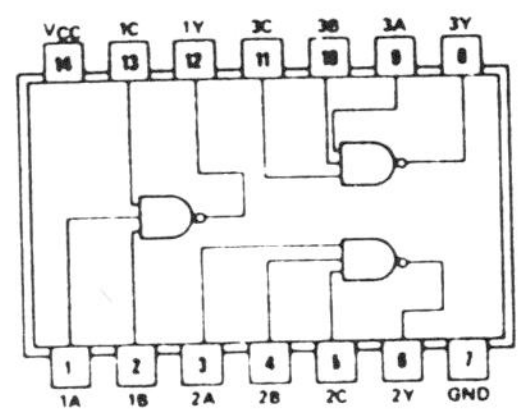

SN5412 (J, W) SN7412 (J, N)
SN54ALS12 (J, W) SN74ALS12 (J, N)
SN54LS12 (J, W) SN74LS12 (J, N)

DUAL 4-INPUT POSITIVE-NAND SCHMITT TRIGGERS

13

positive logic:
Y = $\overline{ABCD}$

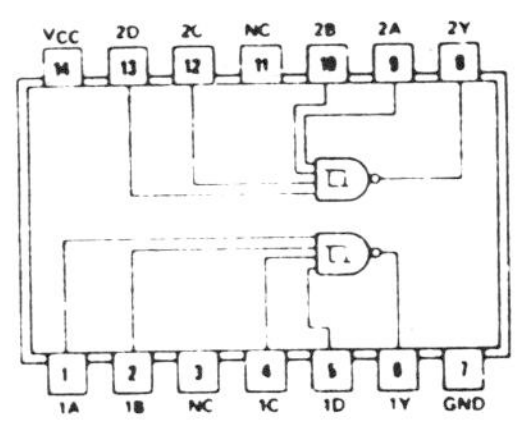

SN5413 (J, W) SN7413 (J, N)
SN54LS13 (J, W) SN74LS13 (J, N)

NC – No internal connection

HEX SCHMITT-TRIGGER INVERTERS

14

positive logic:
Y = $\overline{A}$

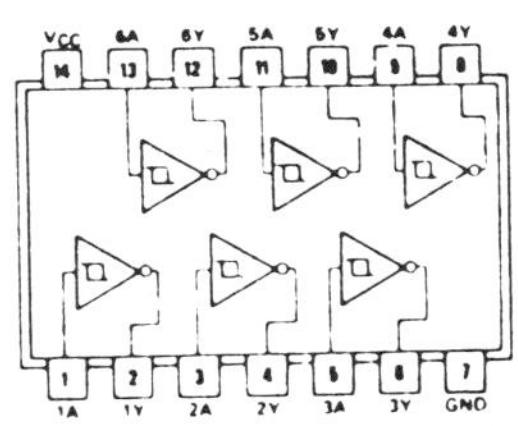

SN5414 (J, W) SN7414 (J, N)
SN54LS14 (J, W) SN74LS14 (J, N)

PIN ASSIGNMENTS (TOP VIEWS)

TRIPLE 3-INPUT POSITIVE-AND GATES WITH OPEN-COLLECTOR OUTPUTS

15

positive logic:
Y = ABC

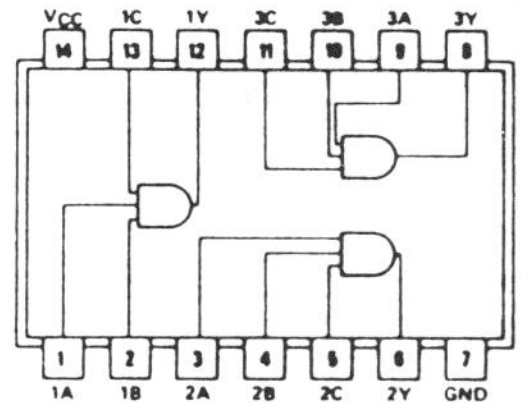

SN74ALS15 (J, W) SN74ALS15 (J, N)
SN54H15 (J, W) SN74H15 (J, N)
SN54LS15 (J, W) SN74LS15 (J, N)
SN54S15 (J, W) SN74S15 (J, N)

HEX INVERTER BUFFERS/DRIVERS WITH OPEN-COLLECTOR HIGH-VOLTAGE OUTPUTS

16

positive logic:
Y = $\overline{A}$

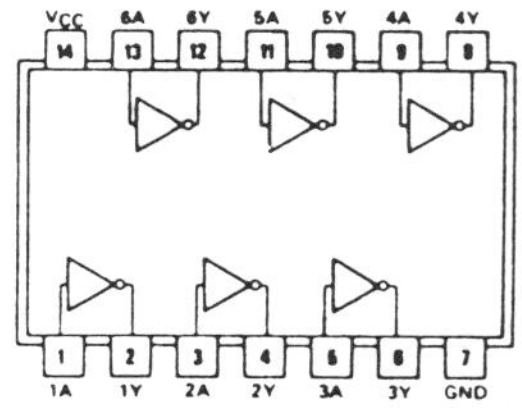

SN5416 (J, W) SN7416 (J, N)

HEX BUFFERS/DRIVERS WITH OPEN-COLLECTOR HIGH-VOLTAGE OUTPUTS

17

positive logic:
Y = A

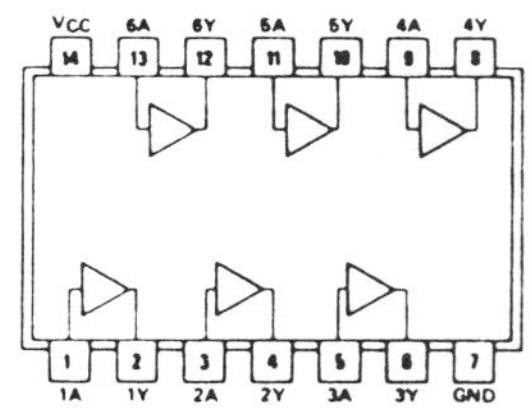

SN5417 (J, W) SN7417 (J, N)

DUAL 4-INPUT POSITIVE-NAND SCHMITT TRIGGERS

18

positive logic:
Y = $\overline{ABCD}$

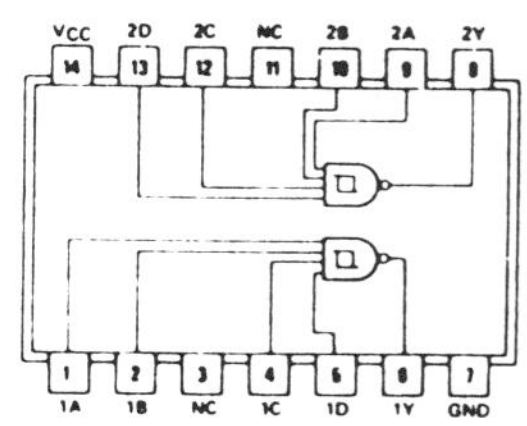

SN54LS18 (J, W) SN74LS18 (J, N)

NC NO internal connection

PIN ASSIGNMENTS (TOP VIEWS)

HEX SHMITT-TRIGGER INVERTERS

19

positive logic:

Y = $\overline{A}$

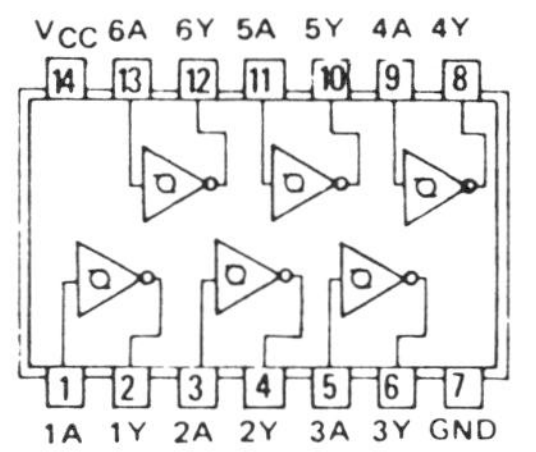

SN54LS19 (J, W) SN74LS19 (J, N)

DUAL 4-INPUT
POSITIVE-NAND GATES

20

positive logic:

Y = $\overline{ABCD}$

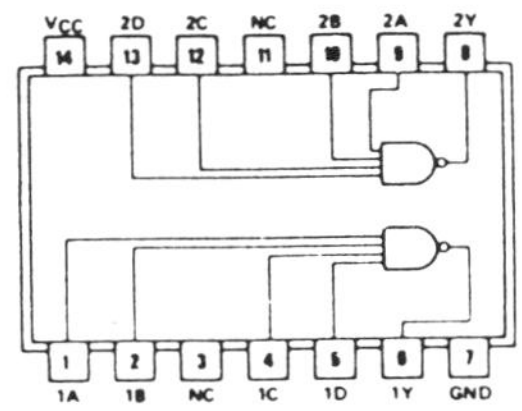

SN5420 (J) SN7420 (J, N)
SN54ALS20A(J, W) SN74LAS20A(J, N)
SN54H20 (J) SN74H20 (J, N)
SN54L20 (J)
SN54LS20 (J, W) SN74LS20 (J, N)
SN54S20 (J, W) SN74S20 (J, N)

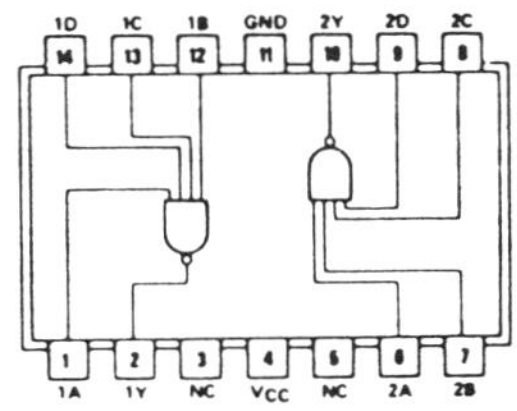

SN5420 (W)
SN54H20 (W)
SN54L20 (T)

NC—No internal connection

DUAL 4-INPUT
POSITIVE-AND GATES

21

positive logic:

Y = ABCD

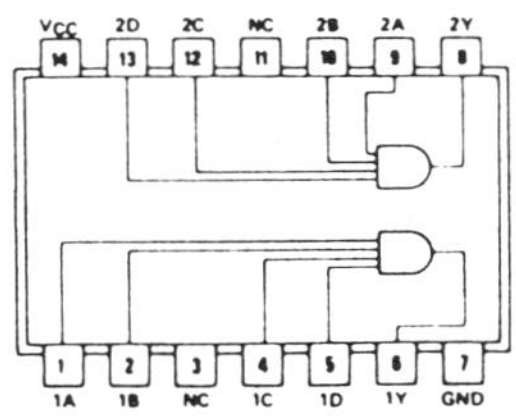

SN54ALS21 (J, W) SN74ALS21 (J, N)
SN54H21 (J) SN74H21 (J, N)
SN54LS21 (J, W) SN74LS21 (J, N)

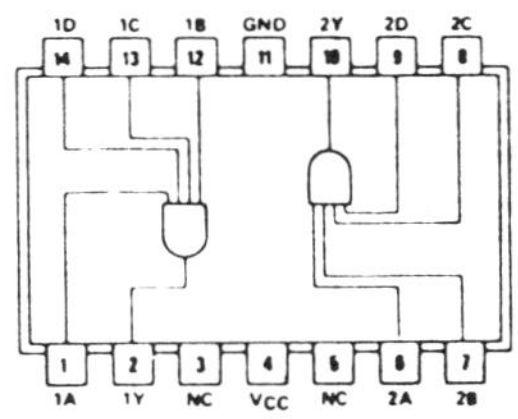

SN54H21 (W)

NC—No internal connection

DUAL 4-INPUT
POSITIVE-NAND GATES
WITH OPEN-COLLECTOR OUTPUTS

22

positive logic:

Y = $\overline{ABCD}$

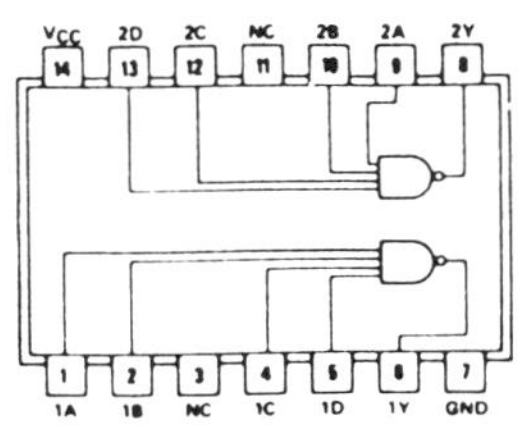

SN5422 (J, W) SN7422 (J, N)
SN54ALS22A(J, W) SN74ALS22A (J, N)
SN54H22 (J) SN74H22 (J, N)
SN54LS22 (J, W) SN74LS22 (J, N)
SN54S22 (J, W) SN74S22 (J, N)

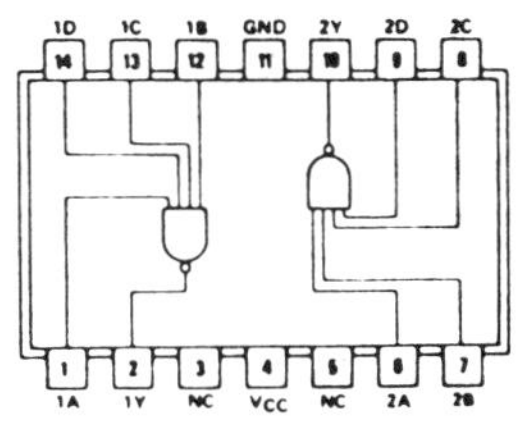

SN54H22 (W)

NC—No internal connection

PIN ASSIGNMENTS (TOP VIEWS)

EXPANDABLE DUAL 4-INPUT POSITIVE-NOR GATES WITH STROBE

23

positive logic:

1Y = $\overline{1G(1A+1B+1C+1D)+X}$

2Y = $\overline{2G(2A+2B+2C+2D)}$

X = output of SN5460/SN7460

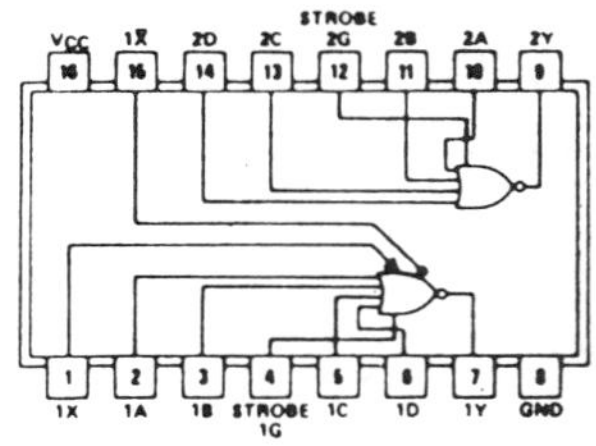

SN5423 (J, W) SN7423 (J, N)

QUADRUPLE 2-INPUT POSITIVE-NAND SCHMITT TRIGGERS

24

positive logic:

Y = $\overline{AB}$

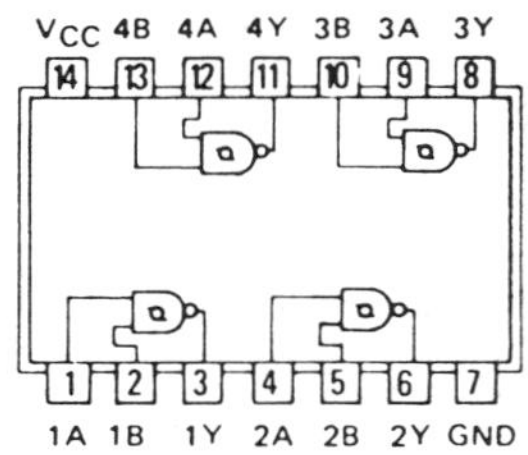

SN54LS24 (J, W) SN74LS24 (J, N)

DUAL 4-INPUT POSITIVE-NOR GATES WITH STROBE

25

positive logic:

Y = $\overline{G(A+B+C+D)}$

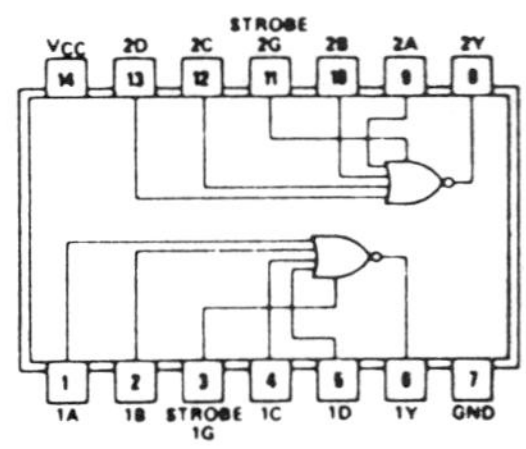

SN5425 (J, W) SN7425 (J, N)

QUADRUPLE 2-INPUT HIGH-VOLTAGE INTERFACE POSITIVE-NAND GATES

26

positive logic:

Y = $\overline{AB}$

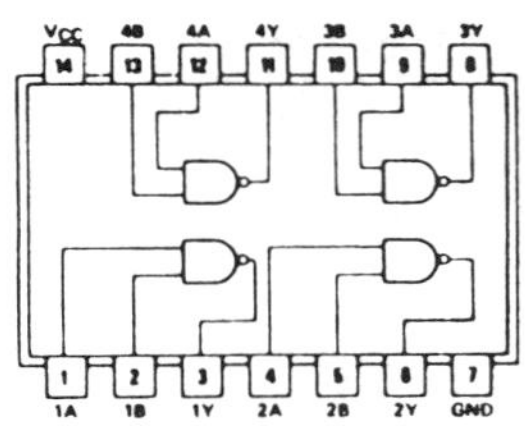

SN5426 (J) SN7426 (J, N)
SN54LS26 (J, W) SN74LS26 (J, N)

PIN ASSIGNMENTS (TOP VIEWS)

TRIPLE 3-INPUT POSITIVE-NOR GATES

27

positive logic:
$Y = \overline{A+B+C}$

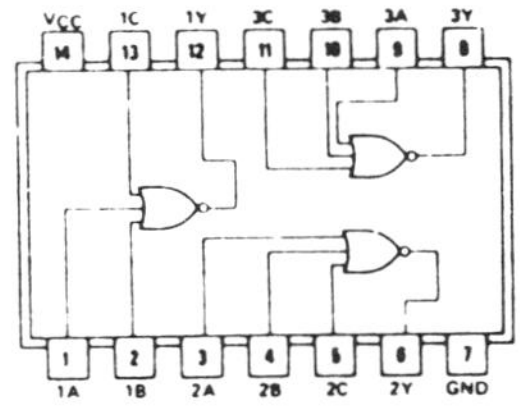

SN5427 (J, W) SN7427 (J, N)
SN54ALS27 (J, W) SN74ALS27 (J, N)
SN54LS27 (J, W) SN74LS27 (J, N)

QUADRUPLE 2-INPUT POSITIVE-NOR BUFFERS

28

positive logic:
$Y = \overline{A+B}$

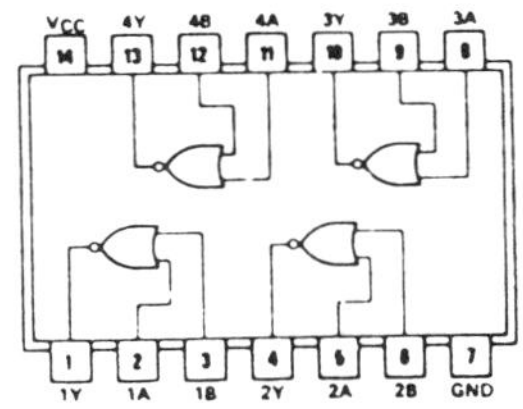

SN5428 (J, W) SN7428 (J, N)
SN54ALS28 (J, W) SN74ALS28 (J, N)
SN54LS28 (J, W) SN74LS28 (J, N)

8-INPUT POSITIVE-NAND GATES

30

positive logic:
$Y = \overline{ABCDEFGH}$

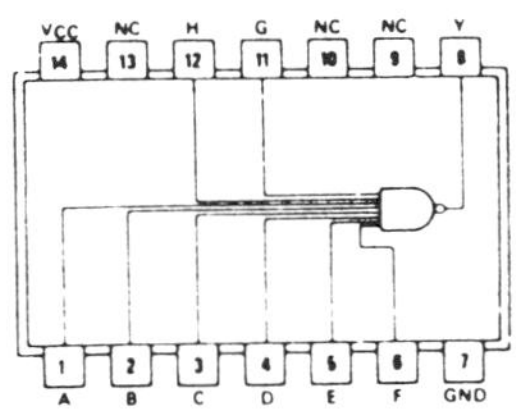

SN5430 (J) SN7430 (J, N)
SN54ALS30 (J, W) SN74ALS30 (J, N)
SN54H30 (J) SN74H30 (J, N)
SN54L30 (J)
SN54LS30 (J, W) SN74LS30 (J, N)
SN54S30 (J, W) SN74S30 (J, N)

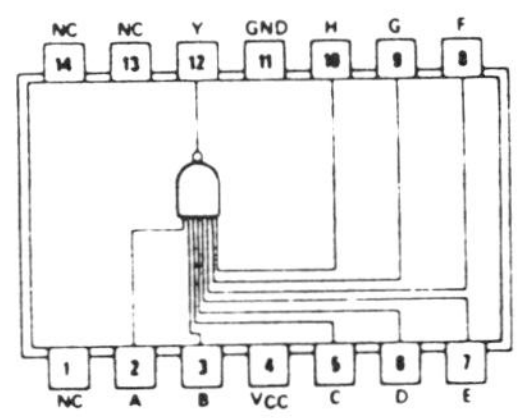

SN5430 (W)
SN54H30 (W)
SN54L30 (T)

NC – No internal connection

DELAY ELEMENTS

31

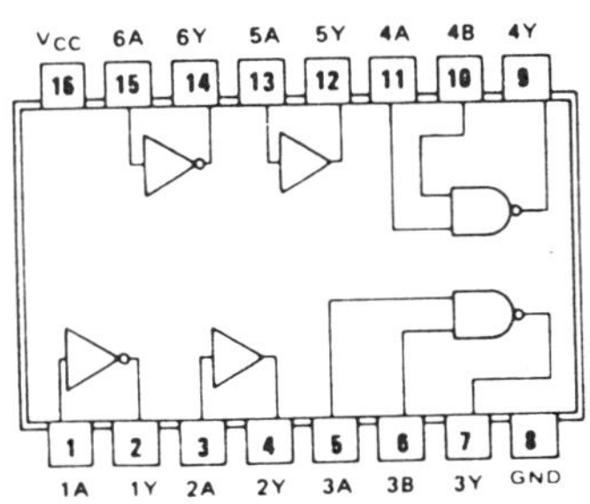

SN54LS31 (J, W) SN74LS31 (J, N)

PIN ASSIGNMENTS (TOP VIEWS)

QUADRUPLE 2-INPUT POSITIVE-OR GATES

32

positive logic:
Y = A+B

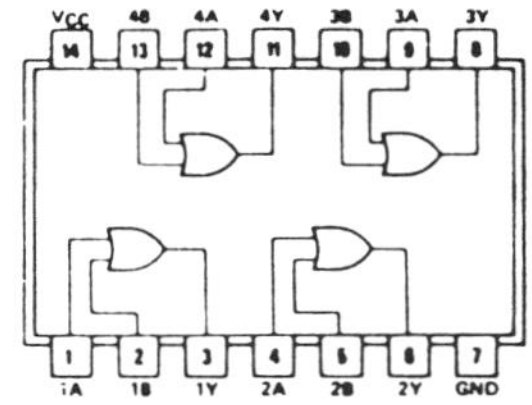

SN5432 (J, W)	SN7432 (J, N)
SN54ALS32 (J, W)	SN74ALS32 (J, N)
SN54LS32 (J, W)	SN74LS32 (J, N)
SN54S32 (J, W)	SN74S32 (J, N)

QUADRUPLE 2-INPUT POSITIVE-NOR BUFFERS WITH OPEN-COLLECTOR OUTPUTS

33

positive logic:
Y = $\overline{A+B}$

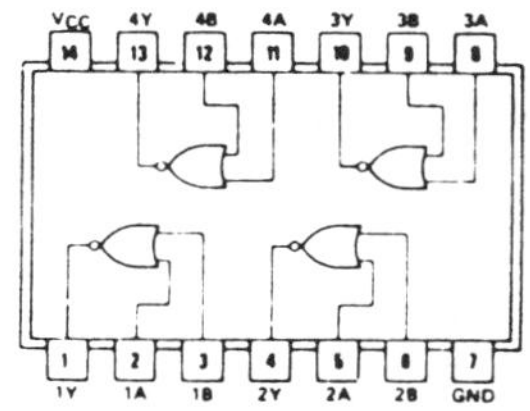

SN5433 (J, W)	SN7433 (J, N)
SN54ALS33 (J, W)	SN74ALS33 (J, N)
SN54LS33 (J, W)	SN74LS33 (J, N)

QUADRUPLE 2-INPUT POSITIVE-NAND BUFFERS

37

positive logic:
Y = $\overline{AB}$

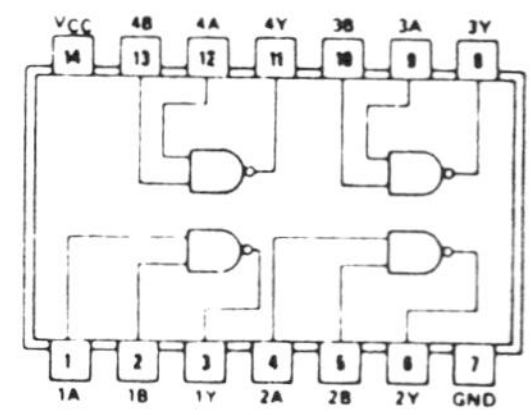

SN5437 (J, W)	SN7437 (J, N)
SN54ALS37 (J, W)	SN74ALS37 (J, N)
SN54LS37 (J, W)	SN74LS37 (J, N)
SN54S37 (J, W)	SN74S37 (J, N)

QUADRUPLE 2-INPUT POSITIVE-NAND BUFFERS WITH OPEN-COLLECTOR OUTPUTS

38

positive logic:
Y = $\overline{AB}$

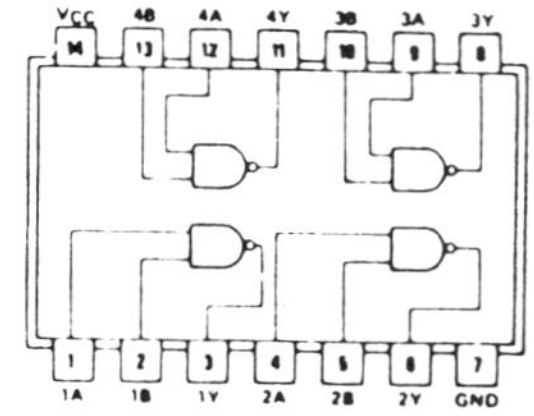

SN5438 (J, W)	SN7438 (J, N)
SN54ALS38 (J, W)	SN74ALS38 (J, N)
SN54LS38 (J, W)	SN74LS38 (J, N)
SN54S38 (J, W)	SN74S38 (J, N)

PIN ASSIGNMENTS (TOP VIEWS)

DUAL 4-INPUT
POSITIVE-NAND BUFFERS

40

positive logic:
Y = $\overline{ABCD}$

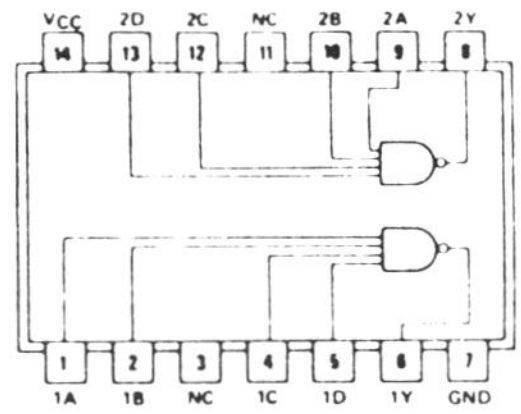

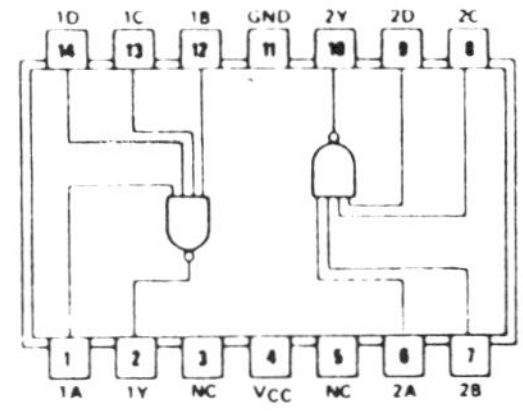

SN5440 (J) **SN7440 (J, N)**
SN54H40 (J) **SN74H40 (J, N)**
SN54LS40 (J,W) **SN74LS40 (J, N)**
SN54S40 (J, W) **SN74S40 (J, N)**

SN5440 (W)
SN54H40 (W)

NC – No internal connection

4 LINE-TO-10-LINE DECODERS

42 BCD-TO-DECIMAL

43 EXCESS-3-TO-DECIMAL

44 EXCESS-3-GRAY-TO-DECIMAL

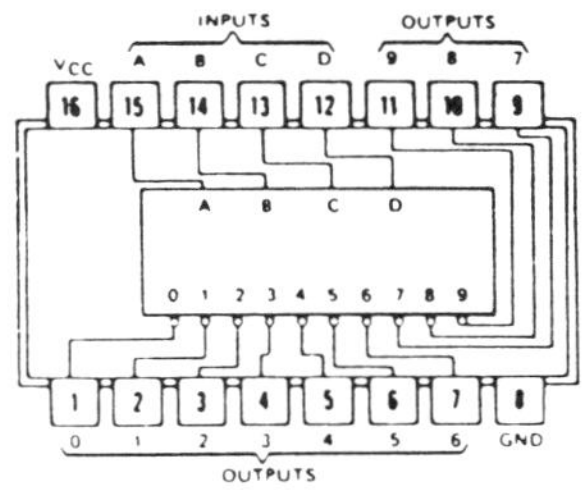

SN5442A (J, W) **SN7442A (J, N)**
SN54L42 (J)
SN54LS42 (J, W) **SN74LS42 (J, N)**
SN5443A (J, W) **SN7443A (J, N)**
SN54L43 (J)
SN5444A (J, W) **SN7444A (J, N)**
SN54L44 (J)

BCD-TO-DECIMAL DECODER/DRIVER

45 LAMP, RELAY, OR MOS DRIVER
80-mA CURRENT SINK
OUTPUTS OFF FOR INVALID CODES

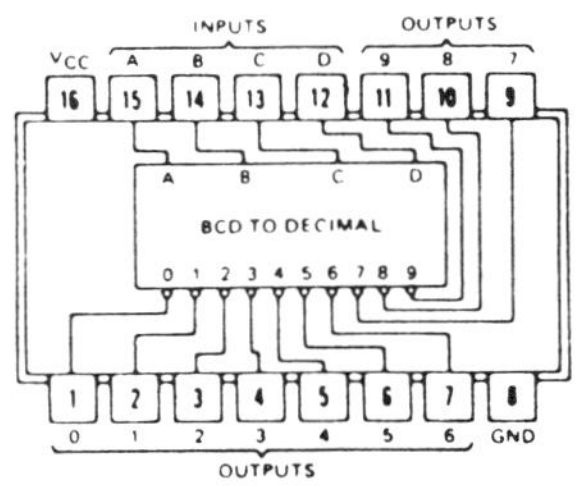

SN5445 (J, W) **SN7445 (J, N)**

PIN ASSIGNMENTS (TOP VIEWS)

BCD-TO-SEVEN-SEGMENT DECODERS/DRIVERS

46 ACTIVE-LOW, OPEN-COLLECTOR, 30-V OUTPUTS

47 ACTIVE-LOW, OPEN-COLLECTOR, 15-V OUTPUTS

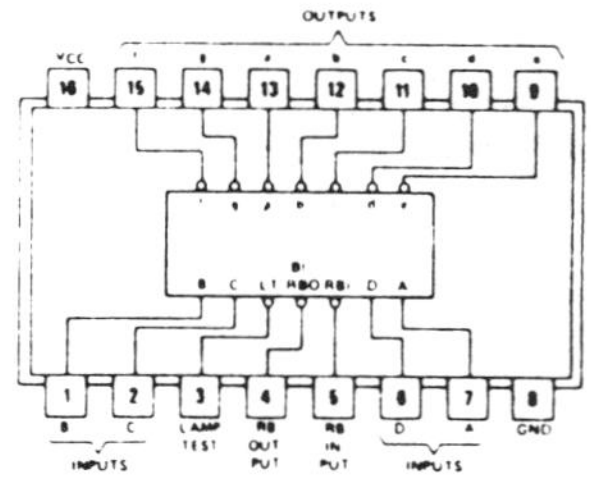

SN5446A (J, W) SN7446A (J, N)
SN54L46 (J)
SN5447A (J, W) SN7447A (J, N)
SN54L47 (J)
SN54LS47 (J, W) SN74LS47 (J, N)

BCD-TO-SEVEN-SEGMENT DECODERS/DRIVERS

48 INTERNAL PULL UP OUTPUTS

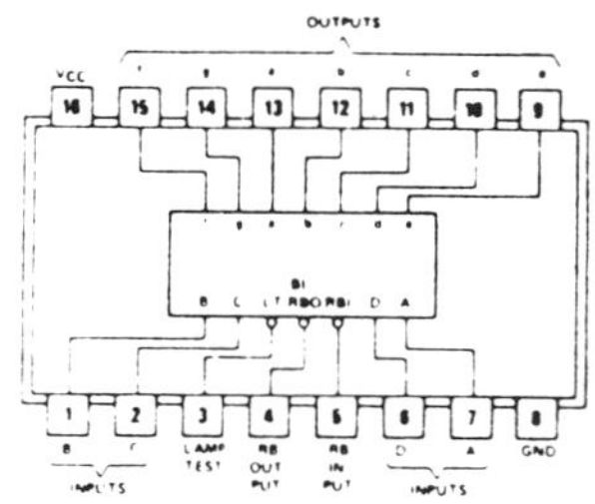

SN5448 (J, W) SN7448 (J, N)
SN54LS48 (J, W) SN74LS48 (J, N)

BCD-TO-SEVEN-SEGMENT DECODERS/DRIVERS

49 OPEN-COLLECTOR OUTPUTS

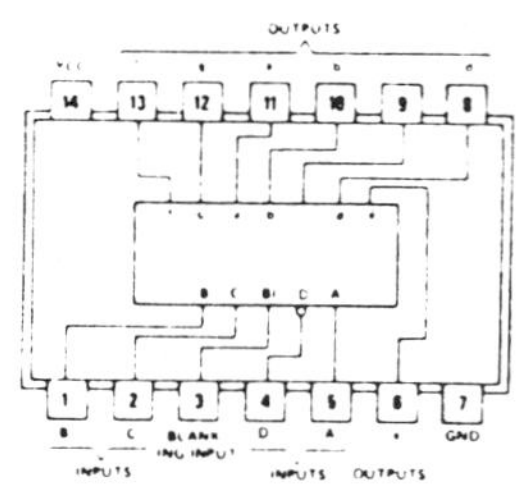

SN5449 (W)
SN54LS49 (J, W) SN74LS49 (J, N)

DUAL 2-WIDE 2-INPUT AND-OR-INVERT GATES (ONE GATE EXPANDABLE)

50

positive logic:

$Y = \overline{AB+CD+X}$

'50: X = output of SN5460/SN7460
'H50: X = output of SN54H60/SN74H60 or SN54H62/SN74H62

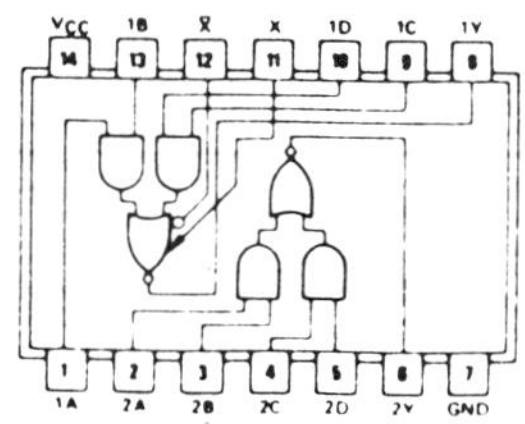

SN5450 (J) SN7450 (J, N)
SN54H50 (J) SN74H50 (J, N)

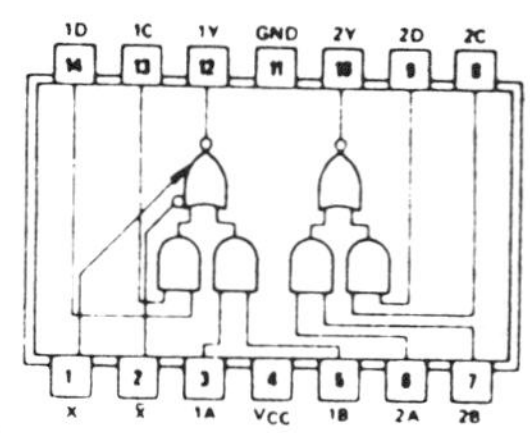

SN5450 (W)
SN54H50 (W)

PIN ASSIGNMENTS (TOP VIEWS)

AND-OR-INVERT GATES

51

'51, 'H51, 'S51
DUAL 2-WIDE 2-INPUT
positive logic:
Y = $\overline{AB+CD}$

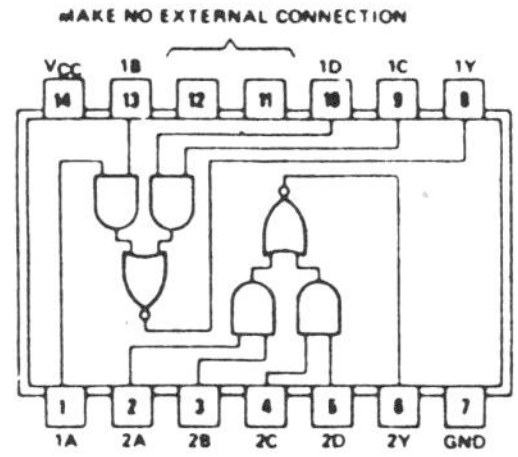

SN5451 (J) SN7451 (J, N)
SN54H51 (J) SN74H51 (J, N)
SN54S51 (J, W) SN74S51 (J, N)

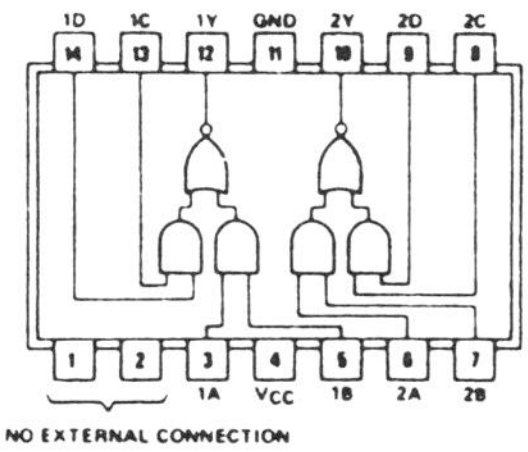

SN5451 (W)
SN54H51 (W)

'L51, 'LS51
2-WIDE 3-INPUT,
2-WIDE 2-INPUT
positive logic:
1Y = $\overline{(1A \cdot 1B \cdot 1C)+(1D \cdot 1E \cdot 1F)}$
2Y = $\overline{(2A \cdot 2B)+(2C \cdot 2D)}$

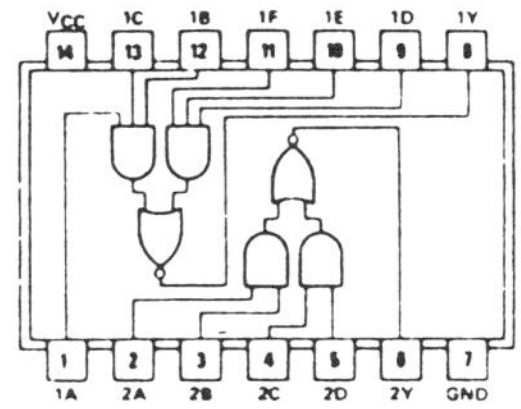

SN54L51 (J)
SN54LS51 (J, W) SN74LS51 (J, N)

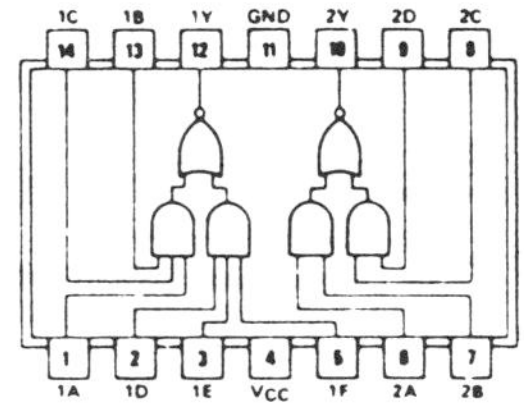

SN54L51 (T)

EXPANDABLE 4-WIDE
AND-OR GATES

52

'H52(J, N)
positive logic:
Y = AB+CDE+FG+HI+X
X = output of SN54H61/SN74H61

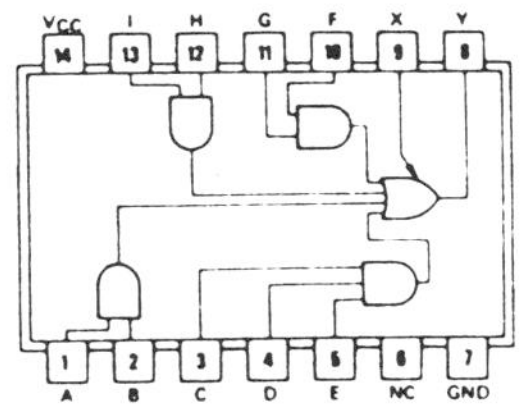

SN54H52 (J) SN74H52 (J, N)

'H52(W)
positive logic:
Y = AB+CD+EF+GHI+X
X = output of SN54H61/SN74H61

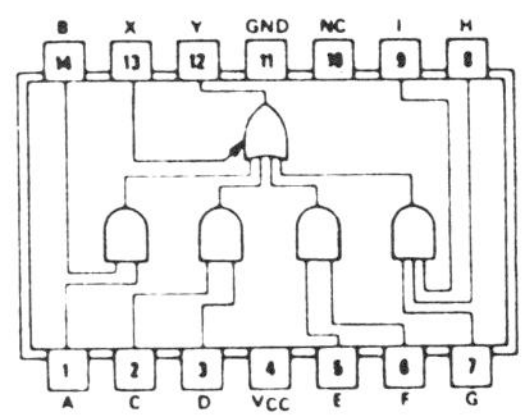

SN54H52 (W)

NC – No internal connection

PIN ASSIGNMENTS (TOP VIEWS)

EXPANDABLE 4-WIDE AND-OR-INVERT GATES

53

'53

positive logic:

$Y = \overline{AB+CD+EF+GH+X}$

X = output of SN5460/SN7460

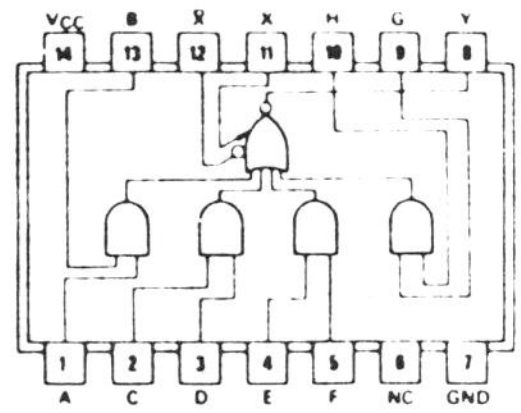

SN5453 (J) SN7453 (J, N)

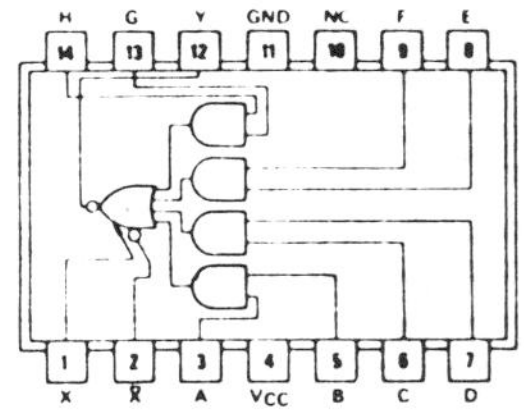

SN5453 (W)

'H53

positive logic:

$Y = \overline{AB+CD+EFG+HI+X}$

X = output of SN54H60/SN74H60 or SN54H62/SN74H62

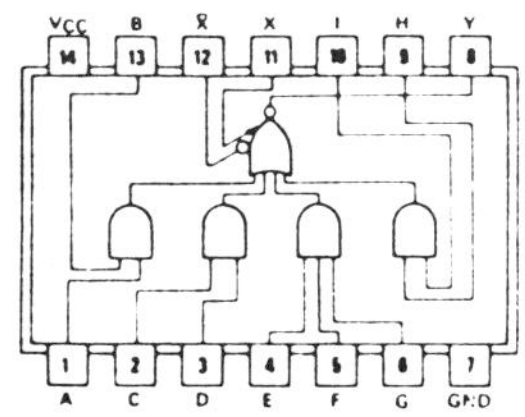

SN54H53 (J) SN74H53 (J,N)

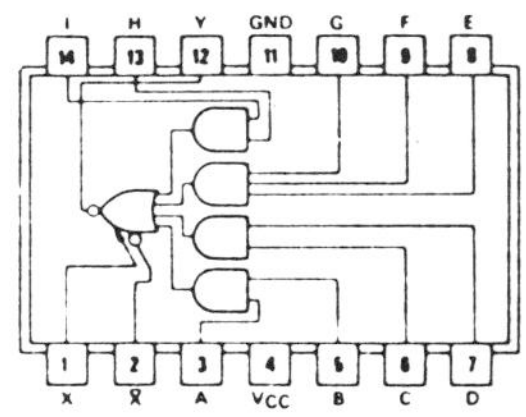

SN54H53 (W)

NC—No internal connection

PIN ASSIGNMENTS (TOP VIEWS)

4-WIDE
AND-OR-INVERT GATES

54

'54
positive logic:
$Y = \overline{AB+CD+EF+GH}$

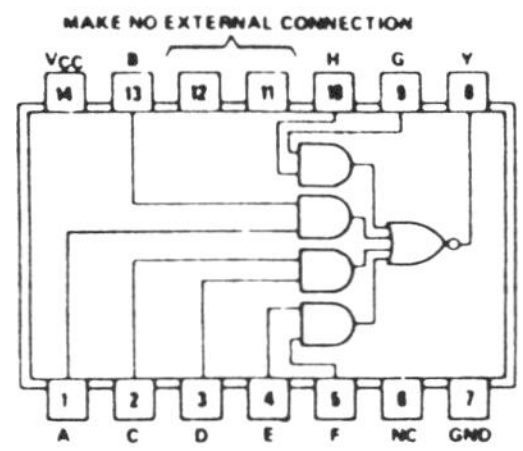

SN5454 (J) SN7454 (J, N)

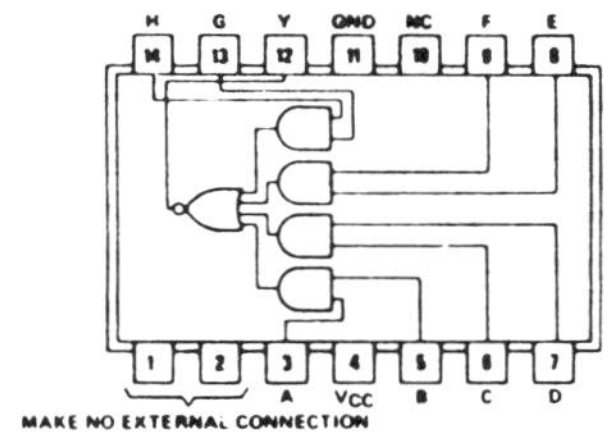

SN5454 (W)

'H54
positive logic:
$Y = \overline{AB+CD+EFG+HI}$

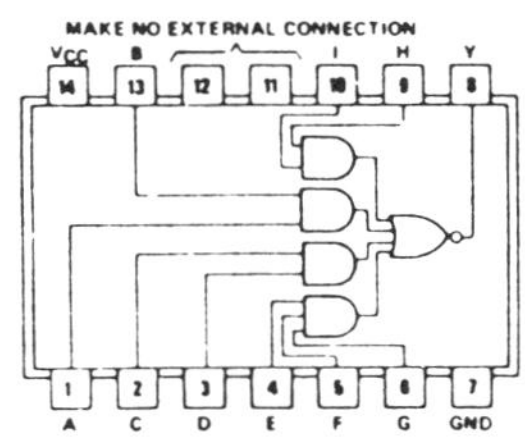

SN54H54 (J) SN74H54 (J, N)

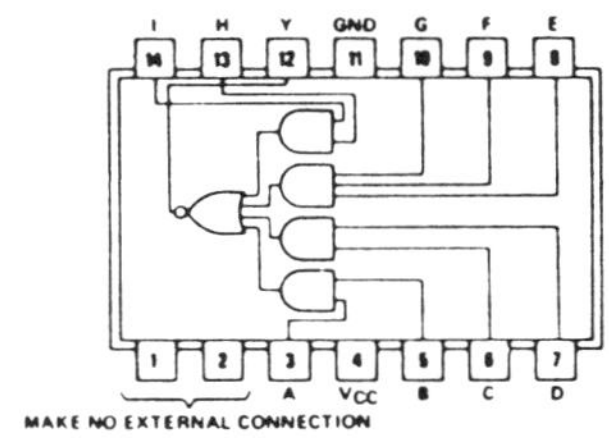

SN54H54 (W)

'L54(J, N), 'LS54
positive logic:
$Y = \overline{AB+CDE+FGH+IJ}$

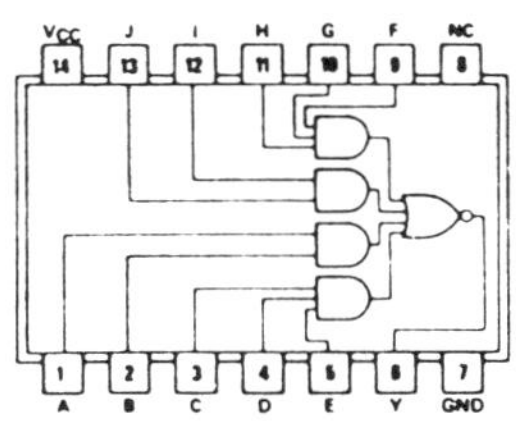

SN54L54 (J)
SN54LS54 (J, W) SN74LS54 (J, N)

'L54(T)
positive logic:
$Y = \overline{ABC+DE+FG+HIJ}$

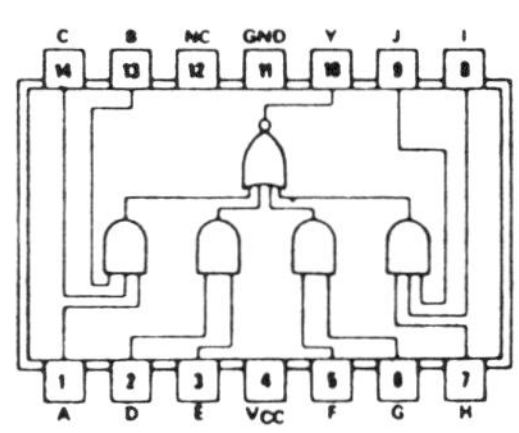

SN54L54 (T)

NC—No internal connection

PIN ASSIGNMENTS (TOP VIEWS)

2-WIDE 4-INPUT AND-OR-INVERT GATES

55

'H55 (EXPANDABLE)

positive logic:

Y = $\overline{ABCD+EFGH+X}$

X = output of SN54H60/SN74H60 or SN54H62/SN74H62

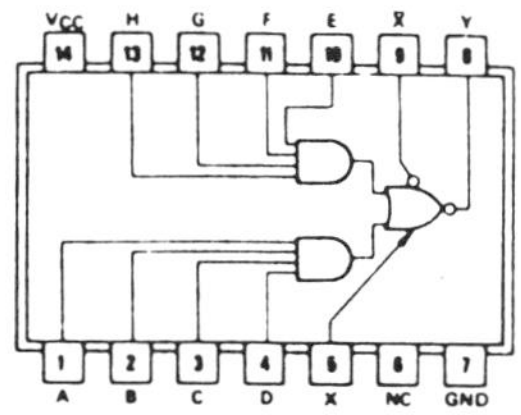

SN54H55 (J) SN74H55 (J, N)

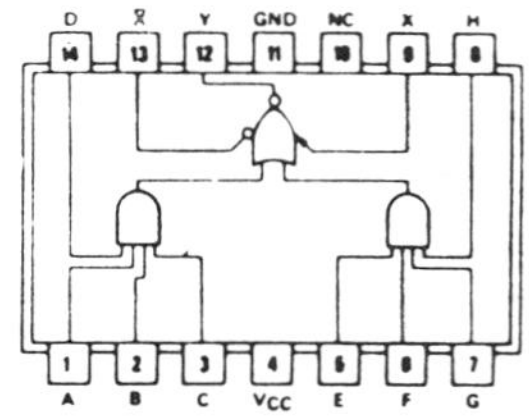

SN54H55 (W)

'L55, 'LS55

positive logic:

Y = $\overline{ABCD+EFGH}$

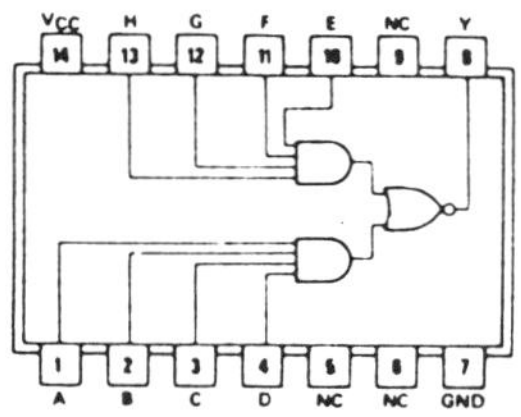

SN54L55 (J)
SN54LS55 (J, W) SN74LS55 (J, N)

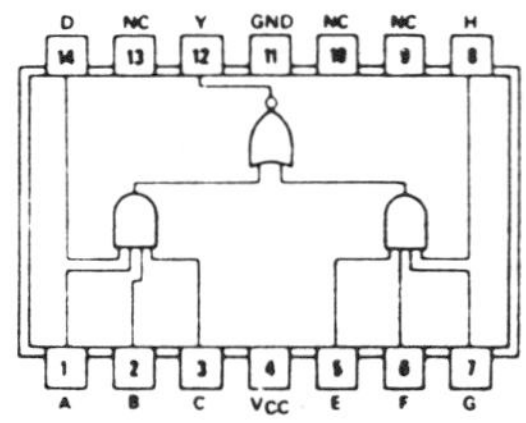

SN54L55 (T)

NC – No internal connection

FREQUENCY DIVIDERS

56 50 TO 1 FREQUENCY DIVISION

57 60 TO 1 FREQUENCY DIVISION

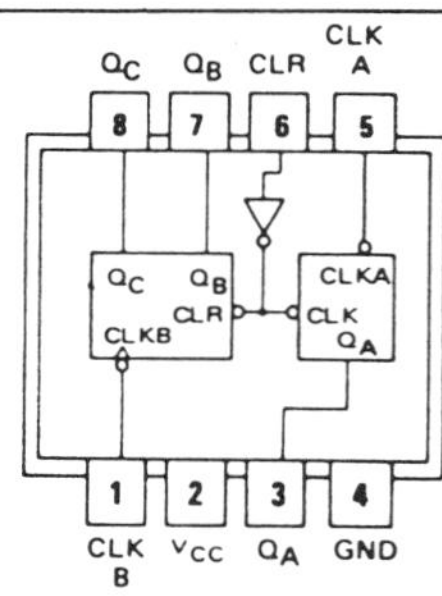

SN54LS56 (JG) SN74LS56 (JG, P)
SN54LS57 (JG) SN74LS57 (JG, P)

DUAL 4-INPUT EXPANDERS

60

positive logic:

X = ABCD when connected to X and $\overline{X}$ inputs of SN5423/SN7423, SN5450/SN7450, or SN5453/SN7453

'H60

positive logic:

X = ABCD when connected to X and $\overline{X}$ inputs of SN54H50/SN74H50, SN54H53/SN74H53, or SN54H55/SN74H55

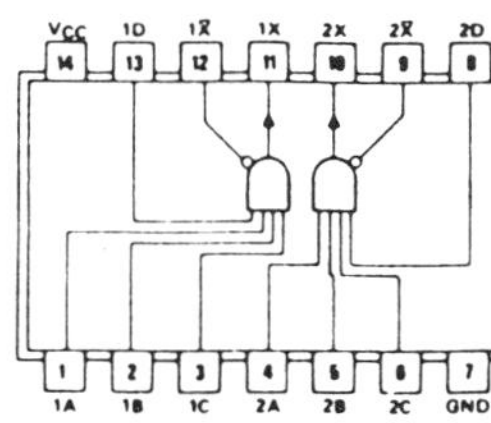

SN5460 (J) SN7460 (J, N)
SN54H60 (J) SN74H60 (J, N)

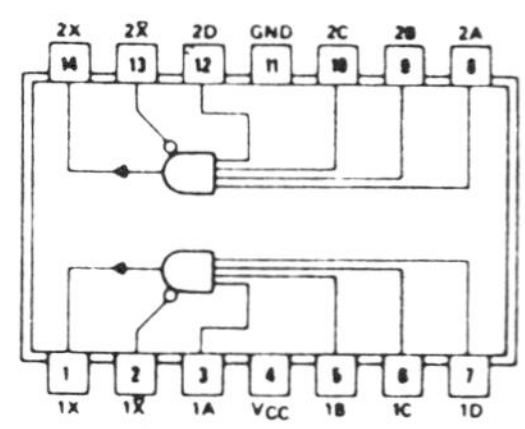

SN5460 (W)
SN54H60 (W)

NC – No internal connection

PIN ASSIGNMENTS (TOP VIEWS)

TRIPLE 3-INPUT EXPANDERS

61

positive logic:

X = ABC when connected to X input of SN54H52/SN74H52

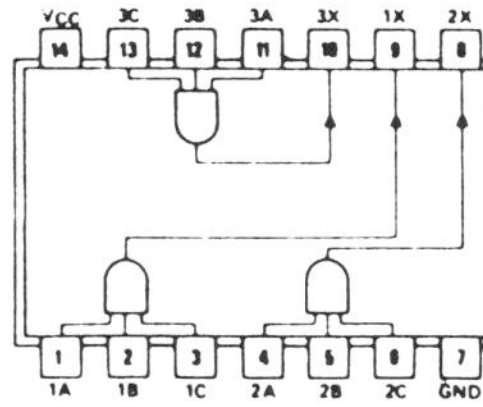

SN54H61 (J) SN74H61 (J, N)

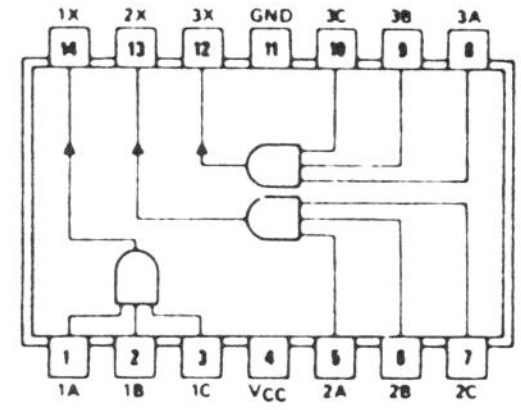

SN54H61 (W)

4-WIDE AND-OR EXPANDERS

62

'H62(J, N) (2-3-3-2 INPUT)

positive logic:

X = AB+CDE+FGH+IJ when connected to X and $\overline{X}$ inputs of SN54H50/SN74H50, SN54H53/SN74H53, or SN54H55/SN74H55

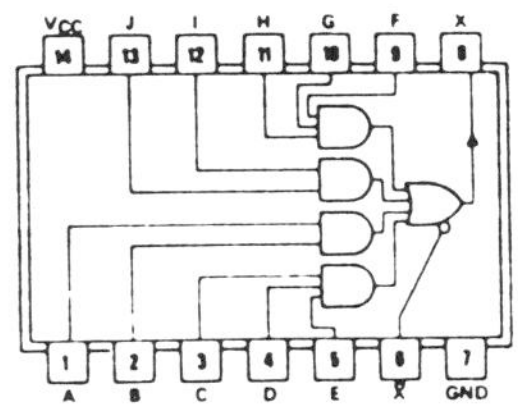

SN54H62 (J) SN74H62 (J, N)

'H62(W) (3-2-2-3 INPUT)

positive logic:

X = ABC+DE+FG+HIJ when connected to X and $\overline{X}$ inputs of SN54H50/SN74H50, SN54H53/SN74H53, or SN54H55/SN74H55

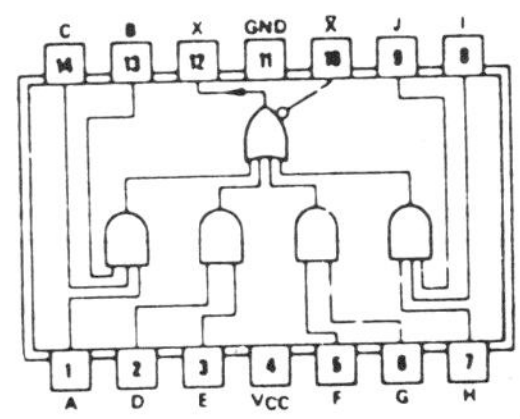

SN54H62 (W)

HEX CURRENT-SENSING INTERFACE GATES

63

TRANSLATES LOW-LEVEL INPUT CURRENT TO LOW-LEVEL VOLTAGE AND HIGH-LEVEL CURRENT TO HIGH-LEVEL VOLTAGE

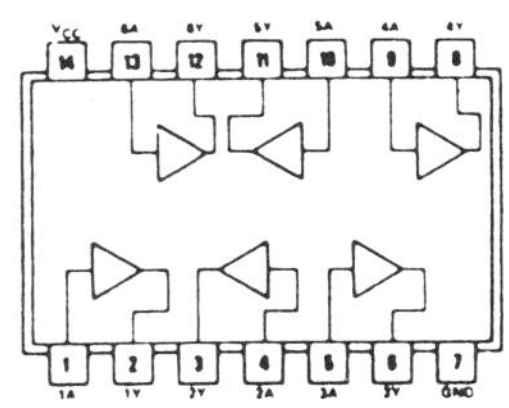

SN54LS63(J,W) SN74LS63(J,N)

4-2-3-2 INPUT AND-OR-INVERT GATES

64

TOTEM-POLE OUTPUT

65

OPEN-COLLECTOR OUTPUT

positive logic: $Y = \overline{ABCD+EF+GHI+JK}$

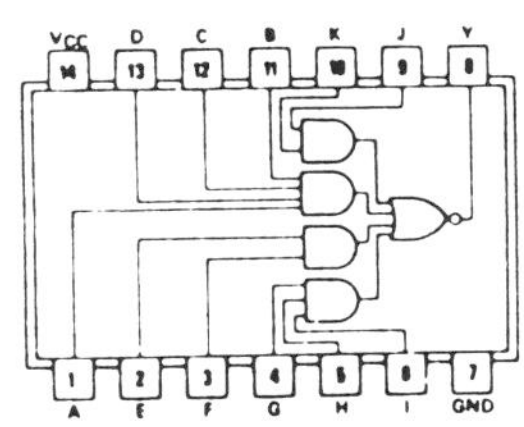

SN54S64 (J, W) SN74S64 (J, N)
SN54S65 (J, W) SN74S65 (J, N)

PIN ASSIGNMENTS (TOP VIEWS)

50MHz DUAL 4-BIT COUNTERS

68 DECADE

69 BINARY

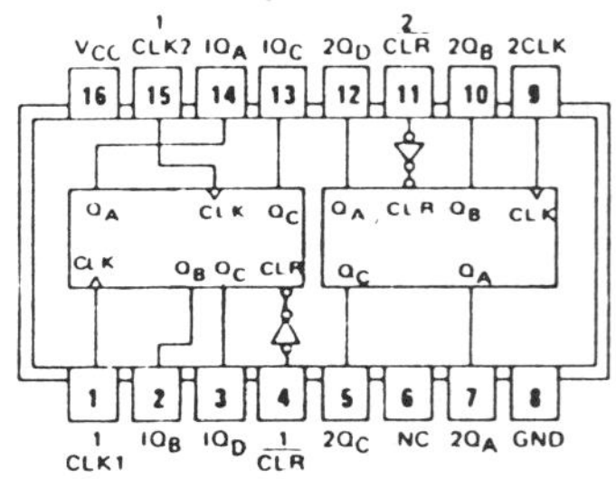

SN54LS68 (J) SN74LS68 (J, N)
SN54LS69 (J) SN74LS69 (J, N)

AND-GATED J-K POSITIVE-EDGE-TRIGGERED FLIP-FLOPS WITH PRESET AND CLEAR

70

FUNCTION TABLE

INPUTS					OUTPUTS	
PRESET	CLEAR	CLOCK	J	K	Q	$\bar{Q}$
L	H	L	X	X	H	L
H	L	L	X	X	L	H
L	L	X	X	X	L*	L*
H	H	↑	L	L	Q_0	$\bar{Q}_0$
H	H	↑	H	L	H	L
H	H	↑	L	H	L	H
H	H	↑	H	H	TOGGLE	
H	H	L	X	X	Q_0	$\bar{Q}_0$

positive logic: $J = J1 \cdot J2 \cdot \bar{J}$
$K = K1 \cdot K2 \cdot \bar{K}$
If inputs $\bar{J}$ and $\bar{K}$ are not used, they must be grounded
Preset or clear function can occur only when the clock input is low

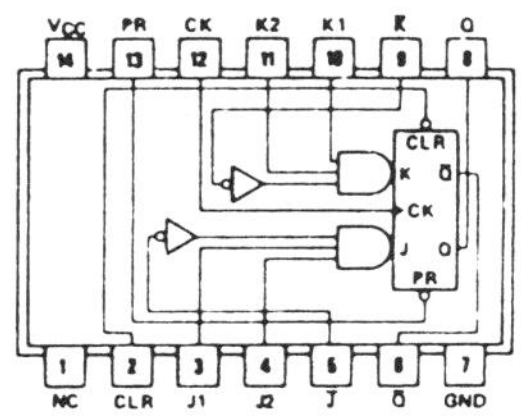

SN5470 (J) SN7470 (J, N)

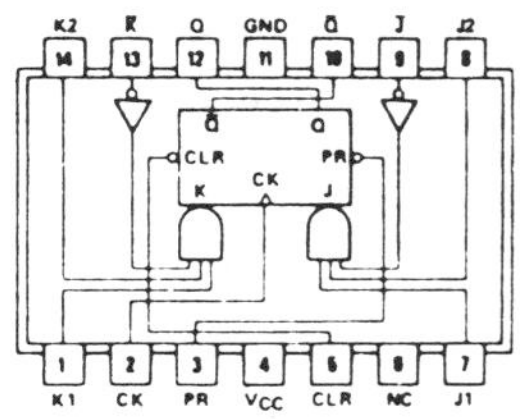

SN5470 (W)

NC–No internal connection

AND-OR-GATED J-K MASTER-SLAVE FLIP-FLOPS WITH PRESET

H71

FUNCTION TABLE

INPUTS				OUTPUTS	
PRESET	CLOCK	J	K	Q	$\bar{Q}$
L	X	X	X	H	L
H	⎍	L	L	Q_0	$\bar{Q}_0$
H	⎍	H	L	H	L
H	⎍	L	H	L	H
H	⎍	H	H	TOGGLE	

positive logic: $J = (J1A \cdot J1B) + (J2A \cdot J2B)$
$K = (K1A \cdot K1B) + (K2A \cdot K2B)$

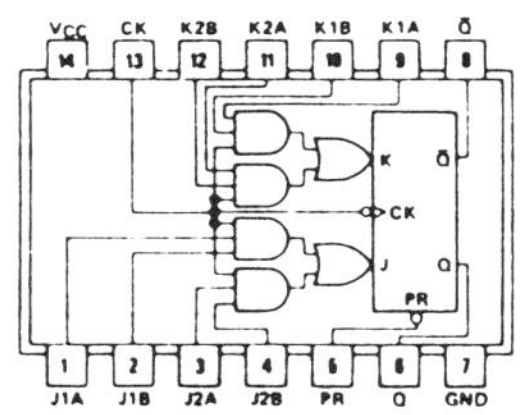

SN54H71 (J) SN74H71 (J, N)

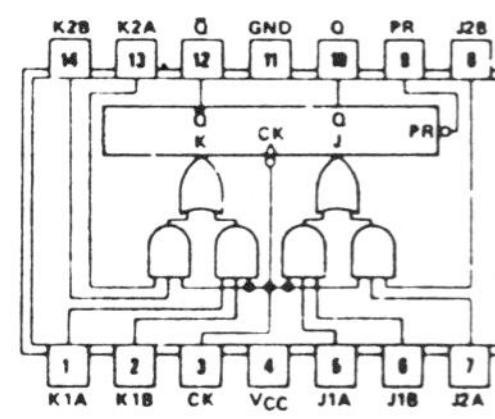

SN54H71 (W)

AND-GATED R-S MASTER-SLAVE FLIP-FLOPS WITH PRESET AND CLEAR

L71

FUNCTION TABLE

INPUTS					OUTPUTS	
PRESET	CLEAR	CLOCK	S	R	Q	$\bar{Q}$
L	H	X	X	X	H	L
H	L	X	X	X	L	H
L	L	X	X	X	H*	H*
H	H	⎍	L	L	Q_0	Q_0
H	H	⎍	H	L	H	L
H	H	⎍	L	H	L	H
H	H	⎍	H	H	INDETERMINATE	

positive logic: $R = R1 \cdot R2 \cdot R3$
$S = S1 \cdot S2 \cdot S3$

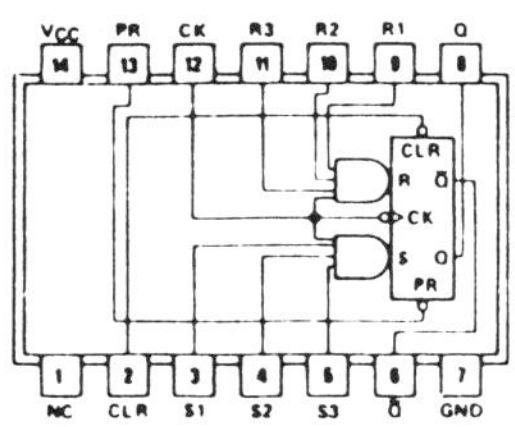

SN54L71 (J)

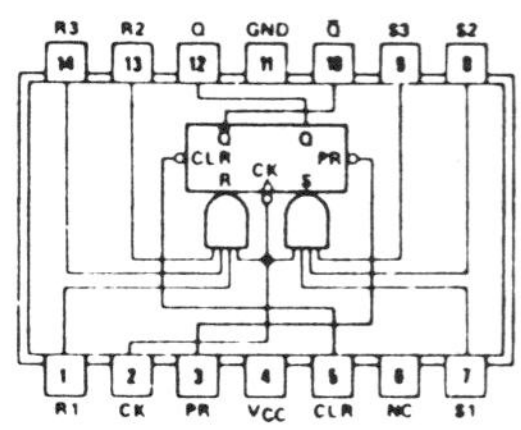

SN54L71 (T)

*This configuration is nonstable, that is, it will not persist when preset and clear inputs return to their inactive (high) level.

PIN ASSIGNMENTS (TOP VIEWS)

AND-GATED J-K MASTER-SLAVE FLIP-FLOPS WITH PRESET AND CLEAR

72

FUNCTION TABLE

INPUTS					OUTPUTS	
PRESET	CLEAR	CLOCK	J	K	Q	$\bar{Q}$
L	H	X	X	X	H	L
H	L	X	X	X	L	H
L	L	X	X	X	H*	H*
H	H	⎍	L	L	Q_0	$\bar{Q}_0$
H	H	⎍	H	L	H	L
H	H	⎍	L	H	L	H
H	H	⎍	H	H	TOGGLE	

positive logic: J = J1·J2·J3; K1·K2·K3

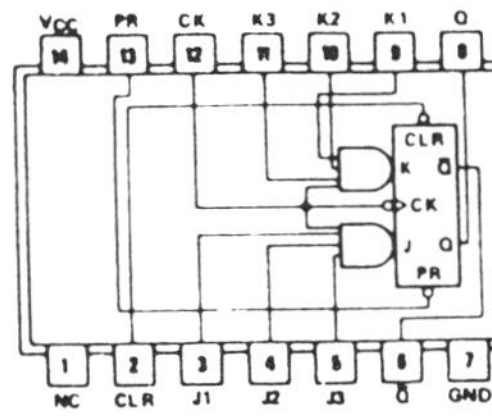

SN5472 (J) SN7472 (J, N)
SN54H72 (J) SN74H72 (J, N)
SN54L72 (J)

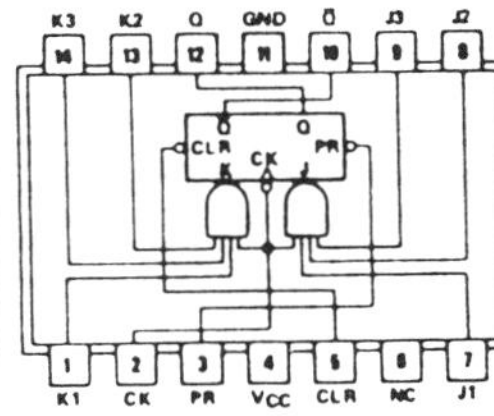

SN5472 (W)
SN54H72 (W)
SN54L72 (T)

NC—No internal connection

DUAL J-K FLIP-FLOPS WITH CLEAR

73

'73, 'H73, 'L73
FUNCTION TABLE

INPUTS				OUTPUTS	
CLEAR	CLOCK	J	K	Q	$\bar{Q}$
L	X	X	X	L	H
H	⎍	L	L	Q_0	$\bar{Q}_0$
H	⎍	H	L	H	L
H	⎍	L	H	L	H
H	⎍	H	H	TOGGLE	

'LS73A
FUNCTION TABLE

INPUTS				OUTPUTS	
CLEAR	CLOCK	J	K	Q	$\bar{Q}$
L	X	X	X	L	H
H	↓	L	L	Q_0	$\bar{Q}_0$
H	↓	H	L	H	L
H	↓	L	H	L	H
H	↓	H	H	TOGGLE	
H	H	X	X	Q_0	$\bar{Q}_0$

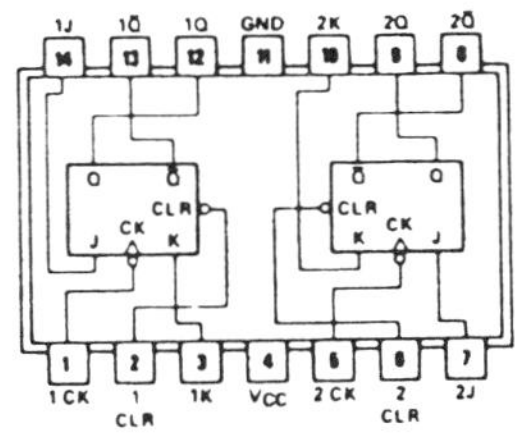

SN5473 (J, W) SN7473 (J, N)
SN54H73 (J, W) SN74H73 (J, N)
SN54L73 (J, T)
SN54LS73A (J, W) SN74LS73A (J, N)

DUAL D-TYPE POSITIVE-EDGE-TRIGGERED FLIP-FLOPS WITH PRESET AND CLEAR

74

FUNCTION TABLE

INPUTS				OUTPUTS	
PRESET	CLEAR	CLOCK	D	Q	$\bar{Q}$
L	H	X	X	H	L
H	L	X	X	L	H
L	L	X	X	H*	H*
H	H	↑	H	H	L
H	H	↑	L	L	H
H	H	L	X	Q_0	$\bar{Q}_0$

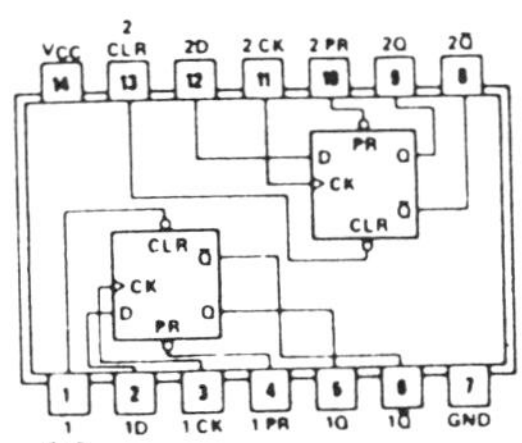

SN5474 (J) SN7474 (J, N)
SN54ALS74 (J, W) SN74ALS74 (J, N)
SN54H74 (J) SN74H74 (J, N)
SN54L74 (J)
SN54LS74A (J, W) SN74LS74A (J, N)
SN54S74 (J, W) SN74S74 (J, N)

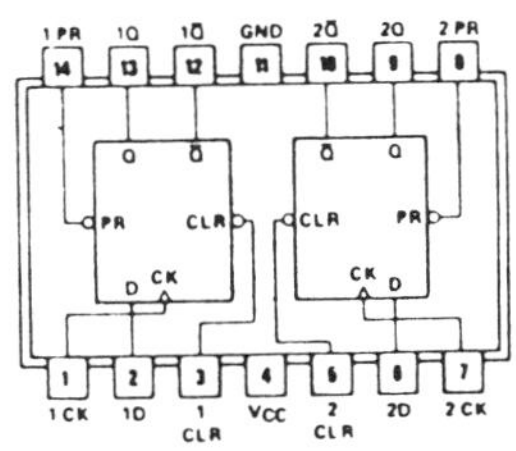

SN5474 (W)
SN54H74 (W)
SN54L74 (T)

*This configuration is nonstable, that is, it will not persist when preset or clear input returns to its inactive (high) level. Furthermore in this configuration the output levels of the LS74A are not guaranteed to meet the minimum limits for V_{OH} if the low level Voltages at preset and clear are near V_{IL} maximum.

PIN ASSIGNMENTS (TOP VIEWS)

4-BIT BISTABLE LATCHES

75

FUNCTION TABLE
(Each Latch)

INPUTS		OUTPUTS	
D	G	Q	$\bar{Q}$
L	H	L	H
H	H	H	L
X	L	Q_0	$\bar{Q}_0$

H = high level, L = low level, X = irrelevant
Q_0 = the level of Q before the high-to-low transistion of G

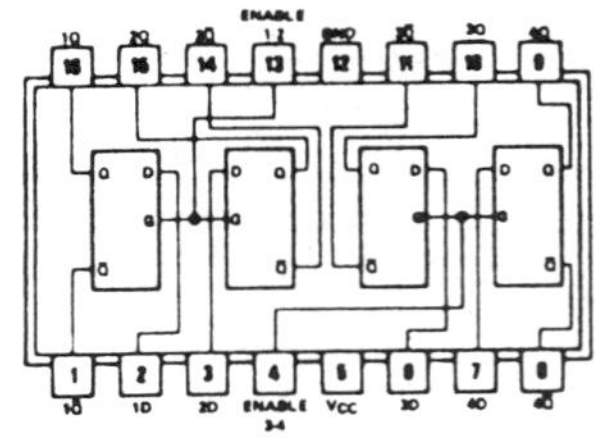

SN5475 (J, W) SN7475 (J, N)
SN54L75 (J)
SN54LS75 (J, W) SN74LS75 (J, N)

DUAL J-K FLIP-FLOPS WITH PRESET AND CLEAR

76

'76, H76
FUNCTION TABLE

INPUTS					OUTPUTS	
PRESET	CLEAR	CLOCK	J	K	Q	$\bar{Q}$
L	H	X	X	X	H	L
H	L	X	X	X	L	H
L	L	X	X	X	H*	H*
H	H	⎍	L	L	Q_0	$\bar{Q}_0$
H	H	⎍	H	L	H	L
H	H	⎍	L	H	L	H
H	H	⎍	H	H	TOGGLE	

'LS76A
FUNCTION TABLE

INPUTS					OUTPUTS	
PRESET	CLEAR	CLOCK	J	K	Q	$\bar{Q}$
L	H	X	X	X	H	L
H	L	X	X	X	L	H
L	L	X	X	X	H*	H*
H	H	↓	L	L	Q_0	$\bar{Q}_0$
H	H	↓	H	L	H	L
H	H	↓	L	H	L	H
H	H	↓	H	H	TOGGLE	
H	H	H	X	X	Q_0	Q_0

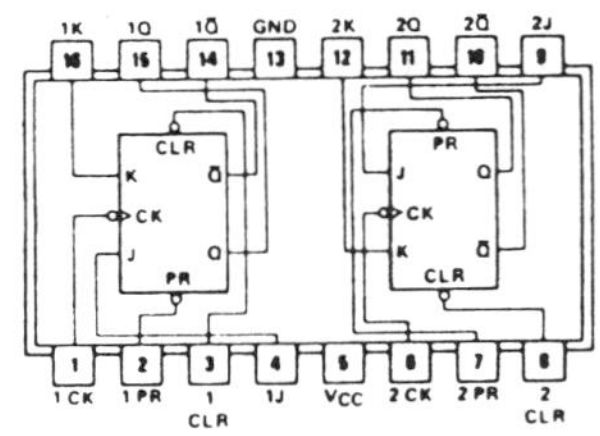

SN5476 (J, W) SN7476 (J, N)
SN54H76 (J, W) SN74H76 (J, N)
SN54LS76A (J, W) SN74LS76A (J, N)

4-BIT BISTABLE LATCHES

77

FUNCTION TABLE
(Each Latch)

INPUTS		OUTPUTS	
D	G	Q	$\bar{Q}$
L	H	L	H
H	H	H	L
X	L	Q_0	$\bar{Q}_0$

H = high level, L = low level, X = irrelevant
Q_0 = the level of Q before the high-to-low transistion of G

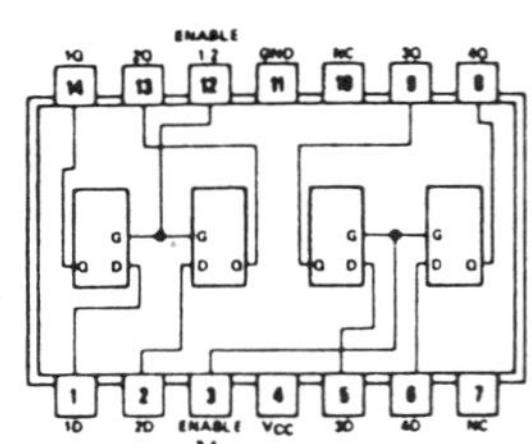

SN5477 (W)
SN54L77 (T)
SN54LS77 (W)

PIN ASSIGNMENTS (TOP VIEWS)

DUAL J-K FLIP-FLOPS WITH PRESET, COMMON CLEAR, AND COMMON CLOCK

78

'H78, 'L78
FUNCTION TABLE

INPUTS					OUTPUTS	
PRESET	CLEAR	CLOCK	J	K	Q	$\bar{Q}$
L	H	X	X	X	H	L
H	L	X	X	X	L	H
L	L	X	X	X	H*	H*
H	H	⎍	L	L	Q_0	$\bar{Q}_0$
H	H	⎍	H	L	H	L
H	H	⎍	L	H	L	H
H	H	⎍	H	H	TOGGLE	

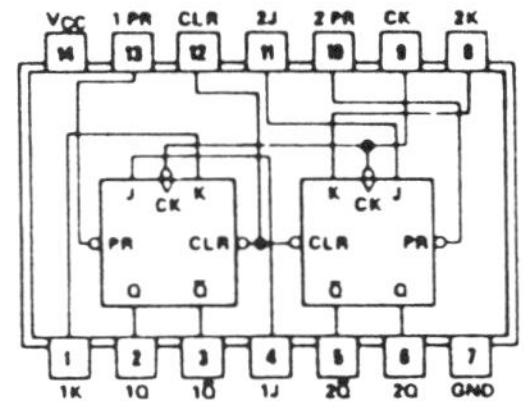

SN54H78(J,W) SN74H78(J,N)

'LS78A
FUNCTION TABLE

INPUTS					OUTPUTS	
PRESET	CLEAR	CLOCK	J	K	Q	$\bar{Q}$
L	H	X	X	X	H	L
H	L	X	X	X	L	H
L	L	X	X	X	H*	H*
H	H	↓	L	L	Q_0	$\bar{Q}_0$
H	H	↓	H	L	H	L
H	H	↓	L	H	L	H
H	H	↓	H	H	TOGGLE	
H	H	H	X	X	Q_0	$\bar{Q}_0$

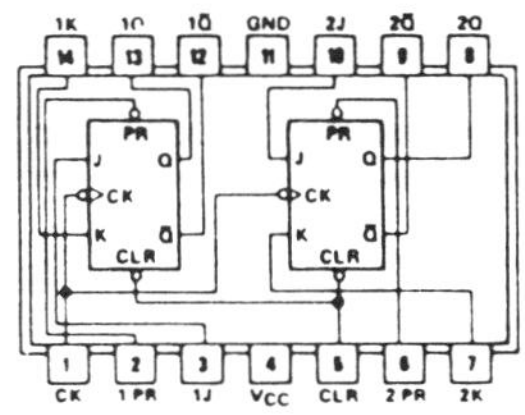

SN54L78(J,T)
SN54LS78A(J,W) SN74LS78A(J,N)

GATED FULL ADDERS

80 GATED COMPLEMENTARY INPUTS
COMPLEMENTARY SUM OUTPUTS

FUNCTION TABLE
(See Notes 1, 2, and 3)

INPUTS			OUTPUTS		
C_n	B	A	$\bar{C}_{n+1}$	$\bar{\Sigma}$	Σ
L	L	L	H	H	L
L	L	H	H	L	H
L	H	L	H	L	H
L	H	H	L	H	L
H	L	L	H	L	H
H	L	H	L	H	L
H	H	L	L	H	L
H	H	H	L	L	H

H = high level, L = low level

NOTES: 1. $A = \bar{A}_c + \bar{A}☆ + A1 \cdot A2$, $B = \bar{B}_c + B☆ + B1 \cdot B2$.
2. When A☆ is used as an input, A1 or A2 must be low. When B☆ is used as an input, B1 or B2 must be low.
3. When A1 and A2 or B1 and B2 are used as inputs, A☆ or B☆, respectively, must be open or used to perform dot-AND logic.

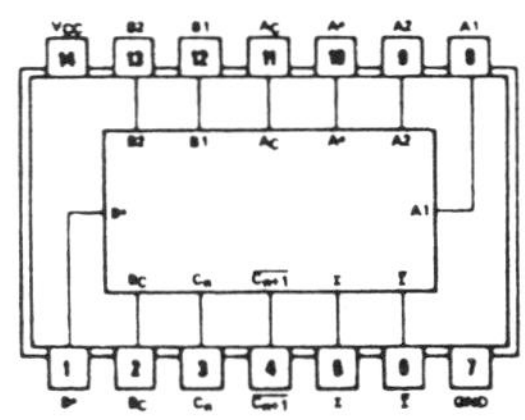

SN5480(J) SN7480(J,N)

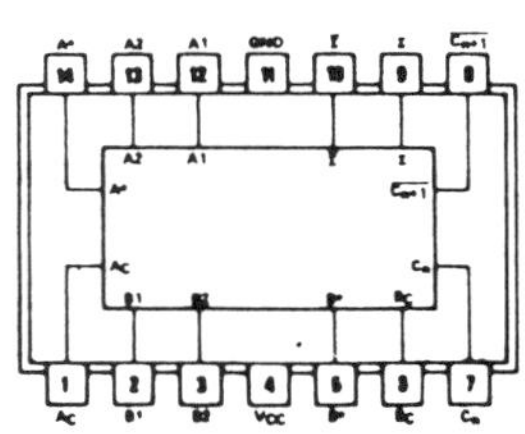

SN5480(W)

*This configuration is nonstable; that is, it will not persist when preset and clear inputs return to their inactive (high) level.

PIN ASSIGNMENTS (TOP VIEWS)

16-BIT RANDOM-ACCESS MEMORIES

81

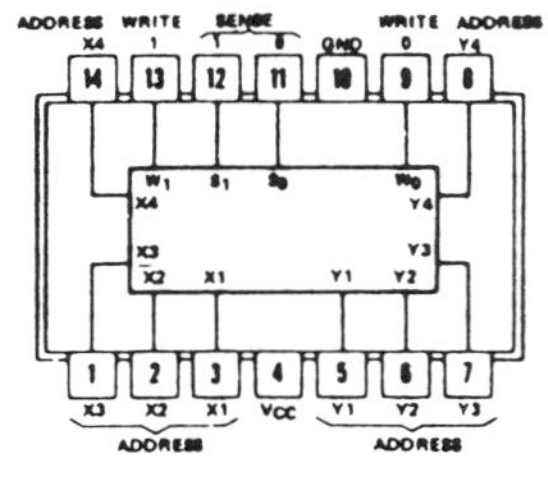

SN5481A (J, W) SN7481A (J, N)

2-BIT BINARY FULL ADDERS

82

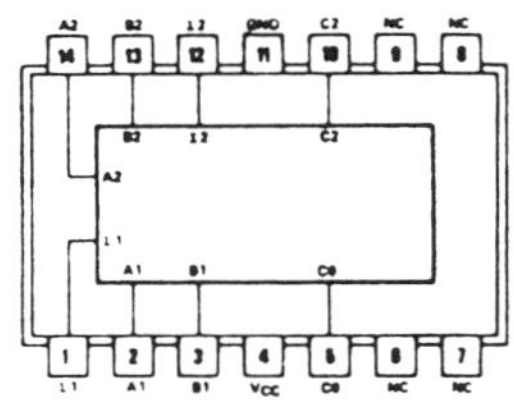

SN5482 (J, W) SN7482 (J, N)

NC – No internal connection

4-BIT BINARY FULL ADDERS WITH FAST CARRY

83

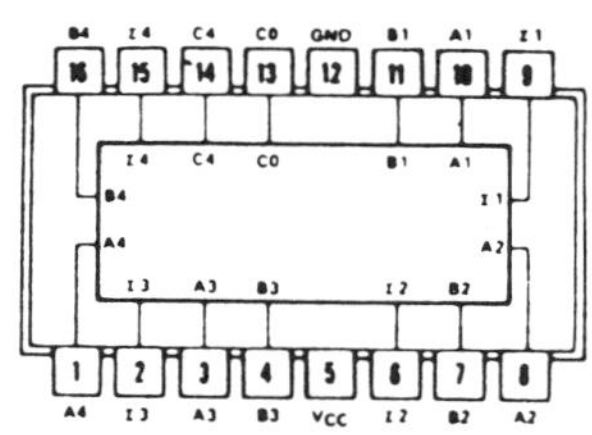

SN5483A (J, W) SN7483A (J, N)
SN54LS83A (J, W) SN74LS83A (J, N)

16-BIT RANDOM-ACCESS MEMORIES

84

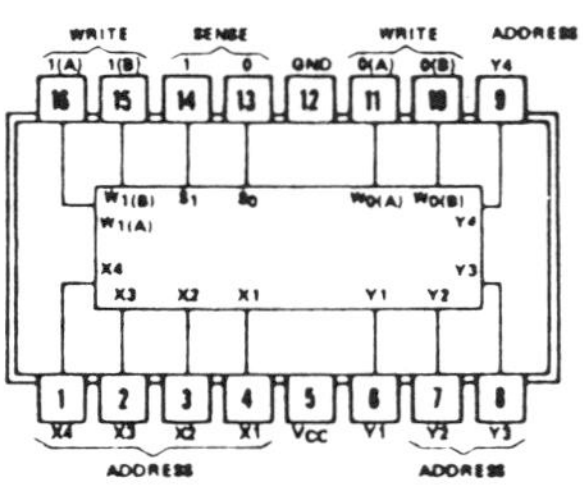

SN5484A (J, W) SN7484A (J, N)

PIN ASSIGNMENTS (TOP VIEWS)

4-BIT MAGNITUDE COMPARATORS

85

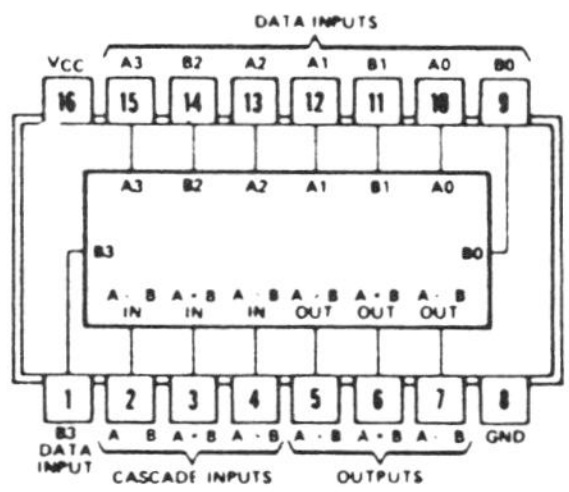

SN5485 (J, W) SN7485 (J, N)
SN54LS85 (J, W) SN74LS85 (J, N)
SN54S85 (J, W) SN74S85 (J, N)

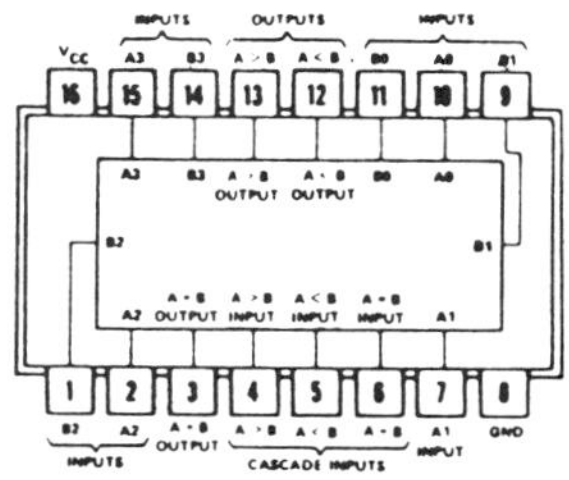

SN54L85 (J)

QUADRUPLE 2-INPUT EXCLUSIVE-OR GATES

86 $Y = A \oplus B = \overline{A}B + A\overline{B}$

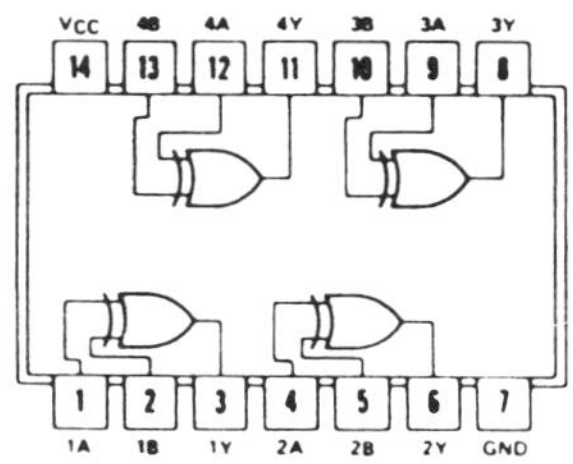

SN5486 (J, W) SN7486 (J, N)
SN54LS86 (J, W) SN74LS86 (J, N)
SN54S86 (J, W) SN74S86 (J, N)

FUNCTION TABLE

INPUTS		OUTPUT
A	B	Y
L	L	L
L	H	H
H	L	H
H	H	L

H = high level, L = low level

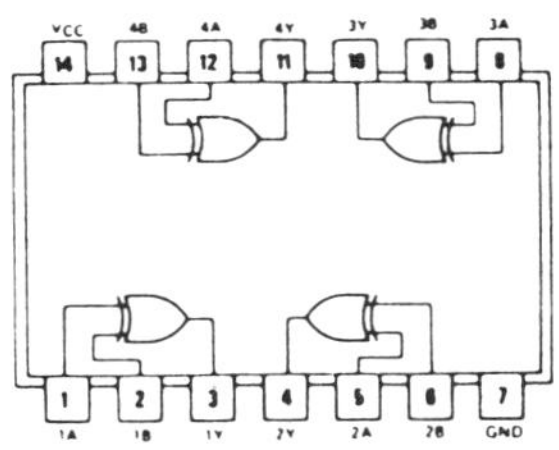

SN54L86 (J)

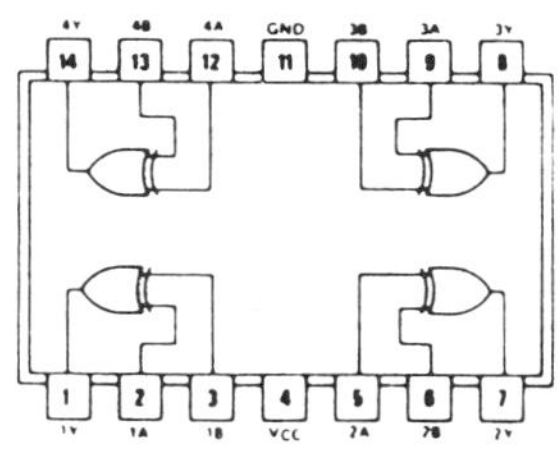

SN54L86 (T)

4-BIT TRUE/COMPLEMENT, ZERO/ONE ELEMENTS

87

FUNCTION TABLE

CONTROL INPUTS		OUTPUTS			
B	C	Y1	Y2	Y3	Y4
L	L	$\overline{A1}$	$\overline{A2}$	$\overline{A3}$	$\overline{A4}$
L	H	A1	A2	A3	A4
H	L	H	H	H	H
H	H	L	L	L	L

H = high level, L = low level
A1, A2, A3, A4 = the level of the respective A input

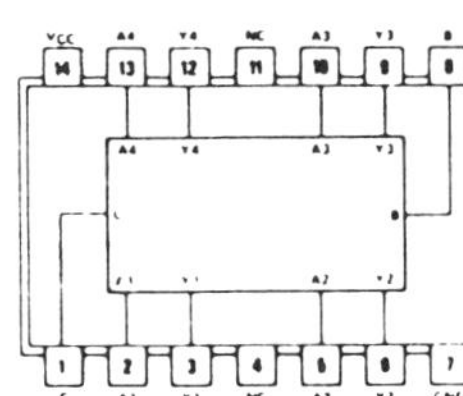

SN54H87 (J, W) SN74H87 (J, N)

NC – No internal connection

PIN ASSIGNMENTS (TOP VIEWS)

64-BIT READ/WRITE MEMORIES

89 16 4-BIT WORDS

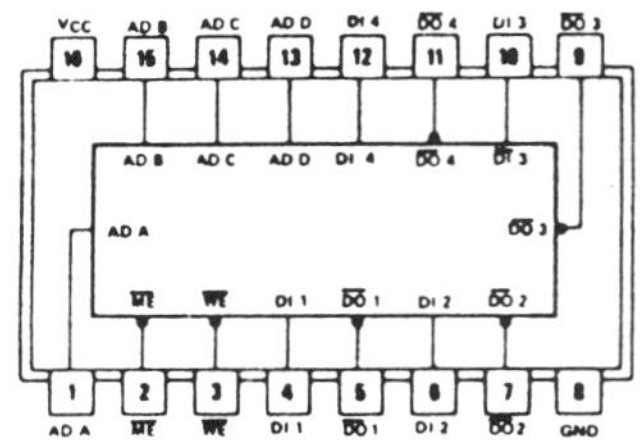

SN7489 (J, N)

DECADE COUNTERS

90 DIVIDE-BY-TWO AND DIVIDE-BY FIVE

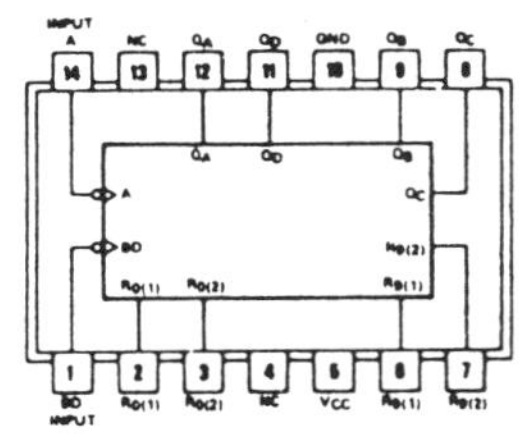

SN5490A (J, W) SN7490A (J, N)
SN54L90 (J, T)
SN54LS90 (J, W) SN74LS90 (J, N)

NC – No internal connection

PIN ASSIGNMENTS (TOP VIEWS)

8-BIT SHIFT REGISTERS

91 SERIAL-IN, SERIAL-OUT GATED INPUT

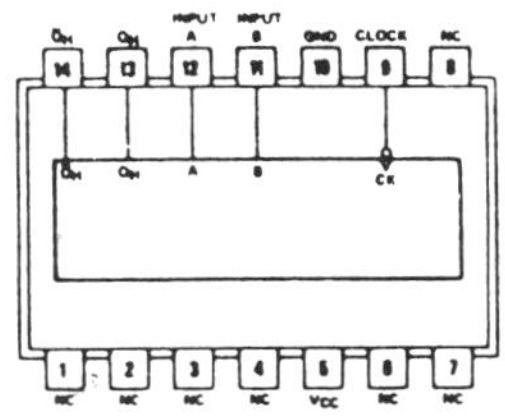

SN5491A (J) SN7491A (J,N)
SN54L91 (J)
SN54LS91 (J) SN74LS91 (J, N)

FUNCTION TABLE

INPUTS AT t_n		OUTPUTS AT t_{n+8}	
A	B	Q_H	$\bar{Q}_H$
H	H	H	L
L	X	L	H
X	L	L	H

H = high, L = low
X = irrelevant
t_n = Reference bit time, clock low
t_{n+8} = Bit time after 8 low-to-high clock transitions

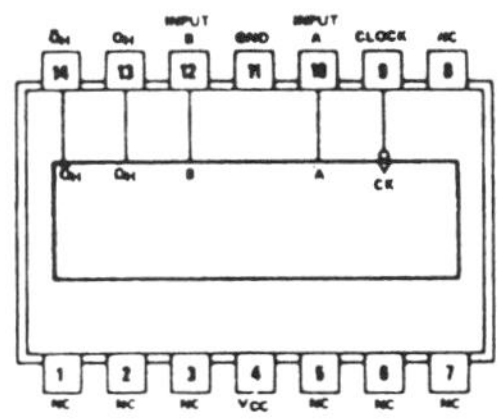

SN5491A (W)
SN54L91 (T)
SN54LS91 (W)

NC – No internal connections

DIVIDE-BY-TWELVE COUNTERS

92 DIVIDE-BY-TWO AND DIVIDE-BY-SIX

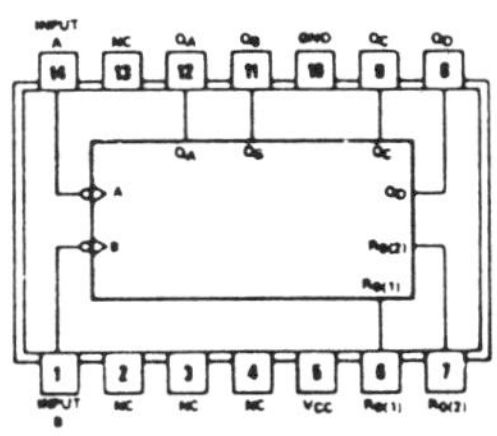

SN5492A (J, W) SN7492A (J, N)
SN54LS92 (J, W) SN74LS92 (J, N)

NC–No internal connection

4-BIT BINARY COUNTERS

93 DIVIDE-BY-TWO AND DIVIDE-BY-EIGHT

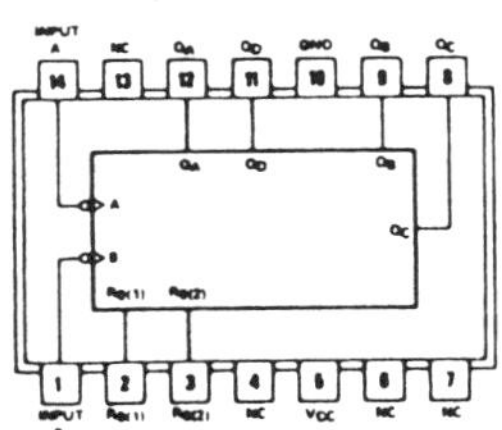

SN5493A (J, W) SN7493A (J, N)
SN54LS93 (J, W) SN74LS93 (J, N)

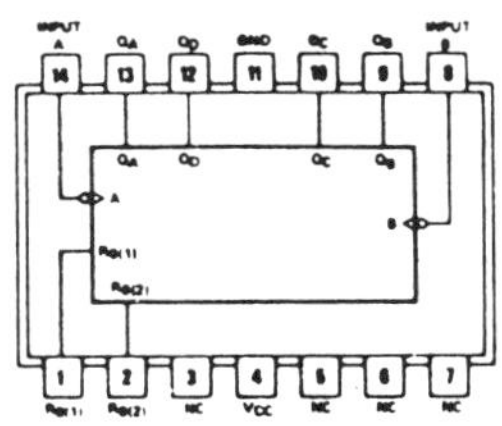

SN54L93 (J, T)

NC–No internal connection

PIN ASSIGNMENTS (TOP VIEWS)

4-BIT SHIFT REGISTERS

94 DUAL ASYNCHRONOUS PRESETS

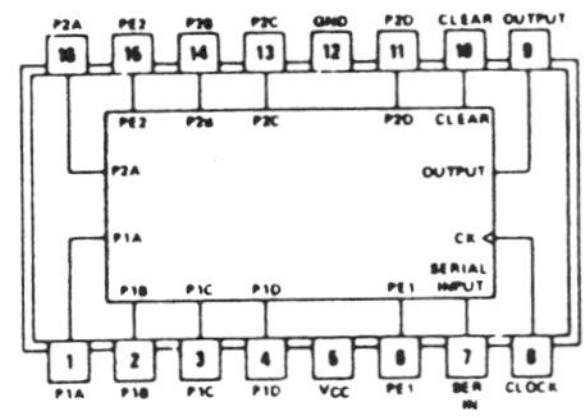

SN5494 (J, W) SN7494 (J, N)

4-BIT SHIFT REGISTERS

95 PARALLEL IN/PARALLEL OUT
SHIFT RIGHT, SHIFT LEFT
SERIAL INPUT

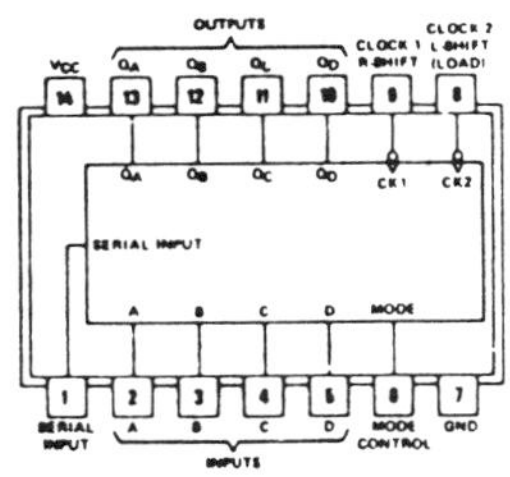

SN5495A (J, W) SN7495A (J, N)
SN54LS95B (J, W) SN74LS95B (J, N)

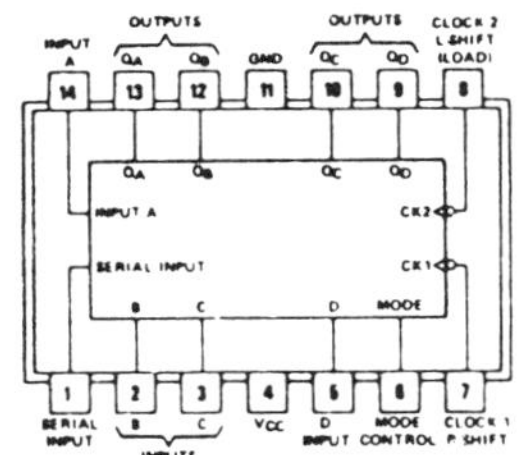

SN54L95 (J, T)

5-BIT SHIFT REGISTERS

96 ASYNCHRONOUS PRESET

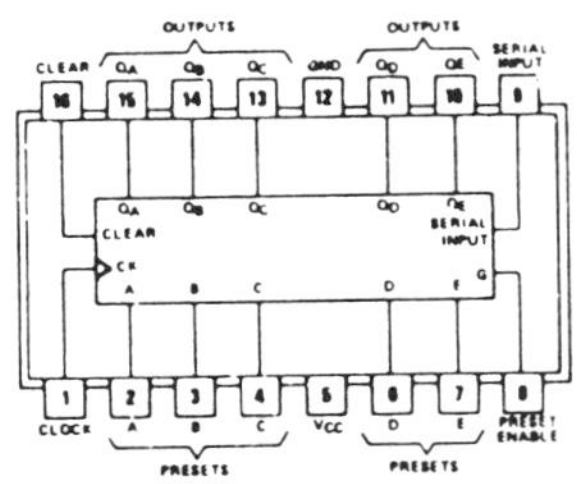

SN5496 (J, W) SN7496 (J, N)
SN54L96 (J)
SN54LS96 (J, W) SN74LS96 (J, N)

SYNCHRONOUS 6-BIT BINARY RATE MULTIPLIERS

97

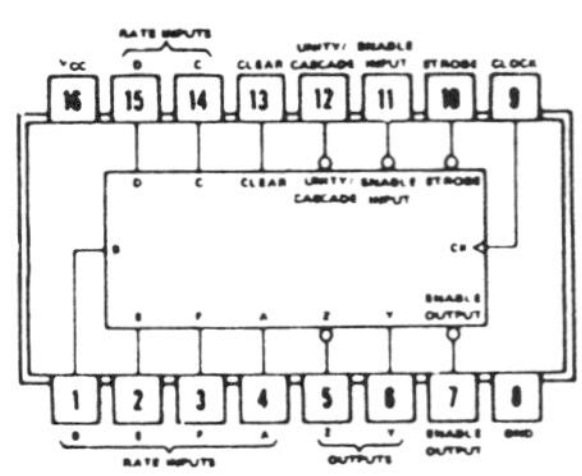

SN5497 (J, W) SN7497 (J, N)

PIN ASSIGNMENTS (TOP VIEWS)

4-BIT DATA SELECTOR/STORAGE REGISTERS

98 SELECTS 1 OF 2 4-BIT WORDS
PARALLEL IN/OUT

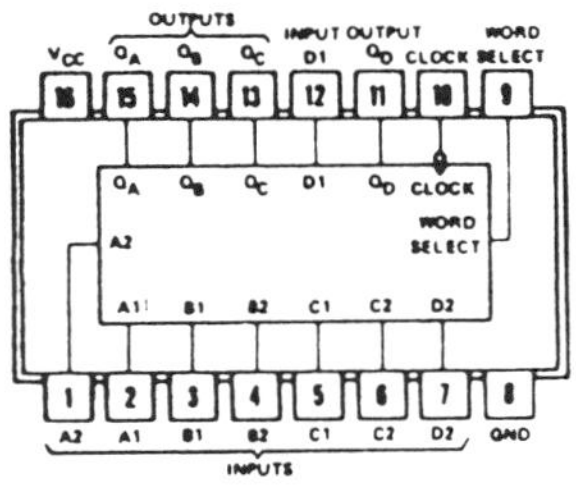

SN54L98 (J)

4-BIT BIDIRECTIONAL UNIVERSAL SHIFT REGISTERS

99 SERIAL J-$\bar{K}$ INPUTS

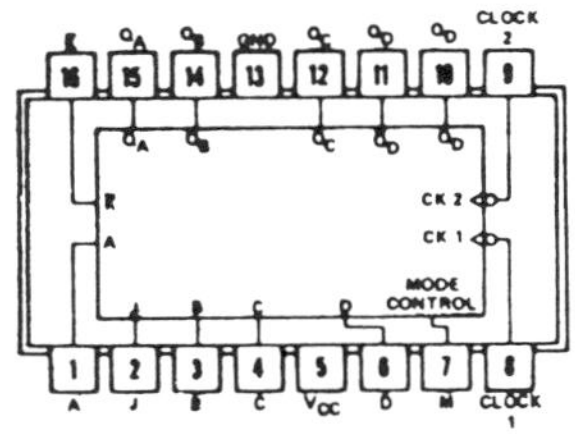

SN54L99 (J)

8-BIT BISTABLE LATCHES

100

FUNCTION TABLE
(Each Latch)

INPUTS		OUTPUTS	
D	G	Q	$\bar{Q}$
L	H	L	H
H	H	H	L
X	L	Q_0	$\bar{Q}_0$

H = high level, X = irrelevant
Q_0 = the level of Q before the high-to-low transition of G

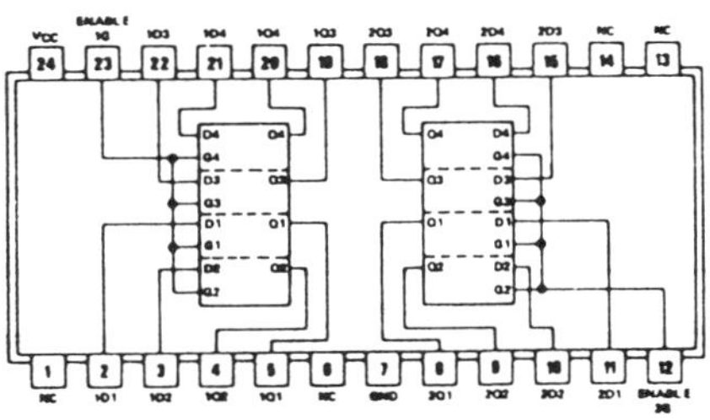

SN54100 (J, W) SN74100 (J, N)
NC — No internal connection

PIN ASSIGNMENTS (TOP VIEWS)

8-BIT PARALLEL OUTPUT SERIAL SHIFT REGISTERS

164 ASYNCHRONOUS CLEAR

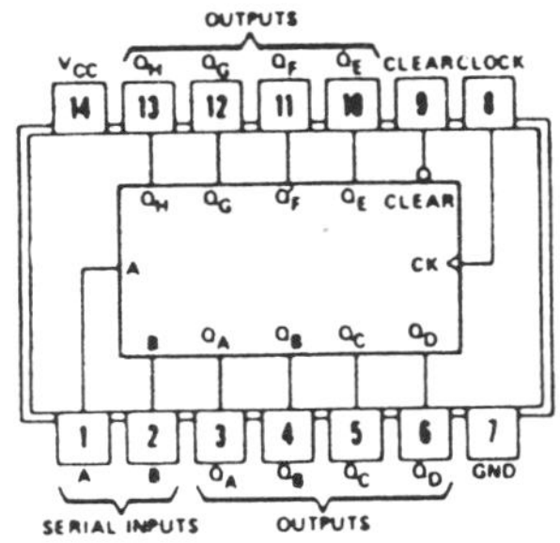

SN54164 (J, W) SN74164 (J, N)
SN54L164 (J, T)
SN54LS164 (J, W) SN74LS164 (J, N)

ARITHMETIC LOGIC UNITS/FUNCTION GENERATORS

181 16 ARITHMETIC OPERATIONS
16 LOGIC FUNCTIONS

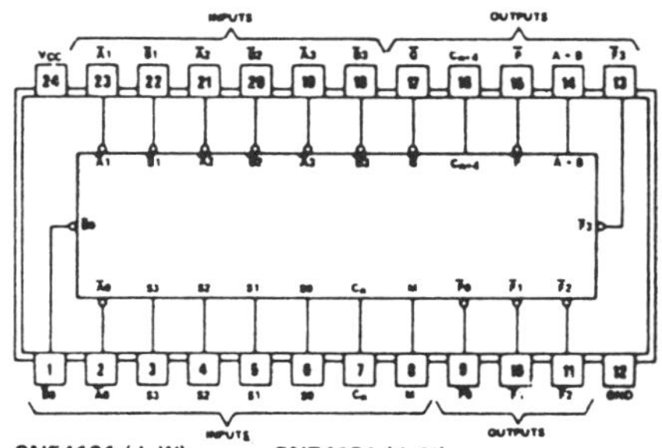

SN54181 (J, W) SN74181 (J, N)
SN54AS181A (J, W) SN74AS181A (J, N)
SN54LS181 (J, W) SN74LS181 (J, N)
SN54S181 (J, W) SN74S181 (J, N)

4-BIT BIDIRECTIONAL UNIVERSAL SHIFT REGISTERS

194

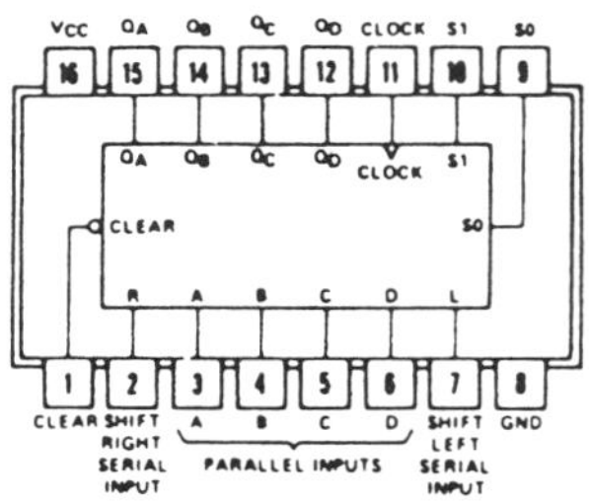

SN54194 (J, W) SN74194 (J, N)
SN54LS194A (J, W) SN74LS194A (J, N)
SN54S194 (J, W) SN74S194 (J, N)

74HC76 Dual J-K Flip-Flop with Preset and Clear

핀 접속도

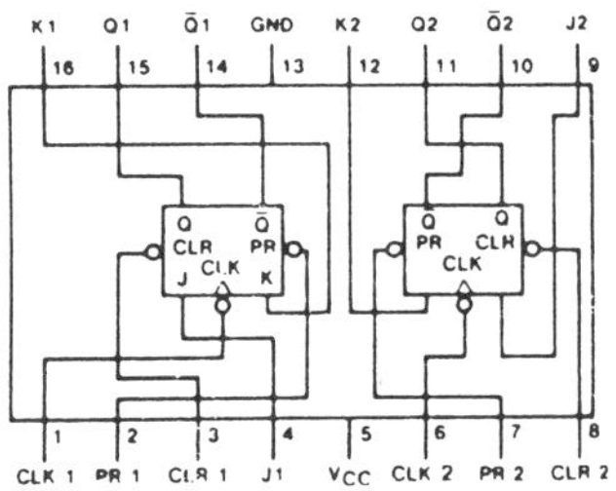

진 리 표

Inputs					Outputs	
PR	CLR	CLK	J	L	Q	Q̄
L	H	X	X	X	H	L
H	L	X	X	X	L	H
L	L	X	X	X	L*	L*
H	H	↓	L	L	Q0	Q̄0
H	H	↓	H	L	H	L
H	H	↓	L	H	L	H
H	H	↓	H	H	TOGGLE	
H	H	H	X	X	Q0	Q̄0

* : 불안정상태

논 리 도

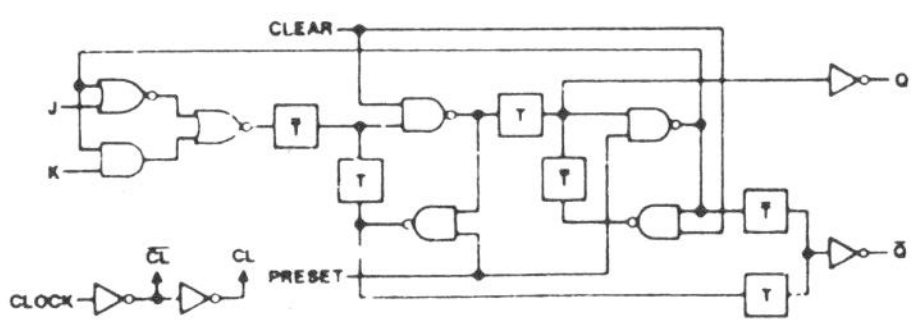

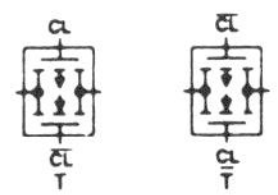

■스위치 특성 (단위ns)

C-MOS (V_{CC}=3~15V)	V_{CC}	typ	max
t_{PLH}, t_{PHL} (CLOCK→Q)	5V	180	300
	10V	70	110
t_{PLH}, t_{PHL} (Clear→Q)	5V	200	300
	10V	80	130
	V_{CC}	min	typ
f max	5V	2.5	4.0
	10V	7.0	11.0

H C-MOS (V_{CC}=2~8V)	V_{CC}	typ	max
t_r	5V	24	40
t_f	5V	18	40
t_{PLH} (CLOCK→Q)	5V	27	50
t_{PHL} (CLOCK→Q)	5V	37	55
t_{PLH} (Clear→Q)	5V	40	60
t_{PHL} (Clear→Q)	5V	56	85
	V_{CC}	min	typ
f max	5V	10	20

HS C-MOS (V_{CC}=2~6V)	V_{CC}	typ	max
t_r, t_f	2.0V	30	70
	6.0V	7	13
t_{PHL}, t_{PLH} (CLOCK→Q)	2.0V	100	126
	6.0V	17	21
t_{PHL}, t_{PLH} (Clear→Q)	2.0V	126	155
	6.0V	21	26
t_W	2.0V	55	80
	6.0V	9	14
	V_{CC}	min	typ
f max (MHz)	2.0V	5	9
	6.0V	31	53

특 징

○74LS76과 동일한 핀 배치, 동일 기능
○LS TTL 팬아웃 10 (74HC76)

■상당품

4027

C-MOS	
RCA	
MOT	
FSC	
NSC	MM74C76
T I	
SIG	
東芝	
沖	
富士通	
NEC	
日立	
松下	
三菱	
H C-MOS	
東芝	TC40H076AP
SHARP	LR40H076
HS C-MOS	
RCA	
MOT	MC74HC76
FSC	
NSC	MM74HC76Ⓣ
T I	
SIG	
ZTRX	ZX74HCT76A
SPI	SP74HC76
東芝	TC74HC76P
沖	MSM74HC76
富士通	
NEC	
日立	HD74HC76P
松下	MN74HC76
SHARP	LR74HC76
三菱	M74HC76

MOTOROLA

BCD DECADE COUNTERS/ 4-BIT BINARY COUNTERS

SN54/74LS160A
SN54/74LS161A
SN54/74LS162A
SN54/74LS163A

The LS160A/161A/162A/163A are high-speed 4-bit synchronous counters. They are edge-triggered, synchronously presettable, and cascadable MSI building blocks for counting, memory addressing, frequency division and other applications. The LS160A and LS162A count modulo 10 (BCD). The LS161A and LS163A count modulo 16 (binary.)

The LS160A and LS161A have an asynchronous Master Reset (Clear) input that overrides, and is independent of, the clock and all other control inputs. The LS162A and LS163A have a Synchronous Reset (Clear) input that overrides all other control inputs, but is active only during the rising clock edge.

	BCD (Modulo 10)	Binary (Modulo 16)
Asynchronous Reset	LS160A	LS161A
Synchronous Reset	LS162A	LS163A

- Synchronous Counting and Loading
- Two Count Enable Inputs for High Speed Synchronous Expansion
- Terminal Count Fully Decoded
- Edge-Triggered Operation
- Typical Count Rate of 35 MHz
- ESD > 3500 Volts

BCD DECADE COUNTERS/
4-BIT BINARY COUNTERS

LOW POWER SCHOTTKY

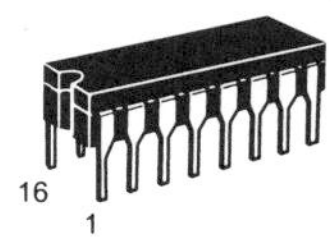

J SUFFIX
CERAMIC
CASE 620-09

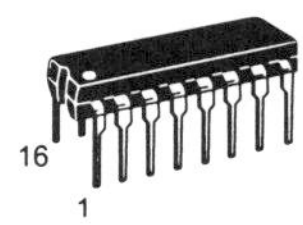

N SUFFIX
PLASTIC
CASE 648-08

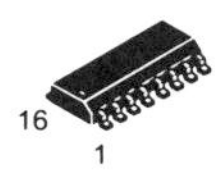

D SUFFIX
SOIC
CASE 751B-03

ORDERING INFORMATION

SN54LSXXXJ	Ceramic
SN74LSXXXN	Plastic
SN74LSXXXD	SOIC

CONNECTION DIAGRAM DIP (TOP VIEW)

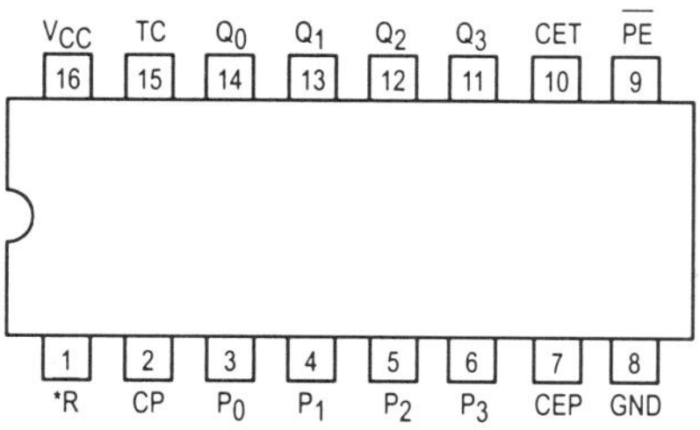

NOTE:
The Flatpak version has the same pinouts (Connection Diagram) as the Dual In-Line Package.

*MR for LS160A and LS161A
*SR for LS162A and LS163A

PIN NAMES

		LOADING (Note a)	
		HIGH	LOW
$\overline{PE}$	Parallel Enable (Active LOW) Input	1.0 U.L.	0.5 U.L.
P_0-P_3	Parallel Inputs	0.5 U.L.	0.25 U.L.
CEP	Count Enable Parallel Input	0.5 U.L.	0.25 U.L.
CET	Count Enable Trickle Input	1.0 U.L.	0.5 U.L.
$\underline{CP}$	Clock (Active HIGH Going Edge) Input	0.5 U.L.	0.25 U.L.
$\underline{MR}$	Master Reset (Active LOW) Input	0.5 U.L.	0.25 U.L.
SR	Synchronous Reset (Active LOW) Input	1.0 U.L.	0.5 U.L.
Q_0-Q_3	Parallel Outputs (Note b)	10 U.L.	5 (2.5) U.L.
TC	Terminal Count Output (Note b)	10 U.L.	5 (2.5) U.L.

NOTES:
a) 1 TTL Unit Load (U.L.) = 40 μA HIGH/1.6 mA LOW.
b) The Output LOW drive factor is 2.5 U.L. for Military (54) and 5 U.L. for Commercial (74) Temperature Ranges.

LOGIC SYMBOL

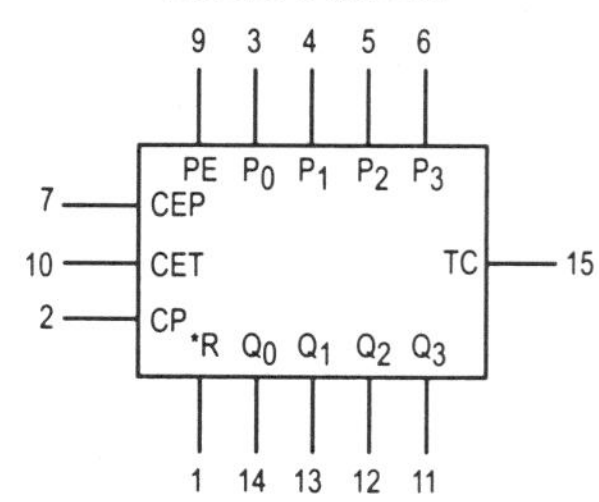

V_{CC} = PIN 16
GND = PIN 8

*MR for LS160A and LS161A
*SR for LS162A and LS163A

SN54/74LS160A • SN54/74LS161A
SN54/74LS162A • SN54/74LS163A

STATE DIAGRAM

LS160A • LS162A

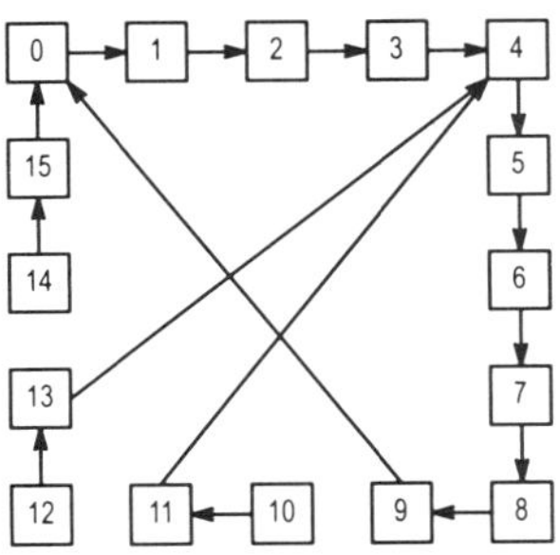

LS161A • LS163A

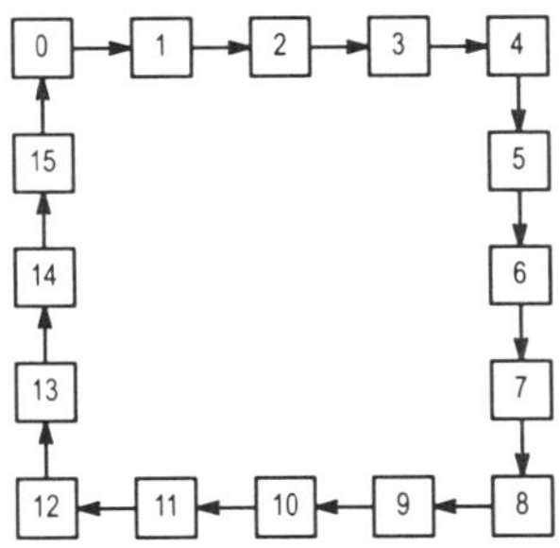

LOGIC EQUATIONS

Count Enable = CEP • CET • PE
TC for LS160A & LS162A = CET • Q_0 • $\overline{Q_1}$ • $\overline{Q_2}$ • Q_3
TC for LS161A & LS163A = CET • Q_0 • Q_1 • Q_2 • Q_3
Preset = $\overline{PE}$ • CP + (rising clock edge)
Reset = $\overline{MR}$ (LS160A & LS161A)
Reset = $\overline{SR}$ • CP + (rising clock edge)
(LS162A & LS163A)

NOTE:
The LS160A and LS162A can be preset to any state, but will not count beyond 9. If preset to state 10, 11, 12, 13, 14, or 15, it will return to its normal sequence within two clock pulses.

FUNCTIONAL DESCRIPTION

The LS160A/161A/162A/163A are 4-bit synchronous counters with a synchronous Parallel Enable (Load) feature. The counters consist of four edge-triggered D flip-flops with the appropriate data routing networks feeding the D inputs. All changes of the Q outputs (except due to the asynchronous Master Reset in the LS160A and LS161A) occur as a result of, and synchronous with, the LOW to HIGH transition of the Clock input (CP). As long as the set-up time requirements are met, there are no special timing or activity constraints on any of the mode control or data inputs.

Three control inputs — Parallel Enable ($\overline{PE}$), Count Enable Parallel (CEP) and Count Enable Trickle (CET) — select the mode of operation as shown in the tables below. The Count Mode is enabled when the CEP, CET, and PE inputs are HIGH. When the PE is LOW, the counters will synchronously load the data from the parallel inputs into the flip-flops on the LOW to HIGH transition of the clock. Either the CEP or CET can be used to inhibit the count sequence. With the PE held HIGH, a LOW on either the CEP or CET inputs at least one set-up time prior to the LOW to HIGH clock transition will cause the existing output states to be retained. The AND feature of the two Count Enable inputs (CET•CEP) allows synchronous cascading without external gating and without delay accumulation over any practical number of bits or digits.

The Terminal Count (TC) output is HIGH when the Count Enable Trickle (CET) input is HIGH while the counter is in its maximum count state (HLLH for the BCD counters, HHHH for the Binary counters). Note that TC is fully decoded and will, therefore, be HIGH only for one count state.

The LS160A and LS162A count modulo 10 following a binary coded decimal (BCD) sequence. They generate a TC output when the CET input is HIGH while the counter is in state 9 (HLLH). From this state they increment to state 0 (LLLL). If loaded with a code in excess of 9 they return to their legitimate sequence within two counts, as explained in the state diagram. States 10 through 15 do *not* generate a TC output.

The LS161A and LS163A count modulo 16 following a binary sequence. They generate a TC when the CET input is HIGH while the counter is in state 15 (HHHH). From this state they increment to state 0 (LLLL).

The Master Reset ($\overline{MR}$) of the LS160A and LS161A is asynchronous. When the MR is LOW, it overrides all other input conditions and sets the outputs LOW. The MR pin should never be left open. If not used, the MR pin should be tied through a resistor to V_{CC}, or to a gate output which is permanently set to a HIGH logic level.

The active LOW Synchronous Reset ($\overline{SR}$) input of the LS162A and LS163A acts as an edge-triggered control input, overriding CET, CEP and PE, and resetting the four counter flip-flops on the LOW to HIGH transition of the clock. This simplifies the design from race-free logic controlled reset circuits, e.g., to reset the counter synchronously after reaching a predetermined value.

MODE SELECT TABLE

*SR	PE	CET	CEP	Action on the Rising Clock Edge (_⌈‾)
L	X	X	X	RESET (Clear)
H	L	X	X	LOAD ($P_n \rightarrow Q_n$)
H	H	H	H	COUNT (Increment)
H	H	L	X	NO CHANGE (Hold)
H	H	X	L	NO CHANGE (Hold)

*For the LS162A and LS163A only.

H = HIGH Voltage Level
L = LOW Voltage Level
X = Don't Care

■〈74121〉

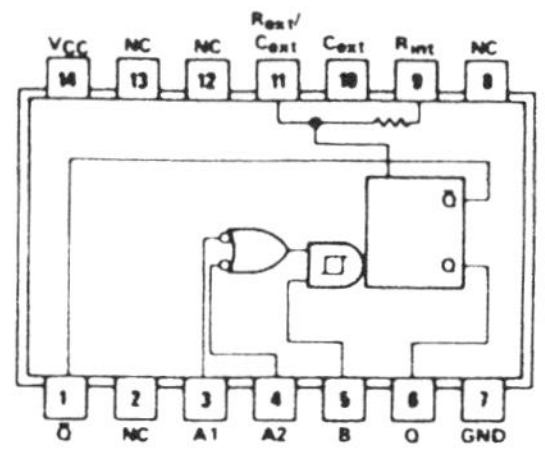

○ A입력, B입력 모두 시미트 입력

項目	入力	出力	max / min	N	LS	ALS	ALS 1000	F	S	AS	AC	HC	HCT	單位
t_{pd}	A	Q L→H	max	70										ns
	B	Q L→H	max	50										ns
	A	Q̄ H→L	max	80										ns
	B	Q̄ H→L	max	65										ns
tw	$C_T=0$, $R_{INT}=V_{CC}$		max	50										ns
Duty Cycle	$R_T=2k\Omega$		max	67										%
	$R_T=MAX$		max	90										%
V_t	A+	–	max	2										V
	A–	–	min	0.8										V
	B+	–	max	2										V
	A–	–	min	0.8										V
I_{CC}	–	QL	max	25										mA
	–	QH	max	40										mA

INPUTS A1	A2	B	OUTPUTS Q	Q̄
L	X	H	L	H
X	L	H	L	H
X	X	L	L	H
H	H	X	L	H
H	↓	H	⊓	⊔
↓	H	H	⊓	⊔
↓	↓	H	⊓	⊔
L	X	↑	⊓	⊔
X	L	↑	⊓	⊔

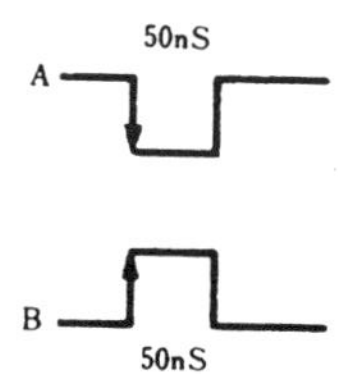

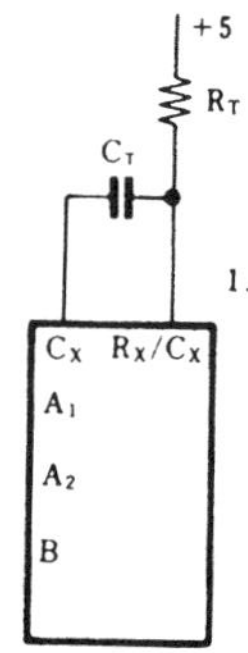

$T_w=0.7\,C_T R_T$

$1.4k\Omega \leq R_T \leq 40k\Omega$

$0pF \leq C_T \leq 1000\mu F$

參考品種
74221

社名	記号	N	LS	ALS	ALS 1000	F	S	AS	AC	HC	HCT
FC		*									
富士通	MB										
日立	HD	*									
松下	DN/MN										
三菱	M										
MOT	MC/SN	*									
NS	DM/MM	*									
日電	μPB/D										
RAY											
RCA	CD										
SIG	N	*									
TI	SN	*									
東芝	TD/TC	*									
SGS	T/M										

入力電流特性		N	LS	ALS	ALS 1000	F	S	AS		單位
A	H →	40								μA
	L ←	1.6								mA
B	H →	80								μA
	L ←	3.2								mA

出力電流特性		N	LS	ALS	ALS 1000	F	S	AS	AC	HC	HCT	單位
Q, Q̄	H →	0.4										mA
	L ←	16										mA

■〈74LS195A〉

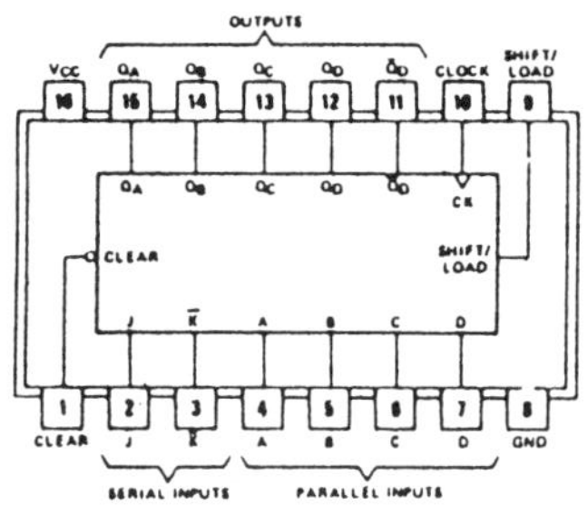

項目	入力	出力	max/min	N	LS	ALS	ALS 1000	F	S	AS	AS 1000	HC	HCT	単位
f_{max}	Clock	–	min	30	30				70			24		MHz
t_W	Clock	–	min	16	16				7			20		ns
	Clear		min	12	12				12			20		ns
t_{su}	全 Data input	–	min	20↑	15↑				5↑			25		ns
t_{hold}			min	0↑	0↑				3↑			0		ns
t_{rec}	Clear		min	25↑	25↑				9↑			5		ns
t_{enable}	Shift/Load	–	min	25↑	25↑				11↑			25		ns
$t_{release}$			[illegible]	10↑	10↑				6↑					ns
t_{pd}	Clock	Q	max	26	26				16.5			37		ns
	Clear		max	30	30				18.5			38		ns
Icc	–		max	63	21				109			0.08		mA

入 力			動 作
Clear	Shift/Load	CK	
H	H	⌐_⌐	우 shift
H	L		load
⌐_⌐ (L)	X	X	clear

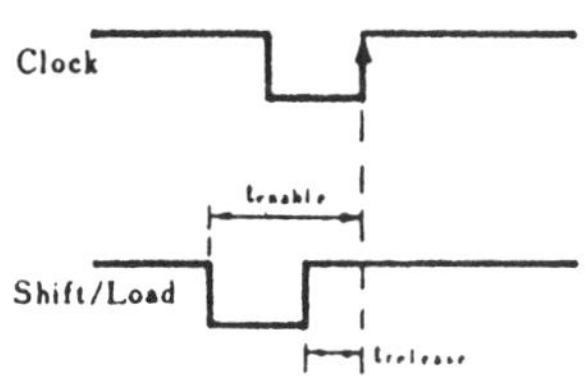

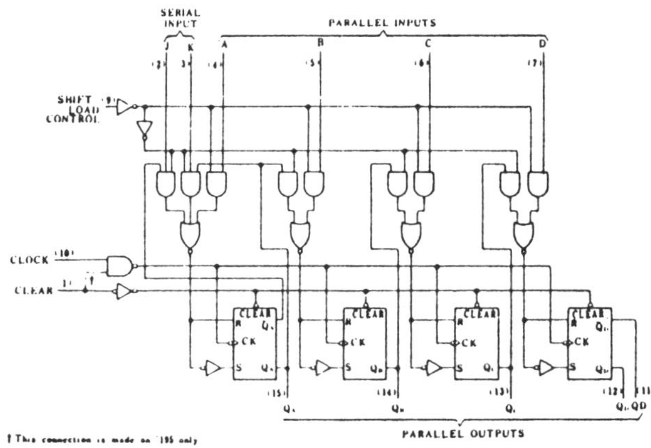

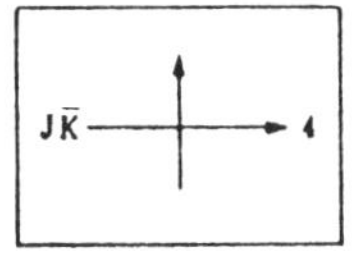

Serial-input가 JK̄ 로되어서 1비트씩만 JK-FF의 동작에 따라 입력된다. 일반적인 shift register가 되기 위해서는 J와 K̄를 병렬로 접속

社名	記号	N	LS	ALS	ALS 1000	F	S	AS	AS 1000	HC	HCT
FC		*	*			△	*				
富士通	MB		*	△			*				
日立	HD	*	*				*			*	
松下	DN/MN		*							*	
三菱	M		*							△	
MOT	MC	*	*			*				*	
NS	DM/MM	*	*				*	*		*	
日電	μPB/D	*								*	
RAY		*	*								
RCA	CD									*	*
SIG	N	*	*			*	*			*	*
TI	SN	*	*				*	*		*	
東芝	TD/TC									*	
SGS	M		*							*	
AMD	Am		*				*				
SHARP	LR									*	

入力電流特性		N	LS	ALS	ALS 1000	F	S	AS	AS 1000	単位
全入力	H →	40	20				50			μA
	L ←	1.6	0.4				2			mA

出力電流特性		N	LS	ALS	ALS 1000	F	S	AS	AS 1000	HC	HCT	単位
全出力	H →	0.8	0.4				1			4		mA
	L ←	14	8				20			4		mA

■〈CD4011B〉

●핀 접속도

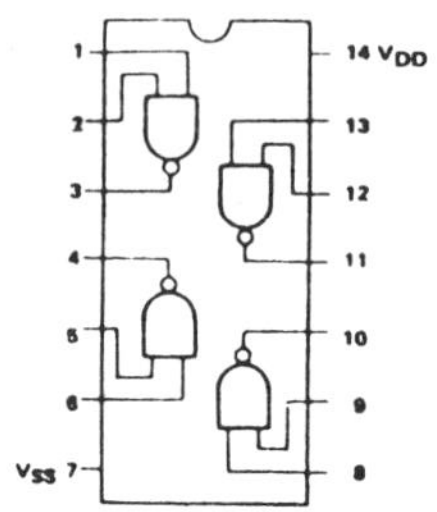

등가회로

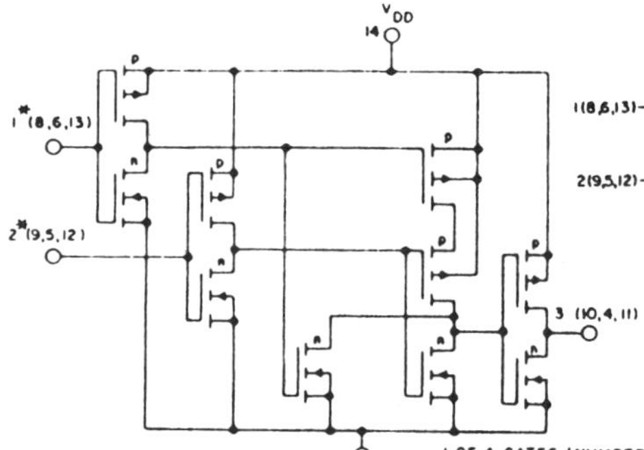

* ALL INPUTS ARE PROTECTED BY COS/MOS PROTECTION NETWORK

1 OF 4 GATES (NUMBERS IN PARENTHESES ARE TERMINAL NUMBERS FOR OTHER GATES)

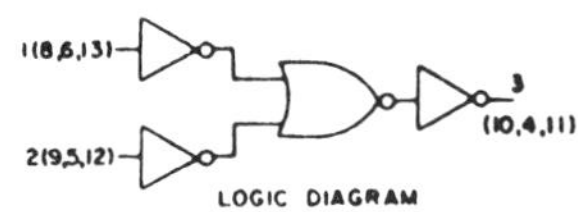

LOGIC DIAGRAM

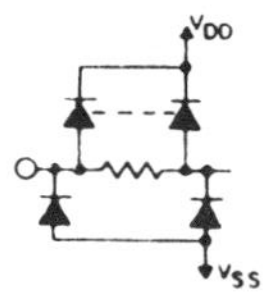

■스위칭 특성 (단위 ns)

C-MOS ($V_{DD}=3\sim18V$)	V_{DD}	typ	max
t_r, t_f	5V	100	200
	15V	40	80
t_{PLH}, t_{PHL}	5V	125	250
	15V	45	90
UB t_{PLH}, t_{PHL}	5V	60	120
	15V	25	50

HS C-MOS ($V_{DD}=2\sim6V$)	V_{DD}	typ	max
t_r, t_f	2.0V		
	6.0V		
t_{PLH}, t_{PHL}	2.0V		
	6.0V		

■상당품

74HC00

핀 접속 번호는 다르다.

C-MOS	
RCA	CD4011B, UB
MOT	MC14011B, UB
FSC	
NSC	CD4011B
T I	
SIG	HEF4011B, UB
SSS	SCL4011B, UB
SGS	HCC4011B
東 芝	TC4011BP
沖	MSM4011B
富士通	MB84011B
NEC	μPD4011BC
日 立	HD14011B
松 下	MN4011B
三 菱	M4011BP, UBP
ROM	BU4011B
三 洋	LC4011B
新日無	NJU4011B
H C-MOS	
東 芝	
HS C-MOS	
RCA	
MOT	
FSC	
NSC	
T I	
SIG	
東 芝	
沖	
富士通	
NEC	
日 立	
松 下	

■ 〈HD74LS139〉

The HD74LS139 comprises two individual two-line-to-four-line decoder in a single package. The active-low enable input can be used as a data line in demultiplexing applications.

■BLOCK DIAGRAM

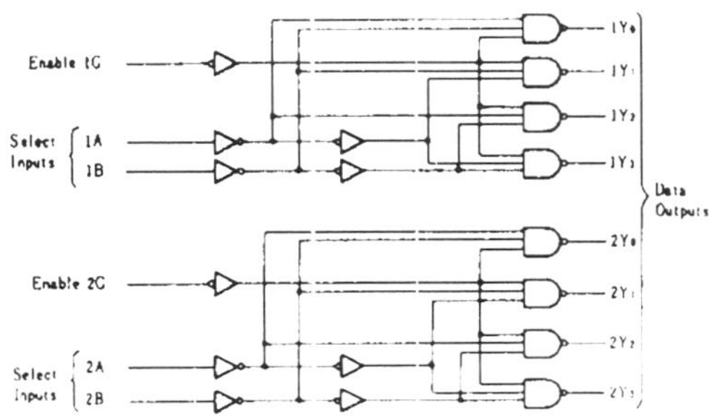

■PIN ARRANGEMENT

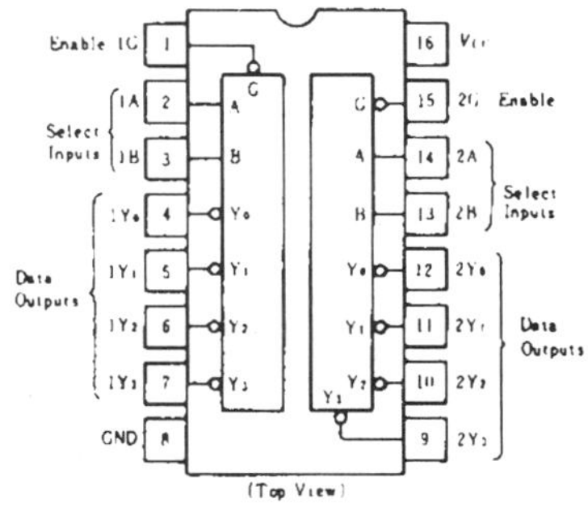

■FUNCTION TABLE

Inputs			Outputs			
Enable	Select					
G	B	A	Y_0	Y_1	Y_2	Y_3
H	×	×	H	H	H	H
L	L	L	L	H	H	H
L	L	H	H	L	H	H
L	H	L	H	H	L	H
L	H	H	H	H	H	L

H; high level, L; low level, X; irrelevant

■ELECTRICAL CHARACTERISTICS ($Ta=-20\sim+75$℃)

Item	Symbol	Test Conditions		min	typ*	max	Unit
Input voltage	V_{IH}			2.0	–	–	V
	V_{IL}			–	–	0.8	V
Output voltage	V_{OH}	$V_{CC}=4.75V$, $V_{IH}=2V$, $V_{IL}=0.8V$, $I_{OH}=-400\mu A$		2.7	–	–	V
	V_{OL}	$V_{CC}=4.75V$, $V_{IH}=2V$, $V_{IL}=0.8V$	$I_{OL}=4mA$	–	–	0.4	V
			$I_{OL}=8mA$	–	–	0.5	
Input current	I_I	$V_{CC}=5.25V$, $V_I=7V$		–	–	0.1	mA
	I_{IH}	$V_{CC}=5.25V$, $V_I=2.7V$		–	–	20	μA
	I_{IL}	$V_{CC}=5.25V$, $V_I=0.4V$		–	–	−0.4	mA
Short-circuit output current	I_{OS}	$V_{CC}=5.25V$		−5	–	−42	mA
Supply current	I_{CC}	$V_{CC}=5.25V$, Outputs enabled and open		–	6.8	11	mA
Input clamp voltage	V_{IK}	$V_{CC}=4.75V$, $I_{IN}=-18mA$		–	–	−1.5	V

* $V_{CC}=5V$, $Ta=25°C$

■SWITCHING CHARACTERISTICS ($V_{CC}=5V$, $Ta=25$℃)

Item	Symbol	Inputs	Outputs	Levels of delay	Test Conditions	min	typ	max	Unit
Propagation delay time	t_{PLH}	Binary	$1Y_0\sim1Y_3$	2	$C_L=15pF$ $R_L=2k\Omega$	–	13	20	ns
	t_{PHL}	Select	$2Y_0\sim2Y_3$			–	22	33	ns
	t_{PLH}	1A, 1B		3		–	18	29	ns
	t_{PHL}	2A, 2B				–	25	38	ns
	t_{PLH}	Enable	$1Y_0\sim1Y_3$	2		–	16	24	ns
	t_{PHL}	1G, 2G	$2Y_0\sim2Y_3$			–	21	32	ns

■〈CD4011UB〉

CD4011UB, CD4012UB, CD4023UB Types

COS/MOS NAND Gates

High-Voltage Types (20-Volt Rating)

Quad 2 Input – CD4011UB
Dual 4 Input – CD4012UB
Triple 3 Input – CD4023UB

The RCA-CD4011UB, CD4012UB, and CD4023UB NAND gates provide the system designer with direct implementation of the NAND function and supplement the existing family of COS/MOS gates.

The CD4011UB, CD4012UB, and CD4023UB types are supplied in 14-lead hermetic dual-in-line ceramic packages (D and F suffixes), 14-lead dual-in-line plastic packages (E suffix), and in chip form (H suffix).

Features:

- Propagation delay time = 30 ns (typ). at C_L = 50 pF, V_{DD} = 10 V
- Standardized symmetrical output characteristics
- 100% tested for quiescent current at 20 V
- Maximum input current of 1 μA at 18 V over full package temperature range; 100 nA at 18 V and 25°C
- 5-V, 10-V, and 15-V parametric ratings
- Meets all requirements of JEDEC Tentative Standard No. 13A, "Standard Specifications for Description of 'B' Series CMOS Devices"

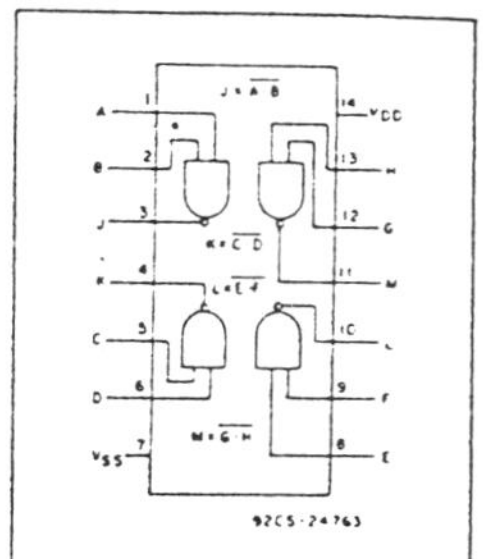

CD4011UB
FUNCTIONAL DIAGRAM

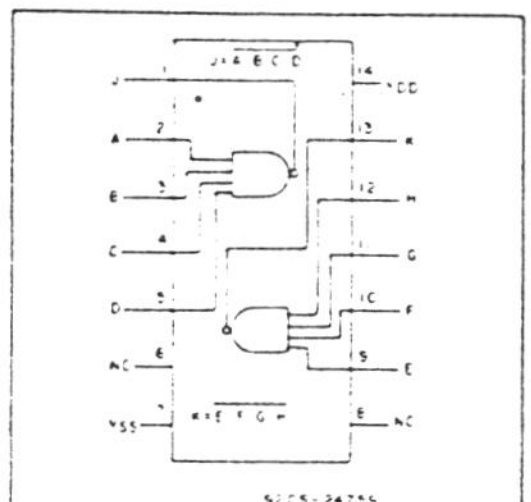

CD4012UB
FUNCTIONAL DIAGRAM

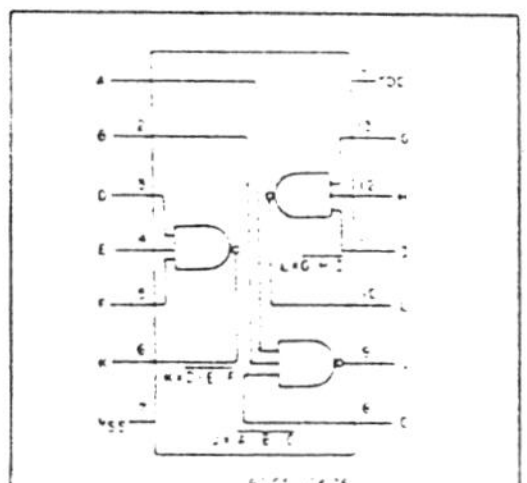

CD4023UB
FUNCTIONAL DIAGRAM

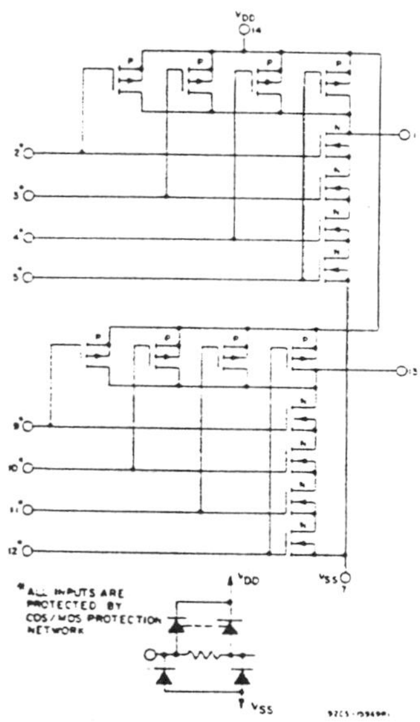

Fig. 1 – Schematic diagram for type CD4012UB

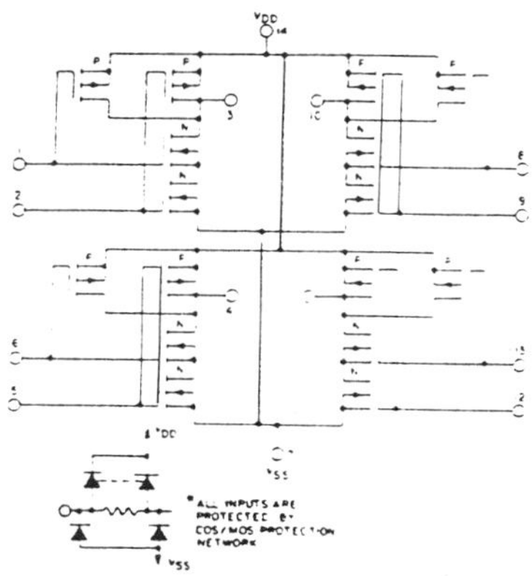

Fig. 2 – Schematic diagram for type CD4011UB.

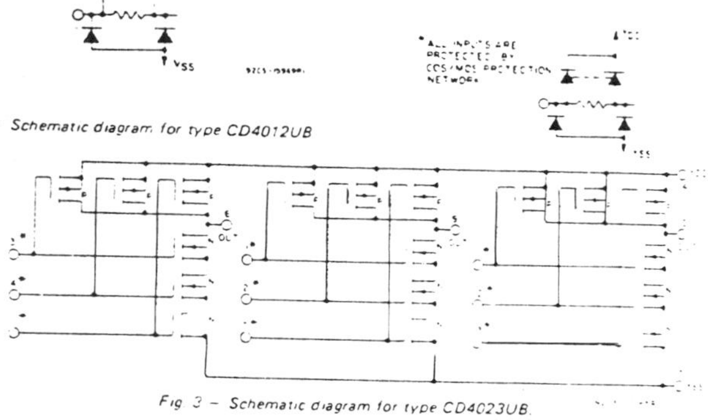

Fig. 3 – Schematic diagram for type CD4023UB.

RECOMMENDED OPERATING CONDITIONS

For maximum reliability, nominal operating conditions should be selected so that operation is always within the following ranges:

CHARACTERISTIC	MIN.	MAX.	UNITS
Supply Voltage Range (For T_A = Full Package Temperature Range)	3	18	V

CD4011UB, CD4012UB, CD4023UB Types

DYNAMIC ELECTRICAL CHARACTERISTICS
At $T_A = 25°C$, Input t_r, t_f = 20 ns, and C_L = 50 pF, R_L = 200k Ω

CHARACTERISTIC	TEST CONDITIONS		ALL TYPES LIMITS		UNITS
		V_{DD} VOLTS	TYP.	MAX	
Propagation Delay Time, t_{PHL}, t_{PLH}		5 10 15	60 30 25	120 60 50	ns
Transition Time, t_{THL}, t_{TLH}		5 10 15	100 50 40	200 100 80	ns
Input Capacitance, C_{IN}	Any Input		10	15	pF

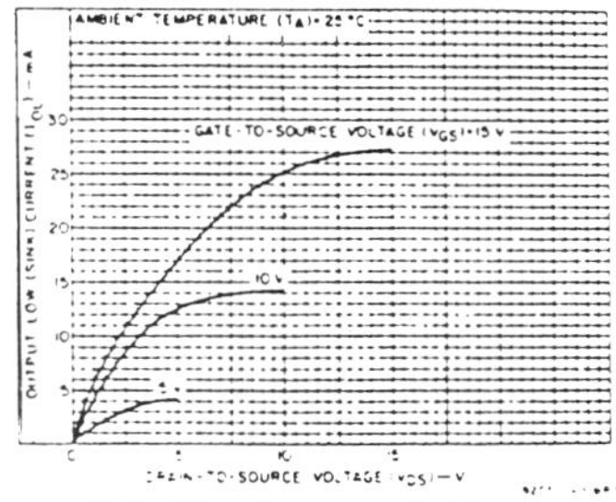

Fig 8 – Typical output low (sink) current characteristics.

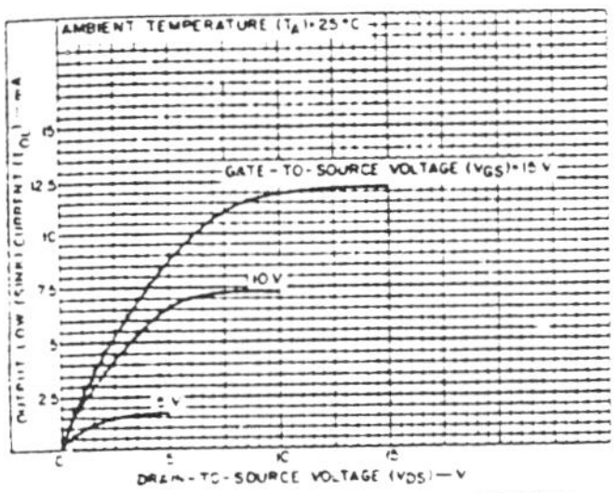

Fig 9 – Minimum output low (sink) current characteristics.

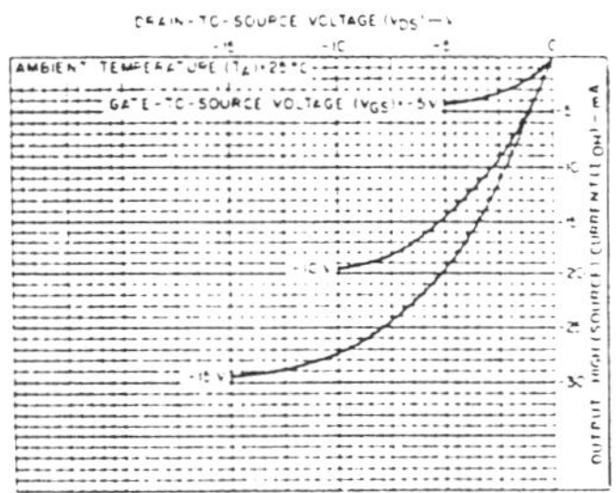

Fig 10 – Typical output high (source) current characteristics.

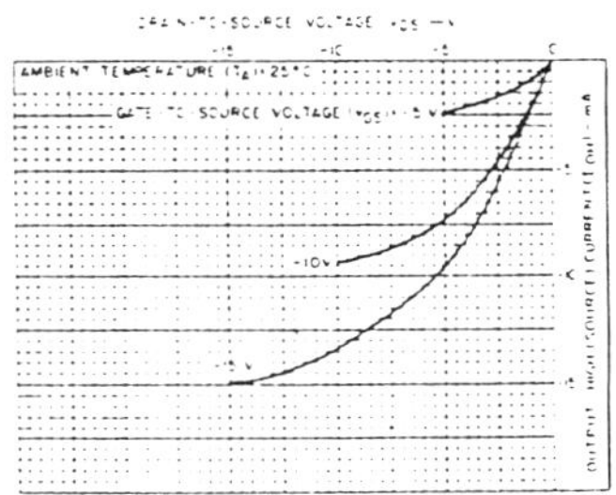

Fig 11 – Minimum output high (source) current characteristics.

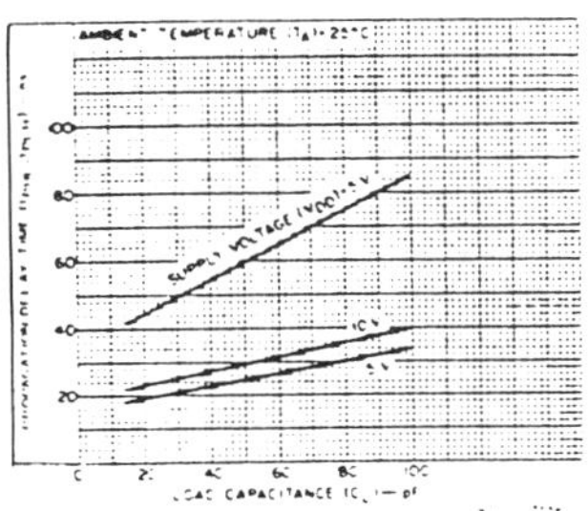

Fig 12 – Typical propagation delay time vs. load capacitance.

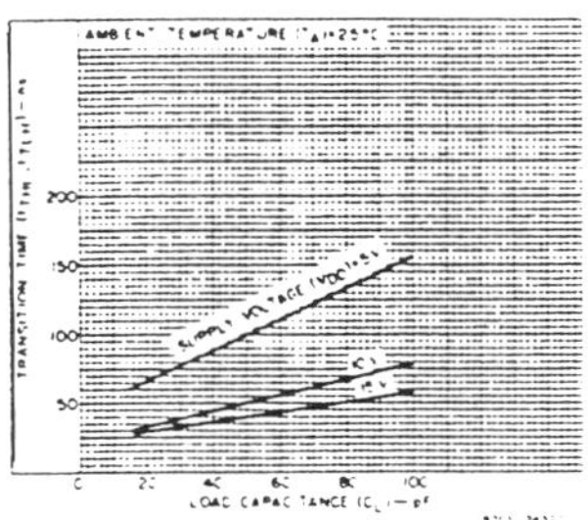

Fig 13 – Typical transition time vs. load capacitance.

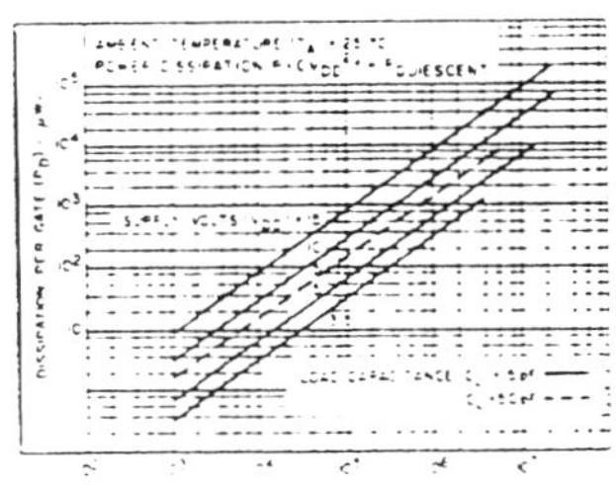

Fig 14 – Typical power dissipation vs frequency characteristics.

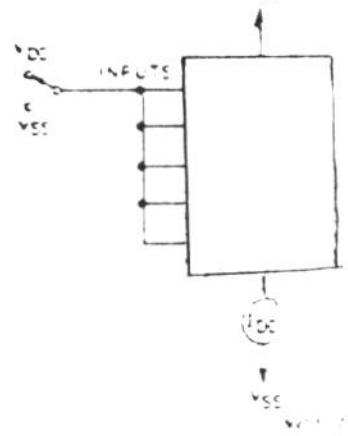

Fig 15 – Quiescent device current test circuit.

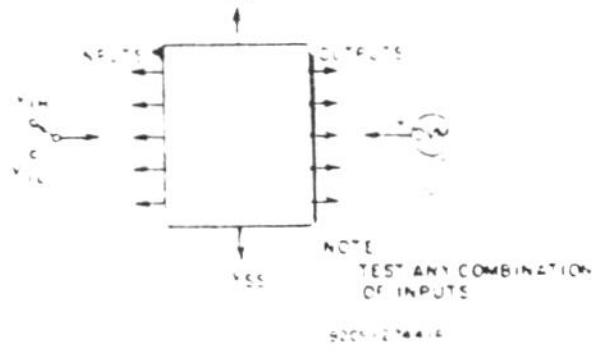

Fig 16 – Input voltage test circuit.

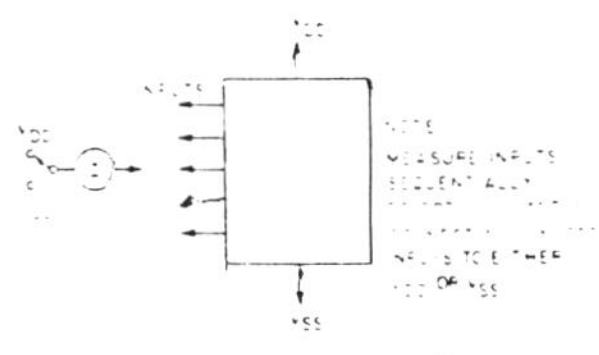

Fig 17 – Input current test circuit.

■〈HD74LS148〉

The HD74LS148 encodes eight data lines to three-line (4-2-1) binary (octal). Cascading circuitry (enable input EI and enable output EO) has been provided to allow octal expansion without the need for external circuitry. The data inputs and outputs are active at the low logic level.

■PIN ARRANGEMENT

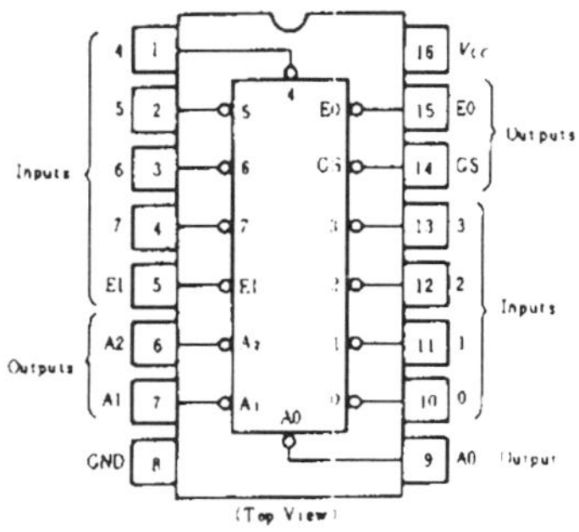

■BLOCK DIAGRAM

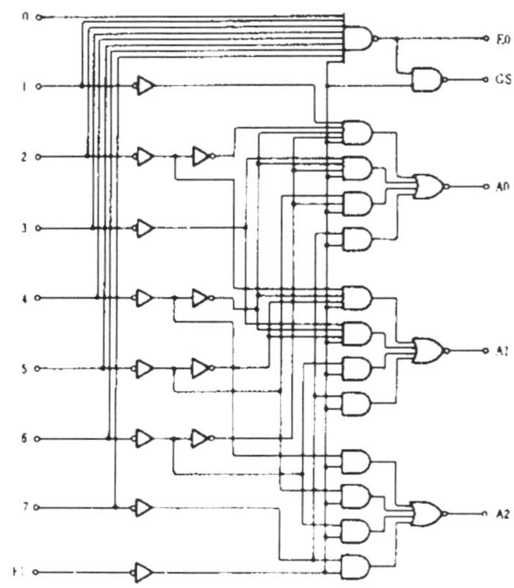

■FUNCTION TABLE

Inputs									Outputs				
EI	0	1	2	3	4	5	6	7	A2	A1	A0	GS	EO
H	×	×	×	×	×	×	×	×	H	H	H	H	H
L	H	H	H	H	H	H	H	H	H	H	H	H	L
L	×	×	×	×	×	×	×	L	L	L	L	L	H
L	×	×	×	×	×	×	L	H	L	L	H	L	H
L	×	×	×	×	×	L	H	H	L	H	L	L	H
L	×	×	×	×	L	H	H	H	L	H	H	L	H
L	×	×	×	L	H	H	H	H	H	L	L	L	H
L	×	×	L	H	H	H	H	H	H	L	H	L	H
L	×	L	H	H	H	H	H	H	H	H	L	L	H
L	L	H	H	H	H	H	H	H	H	H	H	L	H

H; high level, L; low level, X; irrelevant

■ELECTRICAL CHARACTERISTICS ($Ta=-20\sim+75$℃)

Item		Symbol	Test Conditions		min	typ*	max	Unit
Input voltage		V_{IH}			2.0	–	–	V
		V_{IL}			–	–	0.8	V
Output voltage		V_{OH}	$V_{CC}=4.75V,\ V_{IH}=2V,\ V_{IL}=0.8V,\ I_{OH}=-400\mu A$		2.7	–	–	V
		V_{OL}	$V_{CC}=4.75V,\ V_{IH}=2V,\ V_{IL}=0.8V$	$I_{OL}=4mA$	–	–	0.4	V
				$I_{OL}=8mA$	–	–	0.5	
Input current	1~7 Inputs	I_{IH}	$V_{CC}=5.25V,\ V_I=2.7V$		–	–	40	μA
	Other inputs				–	–	20	
	1~7 Inputs	I_{IL}	$V_{CC}=5.25V,\ V_I=0.4V$		–	–	−0.8	mA
	Other inputs				–	–	−0.4	
	1~7 Inputs	I_I	$V_{CC}=5.25V,\ V_I=7V$		–	–	0.2	mA
	Other inputs				–	–	0.1	
Short circuit output current		I_{OS}	$V_{CC}=5.25V$		−20	–	−100	mA
Supply current **		I_{CC}	$V_{CC}=5.25V$	Condition 1	–	12	20	mA
				Condition 2	–	10	17	
Input clamp voltage		V_{IK}	$V_{CC}=4.75V,\ I_{IN}=-18mA$		–	–	−1.5	V

* $V_{CC}=5V,\ Ta=25°C$

** The condition 1 is measured with inputs 7 and EI grounded, other inputs and outputs open, the condition 2 is measured with all inputs and outputs open.

SWITCHING CHARACTERISTICS (V_{CC}=5V, Ta=25℃)

Item	Symbol	Inputs	Outputs	Output Waveforms	Test Conditions	min	typ	max	Unit
Propagation delay time	t_{PLH}	0~7	A_0, A_1 or A_2	In-phase Output	C_L=15pF R_L=2kΩ	–	14	18	ns
	t_{PHL}					–	15	25	
	t_{PLH}	0~7	A_0, A_1 or A_2	Out-of-phase Output		–	20	36	ns
	t_{PHL}					–	16	29	
	t_{PLH}	0~7	EO	Out-of-phase Output		–	7	18	ns
	t_{PHL}					–	25	40	
	t_{PLH}	0~7	GS	In-phase Output		–	35	55	ns
	t_{PHL}					–	9	21	
	t_{PLH}	EI	A_0, A_1 or A_2	In-phase Output		–	16	25	ns
	t_{PHL}					–	12	25	
	t_{PLH}	EI	GS	In-phase Output		–	12	17	ns
	t_{PHL}					–	14	36	
	t_{PLH}	EI	EO	In-phase Output		–	12	21	ns
	t_{PHL}					–	23	35	

TESTING METHOD

) Test Circuit

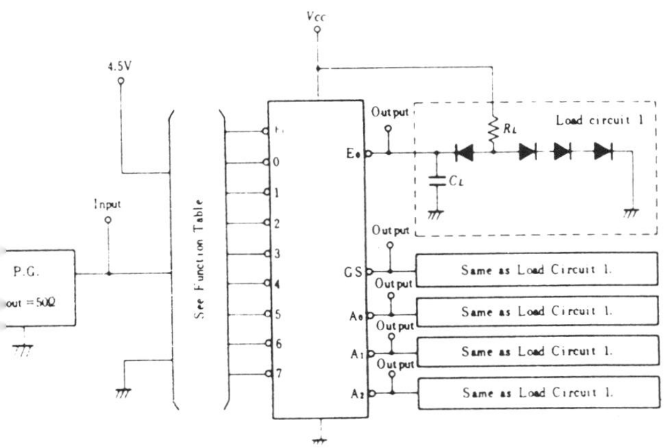

Waveform

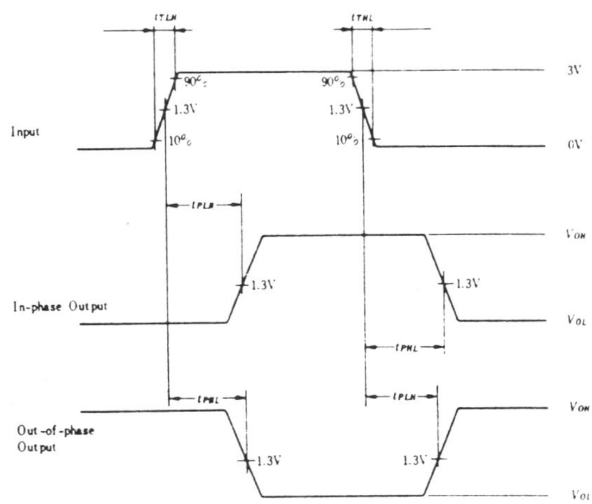

Notes) 1. C_L includes probe and jig capacitance.
2. All diodes are 1S2074 Ⓗ

Input pulse; $t_{TLH} \leqq 15$ns, $t_{THL} \leqq 6$ns, PRR=1MHz, duty cycle 50%.

This data selector/multiplexer contains inverters and drivers to supply fully complementary, on-chip, binary decoding data selection to the AND-OR-INVERT gates. Separate strobe inputs are provided for each of the two four-line sections.

■BLOCK DIAGRAM

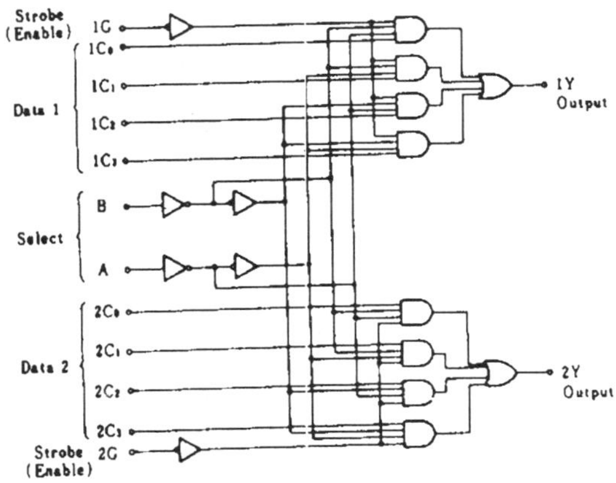

■PIN ARRANGEMENT

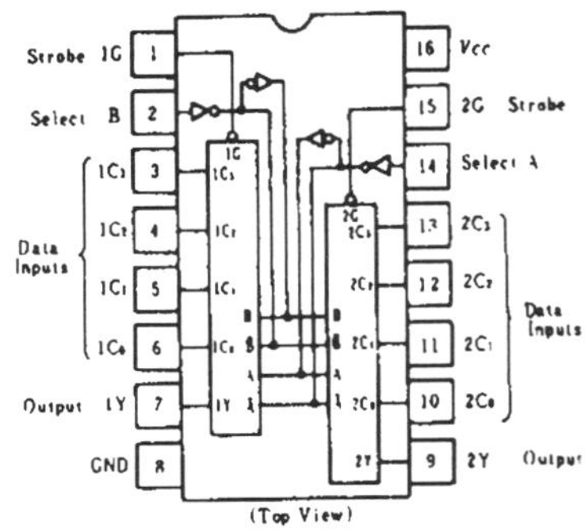

■FUNCTION TABLE

Inputs							Ou
Select		Data				Strobe	
B	A	C_0	C_1	C_2	C_3	G	
×	×	×	×	×	×	H	
L	L	L	×	×	×	L	
L	L	H	×	×	×	L	
L	H	×	L	×	×	L	
L	H	×	H	×	×	L	
H	L	×	×	L	×	L	
H	L	×	×	H	×	L	
H	H	×	×	×	L	L	
H	H	×	×	×	H	L	

H; high level, L; low level, X; irrelevant

■ELECTRICAL CHARACTERISTICS ($Ta = -20 \sim +75$℃)

Item	Symbol	Test Conditions		min	typ*	max	Ur
Input voltage	V_{IH}			2.0	–	–	
	V_{IL}			–	–	0.8	
Output voltage	V_{OH}	$V_{CC}=4.75V$, $V_{IH}=2V$, $V_{IL}=0.8V$, $I_{OH}=-400\mu A$		2.7	–	–	
	V_{OL}	$V_{CC}=4.75V$, $V_{IH}=2V$,	$I_{OL}=4mA$	–	–	0.4	
		$V_{IL}=0.8V$	$I_{OL}=8mA$	–	–	0.5	
Input current	I_{IH}	$V_{CC}=5.25V$, $V_I=2.7V$		–	–	20	μ
	I_{IL}	$V_{CC}=5.25V$, $V_I=0.4V$		–	–	−0.4	m
	I_I	$V_{CC}=5.25V$, $V_I=7V$		–	–	0.1	m
Short-circuit output current	I_{OS}	$V_{CC}=5.25V$		−20	–	−100	m
Supply current **	I_{CCL}	$V_{CC}=5.25V$		–	6.2	10	m
Input clamp voltage	V_{IK}	$V_{CC}=4.75V$, $I_{IN}=-18mA$		–	–	−1.5	

* $V_{CC}=5V$, $Ta=25°C$

** I_{CC} is measured with all outputs open and all inputs grounded.

부록 Ⅱ MC 14510B

BCD UP/DOWN COUNTER

The MC14510B BCD up/down counter is constructed with MOS P-channel and N-channel enhancement mode devices in a single monolithic structure. The counter consists of type D flip-flop stages with a gating structure to provide type T flip-flop capability. The counter can be cleared by applying a high level on the Reset line. This complementary MOS counter finds primary use in up/down and difference counting and frequency synthesizer applications where low power dissipation and/or high noise immunity is desired. It is also useful in A/D and D/A conversion and for magnitude and sign generation.

- Quiescent Current = 5.0 nA/package typical @ 5.0 Vdc
- Noise Immunity = 45% of V_{DD} typical
- Diode Protection on All Inputs
- Supply Voltage Range = 3.0 Vdc to 18 Vdc
- Low Input Capacitance – 5.0 pF typical
- Internally Synchronous for High Speed
- Logic Edge-Clocked Design – Count Occurs on Positive Going Edge of Clock
- 5.0-MHz Counting Rate
- Asynchronous Preset Enable Operation
- Capable of Driving Two Low-power TTL Loads, One Low-power Schottky TTL Load or Two HTL Loads Over the Rated Temperature Range.

CMOS MSI

(LOW-POWER COMPLEMENTARY MOS)

BCD UP/DOWN COUNTER

L SUFFIX
CERAMIC PACKAGE
CASE 620

P SUFFIX
PLASTIC PACKAGE
CASE 648

ORDERING INFORMATION

MC14XXXB — Suffix Denotes
- L Ceramic Package
- P Plastic Package
- A Extended Operating Temperature Range
- C Limited Operating Temperature Range

MAXIMUM RATINGS (Voltages referenced to V_{SS})

Rating	Symbol	Value	Unit
DC Supply Voltage	V_{DD}	-0.5 to +18	Vdc
Input Voltage, All Inputs	V_{in}	-0.5 to V_{DD} + 0.5	Vdc
DC Current Drain per Pin	I	10	mAdc
Operating Temperature Range – AL Device CL/CP Device	T_A	-55 to +125 -40 to +85	°C
Storage Temperature Range	T_{stg}	-65 to +150	°C

BLOCK DIAGRAM

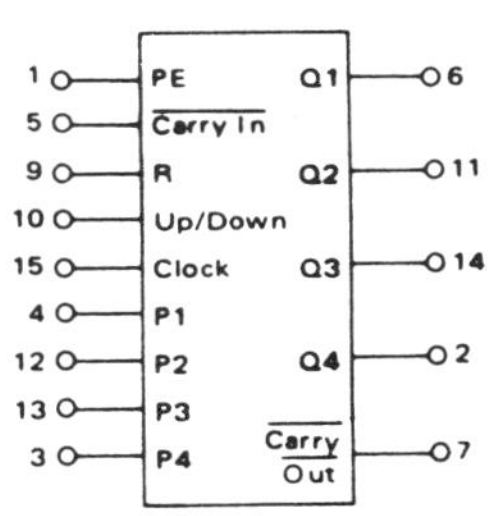

V_{DD} = Pin 16
V_{SS} = Pin 8

TRUTH TABLE

CARRY IN (overbar)	UP/DOWN	PRESET ENABLE	RESET	ACTION
1	X	0	0	No Count
0	1	0	0	Count Up
0	0	0	0	Count Down
X	X	1	0	Preset
X	X	X	1	Reset

X = Don't Care

ELECTRICAL CHARACTERISTICS

Characteristic	Symbol	V_{DD} Vdc	T_{low}* Min	T_{low}* Max	25°C Min	25°C Typ	25°C Max	T_{high}* Min	T_{high}* Max	Unit
Output Voltage "0" Level V_{in} = V_{DD} or 0	V_{OL}	5.0	–	0.05	–	0	0.05	–	0.05	Vdc
		10	–	0.05	–	0	0.05	–	0.05	
		15	–	0.05	–	0	0.05	–	0.05	
"1" Level V_{in} = 0 or V_{DD}	V_{OH}	5.0	4.95	–	4.95	5.0	–	4.95	–	Vdc
		10	9.95	–	9.95	10	–	9.95	–	
		15	14.95	–	14.95	15	–	14.95	–	
Input Voltage# "0" Level	V_{IL}									Vdc
(V_O = 4.5 or 0.5 Vdc)		5.0	–	1.5	–	2.25	1.5	–	1.5	
(V_O = 9.0 or 1.0 Vdc)		10	–	3.0	–	4.50	3.0	–	3.0	
(V_O = 13.5 or 1.5 Vdc)		15	–	4.0	–	6.75	4.0	–	4.0	
"1" Level	V_{IH}									
(V_O = 0.5 or 4.5 Vdc)		5.0	3.5	–	3.5	2.75	–	3.5	–	Vdc
(V_O = 1.0 or 9.0 Vdc)		10	7.0	–	7.0	5.50	–	7.0	–	
(V_O = 1.5 or 13.5 Vdc)		15	11.0	–	11.0	8.25	–	11.0	–	
Output Drive Current (AL Device)	I_{OH}									mAdc
(V_{OH} = 2.5 Vdc) Source		5.0	−1.2	–	−1.0	−1.7	–	−0.7	–	
(V_{OH} = 4.6 Vdc)		5.0	−0.25	–	−0.2	−0.36	–	−0.14	–	
(V_{OH} = 9.5 Vdc)		10	−0.62	–	−0.5	−0.9	–	−0.35	–	
(V_{OH} = 13.5 Vdc)		15	−1.8	–	−1.5	−3.5	–	−1.1	–	
(V_{OL} = 0.4 Vdc) Sink	I_{OL}	5.0	0.64	–	0.51	0.88	–	0.36	–	mAdc
(V_{OL} = 0.5 Vdc)		10	1.6	–	1.3	2.25	–	0.9	–	
(V_{OL} = 1.5 Vdc)		15	4.2	–	3.4	8.8	–	2.4	–	
Output Drive Current (CL/CP Device)	I_{OH}									mAdc
(V_{OH} = 2.5 Vdc) Source		5.0	−1.0	–	−0.8	−1.7	–	−0.6	–	
(V_{OH} = 4.6 Vdc)		5.0	−0.2	–	−0.16	−0.36	–	−0.12	–	
(V_{OH} = 9.5 Vdc)		10	−0.5	–	−0.4	−0.9	–	−0.3	–	
(V_{OH} = 13.5 Vdc)		15	−1.4	–	−1.2	−3.5	–	−1.0	–	
(V_{OL} = 0.4 Vdc) Sink	I_{OL}	5.0	0.52	–	0.44	0.88	–	0.36	–	mAdc
(V_{OL} = 0.5 Vdc)		10	1.3	–	1.1	2.25	–	0.9	–	
(V_{OL} = 1.5 Vdc)		15	3.6	–	3.0	8.8	–	2.4	–	
Input Current (AL Device)	I_{in}	15	–	±0.1	–	±0.00001	±0.1	–	±1.0	µAdc
Input Current (CL/CP Device)	I_{in}	15	–	±0.3	–	±0.00001	±0.3	–	±1.0	µAdc
Input Capacitance (V_{in} = 0)	C_{in}	–	–	–	–	5.0	7.5	–	–	pF
Quiescent Current (AL Device) (Per Package)	I_{DD}	5.0	–	5.0	–	0.005	5.0	–	150	µAdc
		10	–	10	–	0.010	10	–	300	
		15	–	20	–	0.015	20	–	600	
Quiescent Current (CL/CP Device) (Per Package)	I_{DD}	5.0	–	20	–	0.005	20	–	150	µAdc
		10	–	40	–	0.010	40	–	300	
		15	–	80	–	0.015	80	–	600	
Total Supply Current**† (Dynamic plus Quiescent, Per Package) (C_L = 50 pF on all outputs, all buffers switching)	I_T	5.0	I_T = (0.58 µA/kHz) f + I_{DD}							µAdc
		10	I_T = (1.2 µA/kHz) f + I_{DD}							
		15	I_T = (1.7 µA/kHz) f + I_{DD}							

*T_{low} = −55°C for AL Device, −40°C for CL/CP Device.
T_{high} = +125°C for AL Device, +85°C for CL/CP Device.
#Noise immunity specified for worst-case input combination.
Noise Margin for both "1" and "0" level = 1.0 Vdc min @ V_{DD} = 5.0 Vdc
2.0 Vdc min @ V_{DD} = 10 Vdc
2.5 Vdc min @ V_{DD} = 15 Vdc
†To calculate total supply current at loads other than 50 pF:

$$I_T(C_L) = I_T(50\ pF) + 1 \times 10^{-3}\ (C_L - 50)\ V_{DD}f$$

where: I_T is in µA (per package), C_L in pF, V_{DD} in Vdc, and f in kHz is input frequency.
**The formulas given are for the typical characteristics only at 25°C.

> This device contains circuitry to protect the inputs against damage due to high static voltages or electric fields; however, it is advised that normal precautions be taken to avoid application of any voltage higher than maximum rated voltages to this high impedance circuit. For proper operation it is recommended that V_{in} and V_{out} be constrained to the range $V_{SS} \leq (V_{in}$ or $V_{out}) \leq V_{DD}$.
> Unused inputs must always be tied to an appropriate logic voltage level (e.g., either V_{SS} or V_{DD}).

SWITCHING CHARACTERISTICS (C_L = 50 pF, T_A = 25°C)

Characteristic	Symbol	V_{DD}	All Types Min	All Types Typ	All Types Max	Unit
Output Rise Time	t_{TLH}					ns
t_{TLH} = (3.0 ns/pF) C_L + 30 ns		5.0	–	180	360	
t_{TLH} = (1.5 ns/pF) C_L +15 ns		10	–	90	180	
t_{TLH} = (1.1 ns/pF) C_L + 10 ns		15	–	65	130	
Output Fall Time	t_{THL}					ns
t_{THL} = (1.5 ns/pF) C_L + 25 ns		5.0	–	100	200	
t_{THL} = (0.75 ns/pF) C_L + 12.5 ns		10	–	50	100	
t_{THL} = (0.55 ns/pF) C_L + 9.5 ns		15	–	40	80	
Propagation Delay Time	t_{PLH}, t_{PHL}					ns
Clock to Q						
t_{PLH}, t_{PHL} = (1.7 ns/pF) C_L + 230 ns		5.0	–	315	630	
t_{PLH}, t_{PHL} = (0.66 ns/pF) C_L + 97 ns		10	–	130	260	
t_{PLH}, t_{PHL} = (0.5 ns/pF) C_L + 75 ns		15	–	100	200	
Clock to $\overline{\text{Carry Out}}$	t_{PLH}, t_{PHL}					ns
t_{PLH}, t_{PHL} = (1.7 ns/pF) C_L + 230 ns		5.0	–	315	630	
t_{PLH}, t_{PHL} = (0.66 ns/pF) C_L + 97 ns		10	–	130	260	
t_{PLH}, t_{PHL} = (0.5 ns/pF) C_L + 75 ns		15	–	100	200	
$\overline{\text{Carry In}}$ to $\overline{\text{Carry Out}}$	t_{PLH}, t_{PHL}					ns
t_{PLH}, t_{PHL} = (1.7 ns/pF) C_L + 95 ns		5.0	–	180	360	
t_{PLH}, t_{PHL} = (0.66 ns/pF) C_L + 47 ns		10	–	80	160	
t_{PLH}, t_{PHL} = (0.5 ns/pF) C_L + 35 ns		15	–	60	120	
Preset or Reset to Q	t_{PLH}, t_{PHL}					ns
t_{PLH}, t_{PHL} = (1.7 ns/pF) C_L + 230 ns		5.0	–	315	630	
t_{PLH}, t_{PHL} = (0.66 ns/pF) C_L + 97 ns		10	–	130	260	
t_{PLH}, t_{PHL} = (0.5 ns/pF) C_L + 75 ns		15	–	100	200	
Preset or Reset ot $\overline{\text{Carry Out}}$	t_{PLH}, t_{PHL}					ns
t_{PLH}, t_{PHL} = (1.7 ns/pF) C_L + 465 ns		5.0	–	550	1100	
t_{PLH}, t_{PHL} = (0.66 ns/pF) C_L + 192 ns		10	–	225	450	
t_{PLH}, t_{PHL} = (0.5 ns/pF) C_L + 125 ns		15	–	150	300	
Clock Pulse Width	t_{WH}	5.0	350	200	–	ns
		10	170	100	–	
		15	140	75	–	
Clock Pulse Frequency	f_{cl}	5.0	–	3.0	1.5	MHz
		10	–	6.0	3.0	
		15	–	8.0	4.0	
Preset or Reset Removal Time**	t_{rem}	5.0	650	325	–	ns
		10	230	115	–	
		15	180	90	–	
Clock Rise and Fall Time	t_{TLH}, t_{THL}	5.0	–	–	15	μs
		10	–	–	5.0	
		15	–	–	4.0	
$\overline{\text{Carry In}}$ Setup Time	t_{su}	5.0	200	130	–	ns
		10	120	60	–	
		15	100	50	–	
Up/Down Setup Time	t_{su}	5.0	500	250	–	ns
		10	200	100	–	
		15	175	75	–	
Preset Enable Pulse Width	t_{WH}	5.0	200	100	–	ns
		10	100	50	–	
		15	80	40	–	

*The formula given is for the typical characteristics only.

**The Preset or Reset Signal must be low prior to a positive-going transition of the clock.

FIGURE 1 – POWER DISSIPATION TEST CIRCUIT AND WAVEFORM

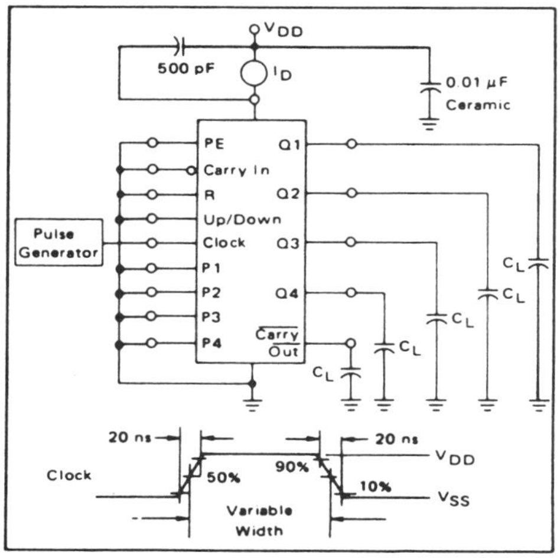

FIGURE 2 – SWITCHING TIME TEST CIRCUIT AND WAVEFORMS

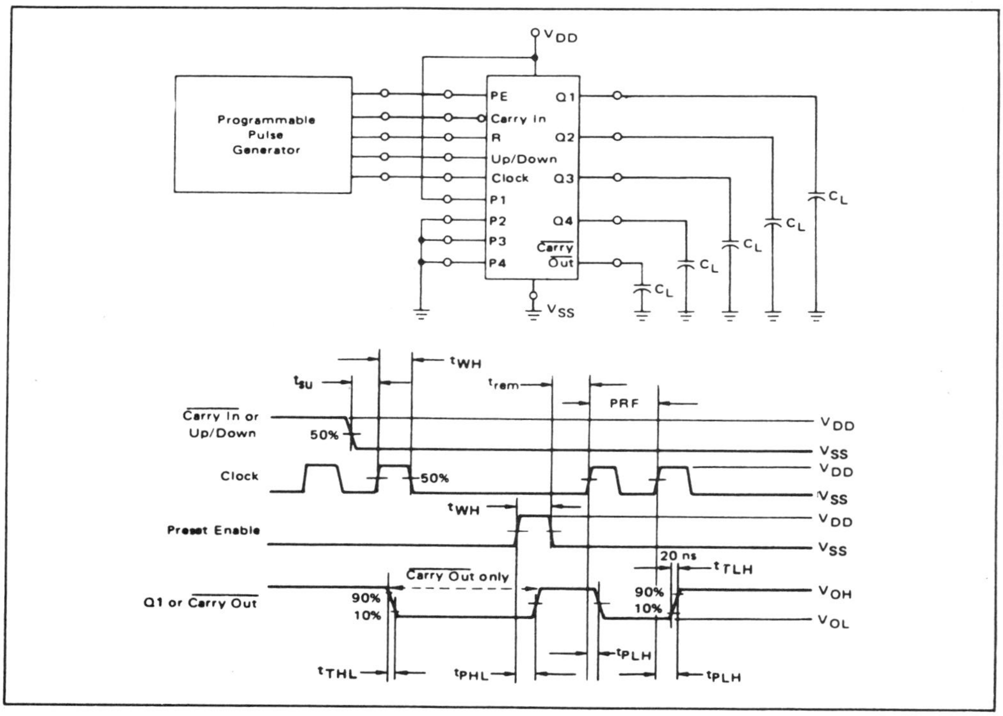

LOGIC DIAGRAM

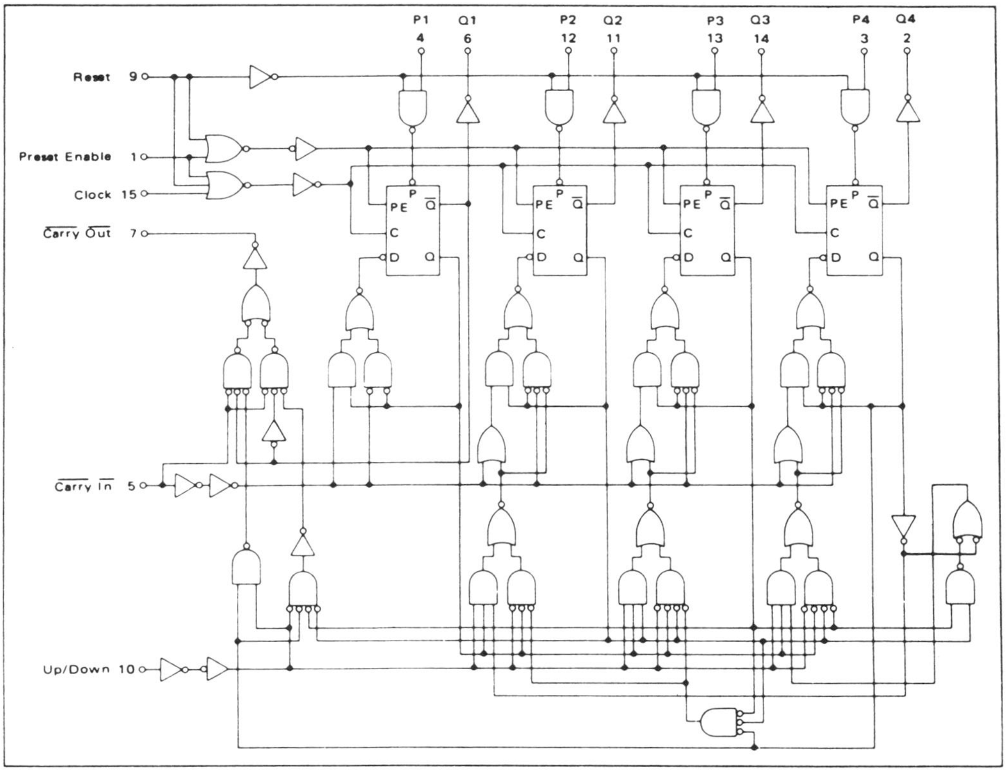

TIMING DIAGRAM

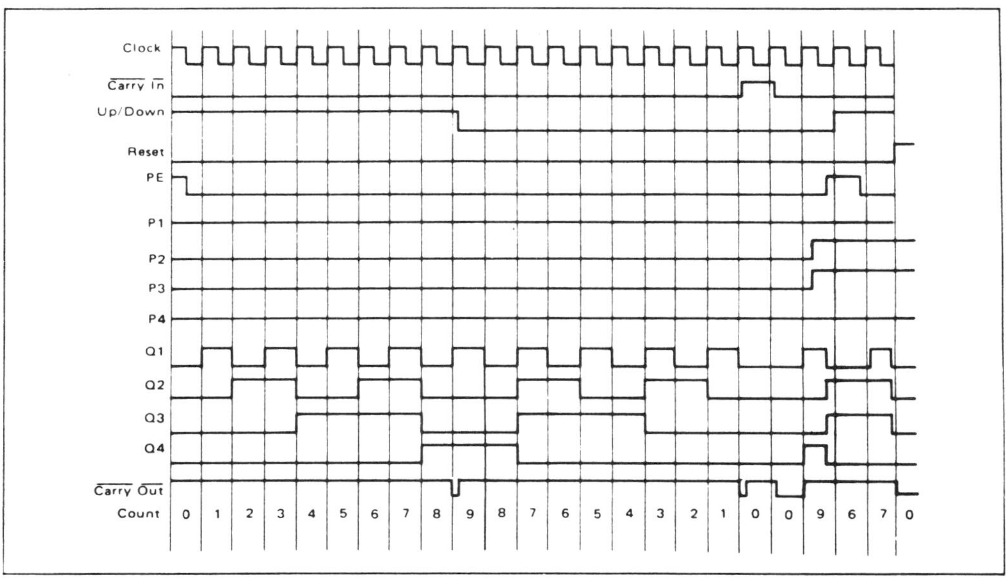

FIGURE 3 – PRESETTABLE CASCADED UP/DOWN COUNTER

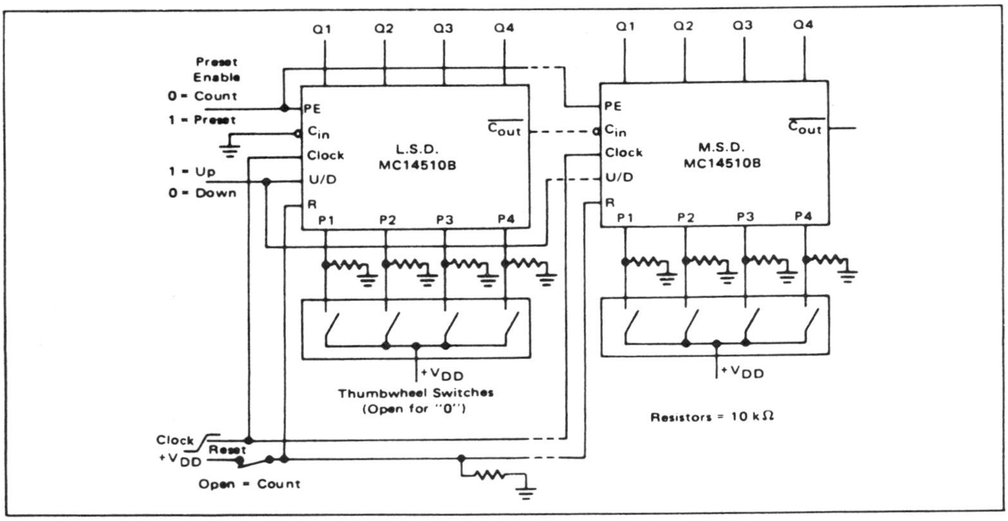

FIGURE 4 – PROGRAMMABLE CASCADED FREQUENCY DIVIDER

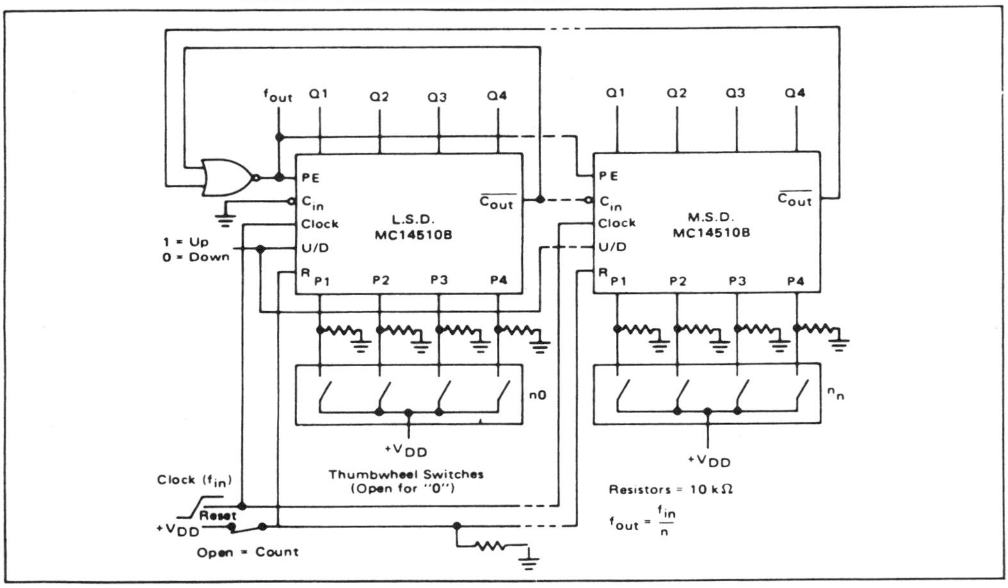

부록 Ⅲ μA 741

FREQUENCY-COMPENSATED OPERATIONAL AMPLIFIER

FAIRCHILD LINEAR INTEGRATED CIRCUITS

GENERAL DESCRIPTION — The μA741 is a high performance monolithic Operational Amplifier constructed using the Fairchild Planar* epitaxial process. It is intended for a wide range of analog applications. High common mode voltage range and absence of latch-up tendencies make the μA741 ideal for use as a voltage follower. The high gain and wide range of operating voltage provides superior performance in integrator, summing amplifier, and general feedback applications.

- **NO FREQUENCY COMPENSATION REQUIRED**
- **SHORT CIRCUIT PROTECTION**
- **OFFSET VOLTAGE NULL CAPABILITY**
- **LARGE COMMON MODE AND DIFFERENTIAL VOLTAGE RANGES**
- **LOW POWER CONSUMPTION**
- **NO LATCH-UP**

ABSOLUTE MAXIMUM RATINGS

Supply Voltage	
μA741A, μA741, μA741E	±22 V
μA741C	±18 V
Internal Power Dissipation (Note 1)	
Metal Can	500 mW
Molded and Hermetic DIP	670 mW
Mini DIP	310 mW
Flatpak	570 mW
Differential Input Voltage	±30 V
Input Voltage (Note 2)	±15 V
Storage Temperature Range	
Metal Can, Hermetic DIP, and Flatpak	−65°C to +150°C
Mini DIP, Molded DIP	−55°C to +125°C
Operating Temperature Range	
Military (μA741A, μA741)	−55°C to +125°C
Commercial (μA741E, μA741C)	0°C to +70°C
Pin Temperature (Soldering)	
Metal Can, Hermetic DIPs, and Flatpak (60 s)	300°C
Molded DIPs (10 s)	260°C
Output Short Circuit Duration (Note 3)	Indefinite

8-PIN MINI DIP
(TOP VIEW)
PACKAGE OUTLINES 6T 9T
PACKAGE CODES R T

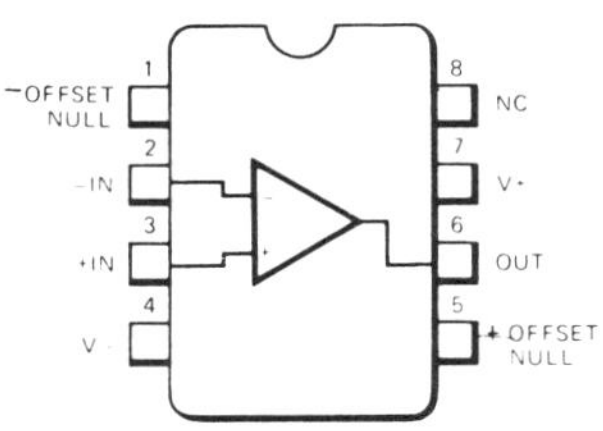

ORDER INFORMATION

TYPE	PART NO.
μA741C	μA741TC
μA741C	μA741RC

10-PIN FLATPAK
(TOP VIEW)
PACKAGE OUTLINE 3F
PACKAGE CODE F

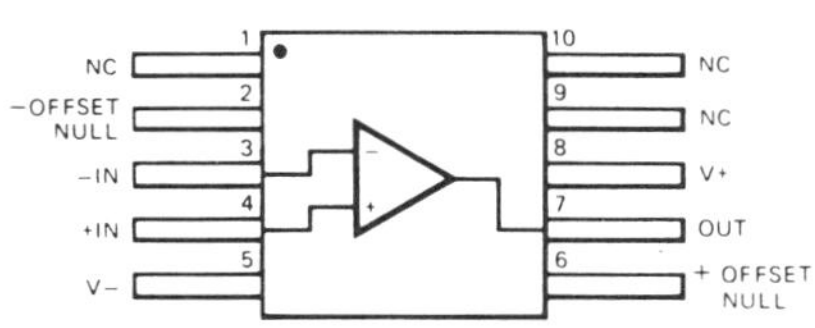

ORDER INFORMATION

TYPE	PART NO.
μA741A	μA741AFM
μA741	μA741FM

Notes on following pages.

CONNECTION DIAGRAMS

8-PIN METAL CAN
(TOP VIEW)
PACKAGE OUTLINE 5B
PACKAGE CODE H

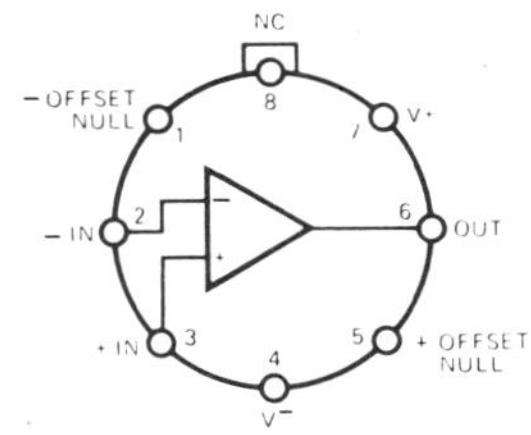

Note: Pin 4 connected to case

ORDER INFORMATION

TYPE	PART NO.
μA741A	μA741AHM
μA741	μA741HM
μA741E	μA741EHC
μA741C	μA741HC

14-PIN DIP
(TOP VIEW)
PACKAGE OUTLINES 6A, 9A
PACKAGE CODES D P

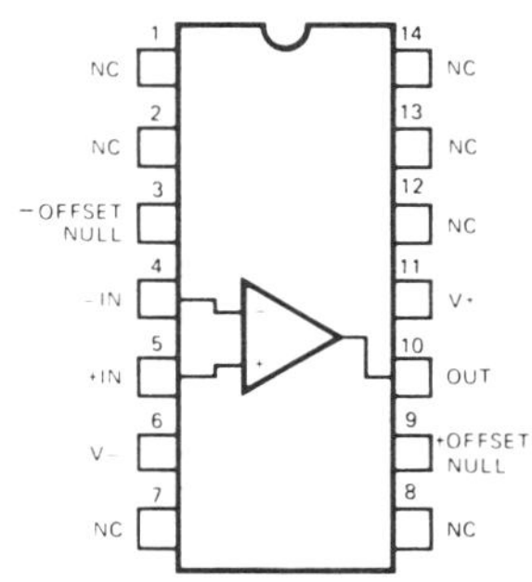

ORDER INFORMATION

TYPE	PART NO.
μA741A	μA741ADM
μA741	μA741DM
μA741E	μA741EDC
μA741C	μA741DC
μA741C	μA741PC

*Planar is a patented Fairchild process.

μA741A

ELECTRICAL CHARACTERISTICS: V_S = ±15 V, T_A = 25°C unless otherwise specified.

CHARACTERISTICS (see definitions)		CONDITIONS		MIN	TYP	MAX	UNITS
Input Offset Voltage		$R_S \leq 50\Omega$			0.8	3.0	mV
Average Input Offset Voltage Drift						15	μV/°C
Input Offset Current					3.0	30	nA
Average Input Offset Current Drift						0.5	nA/°C
Input Bias Current					30	80	nA
Power Supply Rejection Ratio		V_S = +20, −20; V_S = −20, +10V, R_S = 50Ω			15	50	μV/V
Output Short Circuit Current				10	25	40	mA
Power Dissipation		V_S = ±20V			80	150	mW
Input Impedance		V_S = ±20V		1.0	6.0		MΩ
Large Signal Voltage Gain		V_S = ±20V, R_L = 2kΩ, V_{OUT} = ±15V		50			V/mV
Transient Response	Rise Time				0.25	0.8	μs
(Unity Gain)	Overshoot				6.0	20	%
Bandwidth (Note 4)				.437	1.5		MHz
Slew Rate (Unity Gain)		V_{IN} = ±10V		0.3	0.7		V/μs
The following specifications apply for −55°C ≤ T_A ≤ +125°C							
Input Offset Voltage						4.0	mV
Input Offset Current						70	nA
Input Bias Current						210	nA
Common Mode Rejection Ratio		V_S = ±20V, V_{IN} = ±15V, R_S = 50Ω		80	95		dB
Adjustment For Input Offset Voltage		V_S = ±20V		10			mV
Output Short Circuit Current				10		40	mA
Power Dissipation		V_S = ±20V	−55°C			165	mW
			+125°C			135	mW
Input Impedance		V_S = ±20V		0.5			MΩ
Output Voltage Swing		V_S = ±20V,	R_L = 10kΩ	±16			V
			R_L = 2kΩ	±15			V
Large Signal Voltage Gain		V_S = ±20V, R_L = 2kΩ, V_{OUT} = ±15V		32			V/mV
		V_S = ±5V, R_L = 2kΩ, V_{OUT} = ±2 V		10			V/mV

NOTES
1. Rating applies to ambient temperatures up to 70°C. Above 70°C ambient derate linearly at 6.3mW/°C for the metal can, 8.3mW/°C for the DIP and 7.1mW/°C for the Flatpak.
2. For supply voltages less than ±15V, the absolute maximum input voltage is equal to the supply voltage.
3. Short circuit may be to ground or either supply. Rating applies to +125°C case temperature or 75°C ambient temperature.
4. Calculated value from: $BW(MHz) = \frac{0.35}{\text{Rise Time } (\mu s)}$

μA741

ELECTRICAL CHARACTERISTICS: $V_S = \pm 15$ V, $T_A = 25°C$ unless otherwise specified.

CHARACTERISTICS (see definitions)		CONDITIONS	MIN	TYP	MAX	UNITS
Input Offset Voltage		$R_S \leq 10$ kΩ		1.0	5.0	mV
Input Offset Current				20	200	nA
Input Bias Current				80	500	nA
Input Resistance			0.3	2.0		MΩ
Input Capacitance				1.4		pF
Offset Voltage Adjustment Range				±15		mV
Large Signal Voltage Gain		$R_L \geq 2$ kΩ, $V_{OUT} = \pm 10$ V	50,000	200,000		
Output Resistance				75		Ω
Output Short Circuit Current				25		mA
Supply Current				1.7	2.8	mA
Power Consumption				50	85	mW
Transient Response (Unity Gain)	Rise time	$V_{IN} = 20$ mV, $R_L = 2$ kΩ, $C_L \leq 100$ pF		0.3		μs
	Overshoot			5.0		%
Slew Rate		$R_L \geq 2$ kΩ		0.5		V/μs

The following specifications apply for $-55°C \leq T_A \leq +125°C$:

	CONDITIONS	MIN	TYP	MAX	UNITS
Input Offset Voltage	$R_S \leq 10$ kΩ		1.0	6.0	mV
Input Offset Current	$T_A = +125°C$		7.0	200	nA
	$T_A = -55°C$		85	500	nA
Input Bias Current	$T_A = +125°C$		0.03	0.5	μA
	$T_A = -55°C$		0.3	1.5	μA
Input Voltage Range		±12	±13		V
Common Mode Rejection Ratio	$R_S \leq 10$ kΩ	70	90		dB
Supply Voltage Rejection Ratio	$R_S \leq 10$ kΩ		30	150	μV/V
Large Signal Voltage Gain	$R_L \geq 2$ kΩ, $V_{OUT} = \pm 10$ V	25,000			
Output Voltage Swing	$R_L \geq 10$ kΩ	±12	±14		V
	$R_L \geq 2$ kΩ	±10	±13		V
Supply Current	$T_A = +125°C$		1.5	2.5	mA
	$T_A = -55°C$		2.0	3.3	mA
Power Consumption	$T_A = +125°C$		45	75	mW
	$T_A = -55°C$		60	100	mW

TYPICAL PERFORMANCE CURVES FOR μA741A AND μA741

OPEN LOOP VOLTAGE GAIN AS A FUNCTION OF SUPPLY VOLTAGE

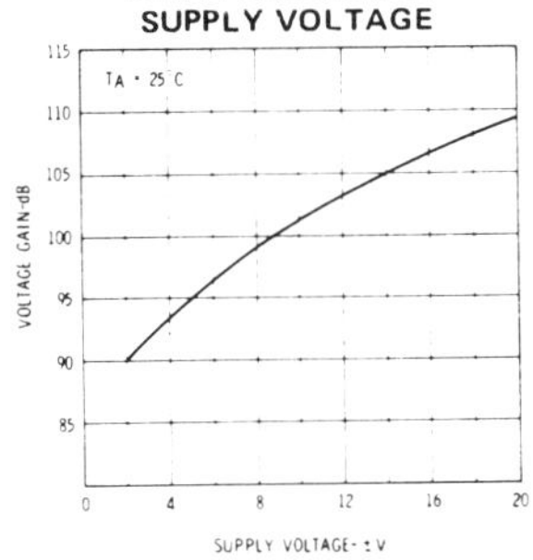

OUTPUT VOLTAGE SWING AS A FUNCTION OF SUPPLY VOLTAGE

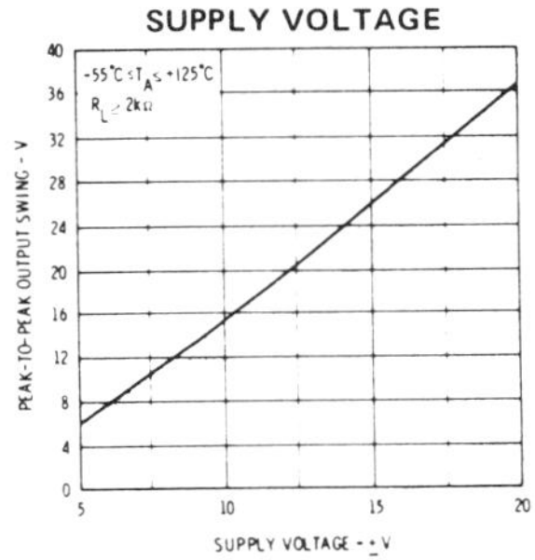

INPUT COMMON MODE VOLTAGE RANGE AS A FUNCTION OF SUPPLY VOLTAGE

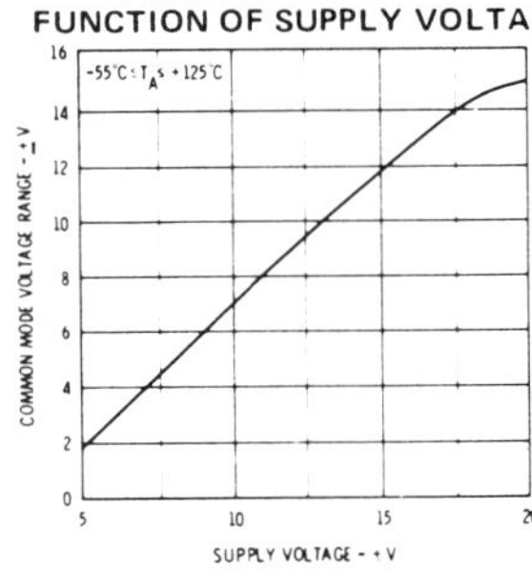

μA741E

ELECTRICAL CHARACTERISTICS: $V_S = \pm 15$ V, $T_A = 25°C$ unless otherwise specified.

CHARACTERISTICS (see definitions)		CONDITIONS	MIN	TYP	MAX	UNITS
Input Offset Voltage		$R_S \leq 50\Omega$		0.8	3.0	mV
Average Input Offset Voltage Drift					15	μV/°C
Input Offset Current				3.0	30	nA
Average Input Offset Current Drift					0.5	nA/°C
Input Bias Current				30	80	nA
Power Supply Rejection Ratio		V_S = +10, −20; V_S = +20, −10V, $R_S = 50\Omega$		15	50	μV/V
Output Short Circuit Current			10	25	40	mA
Power Dissipation		$V_S = \pm 20$V		80	150	mW
Input Impedance		$V_S = \pm 20$V	1.0	6.0		MΩ
Large Signal Voltage Gain		$V_S = \pm 20$V, $R_L = 2k\Omega$, $V_{OUT} = \pm 15$V	50			V/mV
Transient Response	Rise Time			0.25	0.8	μs
(Unity Gain)	Overshoot			6.0	20	%
Bandwidth (Note 4)			.437	1.5		MHz
Slew Rate (Unity Gain)		$V_{IN} = \pm 10$V	0.3	0.7		V/μs
The following specifications apply for $0°C \leq T_A \leq 70°C$						
Input Offset Voltage					4.0	mV
Input Offset Current					70	nA
Input Bias Current					210	nA
Common Mode Rejection Ratio		$V_S = \pm 20$V, $V_{IN} = \pm 15$V, $R_S = 50\Omega$	80	95		dB
Adjustment For Input Offset Voltage		$V_S = \pm 20$V	10			mV
Output Short Circuit Current			10		40	mA
Power Dissipation		$V_S = \pm 20$V			150	mW
Input Impedance		$V_S = \pm 20$V	0.5			MΩ
Output Voltage Swing		$V_S = \pm 20$V, $R_L = 10k\Omega$	±16			V
		$V_S = \pm 20$V, $R_L = 2k\Omega$	±15			V
Large Signal Voltage Gain		$V_S = \pm 20$V, $R_L = 2k\Omega$, $V_{OUT} = \pm 15$V	32			V/mV
		$V_S = \pm 5$V, $R_L = 2k\Omega$, $V_{OUT} = \pm 2$ V	10			V/mV

EQUIVALENT CIRCUIT

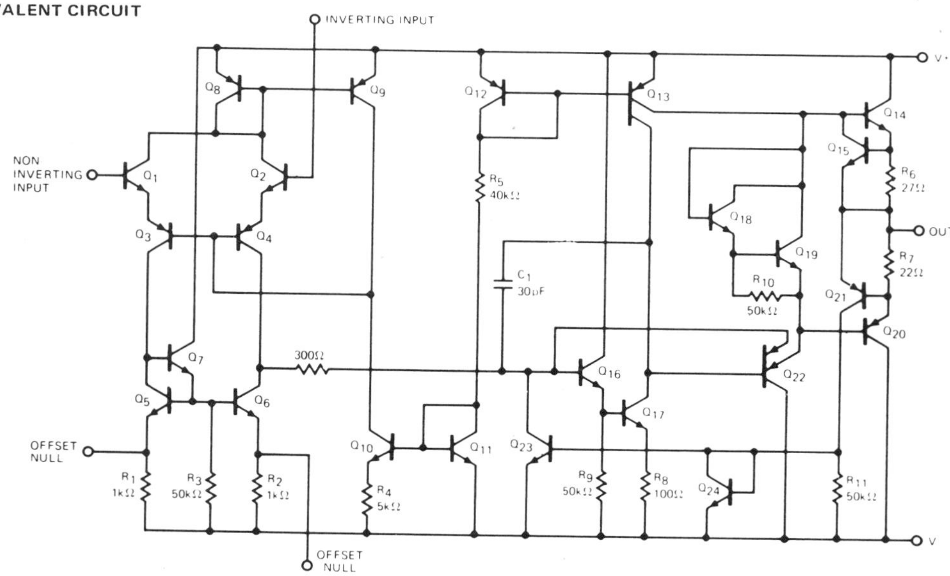

μA741C

ELECTRICAL CHARACTERISTICS: $V_S = \pm 15$ V, $T_A = 25°C$ unless otherwise specified.

CHARACTERISTICS (see definitions)		CONDITIONS	MIN	TYP	MAX	UNITS
Input Offset Voltage		$R_S \leq 10$ kΩ		2.0	6.0	mV
Input Offset Current				20	200	nA
Input Bias Current				80	500	nA
Input Resistance			0.3	2.0		MΩ
Input Capacitance				1.4		pF
Offset Voltage Adjustment Range				±15		mV
Input Voltage Range			±12	±13		V
Common Mode Rejection Ratio		$R_S \leq 10$ kΩ	70	90		dB
Supply Voltage Rejection Ratio		$R_S \leq 10$ kΩ		30	150	μV/V
Large Signal Voltage Gain		$R_L \geq 2$ kΩ, $V_{OUT} = \pm 10$ V	20,000	200,000		
Output Voltage Swing		$R_L \geq 10$ kΩ	±12	±14		V
		$R_L \geq 2$ kΩ	±10	±13		V
Output Resistance				75		Ω
Output Short Circuit Current				25		mA
Supply Current				1.7	2.8	mA
Power Consumption				50	85	mW
Transient Response (Unity Gain)	Rise time	$V_{IN} = 20$ mV, $R_L = 2$ kΩ, $C_L \leq 100$ pF		0.3		μs
	Overshoot			5.0		%
Slew Rate		$R_L \geq 2$ kΩ		0.5		V/μs

The following specifications apply for $0°C \leq T_A \leq +70°C$:

CHARACTERISTICS	CONDITIONS	MIN	TYP	MAX	UNITS
Input Offset Voltage				7.5	mV
Input Offset Current				300	nA
Input Bias Current				800	nA
Large Signal Voltage Gain	$R_L \geq 2$ kΩ, $V_{OUT} = \pm 10$ V	15,000			
Output Voltage Swing	$R_L \geq 2$ kΩ	±10	±13		V

TYPICAL PERFORMANCE CURVES FOR μA741E AND μA741C

OPEN LOOP VOLTAGE GAIN AS A FUNCTION OF SUPPLY VOLTAGE

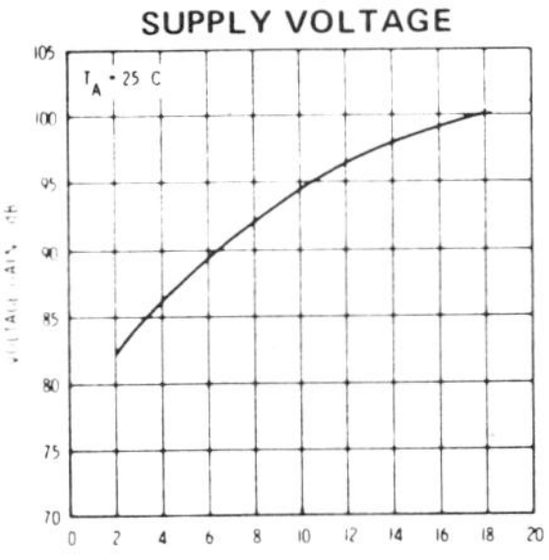

OUTPUT VOLTAGE SWING AS A FUNCTION OF SUPPLY VOLTAGE

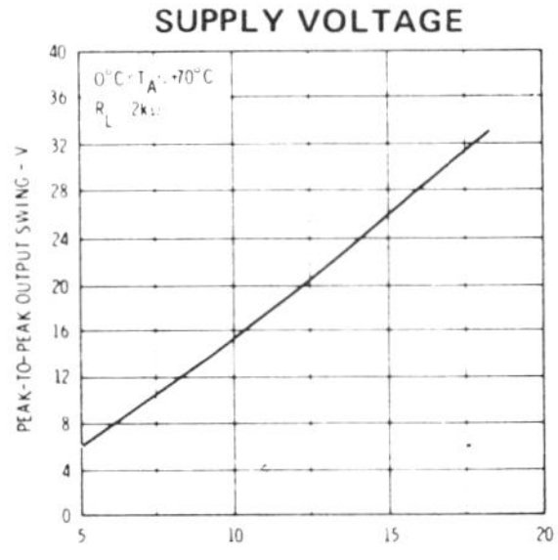

INPUT COMMON MODE VOLTAGE RANGE AS A FUNCTION OF SUPPLY VOLTAGE

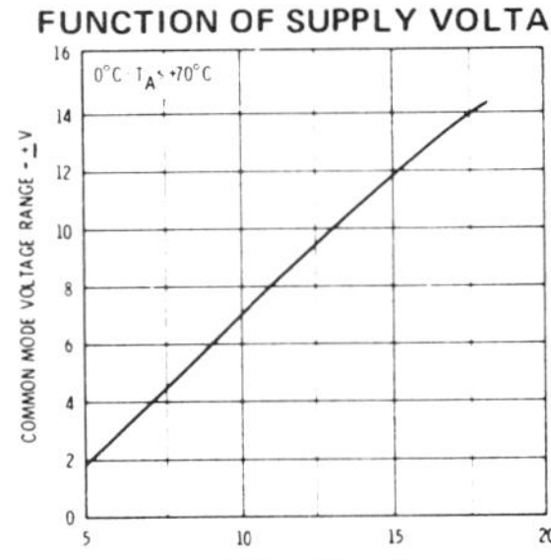

TYPICAL PERFORMANCE CURVES FOR μA741A, μA741, μA741E AND μA741C

POWER CONSUMPTION AS A FUNCTION OF SUPPLY VOLTAGE

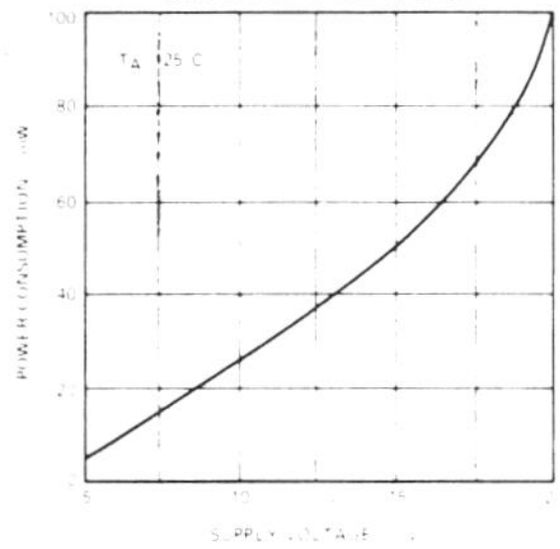

OPEN LOOP VOLTAGE GAIN AS A FUNCTION OF FREQUENCY

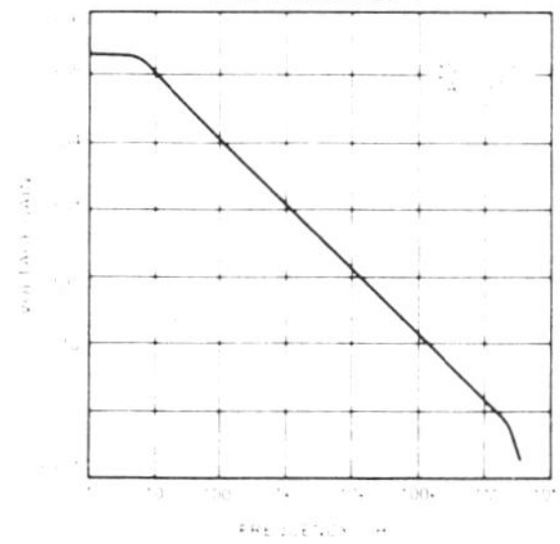

OPEN LOOP PHASE RESPONSE AS A FUNCTION OF FREQUENCY

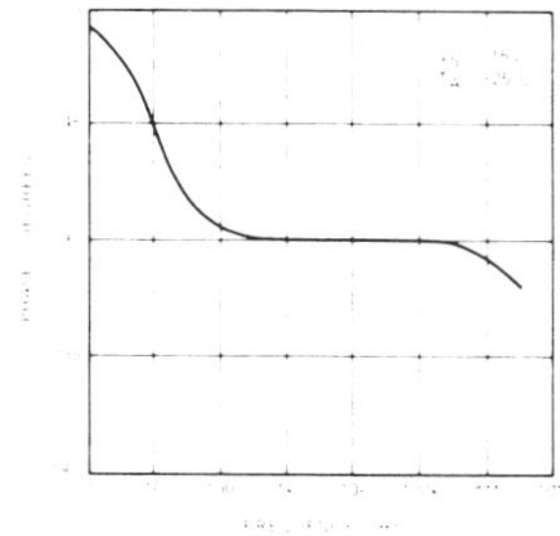

INPUT OFFSET CURRENT AS A FUNCTION OF SUPPLY VOLTAGE

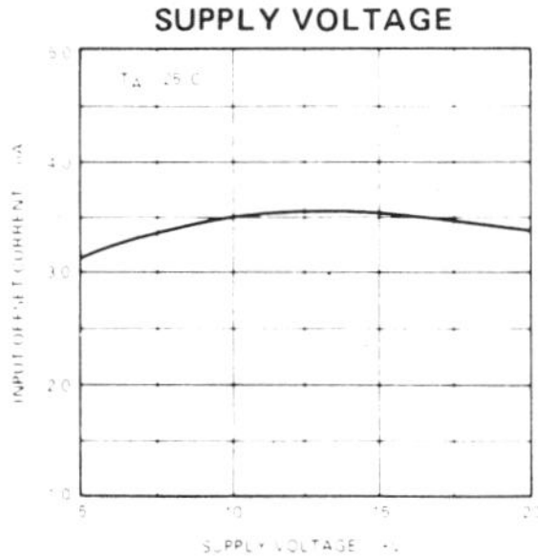

INPUT RESISTANCE AND INPUT CAPACITANCE AS A FUNCTION OF FREQUENCY

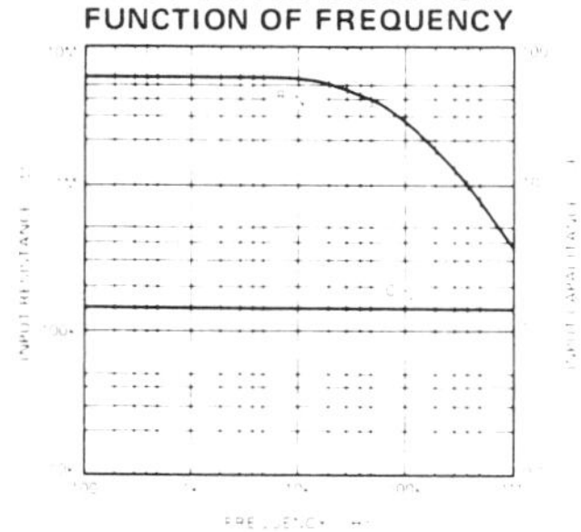

OUTPUT RESISTANCE AS A FUNCTION OF FREQUENCY

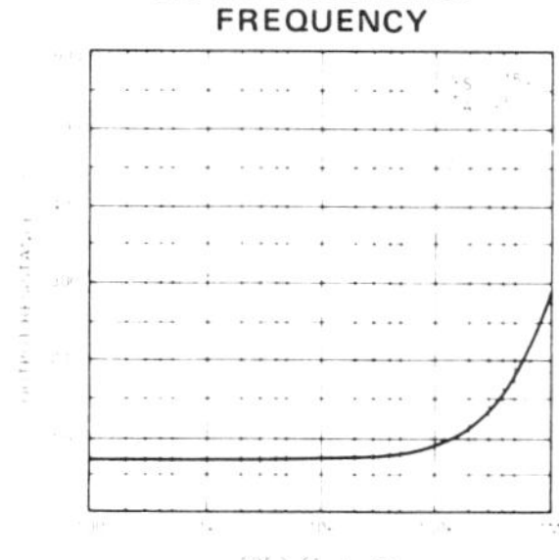

OUTPUT VOLTAGE SWING AS A FUNCTION OF LOAD RESISTANCE

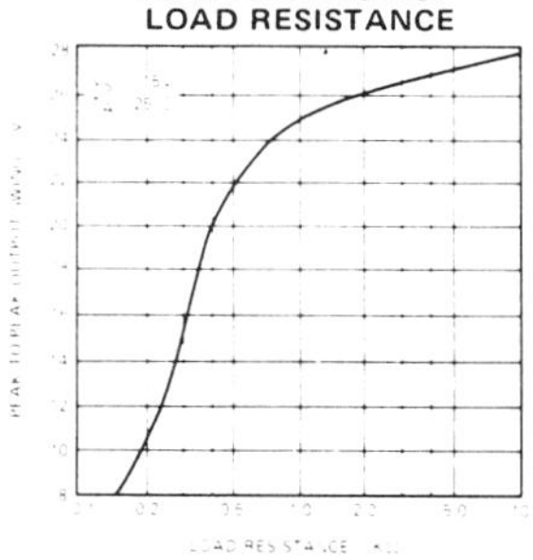

OUTPUT VOLTAGE SWING AS A FUNCTION OF FREQUENCY

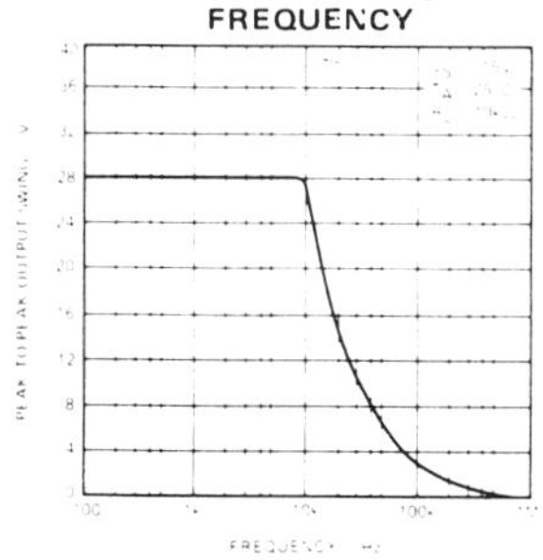

ABSOLUTE MAXIMUM POWER DISSIPATION AS A FUNCTION OF AMBIENT TEMPERATURE

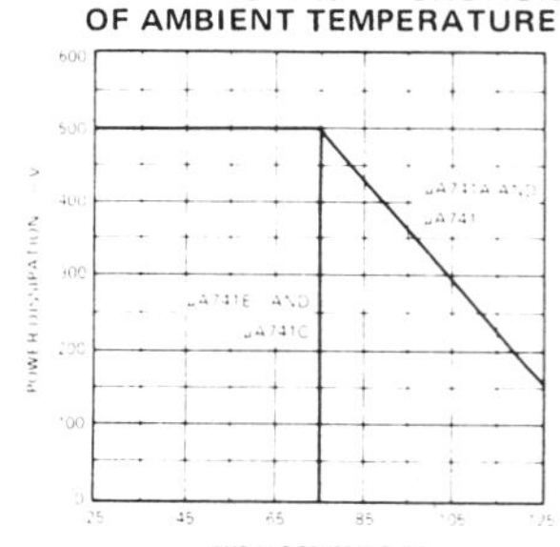

INPUT NOISE VOLTAGE AS A FUNCTION OF FREQUENCY

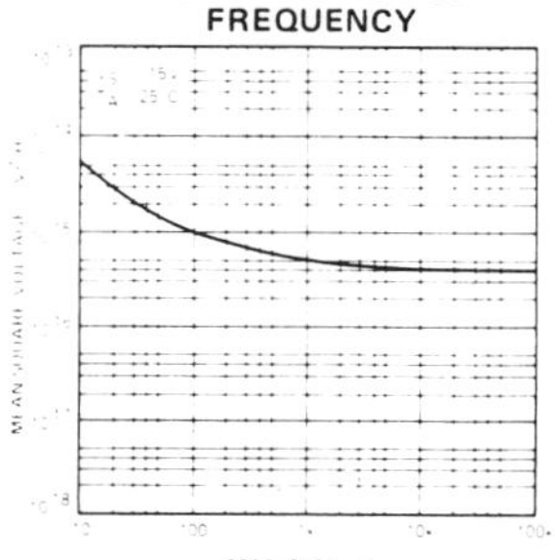

INPUT NOISE CURRENT AS A FUNCTION OF FREQUENCY

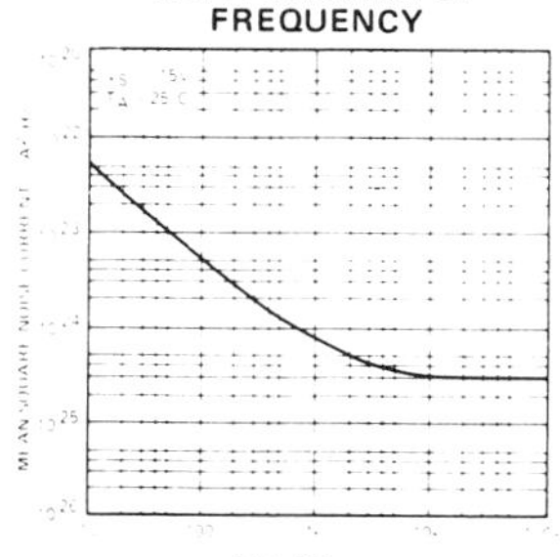

BROADBAND NOISE FOR VARIOUS BANDWIDTHS

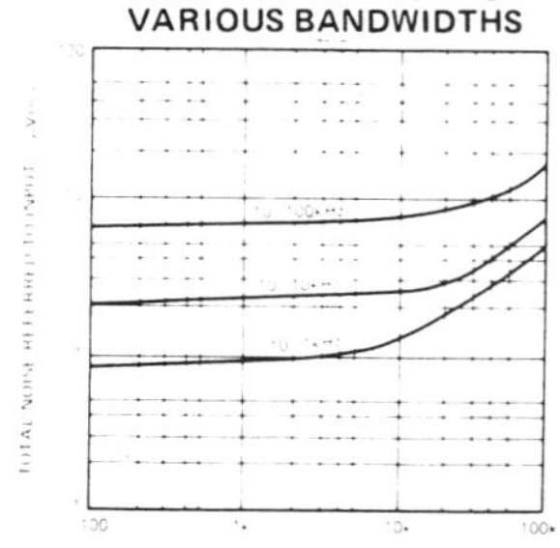

TYPICAL PERFORMANCE CURVES FOR μA741A AND μA741

INPUT BIAS CURRENT AS A FUNCTION OF AMBIENT TEMPERATURE

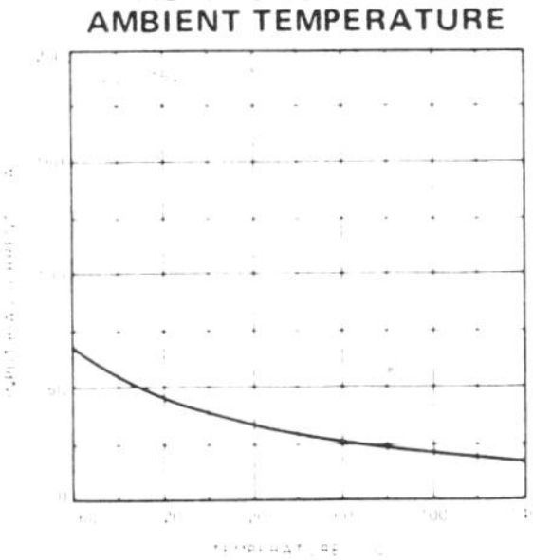

INPUT RESISTANCE AS A FUNCTION OF AMBIENT TEMPERATURE

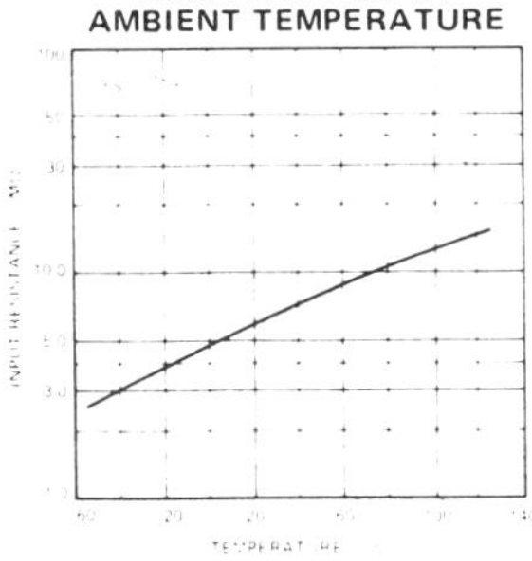

OUTPUT SHORT-CIRCUIT CURRENT AS A FUNCTION OF AMBIENT TEMPERATURE

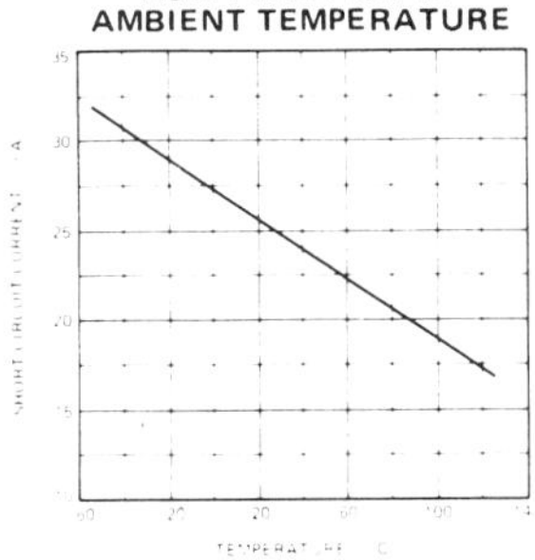

INPUT OFFSET CURRENT AS A FUNCTION OF AMBIENT TEMPERATURE

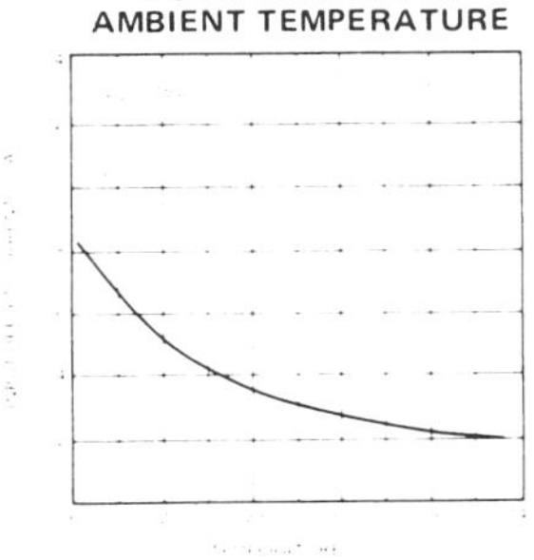

POWER CONSUMPTION AS A FUNCTION OF AMBIENT TEMPERATURE

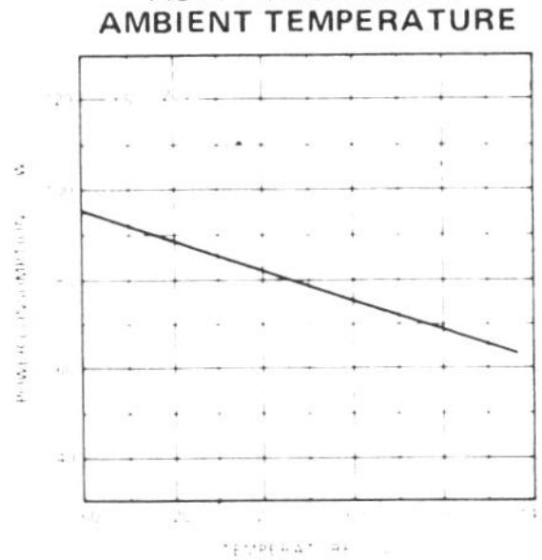

FREQUENCY CHARACTERISTICS AS A FUNCTION OF AMBIENT TEMPERATURE

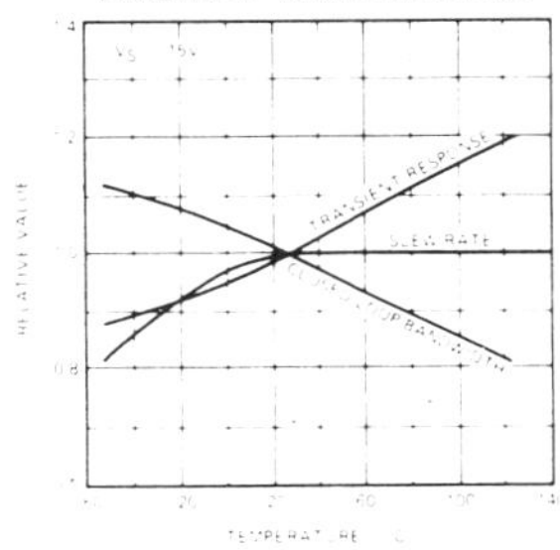

TYPICAL PERFORMANCE CURVES FOR μA741E AND μA741C

INPUT BIAS CURRENT AS A FUNCTION OF AMBIENT TEMPERATURE

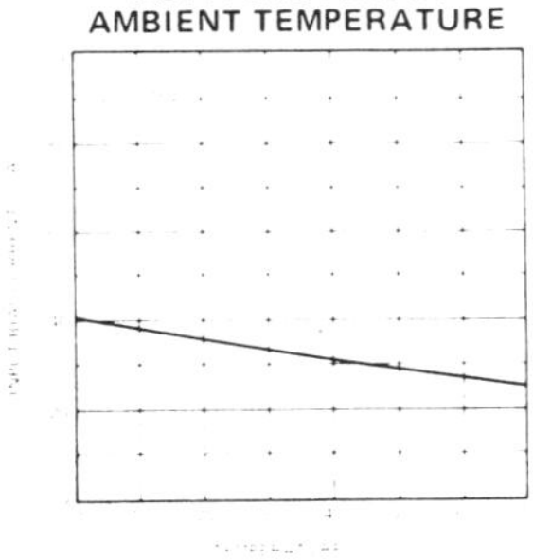

INPUT RESISTANCE AS A FUNCTION OF AMBIENT TEMPERATURE

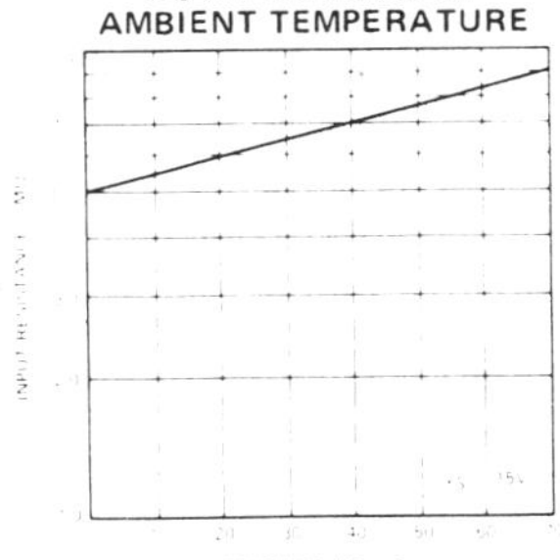

INPUT OFFSET CURRENT AS A FUNCTION OF AMBIENT TEMPERATURE

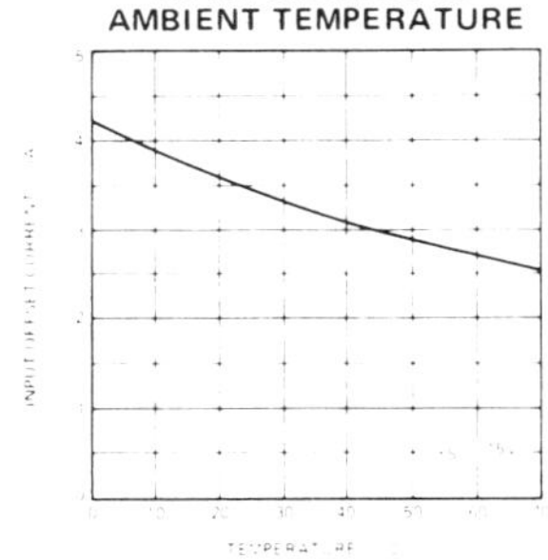

POWER CONSUMPTION AS A FUNCTION OF AMBIENT TEMPERATURE

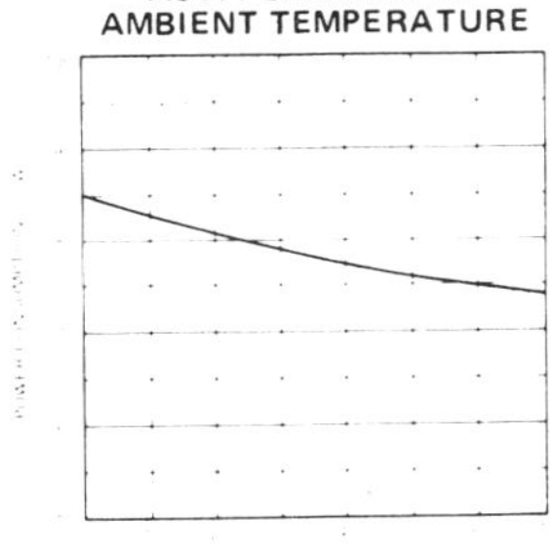

OUTPUT SHORT CIRCUIT CURRENT AS A FUNCTION OF AMBIENT TEMPERATURE

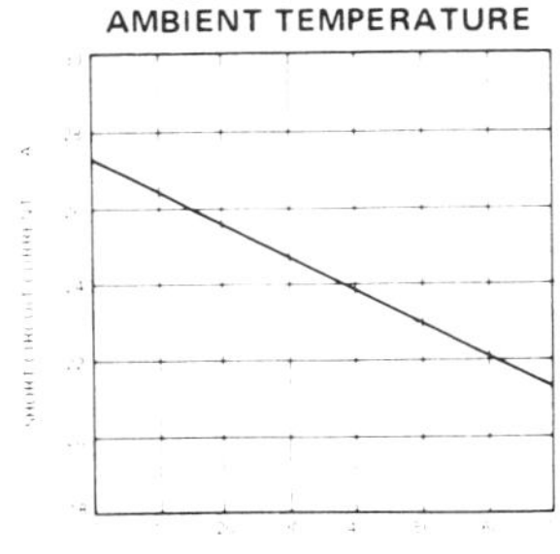

FREQUENCY CHARACTERISTICS AS A FUNCTION OF AMBIENT TEMPERATURE

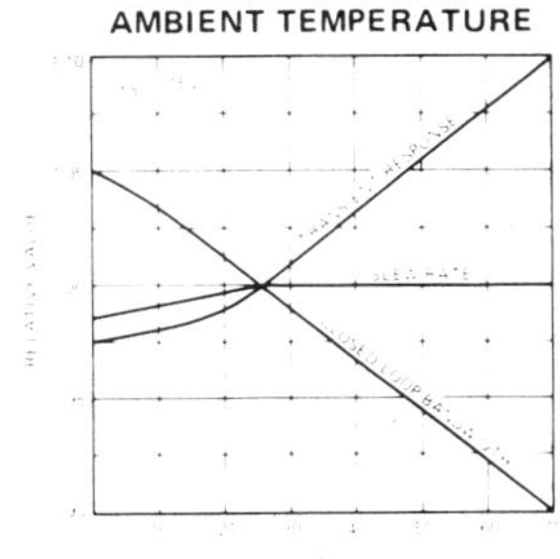

TRANSIENT RESPONSE

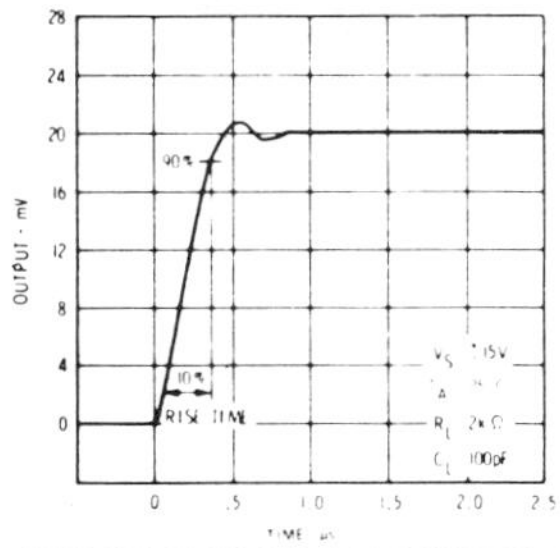

TRANSIENT RESPONSE TEST CIRCUIT

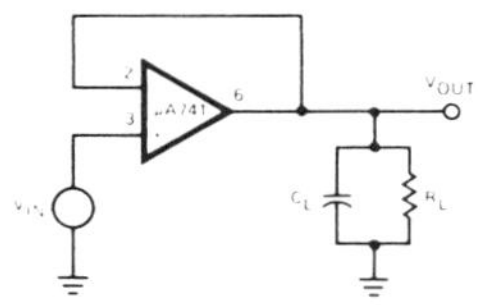

COMMON MODE REJECTION RATIO AS A FUNCTION OF FREQUENCY

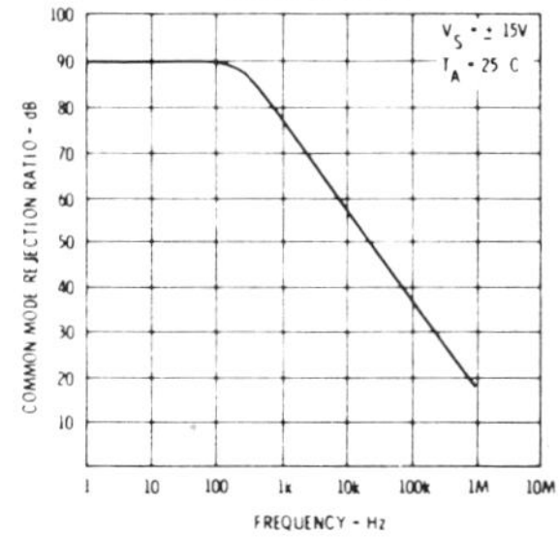

FREQUENCY CHARACTERISTICS AS A FUNCTION OF SUPPLY VOLTAGE

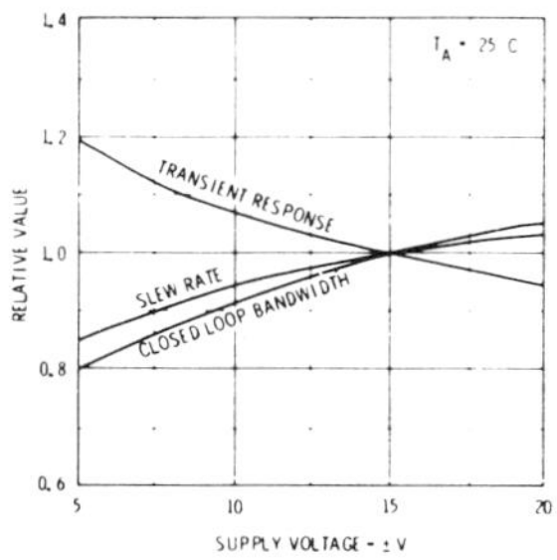

VOLTAGE OFFSET NULL CIRCUIT

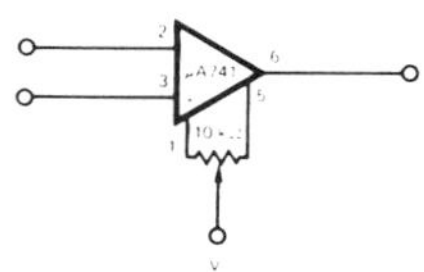

VOLTAGE FOLLOWER LARGE SIGNAL PULSE RESPONSE

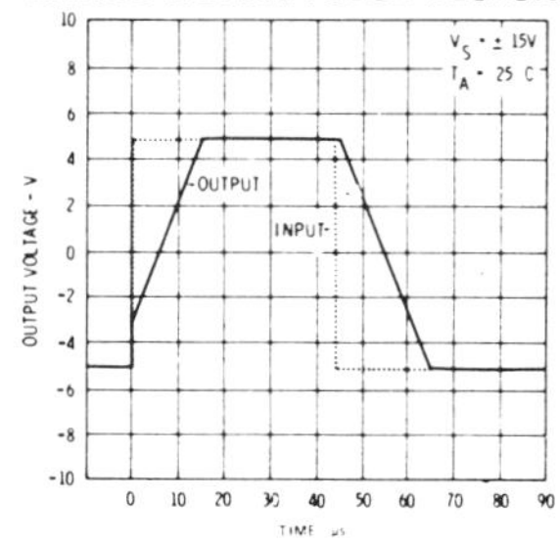

TYPICAL APPLICATIONS

UNITY-GAIN VOLTAGE FOLLOWER

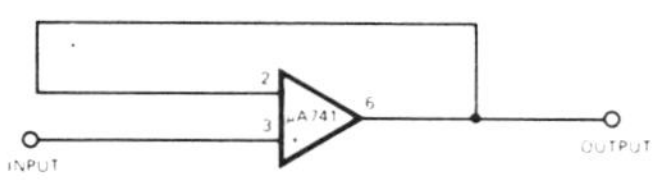

$R_{IN} = 400\ M\Omega$

$C_{IN} = 1\ pF$

$R_{OUT} << 1\ \Omega$

B.W. = 1 MHz

NON-INVERTING AMPLIFIER

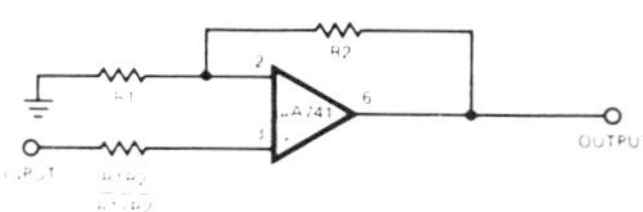

GAIN	R1	R2	B W	R_{IN}
10	1 kΩ	9 kΩ	100 kHz	400 MΩ
100	100 Ω	9.9 kΩ	10 kHz	280 MΩ
1000	100 Ω	99.9 kΩ	1 kHz	80 MΩ

INVERTING AMPLIFIER

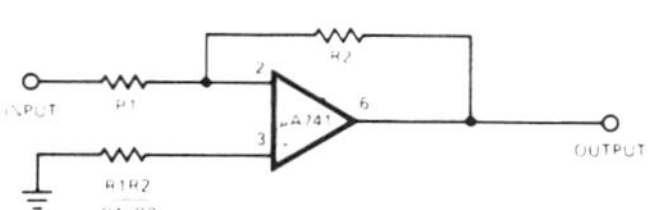

GAIN	R1	R2	B W	R_{IN}
1	10 kΩ	10 kΩ	1 MHz	10 kΩ
10	1 kΩ	10 kΩ	100 kHz	1 kΩ
100	1 kΩ	100 kΩ	10 kHz	1 kΩ
1000	100 Ω	100 kΩ	1 kHz	100 Ω

CLIPPING AMPLIFIER

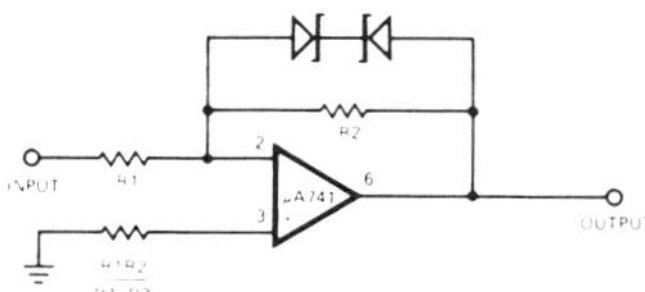

$$\frac{E_{OUT}}{E_{IN}} = \frac{R2}{R1} \text{ if } |E_{OUT}| \leq V_Z + 0.7\ V$$

where V_Z = Zener breakdown voltage

TYPICAL APPLICATIONS (Cont'd)

SIMPLE INTEGRATOR

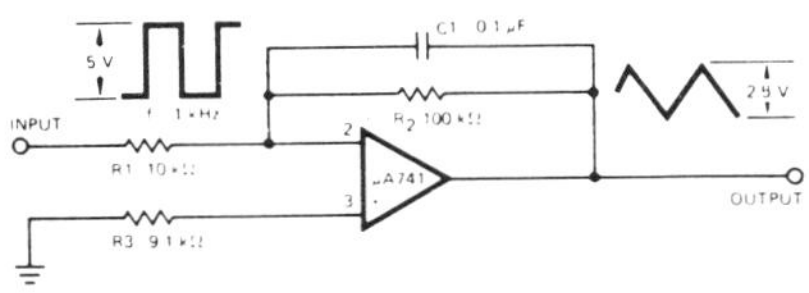

$$E_{OUT} = -\frac{1}{R_1C_1} E_{IN}dt$$

SIMPLE DIFFERENTIATOR

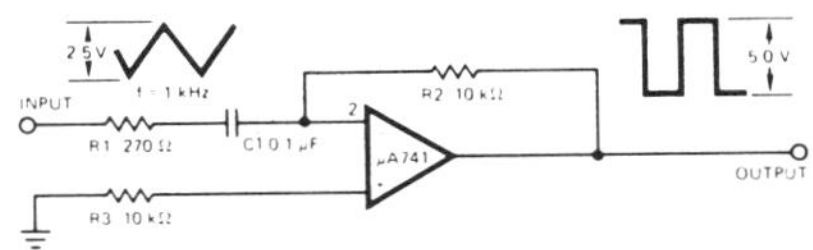

$$E_{OUT} = -R2C\frac{dE_{IN}}{dt}$$

LOW DRIFT LOW NOISE AMPLIFIER

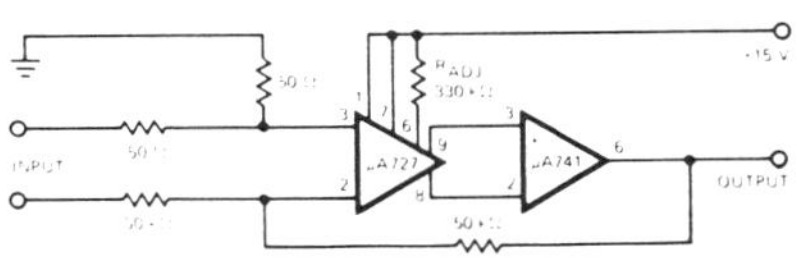

Voltage Gain = 10^3
Input Offset Voltage Drift = 0.6 μV/°C
Input Offset Current Drift = 2.0 pA/°C

HIGH SLEW RATE POWER AMPLIFIER

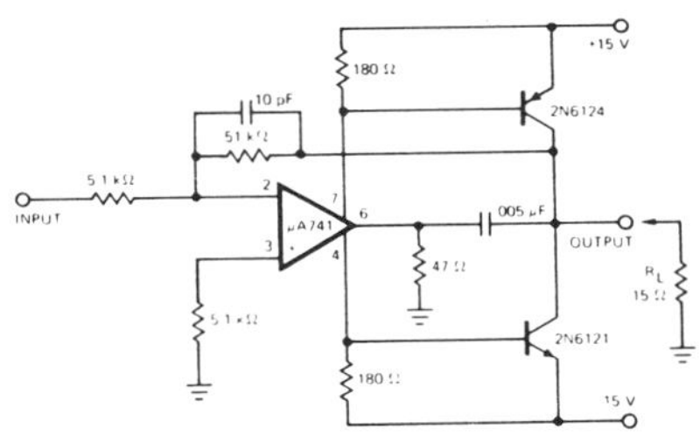

NOTCH FILTER USING THE μA741 AS A GYRATOR

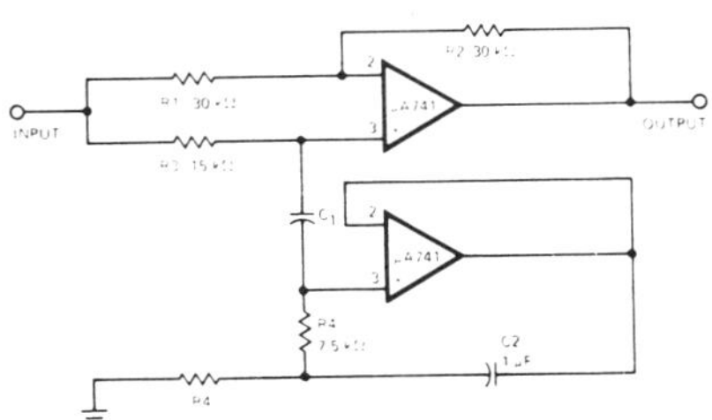

Trim R3 such that

$$\frac{R1}{R2} = \frac{R3}{2\ R4}$$

NOTCH FREQUENCY AS A FUNCTION OF C_1

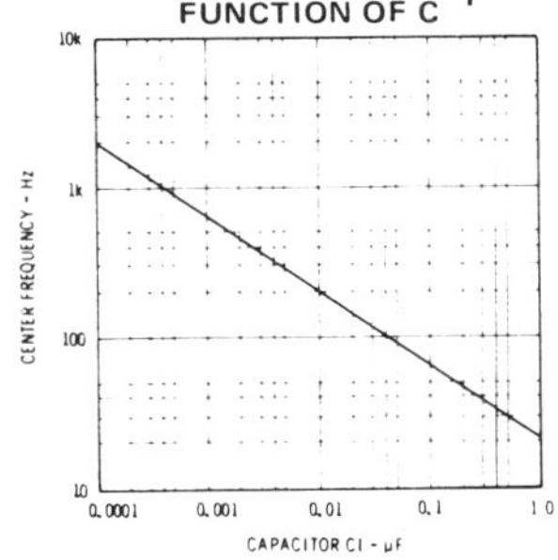

intersil

CA3160, CA3160A

Data Sheet | October 2002 | FN976.4

4MHz, BiMOS Operational Amplifier with MOSFET Input/CMOS Output

The CA3160A and CA3160 are integrated circuit operational amplifiers that combine the advantage of both CMOS and bipolar transistors on a monolithic chip. The CA3160 series are frequency compensated versions of the popular CA3130 series.

Gate protected P-Channel MOSFET (PMOS) transistors are used in the input circuit to provide very high input impedance, very low input current, and exceptional speed performance. The use of PMOS field effect transistors in the input stage results in common-mode input voltage capability down to 0.5V below the negative supply terminal, an important attribute in single supply applications.

A complementary symmetry MOS (CMOS) transistor-pair, capable of swinging the output voltage to within 10mV of either supply voltage terminal (at very high values of load impedance), is employed as the output circuit.

The CA3160 Series circuits operate at supply voltages ranging from 5V to 16V, or ±2.5V to ±8V when using split supplies, and have terminals for adjustment of offset voltage for applications requiring offset null capability. Terminal provisions are also made to permit strobing of the output stage.

The CA3160A offers superior input characteristics over those of the CA3160.

Ordering Information

PART NUMBER	TEMP. RANGE (^oC)	PACKAGE	PKG. NO.
CA3160AE	-55 to 125	8 Ld PDIP	E8.3
CA3160E	-55 to 125	8 Ld PDIP	E8.3

Features

- MOSFET Input Stage Provides:
  - Very High Z_I = 1.5TΩ (1.5 x 10^{12}Ω) (Typ)
  - Very Low I_I . . . . 5pA (Typ) at 15V Operation
    . . . . 2pA (Typ) at 5V Operation
- Common-Mode Input Voltage Range Includes Negative Supply Rail; Input Terminals Can Be Swung 0.5V Below Negative Supply Rail
- CMOS Output Stage Permits Signal Swing to Either (or Both) Supply Rails

Applications

- Ground Referenced Single Supply Amplifiers
- Fast Sample Hold Amplifiers
- Long Duration Timers/Monostables
- High Input Impedance Wideband Amplifiers
- Voltage Followers (e.g., Follower for Single Supply D/A Converter)
- Wien-Bridge Oscillators
- Voltage Controlled Oscillators
- Photo Diode Sensor Amplifiers

Pinout

CA3160
(PDIP)
TOP VIEW

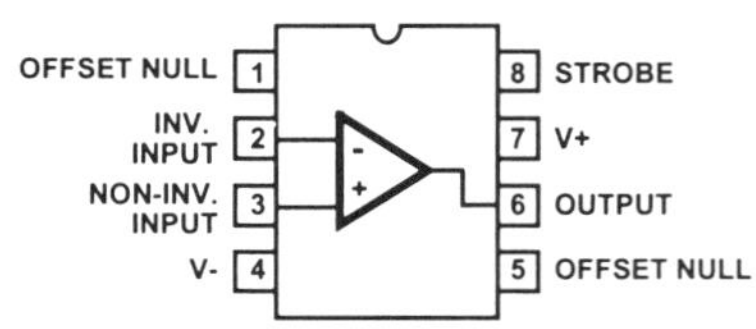

NOTE: CA3160 Series devices have an on-chip frequency compensation network. Supplementary phase compensation or frequency roll-off (if desired) can be connected externally between Terminals 1 and 8.

Absolute Maximum Ratings

Supply Voltage (Between V+ and V- Terminals) . . . . +16V
Differential Mode Input Voltage 8V
Input Voltage . . . . (V+ +8V) to (V- -0.5V)
Input Current 1mA
Output Short Circuit Duration (Note 2) . . . . Indefinite

Operating Conditions

Temperature Range . . . . -55°C to 125°C

Thermal Information

Thermal Resistance (Typical, Note 1)	θ_{JA} (°C/W)	θ_{JC} (°C/W)
PDIP Package	115	N/A

Maximum Junction Temperature (Plastic Package) . . . . 150°C
Maximum Storage Temperature Range . . . . -65°C to 150°C
Maximum Lead Temperature (Soldering 10s) . . . . 300°C

CAUTION: Stresses above those listed in "Absolute Maximum Ratings" may cause permanent damage to the device. This is a stress only rating and operation of the device at these or any other conditions above those indicated in the operational sections of this specification is not implied.

NOTES:

1. θ_{JA} is measured with the component mounted on an evaluation PC board in free air.
2. Short Circuit may be applied to ground or to either supply.

Electrical Specifications T_A = 25°C, V+ = 15V, V- = 0V, Unless Otherwise Specified

PARAMETER	SYMBOL	TEST CONDITIONS	CA3160 MIN	CA3160 TYP	CA3160 MAX	CA3160A MIN	CA3160A TYP	CA3160A MAX	UNITS
Input Offset Voltage	$\lvert V_{IO} \rvert$	V_S = ±7.5V	-	6	15	-	2	5	mV
Input Offset Current	$\lvert I_{IO} \rvert$	V_S = ±7.5V	-	0.5	30	-	0.5	20	pA
Input Current	I_I	V_S = ±7.5V	-	5	50	-	5	30	pA
Large-Signal Voltage Gain	A_{OL}	V_O = 10V_{P-P}, R_L = 2kΩ	50	320	-	50	320	-	kV/V
			94	110	-	94	110	-	dB
Common-Mode Rejection Ratio	CMRR		70	90	-	80	95	-	dB
Common-Mode Input-Voltage Range	V_{ICR}		0	-0.5 to 12	10	0	-0.5 to 12	10	V
Power-Supply Rejection Ratio	PSRR	$\Delta V_{IO}/\Delta V_S$, V_S = ±7.5V	-	32	320	-	32	150	μV/V
Maximum Output Voltage	V_{OM}+	R_L = 2kΩ	12	13.3	-	12	13.3	-	V
	V_{OM}-		-	0.002	0.01	-	0.002	0.01	V
	V_{OM}+	R_L = ∞	14.99	15	-	14.99	15	-	V
	V_{OM}-		-	0	0.01	-	0	0.01	V
Maximum Output Current	I_{OM}+	V_O = 0V (Source)	12	22	45	12	22	45	mA
	I_{OM}-	V_O = 15V (Sink)	12	20	45	12	20	45	mA
Supply Current (Note 3)	I+	V_O = 7.5V, R_L = ∞	-	10	15	-	10	15	mA
		V_O = 0V, R_L = ∞	-	2	3	-	2	3	mA
Input Offset Voltage Temperature Drift		$\Delta V_{IO}/\Delta T$	-	8	-	-	6	-	μV/°C

Electrical Specifications For Design Guidance, V_{SUPPLY} = ±7.5V, T_A = 25°C, Unless Otherwise Specified

PARAMETER	SYMBOL	TEST CONDITIONS		CA3160 TYP	CA3160A TYP	UNITS
Input Offset Voltage Adjustment Range		10kΩ Across Terminals 4 and 5 or Terminals 4 and 1		±22	±22	mV
Input Resistance	R_I			1.5	1.5	TΩ
Input Capacitance	C_I	f = 1MHz		4.3	4.3	pF
Equivalent Input Noise Voltage	e_N	BW = 0.2MHz	R_S = 1MΩ	40	40	μV
			R_S = 10MΩ	50	50	μV
Equivalent Input Noise Voltage	e_N	R_S = 100Ω	1kHz	72	72	nV/√Hz
			10kHz	30	30	nV/√Hz

CA3160, CA3160A

Electrical Specifications For Design Guidance, $V_{SUPPLY} = \pm 7.5V$, $T_A = 25^oC$, Unless Otherwise Specified **(Continued)**

PARAMETER		SYMBOL	TEST CONDITIONS	CA3160 TYP	CA3160A TYP	UNITS
Unity Gain Crossover Frequency		f_T		4	4	MHz
Slew Rate		SR		10	10	V/μs
Transient Response	Rise and Fall Time	t_r	$C_L = 25pF$, $R_L = 2k\Omega$, (Voltage Follower)	0.09	0.09	μs
	Overshoot	OS		10	10	%
Settling Time		t_S	$C_L = 25pF$, $R_L = 2k\Omega$, (Voltage Follower) To <0.1%, $V_{IN} = 4V_{P-P}$	1.8	1.8	μs

Electrical Specifications For Design Guidance, V+ = +5V, V- = 0V, $T_A = 25^oC$, Unless Otherwise Specified

PARAMETER	SYMBOL	TEST CONDITIONS	CA3160 TYP	CA3160A TYP	UNITS
Input Offset Voltage	V_{IO}		6	2	mV
Input Offset Current	I_{IO}		0.1	0.1	pA
Input Current	I_I		2	2	pA
Common-Mode Rejection Ratio	CMRR		80	90	dB
Large Signal Voltage Gain	A_{OL}	$V_O = 4V_{P-P}$, $R_L = 5k\Omega$	100	100	kV/V
			100	100	dB
Common-Mode Input Voltage Range	V_{ICR}		0 to 2.8	0 to 2.8	V
Supply Current	I+	$V_O = 5V$, $R_L = \infty$	300	300	μA
		$V_O = 2.5V$, $R_L = \infty$	500	500	μA
Power Supply Rejection Ratio	PSRR	$\Delta V_{IO}/\Delta V+$	200	200	μV/V

NOTE:

3. I_{CC} typically increases by 1.5mA/MHz during operation.

Block Diagram

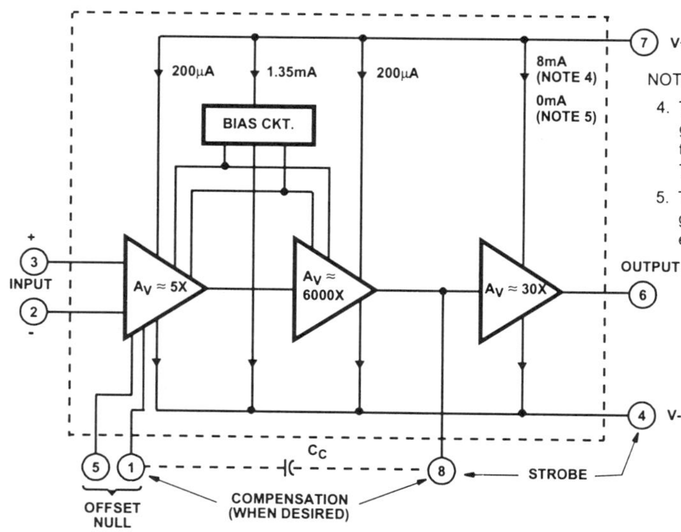

NOTES:

4. Total supply voltage (for indicated voltage gains) = 15V with input terminals biased so that Terminal 6 potential is +7.5V above Terminal 4.

5. Total supply voltage (for indicated voltage gains) = 15V with output terminal driven to either supply rail.

Schematic Diagram

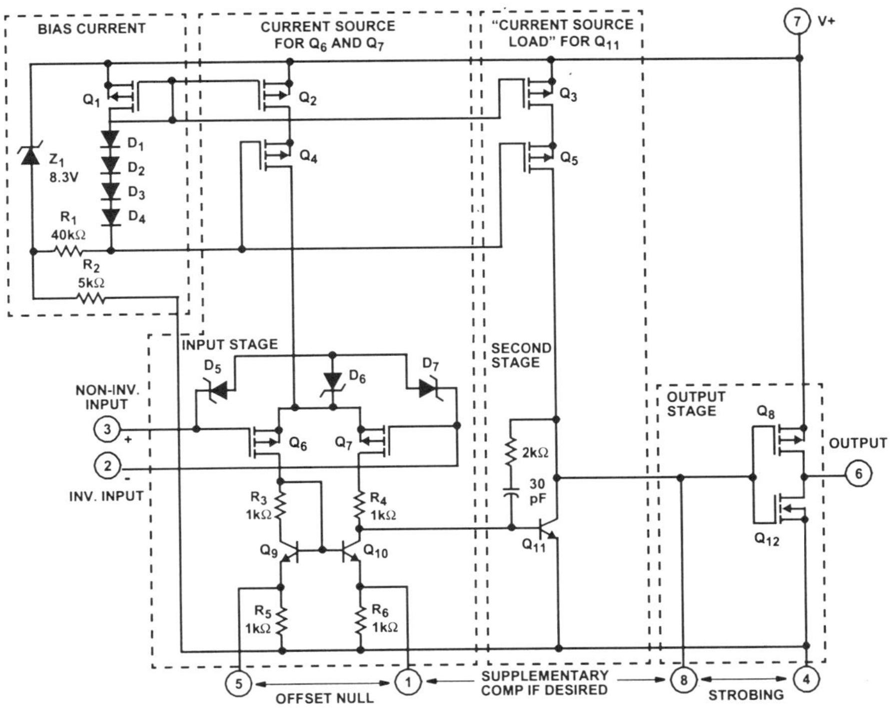

NOTE: Diodes D_5 Through D_7 Provide Gate Oxide Protection For MOSFET Input Stage.

Application Information

Circuit Description

Refer to the Block Diagram of the CA3160 series CMOS Operational Amplifiers. The input terminals may be operated down to 0.5V below the negative supply rail, and the output can be swung very close to either supply rail in many applications. Consequently, the CA3160 series circuits are ideal for single supply operation. Three class A amplifier stages, having the individual gain capability and current consumption shown in the Block Diagram provide the total gain of the CA3160. A biasing circuit provides two potentials for common use in the first and second stages. Terminals 8 and 1 can be used to supplement the internal phase compensation network if additional phase compensation or frequency roll-off is desired. Terminals 8 and 4 can also be used to strobe the output stage into a low quiescent current state. When Terminal 8 is tied to the negative supply rail (Terminal 4) by mechanical or electrical means, the output potential at Terminal 6 essentially rises to the positive supply-rail potential at Terminal 7. This condition of essentially zero current drain in the output stage under the strobed "OFF" condition can only be achieved when the ohmic load resistance presented to the amplifier is very high (e.g., when the amplifier output is used to drive MOS digital circuits in comparator applications).

Input Stage - The circuit of the CA3160 is shown in the Schematic Diagram. It consists of a differential-input stage using PMOS field-effect transistors (Q_6, Q_7) working into a mirror-pair of bipolar transistors (Q_9, Q_{10}) functioning as load resistors together with resistors R_3 through R_6. The mirror-pair transistors also function as a differential-to-single-ended converter to provide base drive to the second-stage bipolar transistor (Q_{11}). Offset nulling, when desired, can be effected by connecting a 100,000Ω potentiometer across Terminals 1 and 5 and the potentiometer slider arm to Terminal 4. Cascode-connected PMOS transistors Q_2, Q_4, are the constant-current source for the input stage. The biasing circuit for the constant-current source is subsequently described. The small diodes D_5 through D_7 provide gate-oxide protection against high-voltage transients, including static electricity during handling for Q_6 and Q_7.

Second-Stage - Most of the voltage gain in the CA3160 is provided by the second amplifier stage, consisting of bipolar

부록 Ⅳ PLD 프로그램(CUPL)

PLD 프로그래밍을 지원하는 소프트웨어는 제공하는 회사별로 문법이나 사용법 등이 각기 다르다. 예를 들어 PALASM, CUPL, MAX plus, Orcad 사의 Express 등 PLD 소자부터 ASIC까지 지원 가능한 소자 수에 따라 기능도 다양하다. 본 교재에서는 실험시 사용하게 될 Logic Devices 회사의 Universal compiler인 CUPL을 중심으로 기본적인 프로그래밍 기초에 관해 설명한다. 어떤 특정회사의 컴파일러 문법에 따라 작성한 소스 파일을 다른 회사의 컴파일러에서 사용할 경우에는 그 문법에 맞게 변환해 주어야 한다.

CUPL 프로그램에서는 설계하고자 하는 소자의 기능을 CUPL 언어로 기술한 소스 파일을 컴파일러인 CUPL을 이용하여 수행시키면, List file, Document file, JEDEC file 등을 생성하고, CUPL Simulator인 CSIM에서 사용할 수 있는 absolute file 등을 생성한다.

1. CUPL의 입출력 파일

입력파일(파일명: xxx.PLD)

CUPL에 회로의 동작을 기술한 소스파일이 입력된다. 이 파일은 구현하고자 하는 회로를 Target device에 맞도록 기술한 파일이다. 이 입력 파일은 CUPL 내에 있는 편집기와 Template를 이용하여 작성한다. CUPL 컴파일러는 소자 라이브러리 파일(CUPL.DL)을 참조하여 입력파일을 컴파일 한다. 이 라이브러리 파일은 각 소자의 물리적인 특성, 내부 아키텍처, 핀수, 입출력핀, 논리적인 특성, 적항수, 퓨즈맵 정보와 다운로드 형식 정보 등을 포함하고 있다.

출력파일

CUPL의 주요 출력파일은 다음과 같다. 만들고자 하는 출력파일 형식의 지정은 메인메뉴의 〔Options - Compiler Options - Output〕에서 지정한 후 Compile을 수행하면 된다.

▶JEDEC파일 : 〈 파일명: XXX.JED 〉
; 소자프로그램 장비를 PLD 소자에 이용하여 다운로딩시 사용하는 파일.

▶HEX파일 : 〈 파일명: XXX.HEX 〉
; PROM에 프로그램시 사용하는 다운로딩 파일.

▶HL파일 : 〈 파일명: XXX.HL 〉
; Signetics 사의 IFL 소자를 이용시 사용하는 다운로딩 파일.

▶Absolute파일 : 〈 파일명: XXX.ABS 〉
; CUPL 로직 Simulator에서 사용하는 입력파일.

▶List파일 : 〈 파일명: XXX.LST 〉
; 소스파일에 있는 에러를 기록한 파일.

▶Documentation 파일 : 〈 파일명: XXX.DOC 〉
; 확장논리식, 변수심벌테이블, 적항의 사용, 퓨즈맵에 관한 정보 등을 포함하는 파일.

2. CUPL을 이용한 PLD 프로그래밍 절차

PLD 소자를 프로그래밍하기 위해서는 만들고자하는 로직을 기술한 소스파일을 작성하여야 하는데, 이를 위해 CUPL 컴파일러의 문법 및 언어 사용법에 맞게 기술해 주어야 한다. 여기서 간단한 로직 설계를 단계적으로 수행해 봄으로써 프로그램 과정을 설명하고자 한다.

첫째, PAL 또는 GAL의 핀결정을 한다. 예를 들어 16L8은 1~9번 핀, 11번 핀은 입력전용이고, 13번 핀~18번 핀은 입력, 출력 어느 것으로도 사용가능하고, 12번 핀, 19번 핀은 출력핀으로만 사용 가능하다. 이밖에 10번 핀은 GND이고, 20번 핀은 VCC 핀이다. 이것은 하드웨어적으로 고정된 것이기 때문에 변경할 수 없는 사항이다. 따라서 사용하고자하는 PLD의 데이터북을 사용하여 핀의 결정을 하여야 한다.

둘째, 편집기를 이용하여 구현하고자 하는 회로의 소스파일을 작성하여야 한다. 본 실험에서는 CUPL 내에 있는 편집기능을 활용하여 소스파일을 컴파일러 문법에 맞게 작성한다. 소스파일의 이름은 "XXX.pld"가 된다.

이 소스파일의 작성은 CUPL 내에 있는 Template 파일을 이용하여 작성한다.
Header 부분은 부품명, 회사명, 날짜 등을 기록하는 것으로서 Header의 다른 내용은 생략이 가능하나, Device 부분은 반드시 기입하여야 한다. 또한 *, #, $ 등 많은 기호들은 예약어로 사용되고 있다. 그 다음 부분은 각 입, 출력핀에 대한 정의를 해주는 부분과 선언부, 논리식을 기술해 주는 부분으로 소스파일을 구성해 준다. "/*　*/"의 부분은 C언어에서와 같이 Comment 문으로써 컴파일되지 않는 부분이다.

셋째, 각 핀에 해당하는 논리식을 작성한다. 이 논리식은 부울대수, 상태도, 진리표 등을 이용하여 기술할 수 있는데, Compiler에 따라 표기 방법이 약간 다르다. 흔히 사용되는 PALASM에서 표기와 CUPL에서의 부울대수 표현을 정리하면 다음과 같다. 특히 이것을 기본으로 하여 조합회로, 순차회로의 표현방법에 관해서는 해당 컴파일러의 매뉴얼 혹은 Help 파일을 참고하여 사용하도록 해야 한다.

부울대수, CUPL, PALASM의 논리연산자 표기

연산자의 표현	부울대수	CUPL	PALASM	우선순위
NOT	-	!	/	1
AND	·	&	*	2
OR	+	#	+	3
XOR	:+:	$	:+:	4

예를 들어 두 입력이 A, B인 NAND 게이트의 출력 C를 부울 대수로 표현하면, $C=\overline{A \cdot B}$ 이 되는데, 이것을 CUPL로 표현하면 C= !(A & B)가 된다.

넷째, 소스화일 작성이 완료되면 메뉴의 Option - Compiler Option에서 파일경로, 최적화 알고리즘 설정, 얻고자 하는 출력파일 종류 등을 지정하고, Device를 지정한 후 Run - Compile을 수행하면, 필요한 Down load 파일(*.jed)과 지정한 출력파일을 얻을 수 있다.

* CUPL 프로그램 작성 예

```
Name        XXXXX;
Partno      XXXXX;
Date        XX/XX/XX;  {이 타이틀 블록에는 본 파일을 기술
Revision    XX;            하는 설명문이 기재됨}
Designer    XXXXX;
Company     XXXXX;
Assembly    XXXXX;
Location    XXXXX;
Device      XXXXX;


/****************************************************************/
    /*                                                    */
    /*                                                    */
    /*                                                    */

/****************************************************************/
    /*  Allowable Target Device Types:                        */

/****************************************************************/
    /**  Inputs  **/

    Pin        =        ;     /*                */
    Pin        =        ;     /*                */
    Pin        =        ;     /*                */
    Pin        =        ;     /*                */

   /** Outputs  **/

   Pin        =        ;     /*                */
   Pin        =        ;     /*                */
   Pin        =        ;     /*                */
   Pin        =        ;     /*                */

  /** Declarations and Intermediate Variable Definitions **/

    { Intermediate, BIT FIELD 선언, NODE 선언 등의 기술}

    /**  Logic Equations  **/

 {논리식은 BOOLEAN, STATE DIAGRAM, TRUTH TABLE을
 이용하여 기술가능}
```

3. CUPL의 주요 메뉴 설명

CUPL은 앞에서 언급한 바와 같이 제작하고자 하는 회로를 기술한 소스화일(*.pld)의 작성 및 Target PLD 소자에 맞게 컴파일하여 JEDEC화일을 만들어 주는 소프트웨어이다. 본 실험에서는 PAL과 GAL을 지원하는 Logical Devices사의 Wincupl로서 Window용을 사용하기 때문에 이를 중심으로 간단히 설명하겠다. 여기서 생략된 부분은 프로그램에 내장되어 있는 Help 명령을 사용하여 습득하도록 한다.

CUPL의 초기화면 메뉴는 그림 1과 같이 구성되어 있다.

① File : 새로운 소스화일을 작성하거나(New), 기존의 파일을 내장된 편집기로 불러오는 (Open)과 Save, Save As, Print 등으로 구성된다.

② Edit : Cut, Copy, Paste, Delete, Copy Message 등으로 문서편집시 사용되는 기능으로 일반 문서 편집기에서 제공하는 기능과 동일하다.

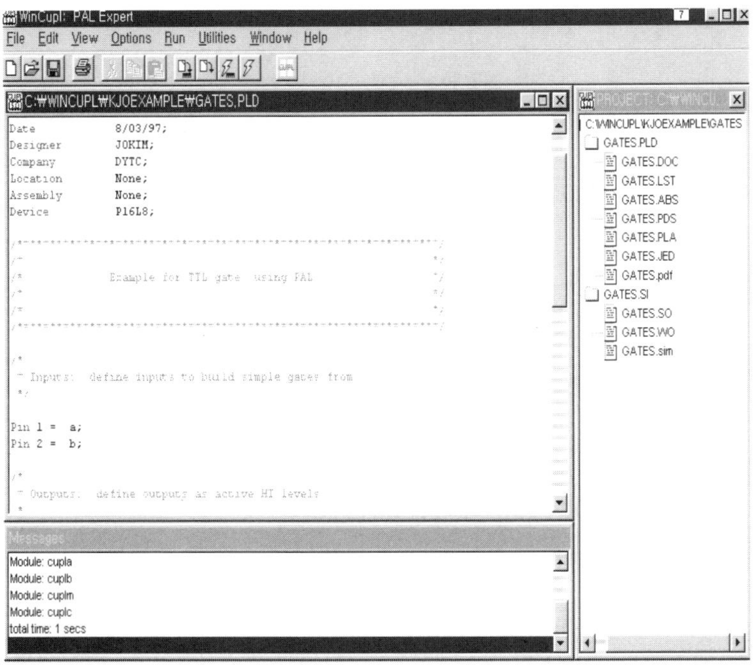

그림 1 CUPL 주메뉴

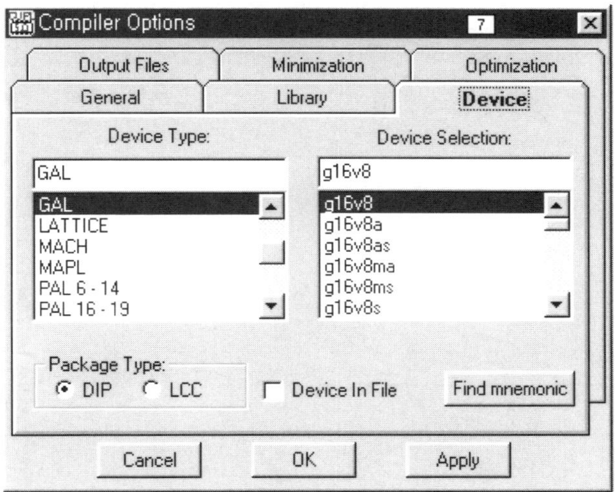

그림 2 Options-Compiler의 부메뉴

Options - Compile은 Compile 수행시의 조건을 설정해주는 것으로, 그림 3과 같이 Logic Minimization 방법, 최적화의 방법, 출력화일의 종류 등을 설정하도록 한다.(그림 4와 그림 5 참조)

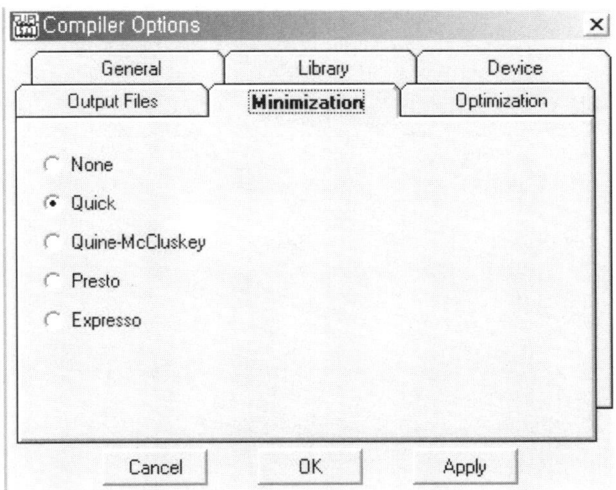

그림 3 Options - Compiler 서부메뉴

Device는 컴파일 하고자 하는 목적 소자의 이름과 패키지 타입을 설정해 준다.

최적화(Optimizations)의 부메뉴에는 여러 가지 방법이 있는데, Polarity, Demorgan, P-Term Sharing 등에 의한 최적화가 있다. 출력화일(Output File)은 Download 파일형식, 출력화일의 종류 및 내용을 설정하도록 되어 있다. 본 실험에서는 그림 5와 같이 설정하여 출력화일의 내용을 검토하는데도 이용하도록 하였다. 이 경우 각종 출력화일의 이름은 동일하고, 확장자만 다른 여러 화일이 생성하게 된다.

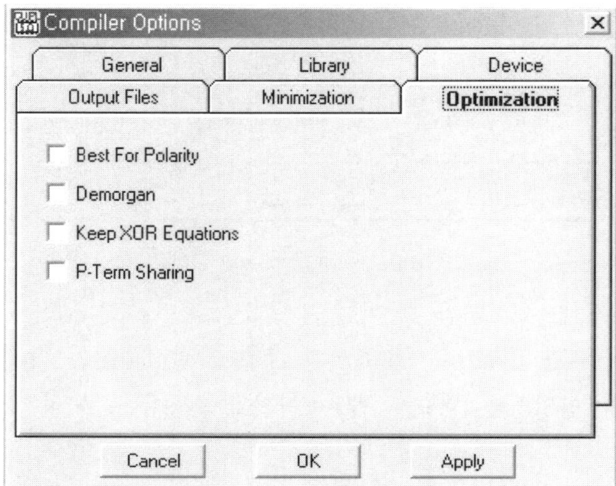

그림 4 Demorgan 정리에 의한 최적화 설정
(Options-Compiler-Optimization 메뉴)

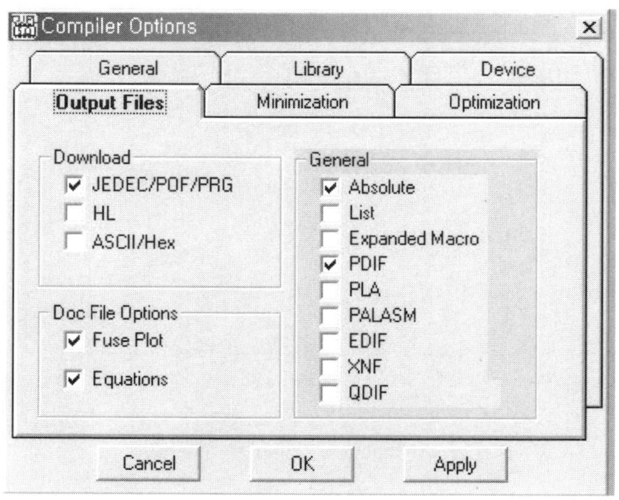

그림 5 출력화일 형식 설정
(Options-Compiler-Output Files)

Compiler Options - Device 메뉴는 컴파일하고자 하는 타겟 PLD 소자이름을 설정해주는 곳이다. 본 프로그램은 EPLD, GAL, PAL6-14, PAL16-19, PAL20-22의 소자타입과 소자명을 선택해주면 된다. (그림 6 참조)

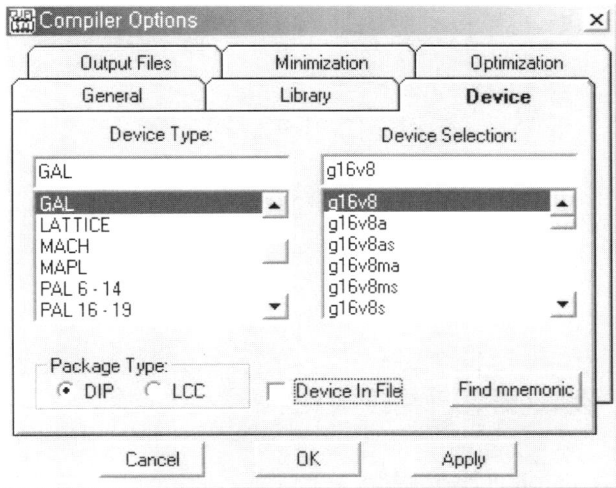

그림 6 프로그램 소자의 선택(Compiler Options - Device)

이상과 같이 컴파일조건, 소자명, 소스화일에 대한 설정이 완료되면 그 다음은 컴파일을 수행하면 된다. 컴파일은 주메뉴에서 Run을 선택하여 수행하면 된다.

그림 6과 같이 Run - Device Dependent Compile을 선택하여 수행하면 소스화일 컴파일하고, 이때 문법적 오류나 기타 에러가 발생하면 컴파일을 정지되며, 메시지창에 에러내용을 알려준다. 이 경우 에러를 교정하여 앞의 과정을 반복 수행하면 된다.

이 밖에 메인 메뉴에 있는 Utilities, Project, Windows, Help 등이 있는데 직접 프로그램을 운영하면서 그 기능을 활용하길 바란다. 특히, 본 교재에서 설명하지 않은 문법적 부분이나 사용법은 Help 메뉴를 이용하여 그 기능을 익힐 수 있다. Help 메뉴에 있는 주요기능은 그림 8과 같다.

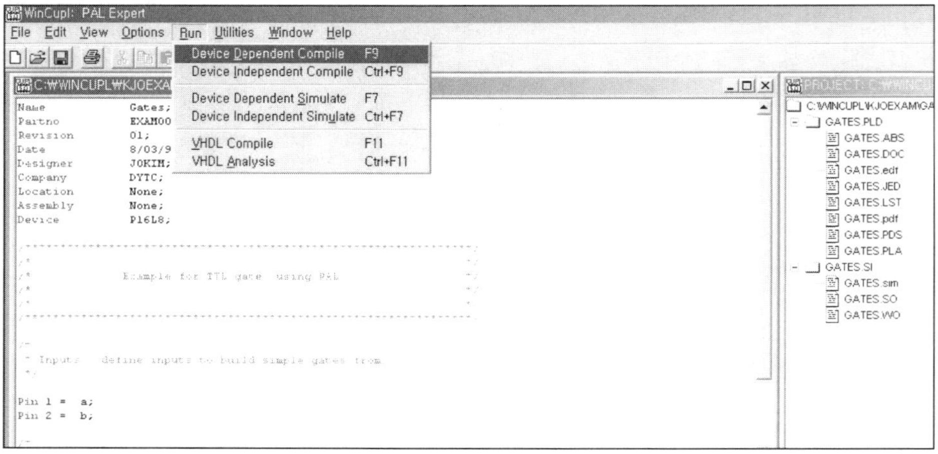

그림 7 컴파일 실행(Run - Device Dependent Compile)

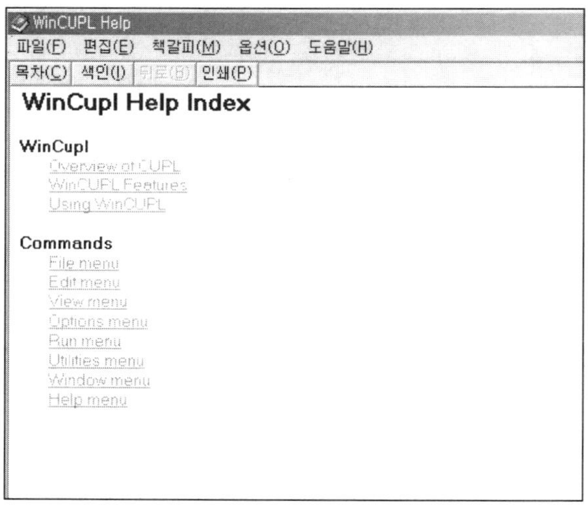

그림 8 Help 메뉴

■ **저자약력**

이원석

광운대학교 응용전자공학과(학사)
한양대학교 전자통신과(석사)
광운대학교 전자공학과(박사)
현재 : 동양미래대학 교수
저서 : 전자계측, 전자회로, 전자기기 실험, 디지털 실험

정길수

서울대학교 공과대학 공업교육학과(전자전공) 졸업
서울대학교 공과대학원 졸업
현재 : 동양미래대학 교수
저서 : 전자공학, 공업수학, 디지털공학

실용적인 IC를 익히는 **논리회로 실험** 〈개정판〉

이원석 · 정길수 **공저**

초 판 인 쇄 : 2010. 2. 25
제2판 3쇄 : 2020. 2. 28
발 행 인 : 김 승 기
발 행 처 : (주)생능출판사
신 고 번 호 : 제406-2005-000002호
신 고 일 자 : 2005. 1. 21
I S B N : 978-89-7050-654-8

10881
경기도 파주시 광인사길 143
대표전화 : (031)955-0761, FAX : (031)955-0768
홈페이지 : http://www.booksr.co.kr

* 파본 및 잘못된 책은 바꾸어 드립니다.

정가 20,000원